Das kannst auch Du

Gleichrichter	Schwingkreis	Transistorschaltung

Gleichrichter

...ztransformator

$$P_p = 1,2\, P_s$$

$...e = k_2 \cdot \sqrt{P_p}$		$N = n \cdot U$

Primärleistung	1W
Sekundärleistung	1W
Eisenquerschnitt	1 cm^2
Windungszahl	
Spannung	1V
Windungszahl für 1V	

$$k_2 = 1 \sqrt{\dfrac{cm^2}{W}}$$

...weggleichrichter

$...o = 2 \cdot \sqrt{2} \cdot U_\sim$	$I = 0,6 \cdot I_d$

...eiweggleichrichter

$...o = 2 \cdot \sqrt{2} \cdot U_\sim$	$U_{sp} = \sqrt{2} \cdot U_\sim$

$$I = 1,5 \cdot I_d$$

Sperrspannung	1V
Wechselspannung	1V
Durchlaßstrom	1A
Gleichstrom	1A

...ekondensator

$$C_L = k_3 \cdot \dfrac{I}{\Delta U_1}$$

Ladekapazität	1F
Gleichstrom	1A
Welligkeitsspannung	1V

$5 \cdot 10^{-3}$ s	Einweggleichr.
$2 \cdot 10^{-2}$ s	für Zweiweggleichr.

...glied

$$\Delta U_2 = k_4 \dfrac{\Delta U_1}{R_s \cdot C_s}$$

Restwelligkeit	1V
Welligkeit an C_L	1V
Siebwiderstand	1Ω
Siebkapazität	1F

$$k_4 = 3,2 \cdot 10^{-3}\, s$$

Schwingkreis

Höchste Kreiskapazität

$$C_{max} = V_f^2 \cdot C_{min} \text{ mit } V_f = \dfrac{f_{max}}{f_{min}}$$

C_{max} : Höchste Kreiskap.	1F
C_{min} : Niedr. Kreiskap.	1F
V_f : Frequenzverhältnis	
f_{max} : Höchste Bereichsfr.	1Hz
f_{min} : Niedr. Bereichsfr.	1Hz

Ungespreizter Bereich

$$\Delta C = C_e - C_a$$

Niedrigste Kreiskapazität

$$C_{min} = \dfrac{\Delta C}{V_f^2 - 1}$$

Schwingkreisinduktivität

$$L = \dfrac{V_f^2 - 1}{4\pi^2 \cdot f_{max}^2 \cdot \Delta C}$$

ΔC: Kapazitätsänderung	1F
C_a: Anfangskapazität	1F
C_e: Endkapazität	1F
L : Induktivität	1H
f_{max}: Höchste Bereichsfr.	1Hz

Gespreizter Bereich

$$\Delta C = C_e - C_a$$

Niedrigste Kreiskapazität

$$C_{min} = \dfrac{1}{2\pi \cdot f_{max} \cdot Z_0}$$

$$Z_0 \geqq 400\,\Omega$$

Schwingkreisinduktivität

$$L = \dfrac{1}{\pi^2 \cdot f_{max}^2 \cdot C_{min}}$$

Parallelkapazität

$$C_p = \sqrt{A^2 + B} - A$$

$$A = \dfrac{C_e + C_a}{2}$$

$$B = \dfrac{\Delta C \cdot C_{min} \cdot C_{max} - C_m \cdot C_e \cdot C_a}{C_m}$$

Reihenkapazität

$$\dfrac{1}{C_R} = \dfrac{1}{C_{max}} - \dfrac{1}{C_p + C_e}$$

C_R : Reihenkapazität	1F
C_p : Parallelkapazität	1F
$C_m = C_{max} - C_{min}$	
: Kap.-Änd. d. Kreises	1F
C_{max} : Höchste Kreiskap.	1F
C_{min} : Niedr. Kreiskap.	1F
L : Schwingkreisind.	1H
f_{max}: Höchste Bereichsfr.	1Hz

Transistorschaltung

$R_B \approx 2 \cdot B \cdot R_C$	$R_B \approx B \cdot R_C$

$R_{B1} \approx \dfrac{B \cdot R_C}{5}$ $R_{B2} = \dfrac{R_{B1} \cdot U_{BE}}{U_B}$	$R_B \approx B \cdot R_C$

U_B: Betriebsspannung	1V
U_{BE}: Basis-Emitter-Sp. (für Si: $U_{BE} \approx 0.6$V)	
R_B: Basiswiderstand	1Ω
R_{B1}, R_{B2}:Spannungsteiler	1Ω
R_E: Emitterwiderstand	1Ω
R_C: Kollektorwiderstand	1Ω
B : Stromverstärkung	

$$P_V = \dfrac{U_{CE}^2}{R_C}$$

P_V : Verlustleistung	1W
U_{CE}: Kollektorspannung	1V
R_C: Kollektorwiderstand	1Ω

Größengleichungen
Einheitengleichungen
Physikalische Größen
Ⓣ Hinweis auf Tafel im Anhang
Maßeinheiten
Naturkonstanten
Korrekturfaktoren u. Rechengrößen

Lothar König

Rundfunktechnik
selbst erlebt

Bauanleitungen
und Experimente zum
amplitudenmodulierten Hörfunk

Urania-Verlag
Leipzig · Jena · Berlin

König, Lothar:
Rundfunktechnik selbst erlebt : Bauanleitungen u.
Experimente zum amplitudenmodulierten Hörfunk
/ Lothar König. [Fotos: Lutz Liebert; Karin
Klinger. Zeichn.: Holger Schäfer]. — 1. Aufl.
— Leipzig ; Jena ; Berlin : Urania-Verlag, 1988.
— 208 S.: 228 Ill.
(Das kannst auch Du)

NE: GT   ISBN 3-332-00230-9

ISBN 3-332-00230-9

1. Auflage 1988
Alle Rechte vorbehalten
© Urania-Verlag Leipzig · Jena · Berlin,
Verlag für populärwissenschaftliche Literatur, 1988
VLN 212-475/147/88
LSV 353 9
Lektor: Eckhart Reinhold
Einbandgestaltung: Eveline Cange/Christoph Neunhöfter
Typographie: Dolores Rothe
Einbandfoto: Werner Reinhold
Fotos: Lutz Liebert/Karin Klinger
Zeichnungen: Holger Schäfer
Printed in the German Democratic Republic
Gesamtherstellung: Karl-Marx-Werk Pößneck V 15/30
Best.-Nr. 654 240 3
01680

Inhaltsverzeichnis

Grundlagen der Rundfunktechnik

Zu sicheren, jederzeit verfügbaren Kenntnissen verhilft uns hauptsächlich das eigene Erleben. Es führt uns von anfänglicher Unkenntnis zu bescheidenen Fähigkeiten und schließlich sogar zu Fertigkeiten, die wir ganz unbewußt anwenden. Insbesondere das Begreifen von Naturgesetzen fordert von uns, daß wir selbst tätig werden, und zwar sowohl geistig als auch manuell.

Wenn Sie ein »alter Leser« der Urania-Buchreihe »Das kannst auch Du« sind, haben Sie sicherlich schon manchen physikalischen Zusammenhang bewußt erlebt und ihn vielleicht schon beim Bau einfacher elektrischer Geräte, wie sie z.B. im Grundlagenband »Elektrotechnik und Elektronik selbst erlebt« beschrieben sind, angewandt. Das vorliegende Buch soll Ihnen helfen, ein Teilgebiet der drahtlosen Nachrichtentechnik kennenzulernen und dabei sowohl die naturwissenschaftlichen Grundlagen als auch ihre Anwendung, vorwiegend beim Bau von Funkempfangsgeräten, selbst zu erleben. Viele Bauelemente der Rundfunktechnik wirken auf den Anfänger geheimnisvoll – ganz besonders die modernen Schaltkreise der Mikroelektronik. Wir wollen gemeinsam den Schleier des Geheimnisvollen lüften, das Wesen zu erkennen versuchen. Aus diesem Grund sollten wir möglichst vieles selbst bauen, auch wenn die von uns gefertigten Teile qualitativ den industriell hergestellten nicht in jedem Fall entsprechen.

Schaltkreise und Halbleiterbauelemente müssen wir jedoch grundsätzlich kaufen, ebenso ein Präzisionsvielfachmeßgerät für Strom- und Spannungsmessungen in Gleichstrom- und in Wechselstromkreisen.

Die populärwissenschaftliche Reihe »Das kannst auch Du« wendet sich an den interessierten »Nichtfachmann«; deshalb wird auf eine ausführliche Darstellung der Theorie verzichtet. Viele Zusammenhänge müssen wir vereinfachen, damit sie leichter zu verstehen sind. Einen großen Vorteil haben all jene, die bereits ein bestimmtes Maß handwerklicher Fertigkeiten besitzen. Wo das nicht der Fall ist, wird der Bau einfacher Geräte – allerdings bei höherem Zeitaufwand – diese Fertigkeiten entwickeln helfen.

Obwohl alle Experimente durchgeführt und alle Geräte gründlich erprobt wurden, kann durchaus das von Ihnen genau nachgebaute Gerät einmal seinen Dienst verweigern. Dann wird es sich zeigen, ob Sie die Detailfunktionen richtig erkannt haben, den Fehler sinnvoll eingrenzen und schließlich beheben können. Das ist wichtiger – aber auch schwieriger –, als ein Gerät einfach nachzubauen, es erfordert eigenes, schöpferisches Denken. Doch nur das bringt uns in der modernen Technik Schritt für Schritt voran.

1. Vor dem Gerätebau: die Teile des Ganzen

Das Eindringen in ein so interessantes Gebiet wie die Rundfunktechnik ist zwangsläufig mit einigen Mühen verbunden. Als Lohn winkt neben dem Erkenntnisgewinn die Freude am selbstgebauten Gerät.

Was zuerst notwendig ist

Ganz ohne Hämmern, Feilen, Bohren und sonstige sowohl geräuschvolle als auch schmutzhinterlassende Arbeiten werden wir nicht auskommen. Damit unsere Bastelei nicht den Zorn der Familie oder der Nachbarn heraufbeschwört und wir ungestört experimentieren können, sehen wir uns nach einem geeigneten Platz um. Ob der Keller, Dachboden oder gar die Wohnung dazu ausgewählt wird, hängt von den betreffenden Verhältnissen ab. Von Vorteil ist ein eigener Tisch als »Werkbank« und Experimentierplatz. Für das Aufbewahren von Werkzeugen und Material finden wir sicherlich einige alte Schubfächer oder flache Kisten; nur ein kleiner Parallelschraubstock und nach Möglichkeit eine elektrische Handbohrmaschine mit Ständer haben zeitweise ihren festen Platz auf der Tischplatte unserer »Werkbank«.

Da wir den Bau eines Gerätes nicht gern wegen Materialschwierigkeiten unterbrechen wollen, sorgen wir für einen bescheidenen Vorrat. Hartpapier, das unter dem Handelsnamen Pertinax erhältlich ist, brauchen wir in den Dicken 2, 3 und 4 mm und in verschiedenen Größen. Zum Abfall zählen wir erst Stücke, die kleiner als 5 cm² sind. Von den in unserer Küche anfallenden leeren Konservendosen verwenden wir den Mantel. Nachdem wir ihn mit einer Blechschere an der Lötnaht aufgetrennt, die beiden Bördelränder abgeschnitten und ihn geglättet haben, wandert er in unser Materiallager. Eisen-, Aluminium-, Messing- und Kupferblech zwischen 0,5 und 1,5 mm Dicke brauchen wir zwar nicht so viel wie Hartpapier, eine geringe Menge davon sollte jedoch stets vorhanden sein. Außerdem benötigen wir zum Herstellen gedruckter Schaltungen und kleiner Gehäuse einige Streifen kupferkaschiertes Hartpapier von 1,5 mm Dicke. Besonderes Augenmerk widmen wir dem Kästchen, in dem Schrauben und Muttern ordentlich in einzelnen Fächern untergebracht werden. Kleine Schildchen an den Fächern geben Auskunft über ihren Inhalt. Schrauben und Muttern M3 benötigen wir am häufigsten, daneben aber auch Schrauben

mit Gewinde M4 und M5. Wir sortieren sie noch nach Längen und Kopfformen (Senkkopf und Zylinderkopf).

Weiterhin brauchen wir Draht verschiedener Arten. Für das Verbinden der Bauelemente einer Schaltung verwenden wir beispielsweise PVC-isolierten Kupferdraht von 0,5 bis 0,75 mm Durchmesser. Davon reichen 10 bis 20 m für den Anfang. Dagegen werden Spulen vorwiegend aus lackisoliertem Kupferdraht (CuL) gewickelt. Wir benötigen ihn mit folgenden Durchmessern: 0,1 mm; 0,15 mm; 0,2 mm; 0,35 mm; 0,4 mm; 0,5 mm; 1,0 mm. Der sauber auf Holzrollen gewickelte Draht befindet sich gesondert in einem Kasten unter der Werkbank. Dadurch vermeiden wir jede ungewollte Beschädigung der dünnen isolierenden Lackschicht.

Um das Korrodieren (Rosten) von Eisenteilen zu verhindern, werden wir diese sehr oft mit einem entsprechenden Schutzanstrich versehen müssen. Gut eignet sich dazu Silberbronze. Wir lassen das entsprechende Fläschchen nicht erst leer werden, ehe wir uns ein neues besorgen. Das passende Lösungsmittel zum Auswaschen des Pinsels kaufen wir gleich mit der Farbe.

Zum Herstellen von Leiterplatten für gedruckte Schaltungen brauchen wir ein Ätzmittel. Entweder verwenden wir dafür Eisen-III-Chlorid ($FeCl_3$) oder den vom Fachhandel angebotenen Ätzsatz, der aus einem Fläschchen Abdecklack, Ätzsalz sowie einer Gebrauchsanweisung besteht.

Sehr wichtig für ein rationelles Zusammenfügen von Einzelteilen sind die richtigen Klebstoffe. Für Papier und Pappe und zum Festlegen von Drahtenden beim Wickeln kleiner HF-Spulen nehmen wir einen Alleskleber wie Duosan oder Mökol. Beim Bau von Holzgehäusen verwenden wir PVAC-Kaltleim, der mit einem Pinsel auf die Klebeflächen aufgetragen wird und nach einigen Stunden eine sehr feste Verbindung bewirkt. Aber auch andere Werkstoffe lassen sich äußerst haltbar verkleben, beispielsweise mit Mökoflex oder auch mit Kunstharzen, die den verschiedensten Anwendungsgebieten gerecht werden. Mit Epasol EP lassen sich unter anderem Holz, Pappe, Hartgewebe, Preßspan, Pertinax, Duroplast, Glas, Eisen, Stahl, Aluminium und Buntmetall kleben. Epasol ist ein sogenannter Zweikomponentenklebstoff, der aus dem eigentlichen Epoxidharz und dem Härter besteht. Beide Komponenten werden vor dem Auftragen im angegebenen Verhältnis gut mit einem Glas- oder Holzstab gemischt, und zwar in Gefäßen aus PVC, Gummi oder Glas. Achtung! Wir sind beim Verarbeiten von Kunstharzen äußerst vorsichtig! Sie wirken toxisch, d. h., bei Berührung mit der Haut können Vergiftungserscheinungen auftreten. Die Gebrauchsdauer eines Ansatzes beträgt etwa eine halbe Stunde. Nach dem Zusammensetzen der Fügeteile erfolgt das Aushärten, das bei Zimmertemperatur im allgemeinen 24 Stunden dauert.

Für unsere Zwecke ist Epasol EP 11 besonders geeignet. Harz und Härter befinden sich in je einer kleinen Tube. Erhältlich ist EP 11 in Drogerien und Bastlerläden.

Eine säurefreie Fotopaste, eine Flasche Schellack (Brücol o. ä.) sowie geringe Mengen an Kolophonium, Spiritus, Azeton und Waschbenzin in gut verschlossenen Behältern mit Aufschrift vervollständigen unsere Sammlung an Materialien und Hilfsmitteln.

Das Wichtigste vom Widerstand

Eine – wenn auch knappe – Beschäftigung mit den Grundgesetzen der Elektrizitätslehre ist unbedingt erforderlich, da wir deren Kenntnis später jederzeit als geistiges Eigentum griffbereit haben müssen. Wir wollen ja nicht einfach rezeptmäßig nachbauen, sondern stets Klarheit darüber haben, warum beispielsweise ein Widerstand gerade 47 kΩ groß sein muß und 4,7 kΩ nicht auch ausreichen. Das Wort Widerstand hat zwei Bedeutungen, die wir auseinanderhalten müssen. Einmal meinen wir damit das Bauelement, das wir kaufen und dann in die Schaltungen löten, zum anderen versteht man darunter eine Eigenschaft, die das gekaufte Bauelement besonders charakterisiert. Die Eigenschaft »elektrischer Widerstand« bedeutet, daß dem Stromfluß im Stromkreis ein Hindernis entgegengesetzt wird. Je größer der Widerstand wird, um so geringer wird die Stromstärke. Soll diese wieder ihren ursprünglichen Betrag erreichen, ohne daß wir den Widerstand verändern, muß die Antriebskraft des Stromes, die Spannung, erhöht werden. Für einen bestimmten Widerstand ist das Verhältnis von Spannung U und Strom I unveränderlich, d. h., je größer die Spannung ist, um so größer wird der Strom. Dieses Naturgesetz verwendet man zur Festlegung des Widerstandes R:

$$R = \frac{U}{I}.$$

Die Maßeinheit des Widerstandes ist das *Ohm* (Symbol Ω). Da wir die Spannung in Volt (V) und den Strom in Ampere (A) messen, lautet der Zusammenhang zwischen den Maßeinheiten der drei Größen

$$1\,\Omega = \frac{1\,V}{1\,A}\,;$$
$$10^3\,\Omega = 1\,k\Omega \text{ (Kiloohm)},$$
$$10^6\,\Omega = 1\,M\Omega \text{ (Megaohm)}.$$

Für die Regelschaltung unseres Stromversorgungsgerätes (vgl. Bild 3.6) wird unter anderem ein Widerstand von 22 Ω benötigt, durch den ein Dauerstrom bis 1 A fließen muß; nach $U = R \cdot I$ ist dazu eine Spannung $U = 22\,\Omega \cdot 1\,A$

$$= 22\,\frac{V}{A} \cdot 1\,A = 22\,V \text{ erforderlich}.$$

Wie hoch ein Widerstand belastbar ist, hängt davon ab, welche elektrische Leistung P in Wärme umgesetzt werden darf. Die Leistung wird von der anliegenden Spannung und dem fließenden Strom bestimmt, und es gilt

$$P = U \cdot I.$$

Die Maßeinheit der Leistung ist das *Watt* (Symbol W):

$$1\,W = 1\,V \cdot 1\,A.$$

Der 22-Ω-Widerstand unseres Beispiels wird demnach mit $P = U \cdot I = 22\,V \cdot 1\,A$ $= 22\,W$ belastet.

Am einfachsten läßt sich ein Widerstand aus einem Stück Draht herstellen. Je länger und je dünner dieser ist, um so größer ist sein Widerstand, der außerdem noch vom Material abhängt: Kupfer leitet beispielsweise besser als Eisen. Der physikalische Zusammenhang lautet

$$R = \varrho \cdot \frac{l}{A} .$$

Die Symbole bedeuten:

ϱ: spezifischer Widerstand des Leitungsmaterials (s. Tafel 3 im Anhang),

l: Länge des Leiters,

A: Querschnittsfläche des Leiters

$$\left(A = \frac{\pi \cdot d^2}{4} ; \quad d: \text{Drahtdurchmesser} \right).$$

Würden wir obigen Widerstand aus 0,6 mm dickem Kupferdraht herstellen (dieser Durchmesser ist für $l = 1$ A erforderlich, vgl. auch Tafel 7 im Anhang), so wären dafür

$$l = \frac{R \cdot A}{\varrho} = \frac{R \cdot \pi \cdot d^2}{\varrho \cdot 4}$$

$$= \frac{22\,\Omega \cdot \pi \cdot 0{,}36\ \text{mm}^2}{15{,}5 \cdot 10^{-9}\,\Omega\text{m} \cdot 4} = 355\ \text{m}$$

erforderlich!
Deshalb hat man spezielle Widerstandslegierungen entwickelt. Gut eignet sich für diesen Widerstand eine handelsübliche Heizwendel (sie wird fälschlicherweise als »Heizspirale« bezeichnet) für 220 V/1 000 W. Nach

$$P = \frac{U^2}{R}$$

liegt ihr Widerstand bei

$$R = \frac{U^2}{P} = \frac{220^2\ \text{V}^2}{1\,000\ \text{VA}} = 48\,\Omega ,$$

so daß wir nur knapp die Hälfte davon brauchen.
Damit unser »Wendelwiderstand« nicht zu lang wird, trennen wir zwei Stücke zu je 11 Ω ab, die – nebeneinanderliegend – in Reihe geschaltet werden. Zum Ermitteln der richtigen Längen für beide Teilwiderstände verbinden wir ein Ende der Wendel mit einem Pol einer 1,5-V-Monozelle R 20, den anderen Batteriepol legen wir an einen Strommesser

(Meßbereich zunächst etwa 0,5 A). Über ein Kabel mit Krokodilklemme schließen wir den Stromkreis wieder an der Wendel. Für $R = 11\,\Omega$ muß ein Strom

$$I = \frac{U}{R} = \frac{1{,}5\ \text{V}}{11\,\Omega} = 0{,}136\ \text{A} = 136\ \text{mA}$$

fließen. Wir ziehen die Wendel an der so ermittelten Stelle auseinander und trennen sie mit dem Seitenschneider. Nach nochmaliger Stromkontrolle biegen wir an den Enden kleine Ösen, damit wir die Widerstände auf einem 100 mm langen und 30 mm breiten Hartpapierbrettchen von 3 mm Dicke anschrauben können. Sie sollen leicht gespannt sein, etwa 15 mm voneinander entfernt und gut 5 mm oberhalb des mit einigen Belüftungsbohrungen versehenen Brettchens liegen, das wir später mit zwei kleinen Winkeln am Netztrafo befestigen (siehe auch Bild 3.15). Ebenso können wir natürlich auch einen handelsüblichen *Drahtwiderstand* 22 Ω/ 25 W einsetzen, der aber nicht immer – weil nur selten gebraucht – vorrätig sein wird. In den meisten Fällen arbeiten wir mit *Kohleschichtwiderständen*, bei denen auf einem keramischen Tragkörper eine dünne Schicht aus kristalliner Kohle eingebrannt ist. Um bei kleinsten Abmessungen hohe Widerstandswerte zu erhalten, werden Wendeln in die Schicht eingeschnitten. Je nach Breite der Wendel ergibt sich ein kürzeres oder längeres Band und damit ein kleinerer oder größerer Widerstandswert. Die Reihe E 12 der serienmäßig hergestellten Widerstände (und Kondensatoren) mit einer Toleranz von ± 10% ist wie folgt unterteilt:

1,0	1,8	3,3	5,6
1,2	2,2	3,9	6,8
1,5	2,7	4,7	8,2.

Jede Stufe darf mit 1, 10, 100, 1 000 usw. multipliziert werden. Das ergibt beispielsweise für Stufe 4,7 die Widerstandswerte 4,7 Ω, 47 Ω, 470 Ω, 4,7 kΩ, 47 kΩ, 470 kΩ, 4,7 MΩ. Schichtwiderstände werden für Belastungen von 0,05; 0,125; 0,25; 0,5; 1; 2; 3 und 5 W hergestellt. Die Kennzeichnung erfolgt im allgemeinen durch einen Aufdruck. Widerstände bis zu 0,125 W werden wegen ihrer Kleinheit mit Farbpunkten oder Farbringen nach einem internationalen Schlüssel versehen. Welche Bedeutung die einzelnen Farbpunkte haben, ist Tafel 2 im Anhang zu entnehmen.

In vielen Fällen brauchen wir Widerstände mit einstellbarem Widerstandswert. Die Industrie fertigt sowohl Schicht- als auch Drahtdrehwiderstände mit einem beweglichen Mittelabgriff. Der Techniker bezeichnet sie als *Potentiometer*. Sie haben drei Anschlüsse: Anfang und Ende des Widerstandes und den verstellbaren Abgriff. Verändert sich die Größe des Widerstandes zwischen Anfang oder Ende und Schleifer in dem gleichen Maße wie der Drehwinkel, spricht man von Potentiometern mit linearer Kennlinie. Diese werden wir vorwiegend verwenden. Daneben brauchen wir aber auch vereinzelt Potentiometer mit logarithmischem Verlauf, beispielsweise für eine gehörrichtige Lautstärkeeinstellung.

Oft ergibt sich die Notwendigkeit, Widerstände in Reihe oder parallel zu schalten. Die dafür gültigen Beziehungen finden wir im Vorsatz, ebenso die für die Schaltung von Kondensatoren.

Was man vom Kondensator wissen muß

Im einfachsten Fall besteht er aus zwei metallischen Platten, die durch eine isolierende Schicht – das *Dielektrikum* – voneinander getrennt sind. Er hat die Eigenschaft, elektrische Ladungsmengen zu speichern. Ein Maß für die Speicherfähigkeit ist die *Kapazität C*. Sie ist um so größer, je größer die Fläche der Kondensatorplatten und je geringer ihr Abstand ist, ohne daß sie sich allerdings berühren. Wir können die Kapazität eines Plattenkondensators nach

$$C = \epsilon_0 \cdot \epsilon_r \cdot \frac{A}{d} \quad \text{berechnen.}$$

Hierin bedeuten:
A : Fläche einer Platte,
d : Abstand der Platten,
ϵ_0 : Influenzkonstante,
$$\epsilon_0 = 8{,}86 \cdot 10^{-12} \frac{As}{Vm} \, ,$$

ϵ_r : relative Dielektrizitätskonstante
(s. Taf. 4 im Anhang).
Die Maßeinheit der Kapazität ist das *Farad*, kurz F. Diese Einheit steht zu den uns bisher geläufigen in folgendem Zusammenhang:

$$1 \, F = 1 \, \frac{As}{V} \, .$$

Das Farad ist eine für die Funktechnik ungewöhnlich große Einheit. Wir werden nur mit »ganz kleinen Quentchen« davon arbeiten:
$10^{-6} \, F = 1 \, \mu F$ (Mikrofarad),
$10^{-9} \, F = 1 \, nF$ (Nanofarad), $1\,000 \, nF = 1 \, \mu F$,
$10^{-12} \, F = 1 \, pF$ (Picofarad), $1\,000 \, pF = 1 \, nF$.
Rechnen wir auch hierzu ein Beispiel: Zwischen zwei je $25 \, cm^2$ große Metallplatten sei als Dielektrikum $0{,}1 \, mm$ dickes Papier mit $\epsilon_r = 2$ eingelegt. Welche Kapazität hat dieser Plattenkondensator?

$$C = \epsilon_0 \cdot \epsilon_r \cdot \frac{A}{d} = 8{,}86 \cdot 10^{-12} \frac{As}{Vm} \cdot 2 \cdot \frac{25 \, cm^2}{0{,}1 \, mm}$$

$$= \frac{8{,}86 \cdot 10^{-12} \frac{As}{Vm} \cdot 2 \cdot 25 \cdot 10^{-4} m^2}{10^{-4} m} = 443 \, pF$$

Bei den *Rollkondensatoren* und *Becherkondensatoren* bestehen die »Platten« aus dünner Metallfolie, als Isolierung dient speziell behandeltes Papier (Papierkondensatoren) oder Polystyrolfolie (Styroflexkondensatoren). Metallfolie und Isolierung sind zu einem Wickel zusammengerollt und in einem vergossenen Gehäuse luftdicht untergebracht. Nur die beiden Anschlußdrähte sind nach außen geführt. Wenn wir einen Kondensator einbauen, müssen wir stets darauf achten, daß die angegebene Spannung nicht überschritten wird, sonst kann ein Funkenüberschlag das Dielektrikum und damit den Kondensator zerstören.

Für besonders hohe Kapazitätswerte verwenden wir *Elektrolytkondensatoren* (Elko). Sie sind ebenfalls als Wickel zusammengerollt. Ihren Namen verdanken sie einem Elektrolyten, der den einen Belag darstellt. Als Gegenbelag dient eine Aluminiumfolie, die einseitig oxydiert ist. Diese Oxidschicht wirkt als Dielektrikum. Während bei allen anderen Kondensatoren die Metallbeläge völlig gleichberechtigt sind, dürfen wir den Elektrolytkondensator nur so anschließen, daß am Elektrolyten, der mit dem Aluminiumgehäuse in Verbindung steht, immer der negative Pol der Spannungsquelle anliegt. Elkos sind daher nur für Gleichspannung verwendbar.

Keramische Kondensatoren haben Scheiben- oder Rohrform. Die Beläge, meist aus Silber, sind bei den Röhrchenkondensatoren auf die Innen- und Außenseite, bei den Scheibenkondensatoren auf die beiden Scheibenoberflächen aufgebrannt. Als Dielektrikum dient der Keramikkörper.

Neben den erwähnten Festkondensatoren brauchen wir auch einstellbare Kondensatoren. Soll die Kapazität nur ein einziges Mal genau eingestellt werden, beispielsweise beim Abgleich eines Rundfunkempfängers, verwenden wir *Scheibentrimmer*. Dagegen dienen *Drehkondensatoren* zum Abstimmen eines Empfängers auf den gewünschten Sender. Sie werden mit Luft als Dielektrikum hergestellt. Die Kapazität können wir dadurch verändern, daß wir das bewegliche Plattenpaket (Rotor) mehr oder weniger in das feststehende (Stator) eindrehen und somit die wirksame Fläche vergrößern oder verkleinern.

Rund um die Spule

Sie besteht im allgemeinen aus einem mehr oder weniger langen isolierten Kupferdraht, der meist auf einen Spulenkörper aufgewickelt ist; dickeren Draht wickelt man auch freitragend. Die Spulen lassen sich auf zwei Arten wickeln, als *Zylinderspule* und als *Kreuzwickelspule*. Zylinderspulen können wir sehr leicht selbst herstellen. Wir brauchen keine besondere Wickelvorrichtung dazu. Kreuzwickelspulen können exakt nur maschinell gefertigt werden.

Jede Spule hat die Eigenschaft, im Augenblick des Einschaltens das Anwachsen des Stromes zu hemmen. Nur zögernd erreicht er seine volle Stärke. Die Ursache dafür ist eine in den Windungen der Spule induzierte Gegenspannung. Je mehr Windungen die Spule hat, um so ausgeprägter wird die Erschei-

nung. Diese Eigenschaft der Spule wird als *Induktivität L* bezeichnet. Die Maßeinheit der Induktivität ist das *Henry*, abgekürzt H. Mit den uns bekannten Einheiten steht die der Induktivität in folgendem Zusammenhang:

$$1\,H = 1\,\frac{V \cdot s}{A}\,;$$

$10^{-3}\,H = 1\,mH$ (Millihenry),
$10^{-6}\,H = 1\,\mu H$ (Mikrohenry),
$10^{-9}\,H = 1\,nH$ (Nanohenry).

Die Induktivität der einlagigen Zylinderspule läßt sich nach folgender Gleichung berechnen:

$$L = \mu_0 \cdot \mu_r \cdot \frac{N^2 \cdot A}{l} \cdot k_1\,.$$

Hierin bedeuten:

μ_0: Induktionskonstante,

$$\mu_0 = 4\pi \cdot 10^{-7}\,\frac{Vs}{Am}\,,$$

μ_r: relative Permeabilität (s. Taf. 5 im Anhang),

A: Spulenquerschnitt
$\left(A = \pi\,\dfrac{D^2}{4},\ D:\ \begin{array}{l}\text{Kerndurchmesser plus}\\ \text{Drahtdurchmesser}\end{array}\right)$,

N: Windungszahl,

l: Spulenlänge,

k_1: Korrekturfaktor aus $\dfrac{D}{l}$ (s. Taf. 6 im Anhang).

Für eine Spule ohne Kern ($\mu_r = 1$) mit 13,5 Windungen aus CuL 0,4, Windung an Windung ($l = 6$ mm) auf einem Spulenkörper von 16 mm Durchmesser ($D = 16,4$ mm), ermitteln wir zunächst über $\dfrac{D}{l} = \dfrac{16,4\,mm}{6\,mm} = 2,7$ aus Tafel 6 einen Korrekturfaktor $k_1 = 0,45$ und berechnen dann

$$L = \frac{\mu_0 \cdot \mu_r \cdot N^2 \cdot \pi \cdot D^2 \cdot k_1}{l \cdot 4}$$

$$= \frac{4\pi \cdot 10^{-7}\,Vs \cdot 13,5^2 \cdot \pi \cdot 16,4^2\,mm^2 \cdot 0,45}{Am \cdot 6\,mm \cdot 4}$$

$$= 3,6\,\mu H\,.$$

Im Kapitel 12 verwenden wir diese Spule zum Erzeugen hochfrequenter Schwingungen.

Noch komplizierter sind die Verhält-

nisse bei mehrlagigen Spulen, die deshalb mit der Beziehung
$$L = N^2 \cdot A_L$$
berechnet werden. A_L ist der sogenannte *Induktivitätsfaktor*, der Abmessungen und Material des Spulenkörpers und -kernes berücksichtigt. Wie man ihn ermitteln kann, erfahren wir im Kapitel 12.

2. Unser erstes Radio: der moderne Detektorempfänger

Als am 29. Oktober 1923 der Rundfunk in Deutschland regelmäßig zu senden begann, empfing ein Großteil der begeisterten Hörer mit z. T. selbstgebauten Detektorgeräten das zunächst spärliche Programm. Der *Kristalldetektor* – Urahn unserer heutigen Halbleiterdioden – war 1901 von Karl Ferdinand *Braun* (1850–1918) als Empfangsgleichrichter eingeführt worden; bereits 1898 hatte er ein Patent auf den geschlossenen *Schwingkreis* aus Spule und Kondensator im Funkempfänger erhalten. Ein solches Empfangsgerät wollen wir mit unseren heutigen, weit besseren Mitteln nachgestalten.

Eine Spule entsteht nach historischem Vorbild

Ausgangsmaterial des aus Bild 2.1 ersichtlichen Spulenkörpers kann feste Pappe von einem ausgedienten Ordner oder auch Hartpapier bzw. Sperrholz sein. Bei der Pappausführung verfestigen wir den etwas längeren Fußsektor, indem wir ihn beidseitig mit Versteifungen aus dem Material des Spulenkörpers bekleben. Die Spule selbst wickeln wir aus CuL 0,4, beginnend am Fußsektor. Zur Vermeidung eines Windungskurzschlusses leimen wir über die Drahtzuführung auf die Versteifung einen Streifen Zeichenkarton. Da sich die einzelnen Windungen immer nur punktförmig in den Schlitzen berühren, zeichnet sich diese Spule durch eine sehr geringe Eigenkapazität aus – auf diesen Vorteil werden wir noch zu sprechen kommen. Insgesamt soll sie 61 Windungen erhalten; nach der 56. zapfen wir sie an. Dazu führen wir den Draht etwa in der Mitte des Fußsektors senkrecht von diesem weg, biegen ihn nach 5 cm wieder zurück und verdrillen die entstandene Drahtschlaufe. Nach dem Aufbringen der letzten 5 Windungen sichern wir das Wicklungsende mit etwas Alleskleber auf dem Fußsektor. Dann schneiden wir die Drahtschlaufe auseinander, entfernen mit feinem Schmirgelpapier die isolierende Lackschicht von beiden Drahtenden, verdrillen sie wieder und löten sie zusammen. Ebenso verzinnen wir den Spulenanfang und das Ende.

Zum Schluß löten wir an die drei Spulenanschlüsse je einen Bananenstecker, von denen wir die Isolierhülsen entfernt haben, und kleben sie mit EP 11 an den Fußsektor. Am besten stecken sie dazu in Telefonbuchsen, die auf einer Linie mit 10 mm Abstand in einen Hartpapierstrei-

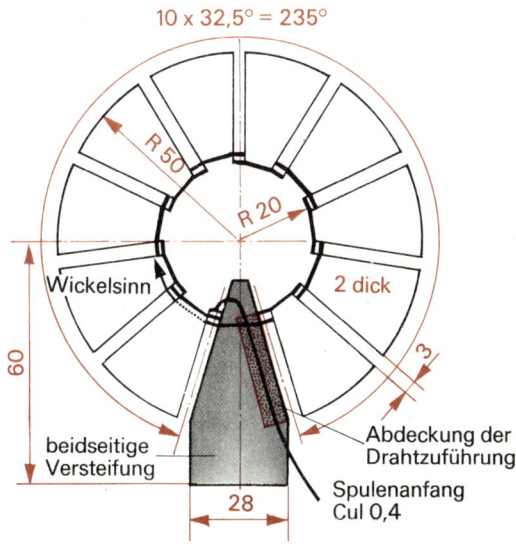

Bild 2.1 Zum Aufbau der Spule unseres Diodenempfängers

fen geschraubt sind. Ein 10 mm breiter Heftpflasterstreifen hält das Ganze dürftig zusammen, bis der zwischen die Stekkerschäfte gegossene Kleber (klemmende Pappstreifen zwischen den Stekkern am unteren Rand des Pflasterstreifens verhindern das Herauslaufen) für die notwendige Festigkeit sorgt. Nach Aushärtung und vorsichtigem Herausziehen aus den Buchsen bestreichen wir auch noch den Pflasterstreifen mit EP 11. Die fertige Spule weist mit $A_L \approx 75$ nH eine Induktivität von

$L = N^2 \cdot A_L \approx 61^2 \cdot 75$ nH ≈ 280 µH

auf. Wir sehen sie im Bild 2.4.

Für die erste Empfängerschaltung brauchen wir neben der Spule noch einen Drehkondensator von 330 bzw. 320 pF mit Feintrieb (es darf durchaus bereits ein Zweifach-Drehkondensator sein, auch wenn wir hier nur eine Hälfte benötigen), je einen Festkondensator von 47 pF und 4,7 nF, einen einfachen, d. h. elektromagnetischen Kopfhörer mit einer mindestens 1 kΩ großen Impedanz und – als »Detektorersatz« – eine beliebige Germaniumspitzendiode (GA 100, GA 101 o. ä.).

Den Drehkondensator und unsere Spule schalten wir nach Bild 2.2 miteinander parallel zum Schwingkreis, einer der wichtigsten Baugruppen jedes Empfängers. Warum wir ihn so nennen und welche Aufgaben er und die Germaniumdiode erfüllen, werden wir bald erfahren. Zunächst geht es um die Funktionserprobung der selbstgewickelten Spule, und

deshalb stellen wir die Frage nach dem »Wie« noch etwas zurück. Den ersten Aufbau nehmen wir mit einzelnen Kabeln und Krokodilklemmen vor; wenigstens je zehn Kabel von 10 cm und von 20 cm Länge mit Bananensteckern und Krokodilklemmen sollten wir immer griffbereit haben. Die Spule kann eben auf dem Experimentiertisch liegen. Ehe wir allerdings den Kopfhörer aufsetzen, sorgen wir für eine brauchbare *Antenne* und *Erde* – in Neubauten kann das bereits Probleme bereiten.

Die Antenne wurde übrigens 1895 von Alexander Stepanowitsch *Popow* (1859–1905) erstmalig für die drahtlose Übertragung von Funksignalen verwendet. Wir brauchen als Antennendraht vorerst ein beliebiges Kabel von mindestens 3 m, höchstens 15 m Länge, das in Neubauten mit Stahlbetonwänden wegen der abschirmenden Wirkung des „Stahlkäfigs" unter Umständen wenigstens z. T. außerhalb der Außenwände verlegt sein muß und bei Empfangspause eingeholt wird (Blitzschutz!).

Daß man das Erdreich als billigen Ersatz einer Leitung für Telegrafierzwecke verwenden kann, entdeckte 1839 Carl August von *Steinheil* (1801–1870). Für unsere Zwecke eignen sich die bereits im Erdreich verlegten metallischen Gas- oder Wasserleitungsrohre am besten, um die wir in der Wohnung an passender Stelle nach Oberflächensäuberung eine kleine Metallschelle biegen und mit einer

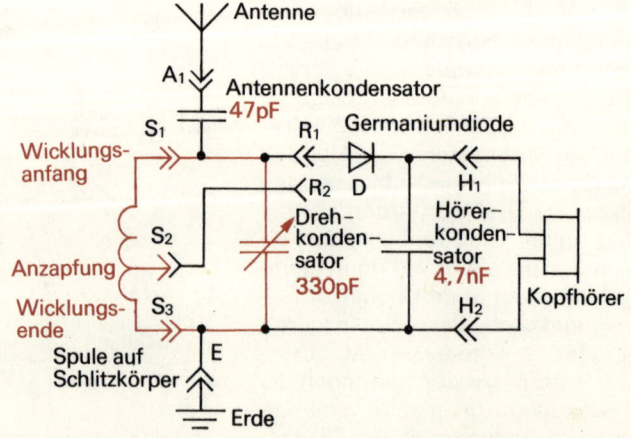

Bild 2.2   Stromlaufplan des Diodenempfängers (D: GA 100 oder GA 101)

Telefonbuchse verschrauben; Plastrohre sind als Erdleitungen nicht geeignet!

Nach diesen Vorbereitungen ist es nun endlich so weit: Wir stülpen den Hörer über die Ohren und versuchen, durch Verändern der Kapazität des Drehkondensators den Orts- oder Bezirkssender zu empfangen. Dabei muß es im Zimmer mäuschenstill sein. Wir möchten herausfinden, ob der Empfang dann am lautesten wird, wenn die Diode direkt am Schwingkreis oder nur an der Anzapfung liegt. Sollten wir keinen Lautstärkeunterschied feststellen, so fällt uns jedoch ganz bestimmt auf, daß bei Anschluß der Diode an der Anzapfung der Empfangsbereich des Ortssenders merklich eingeengt wird.

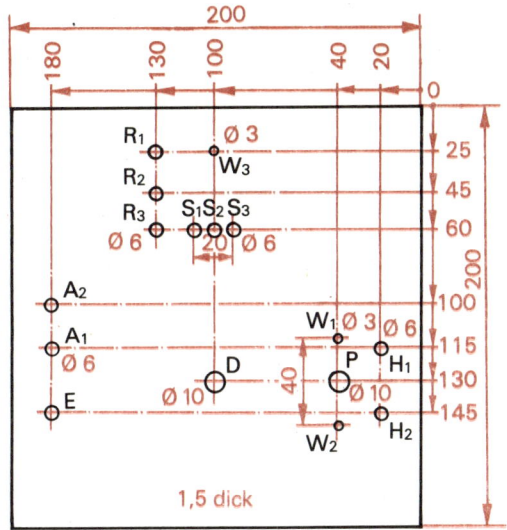

Bild 2.3 Die Montageplatte für den Diodenempfänger

Der Diodenempfänger erhält ein Gehäuse

Noch eindrucksvoller läßt sich das Verhalten des Schwingkreises durch eine Strommessung nachweisen, aber vorher bauen wir die Einzelteile in ein nicht zu kleines Gehäuse. Bild 2.3 zeigt einen Vorschlag für die Montageplatte, die gleichzeitig Deckplatte des Gehäuses wird. Da wir anstelle des Detektors eine Diode verwenden, nennen wir dieses Gerät künftig Diodenempfänger.

Als Material für die Montageplatte ist einseitig kupferkaschiertes Leiterplattenhalbzeug besonders geeignet, weil die Metallschicht gut als Abschirmung unserer eigenen Handkapazität wirkt. Bis auf die in E einzusetzende Erdbuchse müssen alle anderen Buchsen von der Kupferschicht isoliert werden. Dazu senkt man die Bohrung von der Schichtseite leicht an und verwendet außerdem feste Pappe oder dünnes Hartpapier als Unterlegscheibe. An A_1 kommt die Antennenbuchse, in $S_1 \ldots S_3$ finden die Buchsen für unsere Spule und in H_1 und H_2 die für den Kopfhörer Platz; zwei Buchsen in R_1 und R_2 verwenden wir vorläufig für den Diodenanschluß. Die Buchsen in A_2 und R_3 bleiben zunächst frei.

Den Drehkondensator bringen wir mit zwei Schrauben M3 und Abstandshülsen aus Aluminium- oder Messingrohr so an, daß seine Welle durch Bohrung D der Montageplatte ragt; die genaue Lage der Befestigungslöcher hängt von der speziellen Kondensatorausführung ab und ist deshalb im Bild 2.3 nicht angegeben. Bei W_1 und W_2 befestigen wir mittels Winkel aus 1...1,5 mm dickem und 20 mm breitem Aluminium ein Potentiometer von 47 kΩ mit linearer Kennlinie (Bezeichnung 47 k1). Weiter ist es ratsam, in der Verlängerungslinie der beiden Hörerbuchsen in Höhe der Spulenbuchsen einen kleinen Ein-Ausschalter vorzusehen, damit wir später an der Montageplatte keine Veränderungen mehr vornehmen müssen. Aus 8...10 mm dickem Sperrholz kleben wir mit Holzkaltleim einen 70 mm hohen und zur Montageplatte passenden Gehäuserahmen, auf den die Platte mit EP 11 aufgeklebt wird. Die Verdrahtung nehmen wir nach Bild 2.2 vor; Bild 5.17 erlaubt einen Blick in das Mustergerät. An die Diode löten wir ein Kabel aus Litzendraht, das durch die Montageplattenbohrung W_3 geführt und mit einem Bananenstecker versehen wird. So können wir sie wahlweise entweder direkt an den gesamten Schwingkreis (R_1) oder nur an die Anzapfung (R_2) legen.

Für die Welle des Drehkondensators fertigen wir ein handliches Skalenrad.

Gut eignet sich auch hierfür wieder Leiterplattenmaterial, aus dem wir mit der Laubsäge eine Scheibe von 90 mm Durchmesser schneiden. Ob wir sie mit Lack aus der Spraydose weiß spritzen oder mit Zeichenkarton und einem Azetonkleber beschichten hängt ganz von unseren Möglichkeiten ab; auf alle Fälle versehen wir den gesamten Umfang mit einer 2-Grad-Teilung und fortlaufenden Ziffern von 10 zu 10 Grad (0–35). Mit EP 11 wird sie dann an die Unterseite eines anschraubbaren Drehknopfes geklebt. In Verlängerung der Mittellinie von D und P. bringen wir auf der Montageplatte unmittelbar am Rand des Skalenrades eine Strichmarkierung an, mit der der Skalenstrich 0 bei Linksanschlag des Drehkondensators fluchten soll. Nur so – und mit einer im Laufe der Zeit zu ergänzenden Liste – werden wir einmal »entdeckte« Sender jederzeit wiederfinden. Wie unser nunmehr betriebsbereiter Diodenempfänger aussieht, entnehmen wir Bild 2.4.

Vorerst dient uns die Skalenteilung jedoch zur eingangs erwähnten Schwingkreis-Strommessung. Wir schalten zu die-

Stellung des Skalenrades (mal 10 Grad)	Strom in µA	
	Diode am gesamten Schwingkreis	Diode an der Anzapfung des Schwingkreises
30	2	0
32	3	0
34	4,5	0
0	6	0,2
1	6,8	1
2	7,3	6
3	7,8	10,5
4	8	6
5	8,2	1
6	8,3	0,2
8	8	0
10	7	0
12	6	0
14	5	0
16	4,5	0
18	4	0

Bild 2.4   Unser Diodenempfänger

sem Zweck ein Meßgerät mit 50- oder 100-µA-Bereich in Reihe zum Kopfhörer an den Ausgang des Diodenempfängers, und zwar so, daß der Pluspol zur Diode weist (Buchse H_1). Zunächst legen wir diese an den gesamten Schwingkreis, suchen nach dem höchsten Strom die lauteste Wiedergabe, nehmen dann von 120° vor dieser Stelle bis 120° danach – sofern es die Frequenzlage des Senders zuläßt – den Strom in Abhängigkeit von der Skalenradstellung auf und halten die Meßwerte in einer Tabelle fest (s. S. 18). Anschließend wiederholen wir den Versuch mit der Diode an der Anzapfung des Schwingkreises, übertragen die aufgenommenen Wertepaare als Punkte in ein Diagramm nach Bild 2.5 und verbinden die zusammengehörenden.

Aus den Kurven ersehen wir recht deutlich, wie sich der unterschiedliche Anschluß der Diode an den Schwingkreis auf die Empfangseigenschaften auswirkt; den Grund dafür erfahren wir im Kapitel 4. In den Abendstunden können wir vielleicht noch einen zweiten oder gar dritten Sender empfangen. Daß diese noch leiser als der Ortssender wiedergegeben werden, darf uns nicht wundern. Die Ströme, die den Kopfhörer anregen, entnehmen wir ja unmittelbar, also ohne

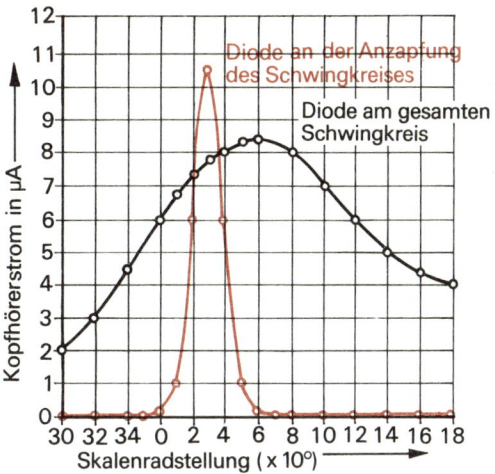

Bild 2.5 *Der Kopfhörerstrom vermittelt uns ein Bild der Empfangseigenschaften des Schwingkreises.*

zusätzliche Verstärkung, dem Schwingkreis. Sie durchfließen im Kopfhörer eine Spule mit Eisenkern, der die davor angeordnete Eisenmembran im Takt der Stromschwankungen mehr oder weniger anzieht. Die Membran ihrerseits muß die angrenzende Luft in Schwingungen versetzen, was wir dann als Ton wahrnehmen.

3. Das Herz unseres Experimentierplatzes – ein Stromversorgungsgerät

Nach diesem einführenden Überblick über einige wichtige Bauelemente der Rundfunktechnik wollen wir ein Gerät entwickeln und bauen, das die unterschiedlichsten Spannungen zum Betrieb von Versuchsaufbauten liefert. Gleichzeitig werden wir neue Bauelemente kennenlernen.

Unser Stromversorgungsgerät soll vielseitig verwendbar sein. Für Versuche mit Dioden und Transistoren und für andere physikalische Experimente brauchen wir Gleich- und Wechselspannungen bis etwa 20 V, für den Betrieb von Oszilloskopröhren müssen sowohl Wechselspannungen von 4 V und 6,3 V als auch

Gleichspannungen bis etwa 300 V bereitgestellt werden.

Ein Transformator liefert die notwendigen Wechselspannungen

Als einzig verfügbare Ausgangsspannung steht uns die Netzwechselspannung von 220 V zur Verfügung. Sie müssen wir zunächst auf die genannten Werte umspannen und dann teilweise in Gleichspannungen umwandeln. Die erste Aufgabe übernimmt ein *Transformator* (Trafo). Er besteht im einfachsten Fall aus zwei Spulen, die gemeinsam auf einem geschlossenen Eisenkern sitzen. Wenn wir an die eine Spule, die sogenannte *Primärspule*, eine Wechselspannung U_p anlegen, durchfließt sie ein Wechselstrom I_p. Er erzeugt ein magnetisches Wechselfeld, das über den Eisenkern in der *Sekundärspule* eine neue Wechselspannung U_s induziert. Über einen an diese Spule angeschlossenen Verbraucher fließt der Wechselstrom I_s. Am idealen, d. h. verlustlos arbeitenden Transformator wäre $U_p \cdot I_p = U_s \cdot I_s$. Einen solchen Trafo gibt es aber nicht. Wie bei jeder Maschine treten auch hier Verluste auf, so daß die Sekundärleistung immer kleiner als die Primärleistung ist.

Das müssen wir bei der Berechnung des Trafos für unser Stromversorgungsgerät berücksichtigen. Um die Rechnung aber möglichst einfach zu halten, werden wir einige Faustregeln verwenden. Sie sind aus der praktischen Erfahrung entstanden und liefern brauchbare Näherungswerte. Für die Berechnung benötigen wir neben den Spannungsangaben noch die Werte der maximal entnehmbaren Ströme. Wir setzen sie wie folgt fest:
1. 300 V/30 mA,
2. 4/6,3 V/0,5 A,
3. 24 V/1,5 A.

Mit diesen Angaben ermitteln wir die Sekundärleistung P_s:
$P_{s1} = I_1 \cdot U_1 = 0,03 \text{ A} \cdot 300 \text{ V} = 9 \text{ W}$;
$P_{s2} = 3,15 \text{ W}$; $P_{s3} = 36 \text{ W}$. Das ergibt eine Gesamtsekundärleistung von $P_s = 48,2 \text{ W}$. Zum Berechnen der Primärleistung P_p verwenden wir die Faustregel
$P_p = 1,2 \cdot P_s$.
In unserem Fall sind das $P_p = 1,2 \cdot 48,2 \text{ W} = 57,8 \text{ W}$. Hiervon ist der erforderliche Eisenquerschnitt A_{Fe} abhängig. Wir berechnen ihn ebenfalls mit einer Faustregel:

$$A_{Fe} = k_2 \cdot \sqrt{P_p} \; ; \; k_2 = 1 \frac{\text{cm}^2}{\sqrt{\text{W}}}$$

$$= 1 \frac{\text{cm}^2}{\sqrt{\text{W}}} \cdot \sqrt{57,8 \text{ W}} = 7,6 \text{ cm}^2 \, .$$

Die Kernquerschnitte sind genormt. Aus Tafel 8 im Anhang entnehmen wir die wichtigsten Angaben der für uns interes-

santen Trafokerne. Wir wählen den Kern M 85 a mit einem Querschnitt von 9,4 cm² aus und kaufen einen Trafo dieser Größe.

Die Windungszahlen N für die einzelnen Wicklungen können wir mit Hilfe der einfachen Beziehung $N = n \cdot U$ berechnen. Der Faktor n gibt an, wieviel Windungen für 1 V erforderlich sind. Da die Sekundärleistung geringer als die Primärleistung ist, müssen wir sekundärseitig mehr Windungen für 1 V aufbringen als primärseitig. Wir entnehmen beide Faktoren ebenfalls Tafel 8. Für unseren Querschnitt von 9,4 cm² berechnen wir

$$N_p = 4,4 \frac{\text{Windungen}}{\text{V}} \cdot 220 \text{ V}$$

$$= 968 \text{ Windungen,}$$

$$N_{s1} = 4,6 \frac{\text{Windungen} \cdot}{\text{V}} \cdot 300 \text{ V}$$

$$= 1\,380 \text{ Windungen,}$$

$$N_{s2} = 29 \text{ Windungen,}$$

$$N_{s3} = 110 \text{ Windungen.}$$

Die 300-V-Wicklung versehen wir mit zwei Anzapfungen für 50 V und 150 V, die 6,3-V-Wicklung zapfen wir bei 4 V und die 24-V-Wicklung bei 6 V und 12 V an. Wir berechnen die Windungszahlen selbst und vergleichen sie dann mit den im Bild 3.1 angegebenen.

Damit sich ein Trafo im Betrieb nicht übermäßig erhitzt, darf nur ein bestimmter Maximalstrom fließen, der vom jewei-

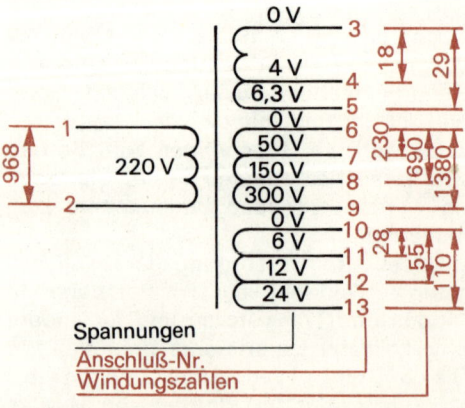

Bild 3.1   *Die Abgriffe des Transformators für das Stromversorgungsgerät*

ligen Drahtquerschnitt A abhängt. Ein für uns brauchbarer Mittelwert der Stromdichte $J = \frac{I}{A}$ ist $J = 2{,}55 \, \frac{A}{mm^2}$. Als Wikkeldraht nehmen wir ausschließlich ungebrauchten lackisolierten Kupferdraht; die notwendigen Durchmesser lesen wir aus Tafel 7 ab: $d_{s1} = 0{,}15$ mm, $d_{s2} = 0{,}5$ mm und $d_{s3} = 1{,}0$ mm. Für 1,5 A würden bereits 0,9 mm ausreichen, aber dieser Durchmesser ist sicherlich nur schwer erhältlich.

Um die Drahtdicke der Primärspule zu ermitteln, müssen wir zunächst die Primärstromstärke berechnen. Sie beträgt

$$I_P = \frac{P_p}{U_p} = \frac{57{,}8 \, W}{220 \, V} = 0{,}26 \, A \, .$$

Dafür ist ein Drahtdurchmessser von 0,4 mm erforderlich.

Damit wir nach unseren Aufrundungen die Wicklungen auch noch auf dem Spulenkörper unterbringen, ist eine Kontrolle des benötigten Wickelraumes sinnvoll. Wir lesen zunächst die Drahtquerschnitte aus Tafel 7 ab und multiplizieren sie mit den zugehörigen Windungszahlen. Nach Addition der Produkte erhalten wir einen gesamten Kupferquerschnitt von $A_{Cu} \approx 240 \, mm^2$.

Da der Draht einen kreisförmigen Querschnitt hat, bleibt selbst bei genauer Windung-an-Windung-Wicklung ein beträchtlicher Raum zwischen den Windungen frei. Außerdem müssen wir die einzelnen Lagen mit Papier voneinander isolieren, und dafür wird ebenfalls Wickelraum benötigt. Ein Erfahrungswert besagt, daß die notwendige Wicklungsfläche A_w mindestens doppelt so groß wie der ermittelte Kupferquerschnitt sein muß. In unserem Fall sind das $A_w = 2 \cdot A_{Cu} = 480 \, mm^2$.

Aus Tafel 8 entnehmen wir die ausnutzbare Wickelhöhe und -breite und berechnen $A_{Fenster} = 11 \, mm \cdot 49 \, mm = 539 \, mm^2$. $A_{Fenster}$ ist größer als A_w; wir werden also mit dem Wickelraum auskommen. Im anderen Falle müßte der nächstgrößere Kern verwendet und neu durchgerechnet werden.

Nun können wir mit dem Wickeln beginnen. Von großem Vorteil erweist sich hier eine Spulenwickelvorrichtung mit Zählwerk. Eine genaue Bauanleitung dafür ist in »Elektrotechnik und Elektronik selbst erlebt« enthalten. Zunächst wird die Primärspule gewickelt. Über den Drahtanfang schieben wir einen etwa 15 cm langen Isolierschlauch und lassen den Draht ungefähr 10 cm aus der Stirnseite des Spulenkörpers heraustehen. Mit T-Band (einseitig gummiertes Kreppapier) oder Heftpflaster sichern wir den Spulenanfang auf dem Wickelkörper. Wenn sich alle Windungen gleichmäßig berühren, bringen wir etwa 115 in einer Lage unter. Wir decken sie jeweils mit Ölpapier ab, das wir vorher an beiden Rändern kammartig eingeschnitten haben; die Breite des Papierbandes beträgt etwa 56 mm. Auf das Ölpapier wickeln wir die folgende Drahtlage.

Die eingeschnittenen Ränder der Lagenisolation müssen sich an beide Stirnseiten des Spulenkörpers sauber anlegen und verhindern, daß unmittelbar am Rand eine Windung der oberen Lage auf die darunterliegende abrutscht. Deshalb ist auch jede Lage bis zum Rand gut vollzuwickeln und anschließend wieder mit gefedertem Ölpapier abzudecken. So geht das weiter, bis 968 Windungen aufgebracht sind. Dann sichern wir das Spulenende wieder mit T-Band, schneiden den Draht lang genug ab, schieben Isolierschlauch darüber und stecken das isolierte Ende durch eine Öffnung der Stirnseite. Die Primärspule decken wir mit wenigstens vier Lagen gefedertem Ölleinen ab. Auf gar keinen Fall darf die nun folgende Sekundärwicklung auf die Primärwicklung abrutschen können; deshalb sollten wir notfalls Heftpflasterstreifen zwischen Spulenrand und Stirnseite kleben. Wir beginnen mit der 300-V-Wicklung, isolieren gut, dann folgen die 6,3-V- und zum Schluß die 24-V-Wicklung. An die Enden der 300-V-Wicklung löten wir dickeren lackisolierten Draht an. Den Isolierschlauch schieben wir so weit über den Draht, daß die Lötstelle verdeckt wird. Ebenso verfahren wir bei den Anzapfungen. Wir vergessen auch nicht, auf den herausgeführten Drahtenden mit T-Band Markierungen anzubringen. Damit ersparen wir uns langes Suchen nach dem richtigen Anschluß.

Sind sämtliche Wicklungen aufgebracht und mit Ölpapier abgedeckt, folgt das Einschieben der Kernbleche. Wir setzen sie so ein, daß die Trennfugen der Zungen immer wechselseitig liegen. Gegen Ende macht das »Stopfen« etwas Mühe. Deshalb pressen wir das Blechpaket im Schraubstock öfter zusammen. Die herausstehenden Drahtenden befestigen wir an zwei Lötösenstreifen. Bevor sie montiert werden, legen wir in der Form gleiche Isolierstreifen aus 1 mm dickem Hartpapier unter. Den fertigen Trafo stellen wir einem Elektrofachmann zur Begutachtung vor.

Die Spannung U_{Tr}, die unser Trafo liefert, wechselt in einer Sekunde hundertmal ihre Polarität, ist also eine Wechselspannung (Bild 3.2a). Die Zeit, nach der die Spannung wieder den gleichen Wert und die gleiche Polarität erreicht hat, nennt man *Periode* oder *Schwingungsdauer T*; innerhalb dieser Zeit wechselt die Spannung zweimal ihre Polarität. Da von einem bis zum nächsten Wechsel genau eine hundertstel Sekunde vergeht, beträgt die Schwingungsdauer unserer Wechselspannung

$$T = 2 \cdot \frac{1}{100}\ \mathrm{s} = \frac{1}{50}\ \mathrm{s}\ .$$

Die Anzahl der Perioden in einer Sekunde bezeichnet man als *Frequenz f*. Ihre Maßeinheit ist das *Hertz* (abgekürzt Hz). Für unsere Wechselspannung beträgt sie

$$f = \frac{50}{1\ \mathrm{s}} = 50\ \mathrm{s}^{-1} = 50\ \mathrm{Hz}\ .$$

Der Strom in einem angeschlossenen Stromkreis fließt also in einer Sekunde fünfzigmal in der einen Richtung und ebensooft in der entgegengesetzten.

Aus Wechselspannung wird Gleichspannung

Soll der Wechselstrom in einen Gleichstrom umgewandelt werden, müssen wir dafür sorgen, daß er nur noch in einer Richtung fließen kann. Wir bauen in den Stromkreis ein »elektrisches Ventil«, eine *Diode* D. Diese hat die Eigenschaft, den

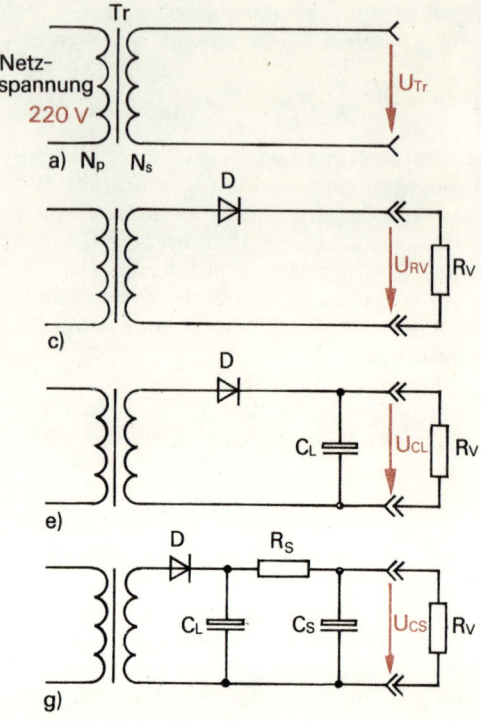

Bild 3.2   Zur Gleichrichtung einer Wechselspannung: Am Transformator a) greifen wir eine Wechselspannung b) ab.
c) Einweg-Gleichrichterschaltung,
d) Gleichgerichtete Wechselspannung,
e) Gleichrichter mit Ladekondensator,
f) Spannungsverlauf am Ladekondensator,
g) Gleichrichter mit Ladekondensator und Siebglied,
h) Spannungsverlauf am Siebkondensator

Strom nur in einer Richtung hindurchzulassen (Bild 3.2c). An einem im Stromkreis liegenden Widerstand R_v fällt dann eine pulsierende »Gleichspannung« ab, die anfangs alles andere als »gleich« ist (Bild 3.2d); sie muß noch geglättet werden. Diese Aufgabe übernimmt zunächst ein *Ladekondensator* C_L (Bild 3.2e). Solange ein Strom durch den Gleichrichter fließt, lädt sich der Kondensator auf. In den Zeiträumen der »Stromsperre« vermag der Kondensator die gespeicherte Elektrizitätsmenge wieder abzugeben. Die Spannung an C_L weist nicht mehr so starke Schwankungen wie im ersten Fall auf (Bild 3.2f). Den Spannungsunter-

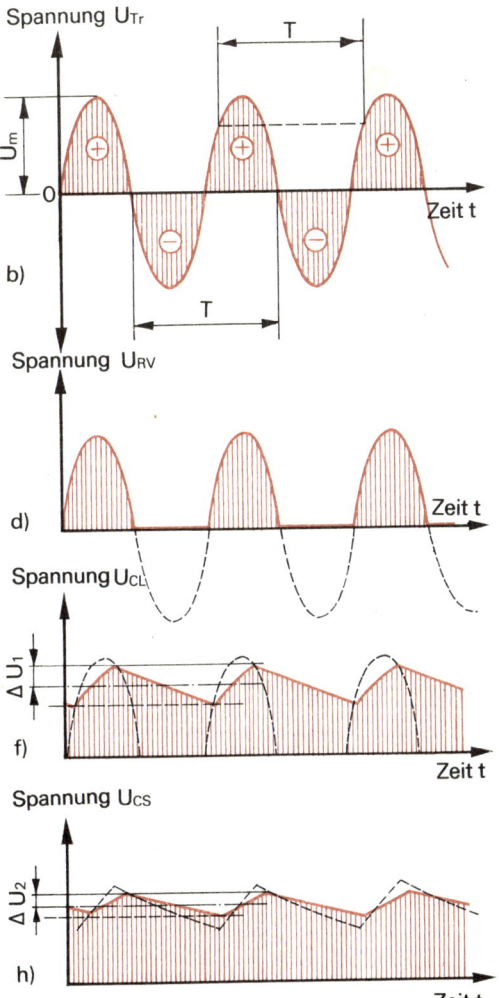

Spannung U_{Tr}

b)

Spannung U_{RV}

d)

Spannung U_{CL}

f)

Spannung U_{CS}

h)

$k_3 = 2 \cdot 10^{-3}$ s für *Zweiweggleichrichtung*. Unserer 300-V-Sekundärwicklung dürfen wir einen Strom von 30 mA entnehmen. Im Falle der Einweggleichrichtung beträgt bei einem Ladekondensator von 50 µF die Brummspannung

$$\Delta U_1 = 5 \cdot 10^{-3}\,\text{s} \cdot \frac{30 \cdot 10^{-3}\,\text{A}}{50 \cdot 10^{-6}\,\text{F}} = 3\,\text{V}.$$

Damit können wir uns keinesfalls zufriedengeben. Wir müssen weiter glätten. Über einen Widerstand R_s laden wir einen zweiten Kondensator auf, den *Siebkondensator* C_s (Bild 3.2 g). Die nun noch vorhandene Brummspannung ΔU_2 können wir nach

$$\Delta U_2 = k_4 \cdot \frac{\Delta U_1}{R_s \cdot C_s}; \quad k_4 = 3,2 \cdot 10^{-3}\,\text{s}$$

berechnen.

Ist das *Siebglied* richtig bemessen, wird die Brummspannung ΔU_2 verschwindend klein (Bild 3.2 h). Wir wollen in unserem begonnenen Beispiel einen Siebkondensator von ebenfalls 50 µF verwenden. Welcher Widerstand ist notwendig, wenn ΔU_2 nur noch 0,5 V betragen soll?

$$R_s = \frac{k_4 \cdot \Delta U_1}{\Delta U_2 \cdot C_s} = \frac{3,2 \cdot 10^{-3}\,\text{s} \cdot 3\,\text{V} \cdot \text{V}}{0,5\,\text{V} \cdot 50 \cdot 10^{-6}\,\text{As}}$$

$$= \frac{9,6\,\text{V}}{2,5 \cdot 10^{-2}\,\text{A}} = 385\,\Omega.$$

Wir verwenden einen Siebwiderstand von 390 Ω/1 W.

Die Teilschaltungen des Stromversorgungsgerätes

Für niedrige Ströme genügt Einweggleichrichtung

Die Schaltung des Mittelspannungsteiles unseres Stromversorgungsgerätes mit den Ausgangsbuchsen Bu_5 und Bu_6 ist im Bild 3.6 dargestellt. Die Anzapfung und das Ende der 300-V-Sekundärwicklung führen zu einem dreipoligen Umschalter S_2. Eine Sicherung von 0,1 A schützt die Teilschaltung im Fall eines äußeren Kurzschlusses. Bei der Typenauswahl der Gleichrichterdiode D_1 beachten wir, daß weder die *Nennsperrspannung* U_{sp} noch der *Nenndurchlaßstrom* I_d überschritten

schied ΔU_1 (sprich delta-u-eins) bezeichnen wir als *Welligkeitsspannung* oder *»Brummspannung«*, weil er sich in einem mit dieser Spannung betriebenen NF-Verstärker als störender Brummton bemerkbar macht. ΔU_1 wird um so kleiner, je größer die Kapazität des Ladekondensators ist und je weniger Strom wir entnehmen. Außerdem hängt die Größe der Brummspannung auch von der Art der Gleichrichtung ab. Für unsere Berechnungen genügt die Faustregel

$$\Delta U_1 = k_3 \cdot \frac{I}{C_L};$$

$k_3 = 5 \cdot 10^{-3}$ s für *Einweggleichrichtung*

wird. Untersuchen wir zunächst die Spannungsverhältnisse am *Einweggleichrichter*.

Wie aus Bild 3.2a ersichtlich, steigt die Trafospannung U_{Tr} bis zu einem positiven Maximalwert an und fällt dann wieder auf Null ab. Anschließend wiederholt sich der Vorgang mit negativer Polarität. Die Augenblicksspannung schwankt also ständig zwischen dem Wert Null und einem Maximalwert. Mit einem Spannungsmesser registrieren wir aber weder den Wert Null noch den Maximalwert, sondern den sogenannten *Effektivwert* $U_\sim$. Wir verstehen darunter den Wert einer Wechselspannung oder eines Wechselstromes, der die gleiche Leistung wie eine entsprechende Gleichspannung bzw. ein entsprechender Gleichstrom hervorruft. Wir wissen, daß nach den Beziehungen $P = R \cdot I^2$ und $P = \dfrac{U^2}{R}$ die Leistung vom Quadrat der Spannung oder des Stromes abhängt. Im Bild 3.3 ist ein Wechselstrom i eingetragen. Sein Maximalwert soll drei Einheiten (A, mA) betragen. Zu den Zeitpunkten, an denen er Null wird, ist auch sein Quadrat Null. Bei $I_m = 3$ wird $I_m^2 = 9$, bei $I_m = -3$ ebenfalls. Die neue Kurve i^2 schwankt nur noch zwischen positiven Maximalwerten und dem Wert Null. Wenn wir genau in der Mitte dieser Kurve – also bei 4,5 – die Spitzen »abschneiden« und in die Lücken einfügen, erhalten wir den zeitlichen Mittelwert von i^2. Dieser Mittelwert $\dfrac{I_m^2}{2}$ entspricht bezüglich der Leistung dem Quadrat des Gleichstromes I und damit auch dem Quadrat des effektiven Wechselstromes $I_\sim$. Aus $I_\sim^2 = \dfrac{I_m^2}{2}$ erhalten wir den Zusammenhang zwischen Effektivwert und Maximalwert:

$$I_\sim = \frac{1}{\sqrt{2}} \cdot I_m \text{ oder } I_m = \sqrt{2} \cdot I_\sim .$$

Die gleiche Abhängigkeit gilt auch für die Spannung:

$$U_m = \sqrt{2} \cdot U_\sim .$$

Die Maximalspannung unseres Trafos beträgt demnach $U_m = \sqrt{2} \cdot 300\,\text{V} = 425\,\text{V}$. Wie aus den Bildern 3.2f und h ersichtlich ist, lädt sich der Siebkondensator fast bis auf den Maximalwert der pulsierenden Gleichspannung auf. Wir können uns davon nach Fertigstellung des Stromversorgungsgerätes überzeugen, indem wir die Spannung an den Ausgangsbuchsen messen; das Meßgerät zeigt dann einen Wert von etwa 400 V an.

Auf die gleiche hohe Spannung lädt sich ebenfalls der Ladekondensator C_L auf. Am kondensatorseitigen Ende des Gleichrichters liegt dementsprechend eine Spannung von $+U_m$ an. Am anderen Ende wechselt die Sekundärspannung des Trafos ständig ihren Wert zwischen $+U_m$, Null und $-U_m$. Im ungünstigsten Fall, bei 50 Hz jede fünfzigstel Sekunde, wird die Diode mit einer Höchstspannung von $2 \cdot U_m$ belastet. Ihre Sperrspannung muß deshalb $U_{sp} = 2 \cdot U_m = 2 \cdot \sqrt{2} \cdot U_\sim$ be-

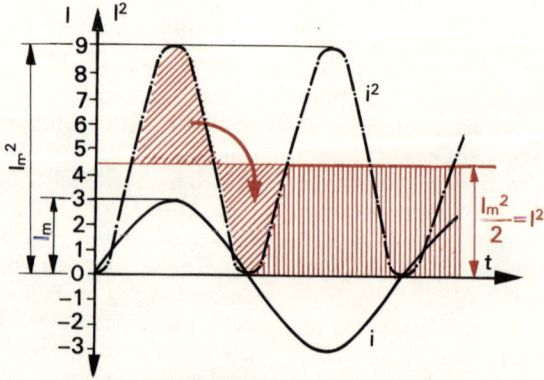

Bild 3.3 Zur Herleitung des Effektivwertes eines Wechselstromes

tragen. Für $U_\sim = 300\,V$ brauchen wir eine Diode mit einer Sperrspannung von mindestens $U_{sp} = 2 \cdot \sqrt{2} \cdot 300\,V \approx 850\,V$.

Der Strom, mit dem eine Gleichrichterschaltung belastet werden darf, ist in starkem Maße von der Größe des Ladekondensators abhängig. Innerhalb des Zeitraumes, in dem die Diode eine Halbschwingung des Wechselstromes hindurchläßt, lädt sich der Kondensator auf. Der Ladestrom wird um so größer, je größer die Kapazität des Kondensators ist. Da der Kondensator auch in den Pausen zwischen den Ladestromstößen den Verbraucherstrom liefern muß, wird der Ladestrom immer größer als der entnommene Gleichstrom sein. Der Ladestrom selbst darf dabei den Wert des maximal zulässigen Durchlaßstromes nicht übersteigen. Auf eine exakte Berechnung verzichten wir, prägen uns aber ein, daß die Stromentnahme nicht größer als $I = 0{,}6 \cdot I_d$ werden darf. Für $I = 30\,mA$ muß der Gleichrichter einen Nenndurchlaßstrom

von $\quad I_d = \dfrac{I}{0{,}6} = \dfrac{30\,mA}{0{,}6} = 50\,mA \quad$ haben.

Wir entscheiden uns nach Tafel 9e im Anhang für die Gleichrichterdiode SY 320/10 (1 000 V/0,95 A).

Der Widerstand R_3 parallel zum Siebkondensator C_2 sorgt dafür, daß sich beide Kondensatoren nach dem Ausschalten entladen und die Spannung nicht noch lange Zeit speichern.

Vollweggleichrichtung ist für höhere Ströme vorteilhafter

Wie wir bereits wissen, ist die Welligkeitsspannung ΔU_1 vom entnommenen Strom abhängig. Obwohl wir die Trafowicklung für die Niederspannung für 1,5 A ausgelegt haben, soll die Gleichstromentnahme nicht größer als 1 A werden. Dann können wir gleichzeitig noch einen Wechselstrom von 0,5 A entnehmen.

Nach unseren bisherigen Kenntnissen müßte für $\Delta U_1 = 1\,V$ der Ladekondensator

eine Kapazität von $\quad C_L = 5 \cdot 10^{-3}\,s \cdot \dfrac{1\,A}{1\,V}$

$= 5\,000\,\mu F$ haben. Dieser Wert liegt sehr hoch. Wir haben aber eine Möglichkeit, ihn zu verkleinern. Bei unserer ersten Teilschaltung nutzten wir nur eine Hälfte der Wechselspannung aus. Wenn beide Halbschwingungen den Kondensator aufladen, wird die Zeitdifferenz zwischen den aufeinanderfolgenden Ladungen kleiner und damit auch die Brummspannung ΔU_1 (vgl. Bild 3.4). Diese Zweiweg- oder Vollweggleichrichtung erfordert entweder zwei gleiche Trafowicklungen und zwei Gleichrichter oder eine Wicklung und vier Gleichrichter, die zur sogenannten *Graetzschaltung* vereinigt werden. Die zweite Möglichkeit wenden wir an. Der Faktor k_3 beträgt für die Vollweggleichrichtung $2 \cdot 10^{-3}\,s$. Damit erniedrigt sich die Kapazität des Ladekondensators auf

$$C_L = 2 \cdot 10^{-3}\,s \cdot \frac{1\,A}{1\,V} = 2\,000\,\mu F\,. \quad \text{Wir ver-}$$

wenden einen Elko 2 000 µF/30 V.

Die Strom- und Spannungsbelastung eines Vollweggleichrichters unterscheidet sich von der des Einweggleichrichters und ist außerdem auch für die beiden möglichen Schaltungen nach Bild 3.4a und b unterschiedlich.

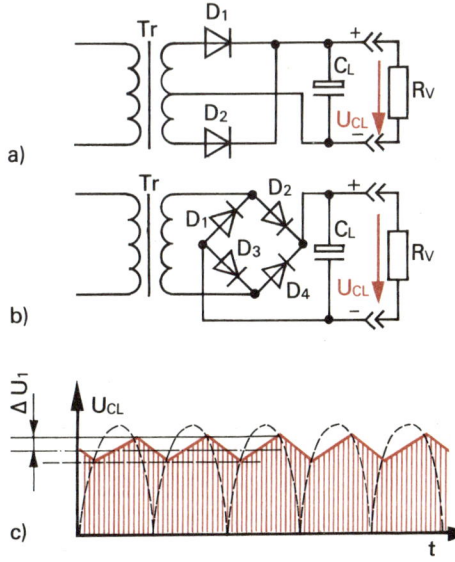

Bild 3.4 Vollweg-Gleichrichterschaltungen:
a) Zweiweg-Gleichrichterschaltung,
b) Graetzschaltung,
c) Spannungsverlauf am Ladekondensator

Während die Spannungsbelastung der beiden Gleichrichter im Bild 3.4a genau gleich der des Einweggleichrichters ist ($U_{sp} = 2 \cdot \sqrt{2} \cdot U_\sim$), verteilen sich bei der Graetzschaltung im Bild 3.4b sowohl die Trafospannung als auch die Spannung des Ladekondensators jeweils auf zwei hintereinanderliegende Dioden. Die Kondensatorspannung liegt an den Reihenschaltungen D_1 und D_2 sowie D_3 und D_4, die Aufteilung der Trafospannung erkennt man sehr schnell an den möglichen Stromwegen: In der einen Halbperiode kann der Strom über D_2, R_V und D_3, in der anderen über D_4, R_V und D_1 fließen. Hier braucht die Sperrspannung jeder einzelnen Diode nur halb so groß wie in den ersten beiden Fällen zu sein. Für die Niederspannungsteilschaltung unseres Stromversorgungsgerätes beträgt die Wechselspannung $U_\sim = 24$ V. Demnach müssen die Gleichrichter eine Sperrspannung von mindestens $U_{sp} = \sqrt{2} \cdot U_\sim = \sqrt{2} \cdot 24\,\text{V} \approx 34\,\text{V}$ haben.

Die Strombelastung ist für beide Vollweg-Gleichrichterschaltungen gleich. Der Ladestrom verteilt sich innerhalb einer Periode jeweils auf zwei Dioden (in jeder Halbperiode fließt der Ladestrom über eine Diode bei der Zweiwegschaltung bzw. über zwei hintereinanderliegende Dioden bei der Graetzschaltung), so daß wir hier mit einem Verbraucherstrom von $I = 1{,}5 \cdot I_d$ rechnen dürfen.

Da wir unserer Niederspannungsteilschaltung einen Gleichstrom von 1 A entnehmen wollen, müssen die Gleichrichter einen maximalen Durchlaßstrom von

$$I_d = \frac{I}{1{,}5} = \frac{1\,\text{A}}{1{,}5} = 0{,}67\,\text{A} \text{ haben. Wir wäh-}$$

len vier Siliziumdioden vom Typ SY 320/0,75 (75 V/0,95 A) aus.

Damit die Welligkeitsspannung von $\Delta U_1 = 1$ V weiter herabgesetzt wird und außerdem die Gleichspannung stetig auf jeden gewünschten Wert eingestellt werden kann und dann – auch bei unterschiedlicher Stromentnahme – unverändert bleibt, schalten wir an den Ladekondensator noch eine elektronische Regelschaltung.

Ein lastunabhängiger Spannungsteiler

Um seine Funktion zu verstehen, müssen wir uns noch einmal mit der Schaltung von Widerständen befassen.

Beispiel 1: Im Bild 3.5a sind zwei Widerstände in Reihe an eine Spannung U_E gelegt. U_E sei die Spannung des Ladekondensators und betrage 25 V, R_1 sei 20 Ω und $R_2 = 30$ Ω groß. Der Gesamtwiderstand beträgt dann 50 Ω, und es fließt ein Strom von 0,5 A. An R_1 fallen 10 V ab, an R_2 15 V, die wir als Ausgangsspannung verwenden wollen. R_1 und R_2 bilden einen *Spannungsteiler.*

Beispiel 2: Wenn wir nun nach Bild 3.5b parallel zu R_2 einen Lastwiderstand $R_L = 30$ Ω schalten, beträgt der Gesamtwiderstand von R_2 und R_L nur noch

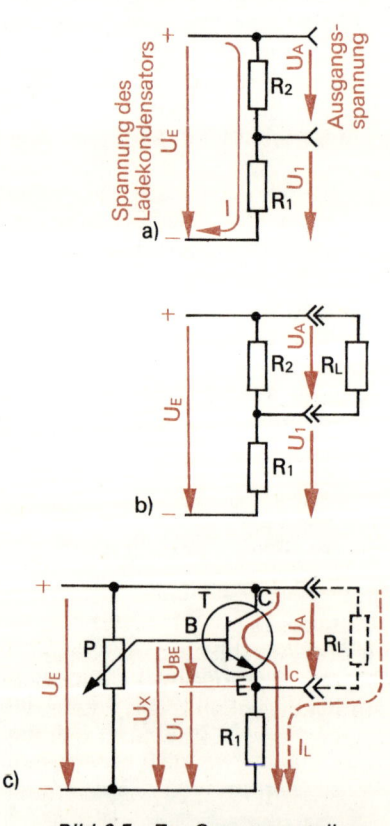

Bild 3.5   Zur Spannungsteilung:
a) Unbelasteter Spannungsteiler,
b) Spannungsteiler mit Lastwiderstand,
c) Lastunabhängiger Spannungsteiler mit Transistor als veränderlichem Teilwiderstand:
Spannungsregler

15 Ω. Dieser liegt in Reihe mit $R_1 = 20\ \Omega$, so daß an U_E ein Widerstand von 35 Ω wirksam wird. Jetzt steigt der Strom auf

$$I = \frac{25\ \text{V}}{35\ \Omega} = 0{,}714\ \text{A, an } R_1 \text{ fallen}$$

$U_1 = 20\ \Omega \cdot 0{,}714\ \text{A} = 14{,}3\ \text{V}$ ab, die Ausgangsspannung sinkt deshalb auf $U_A = 25\ \text{V} - 14{,}3\ \text{V} = 10{,}7\ \text{V}$. Ein derartig einfacher Spannungsteiler ist also nicht zum Konstanthalten einer bestimmten Ausgangsspannung geeignet.

Beispiel 3: Um die Ausgangsspannung auf einem festen Wert zu halten – und das ist der Sinn einer Regelschaltung –, müßte der Widerstand R_2 bei Anschluß von $R_L = 30\ \Omega$ größer werden. Angenommen, R_2 erhöhte sich auf 1 kΩ, dann wäre die Parallelschaltung von R_2 und R_L 29,1 Ω groß, und zusammen mit $R_1 = 20\ \Omega$ lägen 49,1 Ω an U_E. Es flösse ein Strom

$$I = \frac{25}{49{,}1\ \Omega} = 0{,}509\ \text{A, und an } R_1 \text{ fielen}$$

$U_1 = 20\ \Omega \cdot 0{,}509\ \text{A} = 10{,}2\ \text{V}$ ab. Die Ausgangsspannung würde dann nur auf $U_A = 25\ \text{V} - 10{,}2\ \text{V} = 14{,}8\ \text{V}$ absinken, also um nur 0,2 V im Vergleich zu dem Fall, daß kein Lastwiderstand angeschlossen ist.

Nun wissen wir jedoch, daß ein Schicht- oder Drahtwiderstand seinen Wert nicht ändern kann. Deshalb setzen wir in unserer Regelschaltung für R$_2$ einen anderen »Widerstand« ein: einen *Transistor* (vgl. Bild 3.5c). Ohne an dieser Stelle schon genauer auf dieses Bauelement eingehen zu wollen – damit beschäftigen wir uns im Kapitel 5 –, sei hier das zum weiteren Verständnis Notwendige vorweggenommen.

Der Transistor ist ein Halbleiterbauelement mit drei Anschlüssen: B (Basis), E (Emitter) und C (Kollektor). Mit einer Spannung U_{BE} zwischen B und E kann der Strom I_C von C nach E gesteuert werden. Ist U_{BE} kleiner als 0,5 V, fließt kein Strom. Erst wenn dieser für Siliziumbauelemente typische Wert überschritten wird, fließt ein mit U_{BE} rasch wachsender Strom. Der Lastwiderstand R_L im Bild 3.5c sei zunächst noch nicht angeschlossen. Mit dem veränderlichen Widerstand P (Potentiometer) wird die Eingangsspannung

$U_E = 25\ \text{V}$ so geteilt, daß $U_{BE} = 0{,}7\ \text{V}$ beträgt. Bei dieser Spannung soll ein Strom von $I_C = 0{,}5\ \text{A}$ durch R_1 und den Transistor fließen. Dann liegen die gleichen Verhältnisse vor wie im Beispiel 1. Über R_1 fallen 10 V ab, die Ausgangsspannung muß $U_A = 15\ \text{V}$ und $U_x = U_{BE} + U_1 = 0{,}7\ \text{V} + 10\ \text{V} = 10{,}7\ \text{V}$ betragen. Schalten wir jetzt $R_L = 30\ \Omega$ an, dann steigt nach Beispiel 2 der Strom und ruft über R_1 einen größeren Spannungsabfall U_1 hervor. Da U_x fest auf 10,7 V eingestellt ist und ab $U_{BE} = 0{,}5\ \text{V}$ durch den Transistor kein Strom mehr fließt (das entspricht einem großen Widerstand zwischen E und C), reichen dazu bereits $U_1 = U_x - U_{BE} = 10{,}7\ \text{V} - 0{,}5\ \text{V} = 10{,}2\ \text{V}$ aus. Für diese Spannung genügt ein Strom von

$$I_L = \frac{10{,}2\ \text{V}}{20\ \Omega} = 0{,}51\ \text{A, der jetzt als Last-}$$

strom ausschließlich über R_1 und R_L fließt. Die Ausgangsspannung beträgt $U_A = 25\ \text{V} - 10{,}2\ \text{V} = 14{,}8\ \text{V}$, so daß jetzt tatsächlich die Verhältnisse von Beispiel 3 vorliegen. Die Ausgangsspannung bleibt, unabhängig von der Belastung, bis zu einer bestimmten Grenze nahezu konstant. Die Grenze wird durch den Strom I_C bestimmt, der im Falle ohne R_L durch den Transistor fließt. Größer darf auch der Laststrom nicht werden. So wie dieser ansteigt, geht I_C zurück. Sobald I_C Null wird, verliert die Regelschaltung ihre Wirksamkeit.

Neben dem Konstanthalten der Spannung bietet der Transistor auch die Möglichkeit, die Ausgangsspannung zwischen zwei Grenzwerten stetig einzustellen. Wählen wir am Potentiometer $U_x = U_E$, so ist U_1 nur um $U_{BE} \approx 0{,}7\ \text{V}$ kleiner als U_E; in dieser Stellung wird $U_A = U_{BE}$, und wir können den höchsten Strom entnehmen. Der andere Grenzwert wird durch $U_x = U_{BE} \approx 0{,}5\ \text{V}$ gebildet, bei dem der Transistor gerade stromlos und damit $U_1 = 0$ wird; U_A nimmt die Größenordnung von U_E an. Diesen Grenzwert stellt man in der Praxis jedoch nicht ein, weil dann auch kein Strom I_L bei konstanter Ausgangsspannung entnommen werden könnte.

Wir bauen
das Stromversorgungsgerät

Die gesamte Schaltung des Stromversorgungsgerätes zeigt Bild 3.6. In der Netzleitung liegen ein zweipoliger Hauptschalter S_1, eine Sicherung Si_1 und eine Glimmlampe GL zur Netzkontrolle. Welchen Typ der Glimmlampe wir wählen, ist nebensächlich. Bei ihrem Kauf überzeugen wir uns, ob bereits vom Hersteller in den Sockel ein Vorwiderstand fest eingebaut wurde. Ist dies der Fall, dürfen wir den Widerstand R_1 weglassen.

Den zwei Dioden D_2 und D_4 des Graetzgleichrichters der Niederspannungsteilschaltung ist je ein Kondensator 4,7 nF/25 V parallel geschaltet. Diese beiden Kondensatoren verhindern unter Umständen auftretende Brummmodulationen beim Betrieb von Empfängerschaltungen mit unserem Stromversorgungsgerät. An den Ladekondensator C_5 schließt sich die im Prinzip besprochene Transistorregelschaltung an. Im Unterschied zu Bild 3.5c sind jedoch zwei Transistoren T_1 und T_2 vorhanden. Beide dürfen wir als einen einzigen auffassen, da beide Kollektoren direkt verbunden sind und der Emitter von T_1 unmittelbar an der Basis von T_2

liegt. Durch diese »Hintereinanderschaltung« ändert sich am Grundsätzlichen nichts; die Regeleigenschaften werden jedoch bedeutend verbessert.

Dem Potentiometer ist ein Widerstand R_4 in Reihe geschaltet. Er bewirkt, daß auch bei Potentiometeranschlag und 24 V Wechselspannung am Gleichrichter noch ein Strom von nahezu 0,3 A durch T_2 fließt. In der Musterschaltung wurde die Größe dieses Widerstandes nach der maximalen Ausgangsspannung von 24 V festgelegt. Diese hängt ebenfalls von R_5 ab, für den wir unseren »Wendelwiderstand« aus Kapitel 1 einsetzen. Seine Größe wurde so bemessen, daß im Fall $U_x = U_E$ (anderer Potentiometeranschlag) bei $U_A = 2 \cdot U_{BE} \approx 1,5$ V der Maximalstrom von 1 A durch T_2 fließt. C_6 und C_8 dienen der weiteren Glättung der Ausgangsspannung, und $R_6 C_7$ unterbinden eine mögliche Selbsterregung von T_2; beide Bauelemente müssen unmittelbar am Transistor T_2 liegen. Die parallel zu C_8 geschalteten Dioden ZD_1 und ZD_2 sind sogenannte Z-Dioden und dienen dem Spannungsschutz von Feldeffekttransistoren. Sie sind so ausgewählt, daß auch bei der höchstmöglichen Spannung von 24 V noch kein Strom durch sie hindurchfließt. Wird jedoch beim Ausschalten mit S_1 in

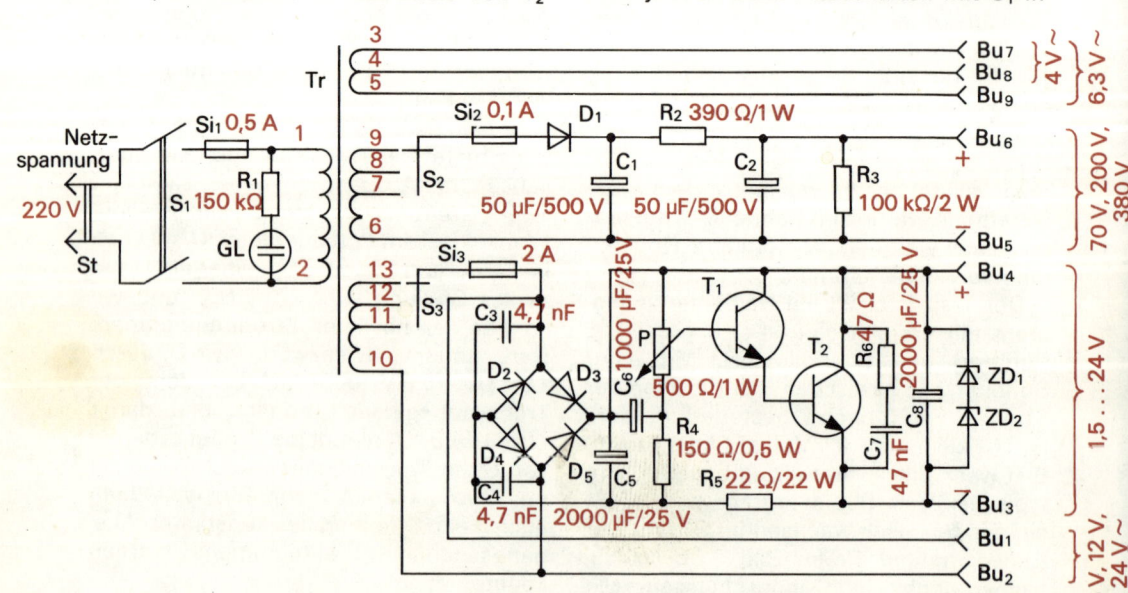

Bild 3.6 Stromlaufplan des Stromversorgungsgerätes
(D_1: SY 320/10, D_2...D_5: SY 320/0,75, ZD_1 und ZD_2: SZX 21/13, T_1: SF 127, T_2: SD 168)

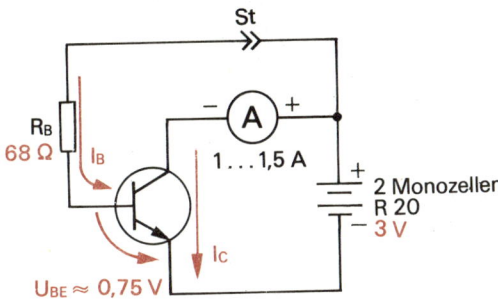

Bild 3.7   Wir prüfen den Regeltransistor

der Primärwicklung des Netztransformators eine Induktionsspannung erzeugt, die auf der Sekundärseite größer als $2 \cdot 13\,V = 26\,V$ ist, werden sie leitend und verhindern den sonst möglichen Spannungsdurchschlag der erwähnten Feldeffekttransistoren. Im Kapitel 7 beschäftigen wir uns näher mit der Z-Diode.

Auswahl und Kühlung des Regeltransistors

Während für T_1 »unbesehen« ein SF 127 eingesetzt werden kann, ist T_2 vorher auf seine Eignung zu untersuchen. Damit T_1 nämlich nicht überlastet wird, muß T_2 eine Gleichstromverstärkung von mindestens 15 haben — und das läßt sich nur experimentell bestätigen. Dabei ist es gleichgültig, ob wir einen typisierten

SD 168 oder einen entsprechenden Basteltransistor verwenden. Die Anschlußbelegungen der Dioden und Transistoren entnehmen wir übrigens der Übersicht im Nachsatz des Buches. Unter der Gleichstromverstärkung B versteht man, wievielmal der Kollektorstrom I_C größer als der eingespeiste Basisstrom I_B ist; wir prüfen das mit der Schaltung nach Bild 3.7. Der Basiswiderstand R_B ist so bemessen, daß ein Basisstrom

$$I_B = \frac{3\,V - 0{,}75\,V}{68\,\Omega} = 33\,mA \text{ fließt.}$$

Für $B > 15$ muß der Strommesser nach dem Schließen der Steckverbindung $I_C > 15 \cdot 33\,mA \approx 0{,}5\,A$ anzeigen. Wir prüfen nur so lange, bis der Meßgerätezeiger zum Stillstand kommt. Transistoren mit einem geringeren Kollektorstrom sind für die Regelschaltung ungeeignet.

Die höchste Belastung dieses Transistors tritt auf, wenn die Ausgangsspannung auf knapp 17 V eingestellt wird; es fließt dann ein Strom von etwa 0,53 A. Das ergibt eine Gleichstromleistung $P = 17\,V \cdot 0{,}53\,A \approx 9\,W$, die in Wärme umgesetzt wird und an die umgebende Luft abgeleitet werden muß; dazu braucht T_2 einen Kühlkörper. Nach Bild 3.8a schneiden wir zwei Aluminiumplatten als Kühlrippen aus, von denen jedoch nur eine die beiden Bohrungen W erhält. An diese

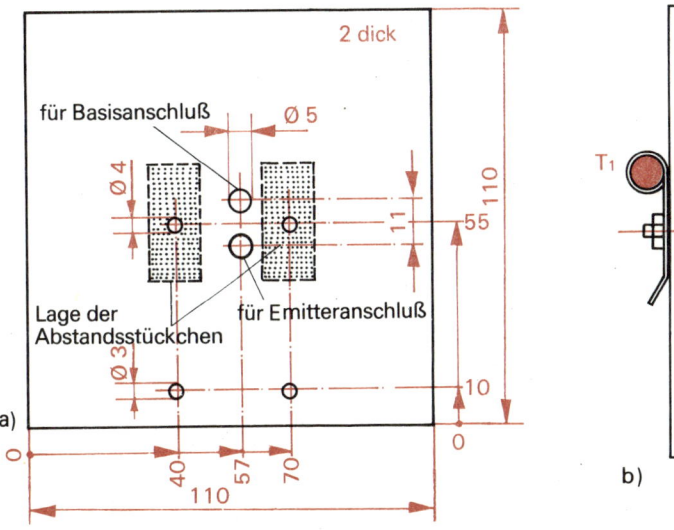

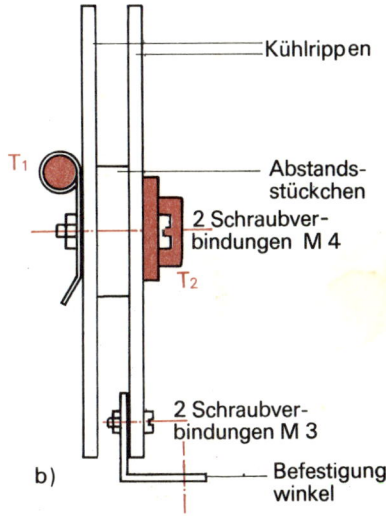

Bild 3.8   Der Transistorkühlkörper: a) Kühlrippe, b) Zusammenbau

schrauben wir bei W einen Winkel W_3 (vgl. Tafel 1 im Anhang) mit folgenden Maßen in mm: $a = 30$, $b = 20$, $c = 40$, $d = 2$, $e_1 = e_2 = e_3 = e_4 = 3$, $f_1 = 10$, $f_2 = 6$, $g_1 = g_2 = 5$, $h_1 = h_2 = 30$; die Schraubverbindung erfolgt durch die Bohrungen e_1 und e_2. Zwei Quader aus 8 mm dickem Aluminium, etwa 30 mm lang und 15 mm breit, mit einer 4-mm-Bohrung in der Mitte der größten Fläche sorgen für den notwendigen Abstand der zwei Kühlrippen. Vor dem Zusammenbau entsprechend Bild 3.8b löten wir an den Emitteranschluß von T_2 ein Stück Schaltdraht von 100 mm Länge und an den Basisanschluß eins von 10 mm Länge. Nach der Montage löten wir noch C_7 an die Emitterleitung (nahe dem Kühlkörperaustritt) und schieben zum Schluß passenden Isolierschlauch über die Lötstellen der Transistoranschlüsse. T_1 befestigen wir mit einer kleinen Blechschelle ebenfalls am Kühlkörper, den Kollektoranschluß klem-

men wir mit der Schelle fest, die Emitterfahne verlöten wir mit dem kurzen Basisanschluß von T_2. Außerdem verschrauben wir mit dem Kühlkörper gleich eine Lötöse als Kollektoranschluß für beide Transistoren sowie den Widerstand R_6.

Eine Montageplatte nimmt die »Kleinteile« auf

Die Widerstände R_2 bis R_5 sowie alle Kondensatoren und Dioden ordnen wir auf einer 2 bis 3 mm dicken Hartpapierplatte an. Dort, wo Lötstützpunkte erforderlich sind, nieten wir Lötösen ein. Die Abmessungen der Platte sowie die Lage der Bauelemente entnehmen wir Bild 3.9. Die Verbindungsleitungen auf der Plattenunterseite sind rot dargestellt. Zum Anschluß der negativen Pole der vier Elektrolytkondensatoren mit Schraubbefestigung legen wir je eine Ringscheibe mit Lötfahne unter. Bei D_1 bis D_3 schrauben

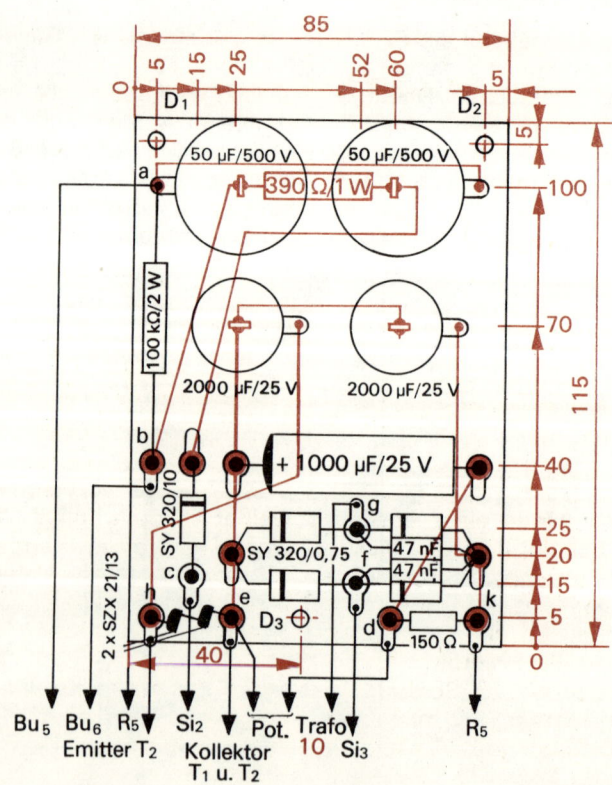

Bild 3.9   So bestücken und verdrahten wir die Montageplatte.

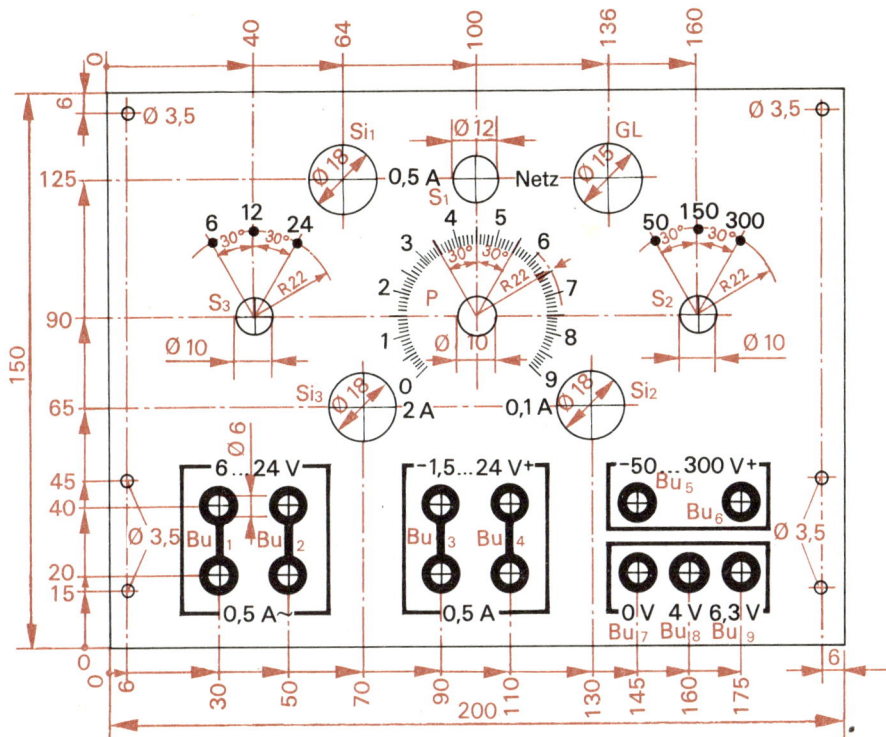

Bild 3.10   Das Negativ für die Frontplatte des Stromversorgungsgerätes

wir die Montageplatte später auf der Grundplatte des Stromversorgungsgerätes fest.

Wir gestalten die Frontplatte

Sie ist das »Gesicht« unseres Stromversorgungsgerätes und muß ordentlich aussehen. Deshalb fertigen wir am besten auf fotografischem Wege ein Deckblatt an. Zunächst wird nach Bild 3.10 mit schwarzer Tusche das »Negativ« in Originalgröße auf Transparentpapier gezeichnet. Dann setzen wir in einer entsprechend großen Schale Papierentwickler an, in eine zweite gleichgroße Schale füllen wir Leitungswasser und geben eine geringe Menge Essig zu, die dritte Schale schließlich enthält das Fixierbad. Als Fotopapier verwenden wir die Sorte extrahart der Größe 180 mm × 240 mm. Läßt sich unser Arbeitsraum verdunkeln, können wir sofort das Deckblatt herstellen. Ist dies nicht möglich, warten wir bis zum Abend. Auf das mit der Schichtseite nach oben zeigende Fotopapier kommt unser transparentes Negativ. Eine kratzerfreie Glasplatte drückt beide Papiere gleichmäßig aufeinander. Zum Belichten können wir – falls vorhanden – einen Vergrößerungsapparat verwenden. Eine einfache Opallampe etwa einen Meter über dem Papier genügt aber auch. Die richtige Belichtungszeit ermitteln wir anhand von Probestreifen. Das belichtete Papier wird dann entwickelt, zwischengewässert, fixiert, gewässert und getrocknet.

Das fertige schwarze Deckblatt mit weißer Beschriftung ist nun auf eine 4 mm dicke Hartpapierplatte von 150 mm × 200 mm zu kleben. Das machen wir folgendermaßen: Zuerst wird die Platte mit Sandpapier einseitig abgeschmirgelt, dann wird mit Duosan oder Mökol Zeichenpapier ohne Faltenbildung aufgeklebt. Zum gleichmäßigen Andrükken eignet sich gut ein Rollenquetscher. Nach etwa einer Stunde ist der Leim getrocknet, und nun kleben wir mit einer säurefreien Fotopaste das Deckblatt auf

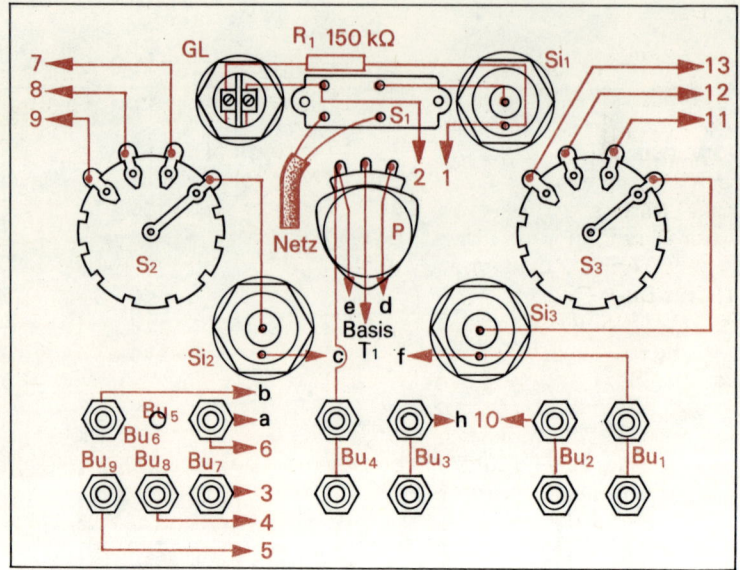

rote Ziffern: Trafoanschlüsse
schwarze Buchstaben: Lötösen der Montageplatte

Bild 3.11   Verdrahtungsplan der Frontplatte

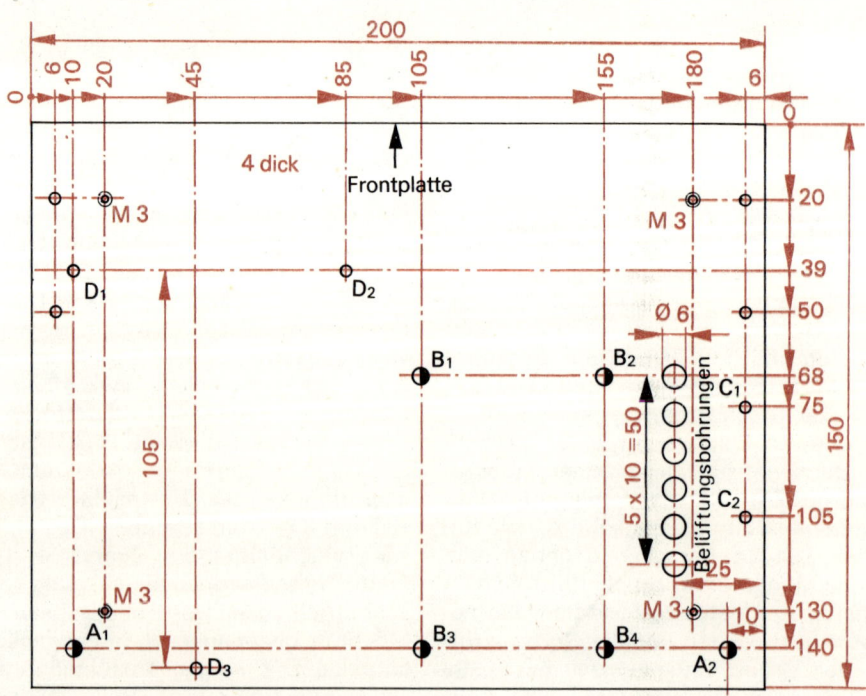

◑ Bohrungen Ø 4,1   alle übrigen Ø 3,1

Bild 3.12   Die Grundplatte des Stromversorgungsgerätes

die Papierlage. Das Ganze lassen wir zwei bis drei Stunden trocknen. Dann bohren wir die Löcher für die an der Frontplatte zu befestigenden Bedienelemente und setzen diese ein. Für die Spannungen unter 42 V ($Bu_1...Bu_4$, $Bu_7...Bu_9$) dürfen wir einfache Telefonbuchsen verwenden, für den Mittelspannungsausgang kommen nur Telefonbuchsen mit isoliertem Kopf oder Apparateklemmen in Betracht (Bu_5 und Bu_6). Die Rückseite der Frontplatte verdrahten wir nach Bild 3.11 und verfolgen gleichzeitig die Leitungsführung im Stromlaufplan (s. Bild 3.6).

Nun müssen wir zunächst die Lötarbeiten unterbrechen und weitere Bauteile herstellen. Das Bohrschema der Grundplatte entnehmen wir Bild 3.12. Zwei Winkel W_4 aus Eisenblech (vgl. Tafel 1 im Anhang) verbinden die Grundplatte mit der Frontplatte. Die Dreieckseiten sollen mit den beiden Plattenrändern gleichmäßig abschließen. Dann fertigen wir zwei weitere Winkel W_1 mit folgenden Maßen in mm: $a = 30$, $b = 15$, $c = 20$, $d = 1$, $e_1 = e_2 = 4,5$, $f_1 = 10$, $f_2 = 5$, $g = 10$, $h = 0$. An der Bohrung e_1 kleben wir mit Epasol EP 11, nach der abgewinkelten Seite zeigend, eine Mutter M4 an.

So verläuft die Endmontage

In den Bohrungen A_1 und A_2 der Grundplatte schrauben wir mit je einer Schraube und Mutter M4 die beiden Winkel W_1 so an, daß die freien Schenkel in einer Ebene mit den Dreieckflächen der Frontplattenwinkel liegen. Dann wird bei B_1 und B_4 der Trafo ebenfalls mit Schrauben und Muttern M4 und bei C_1 und C_2 der Transistorkühlkörper mit Schrauben und Muttern M3 befestigt. Die Gewindebohrungen M3 dienen zum Anschrauben der Gummifüße.

Nun können wir weiter verdrahten. Zunächst verbinden wir die Trafoausgänge 6 bis 13 mit den Umschaltern S_2 und S_3 sowie den Telefonbuchsen Bu_5 und Bu_2. Bild 3.11 zeigt, wie wir anschließen müssen. Jeder Draht wird exakt gebogen und einzeln gelötet. Wir ordnen die Drähte so an, daß wir sie später in einem *Kabelbaum* zusammenlegen können. Dann schließen wir die Buchsen Bu_7, Bu_8 und Bu_9 in der richtigen Reihenfolge an die Trafoausgänge 3, 4 und 5 sowie den Hauptschalter S_1 und die Sicherung Si_1 an die Anschlüsse 1 und 2 der Primärwicklung an.

Die Montageplatte wird mit 30 mm lan-

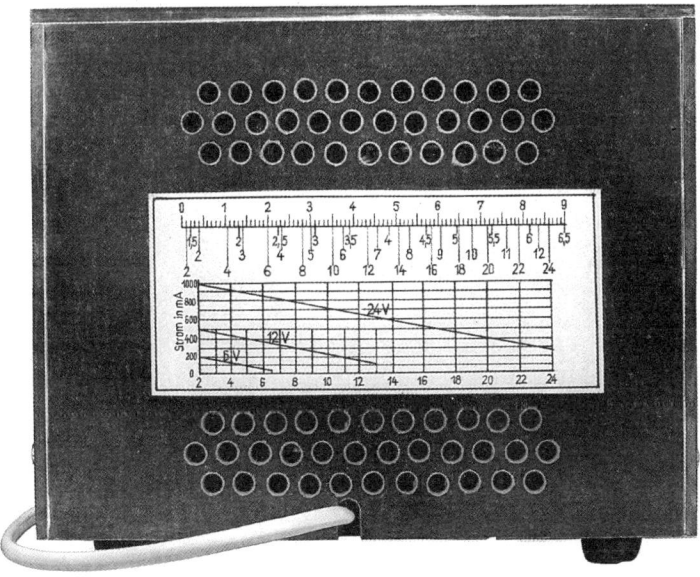

Bild 3.13   Tafel der Ausgangsspannungen und -ströme des Niederspannungsteiles auf der Gehäuserückwand

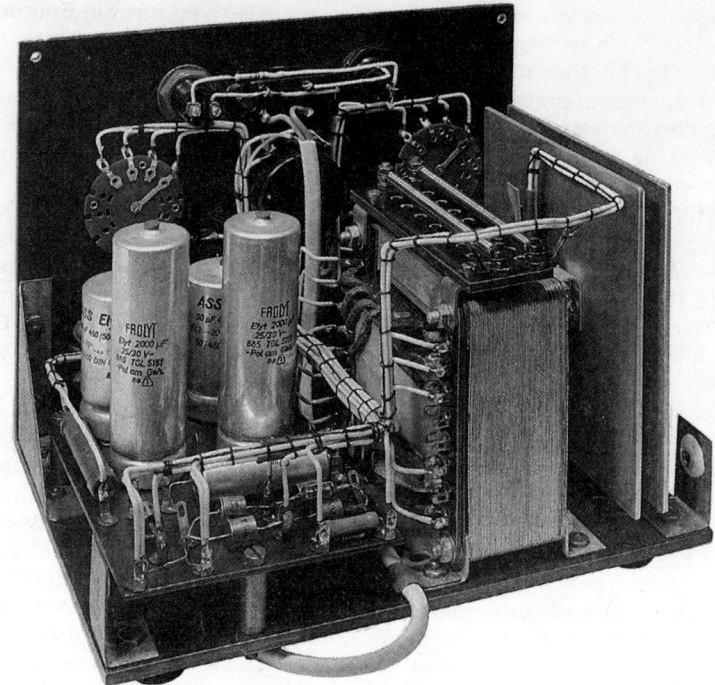

Bild 3.15   Blick in den Aufbau des Stromversorgungsgerätes

Bild 3.16   Unser Stromversorgungsgerät

gen Schrauben M3 bei D_1 bis D_3 auf der Grundplatte angeschraubt. Den richtigen Abstand von 20 mm zwischen Grundplatte und Montageplatte stellen drei Klötzchen aus Hartholz oder Metall her. Sie erhalten eine Bohrung von 3,5 mm Durchmesser. Nun können die Verbindungsleitungen zwischen Montageplatte und Frontplatte (a bis f und h) sowie dem Drahtwiderstand (h und k) und der Transistoreinheit (e und h) verlegt werden. Zum Schluß verbinden wir noch den Mittelabgriff des Potentiometers mit dem Basisanschluß von T_1 und schließen das Netzkabel an; eine passende Schelle klemmt es bei B_3 an der Grundplatte fest.

Das so weit aufgebaute Gerät ist nunmehr einem Elektrofachmann zur Begutachtung vorzustellen. Erst nach seiner Aufforderung setzen wir die Sicherungen ein und führen erste Kontrollmessungen durch. An die Wechselspannungsmessung schließt sich die Gleichspannungsmessung an. Zwischen den Buchsen Bu_3 und Bu_4 müssen in Stellung »6 V« von S_3 1,35 V bis 6,5 V, in Stellung »12 V« 1,50 V bis 13 V und in Stellung »24 V« 1,70 V bis 24 V, an den Buchsen Bu_5 und Bu_6 etwa 75 V, 210 V und nahezu 400 V zu messen sein.

Damit wir später am Niederspannungsausgang auch ohne Meßgerät definierte Spannungen einstellen können, empfiehlt sich die Aufnahme einer entsprechenden Tabelle oder Grafik, passend zur Teilung um P auf der Frontplatte, die wir – so wie aus Bild 3.13 ersichtlich – mit dem Diagramm der maximal entnehmbaren Ströme kombinieren. Am besten bringen

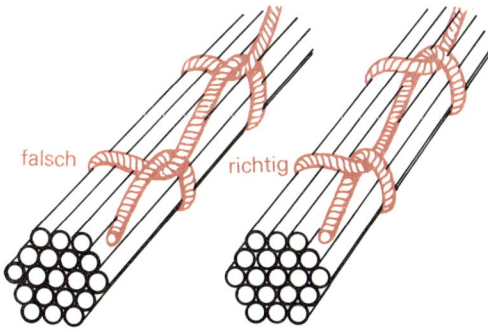

falsch   richtig

Bild 3.14   So wird ein Kabelbaum gebunden.

wir diese Tafel (mit den am selbstgebauten Gerät gemessenen Werten) an der Rückseite des noch zu fertigenden Gehäuses an.

Sollten wir von vornherein auf Versuche mit Elektronenröhren verzichten und uns nur auf Experimente mit Halbleiterbauelementen orientieren, vereinfacht sich der Aufbau des Stromversorgungsgerätes beträchtlich. Wir greifen dann auf einen handelsüblichen Netztrafo für 24 V Sekundärspannung bei 1 A...1,5 A zurück, der nicht einmal unbedingt die Abgriffe für 6 V und 12 V haben muß; mit P läßt sich jede gewünschte Gleichspannung zwischen etwa 1,5 V und 24 V einstellen. Unsere Ausführung bietet den Vorteil, energiesparend experimentieren zu können. Wenn wir beispielsweise bei 4,5 V maximal 100 mA brauchen, genügt die Wechselspannung von 6 V – daran sollten wir immer denken. Die höchste Welligkeitsspannung am Niederspannungsausgang liegt übrigens bei $\Delta U \approx 12$ mV.

Nach den Kontrollmessungen binden wir die Kabelbäume – selbstverständlich bei gezogenem Netzstecker! Wie man das richtig macht, entnehmen wir Bild 3.14. Bild 3.15 zeigt den Aufbau des Stromversorgungsgerätes. Damit es nicht übermäßig verstaubt oder wir gar unbeabsichtigt in die Verdrahtung greifen, bauen wir noch ein Gehäuse. Rückwand und Oberseite versehen wir mit genügend Bohrungen, damit eine gute Belüftung gesichert ist und kein Wärmestau eintritt. Das nunmehr betriebsbereite Stromversorgungsgerät können wir im Bild 3.16 betrachten.

Wenn wir anschließend Versuche mit dem Stromversorgungsgerät durchführen, halten wir folgende Regeln strikt ein:
– *Vor dem Einschalten Versuchsaufbau gründlich auf Schaltungsfehler untersuchen!*
– *Vor Verlassen des Experimentierplatzes alle Bedienelemente auf niedrigste Spannungswerte schalten, Hauptschalter ausschalten und Netzstecker aus der Steckdose entfernen!*
Da Spannungen oberhalb 42 V für den menschlichen Organismus lebensgefährlich werden können, machen wir uns fol-

gende Vorschriften zur selbstverständlichen Gewohnheit:
- *Während der Versuchsdurchführung keine blanken Stellen innerhalb der Leitungsführung berühren!*
- *Niemals eine Schaltung unter Spannung ändern! Auch bei kleinen Schaltungsänderungen erst alles abschalten und Versuchsaufbau von der Spannungsquelle trennen!*

4. Experimente mit den Grundbauelementen

Nach unseren bisherigen Erfahrungen läßt sich ein Widerstand mit Hilfe der Gleichung $R = \dfrac{U}{I}$ berechnen. Diesen Zusammenhang wollen wir experimentell bestätigen. Zu diesem Zweck messen wir den durch einen Widerstand bekannter Größe bei einer bestimmten Spannung fließenden Strom. Als Meßgerät verwenden wir einen industriell hergestellten Vielfachmesser. Die erforderliche Gleichspannung entnehmen wir dem Niederspannungsausgang unseres Stromversorgungsgerätes. Zunächst ermitteln wir nach Bild 4.1 bei angeschlossenem Widerstand die Spannung, dann den fließenden Strom. Mit zwei Meßgeräten können wir auch Strom und Spannung gleichzeitig messen. Hat unser Schichtwiderstand eine Größe von 4,7 kΩ und zeigen die Meßgeräte die Werte $U = 20$ V, $I = 4,3$ mA an, so erhalten wir durch Division

$$R = \frac{U}{I} = \frac{20\,\text{V}}{4,3\,\text{mA}} = 4,65\,\text{k}\Omega \;.$$

Der berechnete Wert stimmt recht gut mit dem aufgedruckten überein. Mit diesem Verfahren erhalten wir jedoch keine sehr genauen Ergebnisse, weil jedes Meßgerät einen Innenwiderstand hat. Für unsere Belange reicht die Genauigkeit aber aus. Da wir in diesem Versuch mit Gleichstrom gearbeitet haben, bezeichnen wir den Widerstand auch als *Gleichstromwiderstand* oder als *ohmschen Widerstand*. Wiederholen wir den Versuch mit Wechselstrom! Bei einer Wechselspannung von $U_\sim = 24$ V fließt ein Strom $I_\sim = 5,2$ mA. Der *Wechselstromwiderstand* beträgt demnach

$$R_\sim = \frac{U_\sim}{I_\sim} = \frac{24\,\text{V}}{5,2\,\text{mA}} = 4,62\,\text{k}\Omega \;.$$

Beide Werte unterscheiden sich kaum. Wir wollen nun einige Versuche durchführen, die uns zeigen, daß sich nicht alle »Widerstände« im Wechselstromkreis genau wie im Gleichstromkreis verhalten.

Im Wechselstromkreis treten neue Erscheinungen auf

Ein ohmscher Widerstand von 330 Ω und ein Becherkondensator von 10 µF sind nach Bild 4.2 mit je einem Glühlämpchen von 4 V/0,1 A in Reihe geschaltet. Beide Widerstandskombinationen legen wir

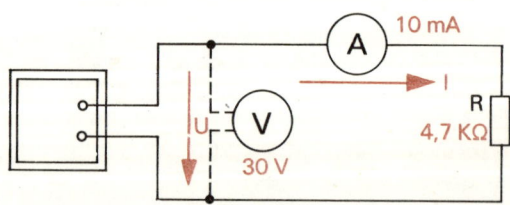

Bild 4.1 *So werden Widerstandswerte durch Strom- und Spannungsmessung ermittelt.*

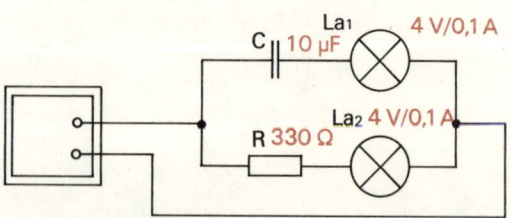

Bild 4.2 *Kondensator und ohmscher Widerstand an Gleichspannung und an Wechselspannung*

gleichzeitig an eine Gleichspannung von 24 V. Nur das Lämpchen hinter dem ohmschen Widerstand leuchtet, das andere bleibt dunkel. Das darf uns nicht wundern, denn der Kondensator stellt ja eine Leitungsunterbrechung dar. Verwenden wir nun beim nächsten Versuch eine Wechselspannung von 24 V. Jetzt brennen zu unserer Überraschung beide Lämpchen etwa gleich hell. Unser Kondensator hat im Wechselstromkreis *scheinbar* einen Widerstand von etwa 300 Ω, während er im Gleichstromkreis einen sehr großen hat. Wir wollen den Wechselstromwiderstand des Kondensators als *kapazitiven* Widerstand bezeichnen und ihm – zur Unterscheidung vom ohmschen Widerstand – das Symbol X_C verleihen. Untersuchen wir ihn etwas genauer!

Der Kondensator an Wechselspannung

An drei Kondensatoren von 1 µF, 2 µF und 10 µF messen wir bei 24 V Wechselspannung den jeweiligen Wechselstrom. Wir schalten nach Bild 4.1, allerdings mit dem betreffenden Kondensator anstelle des Widerstandes und mit höherem Strommeßbereich. Anschließend berechnen

wir über $X_C = \dfrac{U}{I}$ den Widerstandswert

und erhalten folgende Tabelle:

C in µF	U in V	I in mA	X_C in kΩ
1	24	7,5	3,2
2	24	15	1,6
10	24	75	0,32

Mit steigender Kapazität fällt der kapazitive Widerstand, der außerdem noch von der Frequenz des Wechselstromes abhängt:

$$X_C = \frac{1}{2\pi \cdot f \cdot C}.$$

Zum Nachweis der Richtigkeit dieser Beziehung berechnen wir X_C für $C = 10$ µF und $f = 50$ Hz und erhalten

$$X_C = \frac{1}{2\pi \cdot 50\,\mathrm{s}^{-1} \cdot 10 \cdot 10^{-6}\,\frac{\mathrm{As}}{\mathrm{V}}} = 318\,\Omega.$$

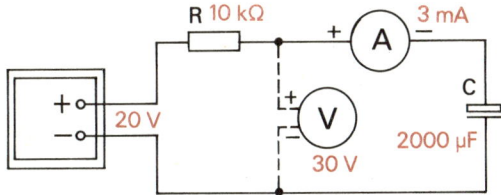

Bild 4.3   Wir laden einen Kondensator auf.

Neben diesem Zusammenhang ist noch eine weitere, für den Wechselstromkreis typische Erscheinung von Interesse. Auch wenn es paradox erscheinen mag, das betreffende Experiment nach Bild 4.3 führen wir mit Gleichspannung durch. Ein Kondensator von 2000 µF liegt mit einem Widerstand von 10 kΩ in Reihe an der Spannungsquelle; der Strommesser wird zunächst nicht gebraucht. Zwei Minuten lang lesen wir alle 10 Sekunden die Kondensatorspannung ab, übertragen die zu den angegebenen Zeiten ermittelten Spannungswerte in ein Diagramm nach Bild 4.4, verbinden die eingezeichneten Punkte und erhalten die Spannungskurve einer Kondensatoraufladung.

Anschließend entladen wir bei abgeschaltetem Stromversorgungsgerät den Kondensator über einen Widerstand von etwa 1 kΩ. Dann nehmen wir die Ladestromkurve in der gleichen Art wie die Spannungskurve auf. Als Ergebnis halten wir fest: Bei einem Einschaltvorgang hat die Spannung am Kondensator den Wert Null, der Strom dagegen ein Maximum. Nach einer gewissen Zeit erreicht die Spannung ein Maximum, während der Strom auf Null sinkt. Ersetzen wir nun in Gedanken die Gleichspannung durch eine Wechselspannung, dann fließt auch im Moment des Nulldurchgangs in Richtung positiv wachsender Augenblicksspannung der Maximalstrom. Er sinkt auf Null, wenn die Augenblicksspannung ihren Größtwert annimmt (vgl. Bild 4.6a). Am Kondensator erreicht also der Strom eine Viertelperiode vor der Spannung sein Maximum, er eilt der

Spannung um $\dfrac{T}{4}$ voraus. Diese Entscheidung bezeichnen wir als *Phasenverschiebung* zwischen Strom und Spannung.

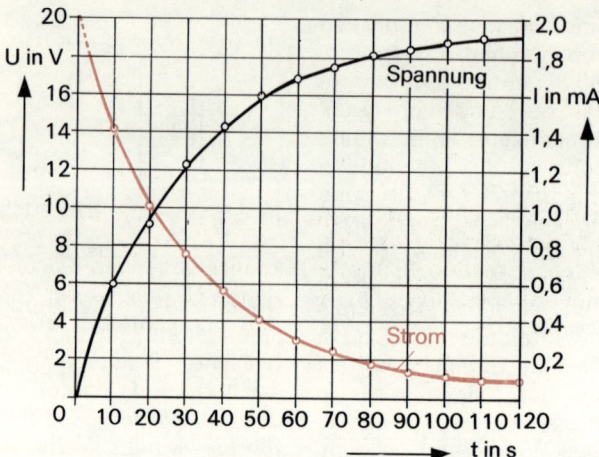

*Bild 4.4   Strom- und Spannungsverlauf während der
Aufladung eines Kondensators*

Die Spule an Wechselspannung

Schauen wir uns die Verhältnisse auch an
der Spule an; zuvor müssen wir sie jedoch wickeln. Wir verwenden einen Kern
EI 66, beispielsweise von einem ausgedienten Lautsprecherübertrager. Zum
Wickeln verwenden wir CuL 0,5, den wir
wieder sauber Windung an Windung legen. In jede Lage passen 50 Windungen.
Insgesamt erhält die Spule 600 Windungen; Anzapfungen bringen wir bei der
hundertfünfzigsten und dreihundertsten
an. Dann schieben wir sämtliche E-Kern-
bleche in die Spulenöffnung, legen anschließend alle I-Bleche in die Montage-
kappe und stülpen sie über den E-Kern.
Zwischen E-Kern und I-Kern darf kein
Luftspalt vorhanden sein.

Und nun zu den Versuchen. Nach
Bild 4.2 legen wir unsere beiden Lämpchen 4 V/0,1 A parallel an eine Gleichspannung von etwa 6 V. In einem Lam-
penzweig liegt anstelle des Kondensators
die Experimentierspule mit 600 Windungen, La$_2$ liegt ohne Widerstand direkt an
der Spannungsquelle. Schalten wir die
Spannung ein, leuchtet La$_1$ etwas später
als La$_2$ auf. Die Induktivität der Spule bewirkt ein verzögertes Anwachsen des
Lampenstromes. Uns interessiert hier
aber etwas anderes: Der Gleichstromwiderstand der Spule muß gering sein,
denn beide Lämpchen leuchten etwa

gleich hell Ersetzen wir nun die Gleichspannung durch eine Wechselspannung
von 6 V. Jetzt leuchtet nur La$_2$, La$_1$ bleibt
dunkel. Der Wechselstromwiderstand der
Spule – wir nennen ihn *induktiven Widerstand X$_L$* – muß beträchtlich größer als
der Gleichstromwiderstand sein.

Nun bauen wir nach Bild 4.2 in den
zweiten Lampenkreis einen ohmschen
Widerstand von 330 Ω ein und erhöhen
die Wechselspannung auf 24 V. Beide
Lämpchen zeigen jetzt etwa die gleiche
Helligkeit; der induktive Widerstand unserer Spule muß demnach in der Größenordnung des ohmschen Widerstandes
liegen. Ermitteln wir zunächst den Gleichstromwiderstand der Spule (vgl. Bild 4.1).
Bei einer Spannung von 6 V fließt ein
Strom von 0,64 A. Wir berechnen einen

$$\text{Widerstand von } R = \frac{U}{I} = \frac{6 \text{ V}}{0,64 \text{ A}} = 9,4 \text{ }\Omega;$$

das ist einfach der Widerstand des Spu-
lendrahtes. Den induktiven Widerstand
wollen wir in Abhängigkeit von den Windungszahlen feststellen. Wir verwenden
einheitlich eine Wechselspannung von
12 V:

N	U in V	I in mA	X$_L$ in Ω
150	12	570	21
300	12	140	86
600	12	35	343

Die nach $X_L = \dfrac{U}{I}$ errechneten Werte für den jeweiligen induktiven Widerstand sind bereits eingetragen. Während die Windungszahlen im Verhältnis 1:2:4 stehen, verhalten sich die zugehörigen Wechselstromwiderstände etwa wie 1:4:16. Damit haben wir eine wichtige Gesetzmäßigkeit gefunden: Die Quadrate der Windungszahlen verhalten sich wie die induktiven Widerstände, oder in symbolischer Schreibweise

$$\frac{N_1^2}{N_2^2} = \frac{X_{L1}}{X_{L2}}.$$

Und nun betrachten wir noch einmal Bild 2.5. Wir hatten dort festgestellt, daß der Kopfhörerstrom recht merklich auf die unterschiedliche Diodenankopplung reagierte. Da die Diode über den Hörerkondensator parallel zum Schwingkreis liegt, müßte ihr Widerstand unendlich groß sein, damit die *Dämpfung* des Kreises möglichst klein bleibt. Der Durchlaßwiderstand einer Halbleiterdiode ist aber alles andere als unendlich groß. Also wird der Schwingkreis vom Diodenwiderstand stark belastet.

Legen wir aber – wie bei unserem Diodenempfänger – die Diode nicht an alle 61 Windungen der Schwingkreisspule, sondern nur an 5, so verhalten sich die Windungszahlen wie etwa 12:1 und die Wechselstromwiderstände demnach wie $12^2 : 1^2 = 144 : 1$. Dem Schwingkreis liegt damit der mehr als hundertfache Wert des Diodenwiderstandes parallel, und seine Dämpfung wird beträchtlich geringer. Er kann sich auf eine viel höhere Resonanzspannung »aufschaukeln«, so daß wir noch eine größere Spannung an der Diode liegen haben, als wenn wir sie ohne Anzapfung an den Schwingkreis anschließen. Das »Aufschaukeln« der Spannung tritt aber nur bei der sogenannten *Resonanzfrequenz* ein, so daß die *Trennschärfe* des Kreises vergrößert wird.

Nach diesem Nachtrag zum Diodenempfänger nun wieder zurück zum induktiven Widerstand.

In den uns bekannten Gleichungen für die Induktivität ist diese dem Quadrat der Windungszahl direkt proportional; L wird viermal so groß, wenn wir N verdoppeln.

Da der gleiche Zusammenhang auch zwischen X_L und N besteht, muß es zwischen X_L und L eine Beziehung der Form $X_L = a \cdot L$ geben.

Wie in der entsprechenden Gleichung für den kapazitiven Widerstand –

$$X_C = \frac{1}{2\pi \cdot f \cdot C} - \text{tritt auch hier neben der}$$

kennzeichnenden Größe des Bauelements (C bzw. L) der Faktor $2\pi \cdot f$ auf, so daß wir schreiben können: $X_L = 2\pi \cdot f \cdot L$. Unsere Spule mit 600 Windungen hat demnach eine Induktivität von

$$L = \frac{X_L}{2\pi \cdot f} = \frac{343\ \Omega}{2\pi \cdot 50\ \text{s}^{-1}} = 1{,}09\ \text{H}.$$

Abschließend sei auf eine kleine Ungenauigkeit hingewiesen. Der Wechselstrom- oder Scheinwiderstand einer Spule oder eines Kondensators ist nicht genau gleich dem induktiven bzw. kapazitiven Widerstand. Der Elektrotechniker unterscheidet deshalb zwischen dem

Scheinwiderstand $Z = \dfrac{U_\sim}{I_\sim}$, dem ohm-

schen Widerstand oder *Wirkwiderstand*

$R = \dfrac{U_\sim}{I_\sim}$ sowie dem induktiven bzw. ka-

pazitiven *Blindwiderstand* $X_L = 2\pi \cdot f \cdot L$

bzw. $X_C = \dfrac{1}{2\pi \cdot f \cdot C}$. Vollkommen »reine«

Blindwiderstände gibt es nicht; jede Spule hat zusätzlich einen Wirkwiderstand – bei unserer Spule ist er $9{,}4\ \Omega$ groß –, und kein Kondensatordielektrikum ist ein vollkommener Isolator. Für unsere weiteren Betrachtungen vernachlässigen wir das vorerst, müssen uns aber später wieder daran erinnern.

Eigenartiges Verhalten von Widerstandskombinationen im Wechselstromkreis

Anhand einer weiteren Versuchsreihe befassen wir uns mit dem besonderen Verhalten von Widerstandskombinationen. Dabei lernen wir auch die Funktion des Schwingkreises kennen.

Teilströme werden größer als der Gesamtstrom

Zunächst bauen wir einen Versuch nach Bild 4.5 auf. Von unserer Experimentierspule verwenden wir 150 Windungen, der Kondensator C hat eine Kapazität von 2 μF. Bei der Wechselspannung von 6 V brennen die Lämpchen La$_1$ und La$_2$ etwa gleich hell, Lampe La$_3$ bleibt dunkel. Wir schlußfolgern: X_C muß sehr viel größer als X_L sein; fast der gesamte Strom fließt über die Spule.

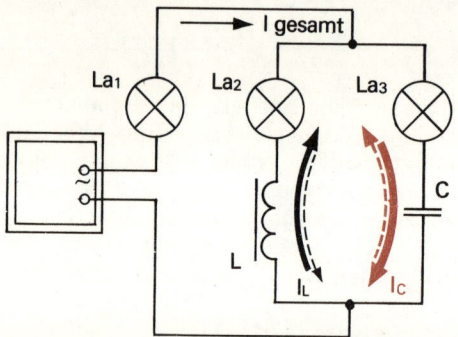

Bild 4.5   Spule und Kondensator in Parallelschaltung an Wechselspannung

Im nächsten Versuch verwenden wir alle 600 Windungen der Spule und erhöhen die Spannung auf 24 V. Jetzt leuchten La$_2$ hell, La$_1$ schwach und La$_3$, wie vorhin, überhaupt nicht. Der induktive Widerstand ist größer geworden, ist aber immer noch kleiner als der kapazitive. Nach wie vor fließt annähernd der gesamte Strom über die Spule. Aber warum leuchtet La$_1$ schwächer als La$_2$? Der Gesamtstrom muß also kleiner als der Strom im Spulenzweig sein. Vom Gleichstromkreis wissen wir, daß bei der Parallelschaltung von Widerständen die Summe der Teilströme den Gesamtstrom ergibt. Sollte dieses Gesetz keine allgemeine Gültigkeit haben? Nähern wir die beiden Blindwiderstände einander weiter an, indem wir die Kapazität des Kondensators auf 10 μF erhöhen. Der induktive Widerstand beträgt – wir erinnern uns – 343 Ω, der kapazitive 320 Ω. La$_2$ und La$_3$ brennen jetzt etwa gleich hell, La$_1$ verlischt. Die Teilströme I_L und I_C sind größer als der Gesamtstrom. Eine exakte Strom-

messung soll dieses Ergebnis bestätigen. Anstelle der Lämpchen bauen wir der Reihe nach einen Strommesser in die Schaltung und notieren folgende Meßwerte:

$I_C = 65$ mA, $I_L = 65$ mA, $I_{gesamt} = 12$ mA.

Warum ist bei dieser Parallelschaltung von Wechselstromwiderständen der Gesamtstrom kleiner als jeder der Teilströme?

Wie am kapazitiven Blindwiderstand tritt auch am induktiven eine Phasenverschiebung auf. Hier eilt jedoch die Spannung dem Strom um $\dfrac{T}{4}$ voraus (vgl. Bild 4.6 b). Wenn nun sowohl eine Spule als auch ein Kondensator an der gleichen Wechselspannung liegen, wie es bei der Parallelschaltung der Fall ist, dann beträgt die Phasenverschiebung zwischen dem Spulenstrom I_L und dem Kondensatorstrom I_C eine halbe Periode. Beide Zweigströme fließen gegeneinander und ergeben einen Gesamtstrom, der kleiner ist als jeder der Teilströme. Sind die bei-

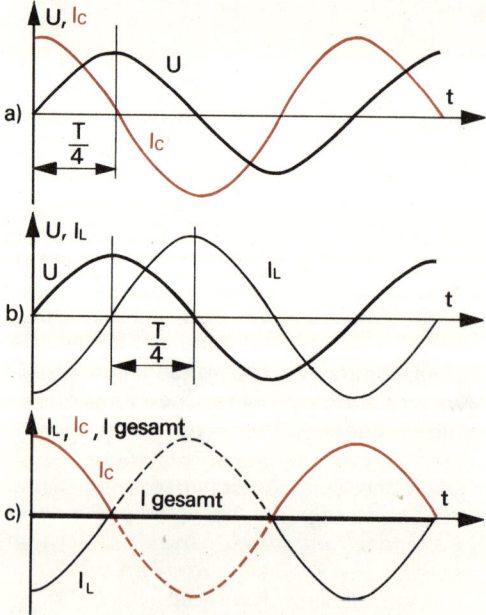

Bild 4.6   Zur Phasenbeziehung zwischen Strom und Spannung: a) am Kondensator, b) an der Spule, c) Die Strombeziehungen eines induktiven und eines gleich großen kapazitiven Blindwiderstandes in der Parallelschaltung

den Blindwiderstände gleich groß, muß der Gesamtstrom Null (s. Bild 4.6 c) werden. In unserer Parallelschaltung beträgt er aber noch 12 mA. Das liegt am ohmschen Widerstand der Spule und der Lampen bzw. des Strommessers.

Wenn wir die ursprüngliche Parallelschaltung von L und C als neuen Stromkreis auffassen, wird die Unterscheidung der beiden gleichen Teilströme I_L und I_C überflüssig. Der über beide Widerstände fließende Strom ist ein neuer Wechselstrom, eine *elektrische Schwingung*. Deshalb wird diese Schaltung als *Schwingkreis* bezeichnet. Aufgrund seiner beiden frequenzabhängigen Blindwiderstände hat er eine ganz bestimmte *Eigenfrequenz*. Aus $X_L = X_C$ bzw.

$$2\pi \cdot f \cdot L \doteq \frac{1}{2\pi \cdot f \cdot C} \text{ folgt}$$

$$f^2 = \frac{1}{4\pi^2 \cdot L \cdot C} \text{ und } f = \frac{1}{2\pi \cdot \sqrt{L \cdot C}}.$$

Induktivität und Kapazität bestimmen die Eigenfrequenz des Schwingkreises. In unserem Beispiel beträgt sie

$$f = \frac{1}{2\pi \cdot \sqrt{1 \text{ H} \cdot 10 \text{ μF}}}$$

$$= \frac{1}{2\pi \cdot \sqrt{1 \frac{V \cdot s}{A} 10 \cdot 10^{-6} \frac{A \cdot s}{V}}} = 50,3 \text{ Hz}$$

Die Eigenfrequenz stimmt also ziemlich mit der Netzfrequenz überein, die den Schwingkreis immer wieder anstößt. Diese Übereinstimmung von anstoßender Frequenz und Eigenfrequenz bezeichnen wir als *Resonanz*. In diesem Fall nimmt der Schwingkreisstrom ein Maximum an; er wird schnell kleiner, wenn die Anstoßfrequenz von der Eigenfrequenz abweicht (vgl. auch Bild 2.5).

Auf dieser Grundlage arbeitet der Schwingkreis unseres Diodenempfängers nach Bild 2.2. Hier fließt im »äußeren Stromkreis« Antenne-Erde nicht nur ein einziger Wechselstrom, sondern es fließen sehr viele Wechselströme unterschiedlicher Frequenz, entsprechend den einfallenden Senderschwingungen. Aber nur ein Sender vermag den Schwingkreis zu maximalen Schwingungen anzuregen, nämlich der, dessen Frequenz mit der Eigenfrequenz des

Schwingkreises übereinstimmt: ihn empfangen wir. Da wir die Kapazität unseres Drehkondensators verändern können, sind wir in der Lage, die Eigenfrequenz unseres Diodenempfängers mit jedem Mittelwellensender in Resonanz zu bringen, d. h. auf diesen *abzustimmen*.

Die Frequenzen der Rundfunksender liegen beträchtlich höher als die Netzfrequenz von 50 Hz. Angenommen, der Drehkondensator habe gerade eine Kapazität von 147,5 pF. Da unsere Empfängerspule eine Induktivität von 0,28 mH hat, könnten wir einen Sender der Frequenz

$$f = \frac{1}{2\pi \cdot \sqrt{0,28 \cdot 10^{-3} \text{ H} \cdot 147,5 \cdot 10^{-12} \text{ F}}}$$
$$= 783 \text{ kHz}$$

empfangen. Wenn wir einen Blick auf die Skale eines Rundfunkempfängers werfen, stellen wir fest, daß dieser Sender etwa in der Mitte des Mittelwellenbereiches zu finden ist.

16,5 + 16,5 = 24?

Zum Schluß unseres kleinen Ausfluges in das Gebiet der Wechselstromwiderstände untersuchen wir noch einen Sonderfall der Reihenschaltung. Wir bauen einen Versuch nach Bild 4.7 auf. Uns interessiert hier der Zusammenhang zwischen der anliegenden Spannung und den Spannungsabfällen. Die Kapazität des Kondensators beträgt 2 μF, sein kapazitiver Widerstand für 50 Hz demnach 1,6 kΩ. Etwa ebensogroß soll der Wert des ohmschen Widerstandes sein. Wir schalten zu diesem Zweck zwei Schichtwiderstände von je 3,3 kΩ parallel. Zunächst messen wir die anliegende Wechselspannung und lesen 24 V ab. Dann messen wir die Spannung über dem Wi-

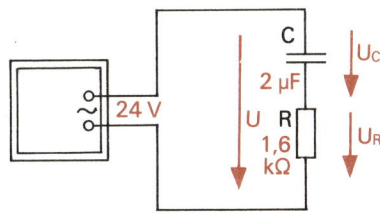

Bild 4.7 Widerstand und Kondensator in Reihenschaltung an Wechselspannung

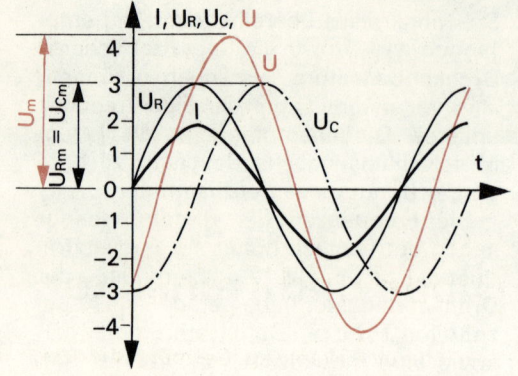

*Bild 4.8 Teilspannungen und
Gesamtspannung für die Reihenschaltung
eines Wirkwiderstandes mit einem
gleichgroßen Blindwiderstand*

derstand, anschließend die über dem
Kondensator. In beiden Fällen zeigt der
Spannungsmesser 16,5 V an und nicht
12 V, wie wir vielleicht erwartet hatten.
Der Grund dafür liegt wie bei der Parallel-
schaltung von Wechselstromwiderstän-
den in der Phasenverschiebung zwischen
Strom und Spannung. Betrachten wir

dazu Bild 4.8. Die stark ausgezogene
Kurve stellt den zeitlichen Verlauf des
Wechselstromes dar, der über beide Widerstände fließt. Am ohmschen Widerstand sind Strom I und Spannung U_R in
Phase, am kapazitiven Blindwiderstand
eilt der Strom I der Spannung U_C um $\dfrac{T}{4}$
voraus. Wenn wir nun punktweise beide
Teilspannungen addieren, erhalten wir
die farbig gezeichnete Kurve der Gesamtspannung U. Das Verhältnis der Maximal-
werte $\dfrac{U_m}{U_{Cm}}$ bzw. $\dfrac{U_m}{U_{Rm}} = \dfrac{4,2}{3} = 1,4$ stimmt
recht gut mit dem Verhältnis der Meß-
werte $\dfrac{24\,V}{16,5\,V} = 1,45$ überein. Der genaue
Wert dieses Verhältnisses beträgt $\sqrt{2}$.

Ist ein Wirkwiderstand mit einem
gleichgroßen Blindwiderstand in Reihe
an eine Wechselspannung geschaltet,
fällt über jedem von beiden das $\dfrac{1}{\sqrt{2}}$-fa-
che, d. h. etwa das 0,7fache der Gesamtspannung ab.

Verstärkertechnik

5. Grundversuche mit Diode und Transistor

In den zwanziger Jahren mußten sich die vom Geist des technischen Fortschritts besessenen Radioamateure oft stundenlang mit dem bereits erwähnten und äußerst unzulänglichen *Kristalldetektor* herumschlagen. Mit ihm konnte — so wie wir das ganz problemlos mit der Germaniumdiode im Kapitel 2 nachvollzogen haben — die empfangene Hochfrequenz-(HF-)Spannung »demoduliert« (gleichgerichtet) werden, wenn nach geduldigem Abtasten der Kristalloberfläche mit einer feinen Metallspitze die richtige Stelle gefunden war. Mit der Entwicklung der Elektronenröhre verlor der Detektor sehr rasch an Bedeutung. Wohl niemand ahnte damals, daß er eines Tages zum Ausgangspunkt einer Revolutionierung der gesamten Elektronik werden sollte. Und doch ist die Verwandtschaft der uns bereits gut bekannten Germaniumdiode mit dem Kristalldetektor unbestreitbar. Bild 5.1 stellt beide Bauelemente gegenüber. Wir erkennen in beiden Fällen die zwei wichtigsten Teile: Kristall und Kontaktdraht. Bei der Germaniumdiode ist die Metallspitze allerdings bereits vom Hersteller an der richtigen Stelle fest mit dem Kristall verschweißt; der große Nachteil des Kristalldetektors berührt uns heute nicht mehr.

Ähnlich wie im Mittelspannungsteil des Stromversorgungsgerätes wirkt die Diode auch in unserem ersten Empfänger als Gleichrichter. Im Stromversorgungsgerät werden die negativen Halbwellen der transformierten Netzwechselspannung gesperrt, im Diodenempfänger die der hochfrequenten Antennenspannung. Beschäftigen wir uns deshalb etwas genauer mit der Diode.

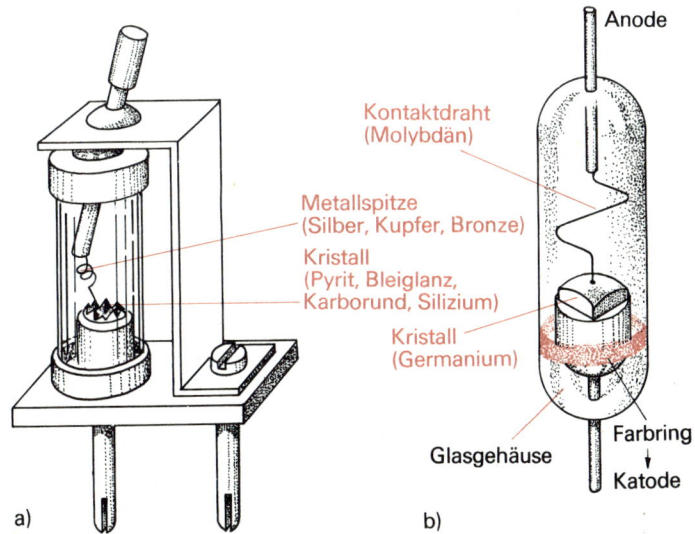

Bild 5.1   Kristalldetektor (a) und Germaniumspitzendiode (b)

43

pn-Übergang, Diode und Gleichrichtereffekt

Gegenwärtig ist vor allem Silizium (Si) als Ausgangsmaterial für Halbleiterbauelemente bedeutsam; Germanium (Ge) muß schon als historisch angesehen werden. Die Atome beider Elemente haben vier Außenelektronen, die alle für die Kristallbindung benötigt werden. Daher sind im technisch reinsten Halbleiter keine frei beweglichen Ladungsträger vorhanden, und das Material wirkt wie ein Isolator.

Ersetzt man jedoch eine begrenzte Anzahl von Atomen des Kristallmaterials durch solche mit drei oder fünf Außenelektronen, kommt es zu einer Kristallbaustörung. Dieser als *Dotieren* bezeichnete Vorgang kann bereits beim Ziehen des Halbleiterkristalls erfolgen, wenn der Schmelze das Störmaterial zugesetzt wurde. Mit dem fünfwertigen Phosphor gelangt beispielsweise je Phosphoratom ein für die Kristallbildung überflüssiges Elektron in das Si-Gitter, das als nunmehr frei beweglicher *negativer* Ladungsträger

vorhanden ist; der so dotierte Halbleiter ist vom n-Typ. Verwendet man dagegen dreiwertiges Bor, fehlt je Boratom ein Elektron für die Kristallbildung. Man spricht in diesem Fall von einer Fehlstelle bzw. einem Loch, das wie ein *positiver* Ladungsträger wirkt; dieses Silizium ist vom p-Typ. Solcherart vordotierte Kristalle bilden das Ausgangsmaterial für Dioden und Transistoren, bei denen allerdings an ganz bestimmten Stellen noch eine zusätzliche Umkehrung des Leitfähigkeitstyps erforderlich ist. Dieses erneute Dotieren geschieht heute vorwiegend mittels *Diffusion* in einem speziellen Elektroofen. Bei Temperaturen um 1 200 °C läßt man in Abhängigkeit von der Zeit und der genauen Temperatur die Atome des verdampften Störmaterials durch aufgelegte Masken nur an ausgewählten Stellen in die Kristalloberfläche eindringen; je länger der Prozeß dauert, um so tiefer dringen die Störatome vor.

So entsteht z. B. bei Diffusion mit Bor im ursprünglich n-leitenden Si-Kristall ein p-Gebiet mit einer Grenzschicht, dem *pn-Übergang*. Bild 5.2a zeigt den grundsätz-

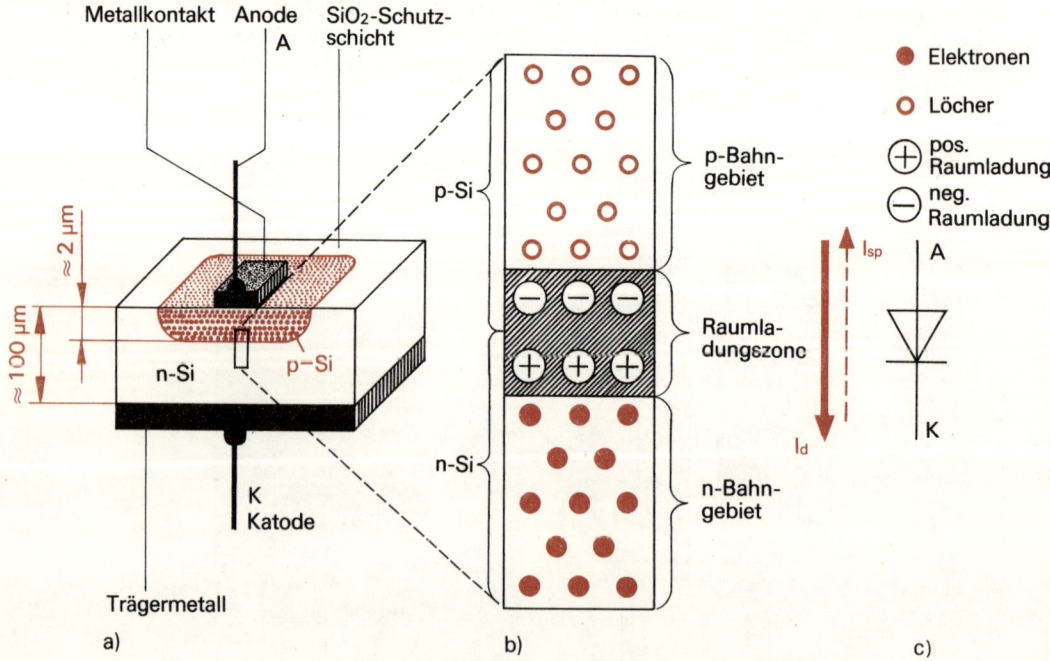

Bild 5.2   Prinzip einer Gleichrichterdiode (a), pn-Übergang (b) und Schaltungszeichen der Diode (c)

lichen Aufbau der so entstandenen Diode, Bild 5.2b einen vergrößerten Ausschnitt in schematischer Darstellung. In der Grenzschicht kommt es zu einem begrenzten Ladungsträgerausgleich, indem Elektronen aus dem n-Gebiet in das p-Gebiet wandern und dort Löcher auffüllen. Im n-Gebiet bleiben aber die in den Kristallbau einbezogenen Störatome zurück, denen nun am elektrischen Gleichgewicht die abgewanderten Elektronen fehlen. Der Rand des n-Gebietes lädt sich daher positiv auf, das angrenzende p-Gebiet durch die eingewanderten Elektronen negativ. Die sich so ausbildende *Raumladung* wirkt dem weiteren Ladungsträgerausgleich entgegen und ist Grundlage der Dioden- und Transistorfunktion.

Ein Experiment nach Bild 5.3 soll zunächst die Funktion der Diode klären helfen. R ist ein Arbeitswiderstand, der im Falle des Stromversorgungsgerätes durch den angeschlossenen Verbraucher und bei unserem Diodenempfänger vom Kopfhörer gebildet wird. Ziel des Versuches ist es, den Diodenstrom in Abhängigkeit von der anliegenden Spannung zu messen. Steht uns nur ein Meßgerät zur Verfügung, versehen wir ein 100-Ω-Schichtpotentiometer mit einer ähnlichen Skala, wie wir sie um P auf der Frontplatte des Stromversorgungsgerätes angebracht haben. Die Skala nehmen wir nach Vergleich mit einem Spannungsmesser und angeschlossener Flachbatterie von 0 bis 4,5 V auf. Da der *Querstrom* durch das Potentiometer

$$I_Q = \frac{4,5\ \text{V}}{100\ \Omega} = 45\ \text{mA}$$ beträgt, dürfen wir

dieser Spannungsquelle Ströme bis

$$I = \frac{I_Q}{10} \approx 5\ \text{mA}$$ entnehmen, ohne daß der

Spannungsfehler zu groß wird. Bei 0 beginnend, erhöhen wir die Spannung um jeweils 0,5 V, lesen die zugehörigen Ströme ab und notieren beispielsweise:

U in V	0	0,5	1,0	1,5	2,0
I in mA	0	0,15	1,5	3,1	4,7

Dann polen wir die Diode um und wiederholen den Versuch. Jetzt zeigt auch bei 4,5 V das Meßgerät keinen Strom an; die Diode sperrt den Stromfluß. In Wirklichkeit fließt ein Sperrstrom im nA-Bereich, den ein übliches Meßgerät aber nicht anzeigen kann.

Während des ersten Teilversuches lag am p-Gebiet der positive und am n-Gebiet der negative Pol der Spannungsquelle. Die frei beweglichen Ladungsträger werden in diesem Fall infolge der abstoßenden Wirkung gleichartiger Ladungen von beiden Seiten in den pn-Übergang »hineingedrückt«, so daß der von der Spannung abhängige *Durchlaßstrom* I_d fließen kann. Im zweiten Teilversuch werden dagegen die Löcher des p-Gebietes vom negativen und die Elektronen des n-Gebietes vom positiven Pol aus der Grenzschicht »abgesaugt«, und es fließt jetzt nur der — bei Si-Dioden nicht mehr meßbare — sehr geringe *Sperrstrom* I_{sp}. Im Ergebnis beider Teilversuche zeichnen wir entsprechend Bild 5.4a die *Arbeitskennlinie* der Gleichrichterdiode, mit deren Hilfe nun die Gleichrichterwirkung verständlich wird. Im Spannung-Zeit-Diagramm b ist eine Wechselspannung eingetragen, die anstelle der Kennlinien-Gleichspannung an der Diode liegen soll. Sie steigt mit positiver Polarität an und verursacht einen wachsenden Durchlaßstrom (vgl. Zeitdiagramm c, Punkte 1, 2 und 3). Dann fällt die Spannung wieder

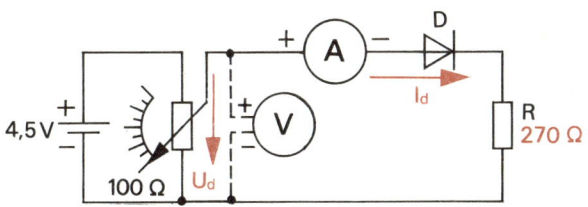

Bild 5.3   Schaltung zur Aufnahme der Diodenarbeitskennlinie
(D: SY 320/0,75)

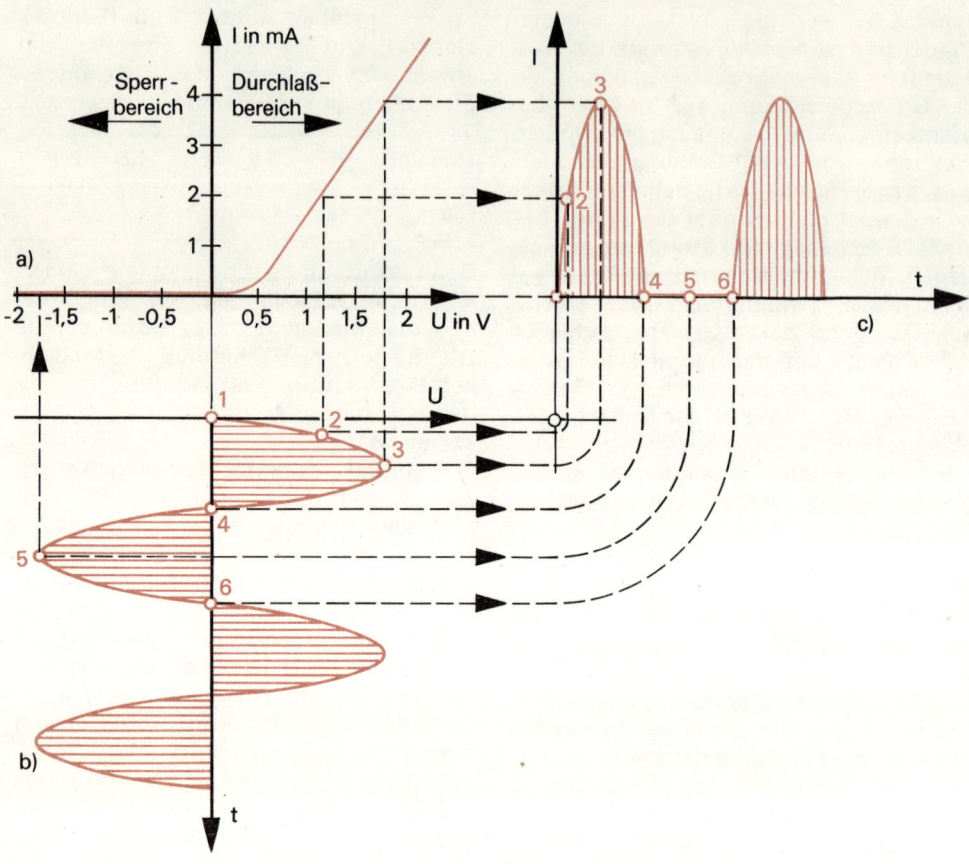

Bild 5.4   Zur Gleichrichterwirkung der Diode:
a) Arbeitskennlinie einer Diode, b) Anliegende Wechselspannung, c) Stromfluß

auf Null ab, und der Durchlaßstrom verhält sich ganz analog. Für die Zeitdauer der negativen Eingangsspannung fließt nur der sehr geringe Sperrstrom (4, 5 und 6); dann wiederholt sich der Vorgang von neuem. Wir prägen uns diese Art der Darstellung gut ein, denn noch öfter werden wir solche oder ähnliche Betrachtungen durchführen.

Der Transistor als Verstärker

Im Jahre 1948 wurde er von den drei amerikanischen Physikern John *Bardeen*, Walter Hauser *Brattain* und William *Shokley* bei Untersuchungen zur Entwicklung von Höchstfrequenz-Gleichrichtern, also fast zufällig, erfunden. Nachdem auf der Grundlage des Ge-Spitzentransistors die verschiedensten Arten entwickelt und

produziert wurden, setzt sich heute der Si-Planartransistor immer mehr durch; sein Prinzip entnehmen wir Bild 5.5a. Im Unterschied zur Diode sind hier zwei Diffusionsschritte erforderlich. Mit der ersten Diffusion wird im n-Si das Basis-p-Gebiet und in diesem wiederum mit der zweiten das Emitter-n-Gebiet erzeugt; es entsteht ein npn-Transistor. Ebenso werden auf der Grundlage von p-Si auch Typen mit der Zonenfolge pnp gefertigt. Zwischen den drei unterschiedlich dotierten Zonen bilden sich zwei pn-Übergänge aus, in deren Zusammenwirken die spezielle Funktion des Transistors besteht. Außerdem ist dafür eine nur etwa 0,2 μm »breite« Basiszone notwendig, die sich erst mit der Diffusionstechnik durch Temperatur- und Zeitmessung immer wieder genau herstellen läßt. Die Verwendung von Diffusionsmasken gestattet es, wiederholt genau gleiche topologische Strukturen und geometrische Abmessungen zu erzielen, so daß die Diffusionstechnik zur Grundlage der *billigen Massenfertigung datengleicher Exemplare* und zur Grundlage der *Mikroelektronik* geworden ist. Rechnet man für einen Transistor einen Flächenbedarf von 0,5 mm × 0,5 mm, lassen sich auf einer aus dem Kristall geschnittenen *Substratscheibe* mit 50 mm Durchmesser immerhin etwa 7000 Transistoren herstellen.

Wir nehmen eine Transistorkennlinie auf

Für die Verstärkerwirkung interessiert vor allem, wie der Kollektorstrom I_C als eine Ausgangsgröße von der zwischen Basis und Emitter am Transistoreingang liegenden Basisspannung U_{BE} abhängt; wir schalten nach Bild 5.6. Mit nur einem Meßgerät ist die Spannung wie bei der Diodenkennlinie nach der Potentiometerskale einzustellen, ab 0,5 V allerdings in Schritten von nur 0,05 V, da der Strom in diesem Bereich stark ansteigt. Noch unterhalb 0,7 V verharrt jedoch der Meßgerätezeiger; auch bei weiterem Erhöhen von U_{BE} bis höchstens 0,8 V steigt der maximale Kollektorstrom $I_{Cm} = 16$ mA nicht mehr an. Das bewirkt der Arbeitswiderstand R_C, an dem mit $U_{RC} = R_C \cdot I_C = 560 \, \Omega \cdot 16$ mA $= 8,96$ V nahezu die gesamte Betriebsspannung U_B abfällt. Die so ermittelte Arbeitskennlinie ist im Bild 5.7a dargestellt. Es dürfte einleuchtend sein, daß für ein gleichmäßiges Verarbeiten einer Wechselspannung durch den Transistor ein *Kollektorruhestrom* von halber Größe des Maximalstro-

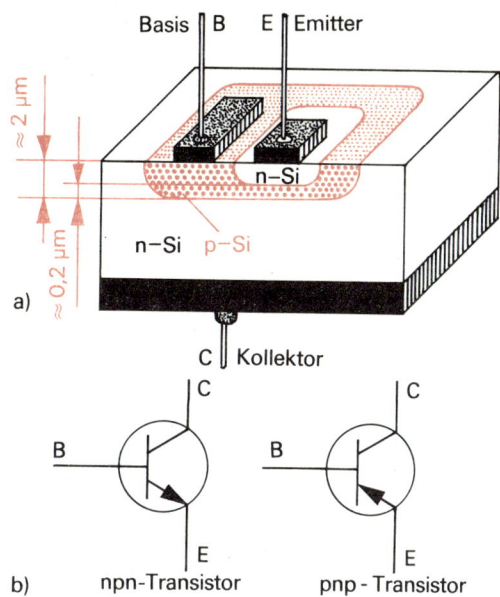

Bild 5.5 *Prinzip des Planartransistors (a) und Schaltungszeichen von Transistoren (b)*

mes fließen muß, der mittels Basisgleichspannung $U_{BE} \approx 0,6$ V einzustellen ist. Bei 8 mA Ruhestrom fallen über R_C etwa 4,5 V ab, und zwischen Kollektor und Emitter stellt sich eine Kollektorspannung $U_{CE} = U_B - U_{RC} = 9$ V $- 4,5$ V $= 4,5$ V ein. *Der Arbeitspunkt einer Verstärkerstufe liegt allgemein bei* $U_{CE} = \dfrac{U_B}{2}$.

Wie die dann zusätzlich an die Basis gelangende Wechselspannung den Kollektorstrom steuert, geht aus den Bildern 5.7b und c hervor. Da der Kollektorstrom auch über den Arbeitswiderstand fließt, entstehen an diesem ganz analoge

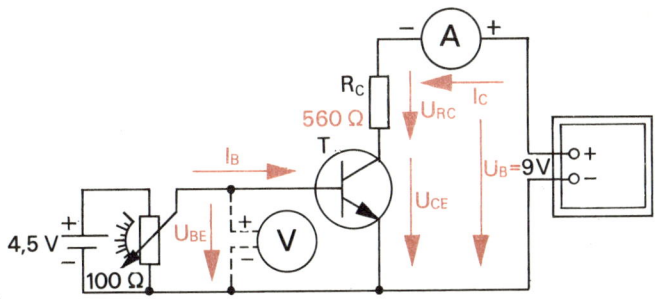

Bild 5.6 *Schaltung zur Aufnahme der Transistorarbeitskennlinie (T: SF 126)*

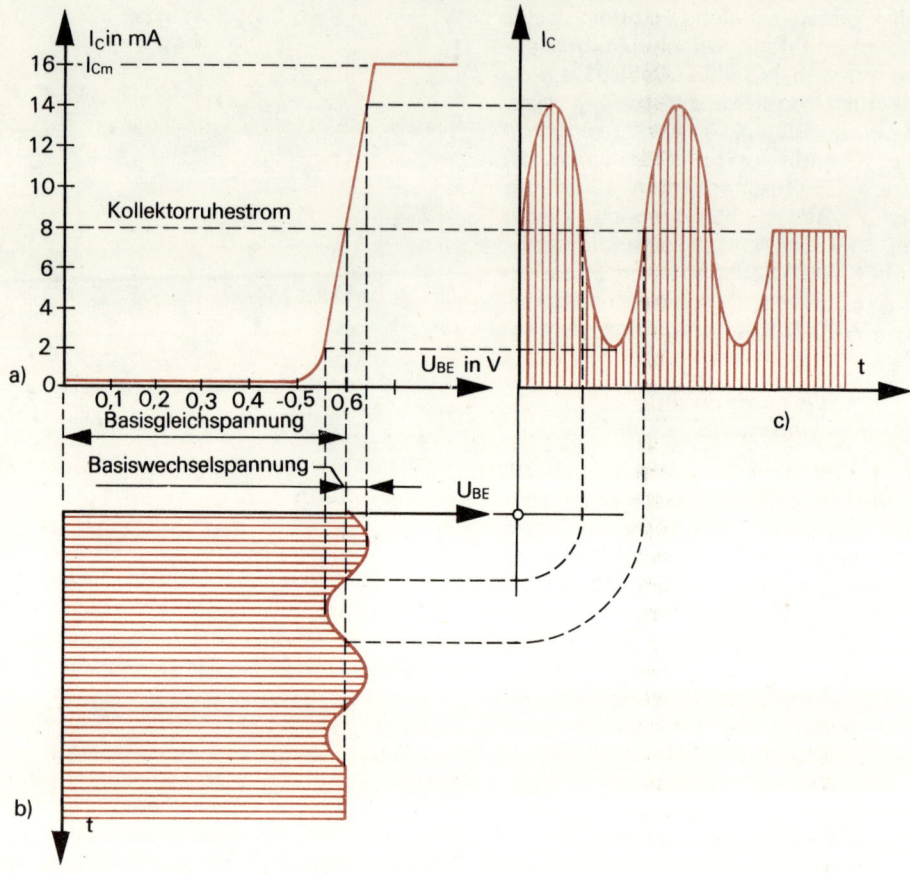

Bild 5.7   Zur Verstärkerwirkung des Transistors: a) Arbeitskennlinie eines Transistors, b) Basisspannung, c) Kollektorstromfluß

Spannungsänderungen. Nimmt z. B. die Basiswechselspannung einen Maximalwert von 50 mV an (0,65 V–0,6 V), fließt laut Kennlinie ein Kollektorstrom um 14 mA, U_{RC} beträgt 7,84 V und U_{CE} sinkt auf 1,16 V. Hat die Eingangsspannung U_{BE} also ihren Höchstwert, nimmt die Ausgangsspannung U_{CE} ihren niedrigsten Wert an und umgekehrt; *zwischen Eingangsspannung und Ausgangsspannung entsteht eine Phasenverschiebung von* $\dfrac{T}{2}$

oder 180 °. Aus dem Vergleich beider Zustände erkennen wir weiter, daß eine Basisspannungsänderung ΔU_{BE} = 50 mV eine Kollektorspannungsänderung ΔU_{CE} = 4,5 V – 1,16 V ≈ 3,3 V bewirkt; das ergibt eine *Spannungsverstärkung*

$$V = \frac{\Delta U_{CE}}{\Delta U_{BE}} = \frac{3,3\,\text{V}}{50\,\text{mV}} = 66\ .$$

Beim Aufbau der Regelschaltung des Stromversorgungsgerätes haben wir bereits die *Gleichstromverstärkung B* erwähnt. Um diese wichtige Größe eines Transistors zu ermitteln, ist z. B. der für den Kollektorruhestrom notwendige Basisstrom zu messen. Mit nur einem Meßgerät stellen wir zunächst I_C = 8 mA ein, entfernen den Strommesser aus der Kollektorleitung, verbinden R_C direkt mit dem Pluspol des Stromversorgungsgerätes und schalten das Meßgerät in die Leitung vom Mittelabgriff des Potentiometers zur Basis; am Musterexemplar wurde I_B = 0,1 mA gemessen. Die Gleichstromverstärkung beträgt demnach

$$B = \frac{I_C}{I_B} = \frac{8\ \text{mA}}{0,1\ \text{mA}} = 80\ .$$

Nach dieser Größe werden die Exemplare eines Typs in verschiedene Gruppen unterteilt.

Wir berechnen und bauen einen Verstärker für den Kopfhörer

Um den Transistor der Kennlinienschaltung samt Arbeitswiderstand als Verstärker für Wechselspannungen verwenden zu können, sind noch zwei Ergänzungen erforderlich: Erstens muß der Basisgleichstrom zum Einstellen des Arbeitspunktes analog der Prüfschaltung im Bild 3.7 aus der vorhandenen Betriebsspannung U_B erzeugt werden, und zweitens sind Eingang und Ausgang gleichspannungsfrei zu machen; so ergibt sich die Schaltung nach Bild 5.8. Dem ersten Zweck dient die aus einem Einstellwiderstand und einem Festwiderstand bestehende Reihenschaltung R_B. Je größer ihr Wert ist, um so kleiner wird der Basisstrom werden. Für ihn gilt $I_B = \dfrac{U_{RB}}{R_B}$, wobei U_{RB} um U_{BE} kleiner als U_B ist, also

$$I_B = \frac{U_B - U_{BE}}{R_B} \quad \text{bzw.} \quad R_B = \frac{U_B - U_{BE}}{I_B}\ . \quad \text{Mit}$$

$B = \dfrac{I_C}{I_B}$, $I_C = \dfrac{I_{Cm}}{2}$ und $I_{Cm} = \dfrac{U_B}{R_C}$ ergibt sich

weiter $B = \dfrac{U_B}{2 \cdot R_C \cdot I_B}$, woraus wir nach

Umstellung $I_B = \dfrac{U_B}{2 \cdot B \cdot R_C}$ erhalten und für

I_B in die Gleichung des Basiswiderstandes einsetzen können:

$$R_B = \frac{(U_B - U_{BE}) \cdot 2 \cdot B \cdot R_C}{U_B}\ .$$

Falls die Betriebsspannung U_B sehr viel größer als $U_{BE} \approx 0,6$ V ist, dürfen wir U_{BE} vernachlässigen und erhalten die Näherungsbeziehung

$R_B \approx 2 \cdot B \cdot R_C$.

In unserem Fall mit $R_C = 560\ \Omega$ und $B = 80$ berechnen wir $R_B \approx 2 \cdot 80 \cdot 0,56\ \text{k}\Omega \approx 90\ \text{k}\Omega$, so daß wir dafür einen Miniatur-Einstellwiderstand von 500 kΩ verwenden; der 4,7-kΩ-Festwiderstand begrenzt den Basisstrom auf maximal $\dfrac{9\ \text{V}}{4,7\ \text{k}\Omega} \approx 2\ \text{mA}$ bei

irrtümlich auf Null gestelltem Drehwiderstand. Den richtigen Arbeitspunkt stellen wir dann nach der Anzeige eines Spannungsmessers mit dem Einsteller auf $U_{CE} = 4,5$ V ein.

Die Kondensatoren C_B und C_C machen Eingang und Ausgang gleichspannungsfrei. C_B bildet mit dem Wechselstrom-Eingangswiderstand des Transistors und C_C mit dem hier anzuschließenden Kopfhörer eine Reihenschaltung von Wechselstromwiderständen, mit derem grundsätzlichen Verhalten wir uns bereits im 4. Kapitel auseinandergesetzt haben. Wir wissen, daß mit fallender Frequenz der kapazitive Widerstand zunimmt. Erreicht

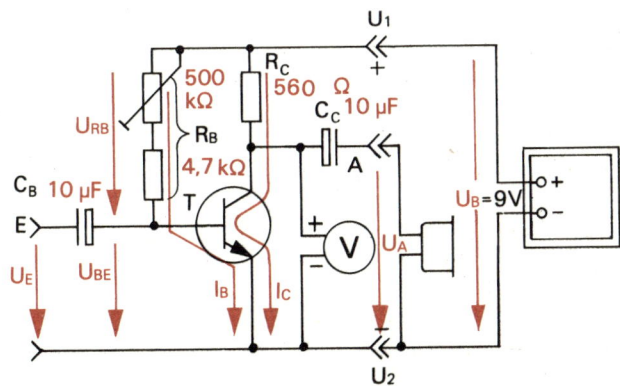

Bild 5.8 Stromlaufplan eines Wechselspannungsverstärkers für Kopfhörerbetrieb (T: SF 126)

der von C_B beispielsweise die Größe des Transistor-Eingangswiderstandes, fällt über beiden Teilwiderständen etwa das 0,7fache der Eingangsspannung ab; die entsprechende Frequenz bezeichnet man als *untere Grenzfrequenz* des Verstärkers. Damit die tiefsten Töne ebenso wie die hohen verstärkt werden, wählt man die Kapazität in Reihenschaltungen mit ohmschen Widerständen so, daß der kapazitive Widerstand bei 50 Hz höchstens ein Fünftel des ohmschen beträgt:

$$\frac{1}{2\pi \cdot f \cdot C} = \frac{R}{5} .$$ Da sowohl der Eingangs-

widerstand unseres Verstärkers als auch der eines elektromagnetischen Kopfhörers in der Größenordnung um 1 kΩ liegen, berechnen wir für beide Kondensatoren $C = \dfrac{5}{2\pi \cdot f \cdot R} = \dfrac{5}{2\pi \cdot 50 \, \text{s}^{-1} \cdot 10^3 \, \Omega}$

$= 15,9 \, \mu\text{F}$ und verwenden 22 μF.

Für den monofonen Betrieb eines modernen elektrodynamischen Stereokopfhörers fertigen wir einen Adapter aus einer Europabuchse und zwei Bananensteckern. An der Buchse werden die Anschlüsse 5 und 2 mit einer Drahtbrücke verbunden, und an 3 und 4 wird Litzendraht für die Bananenstecker gelötet.

Den Kollektorwiderstand des Verstärkers reduzieren wir in diesem Fall auf $R_C = 270 \, \Omega$ und stellen mit dem Einsteller wieder $U_{CE} = 4,5 \, \text{V}$ ein; die Stromaufnahme liegt dann bei 17 mA.

Wir bauen den Verstärker sowie alle noch folgenden Schaltungen jeweils zuerst auf einem 80 mm × 170 mm großen *Experimentierbrett* mit Lötösen auf, wie wir es im Bild 7.4 sehen. Die einzelnen Bauelemente sind so einzulöten, daß sie auch ohne Schwierigkeiten wieder auslötbar sind. Für Transistoren verwenden wir hier grundsätzlich Fassungen, damit verschiedene Exemplare schnell auf ihre Brauchbarkeit getestet werden können. Nach Einstellen des Arbeitspunktes schließen wir an den Verstärkerausgang den Kopfhörer, an den Eingang den Kopfhörerausgang des Diodenempfängers. Der Orts- bzw. Bezirkssender kann jetzt gut abgehört werden, ohne daß uns noch Nebengeräusche im Zimmer stören. Vom Verstärkungsgrad können wir uns leicht überzeugen, indem wir den Kopfhörer noch einmal direkt am Diodenempfänger anschließen. Nach der erfolgreichen Schaltungserprobung auf dem Experimentierbrett übertragen wir die erprobten Bauelemente auf eine Leiterplatte nach Bild 5.9.

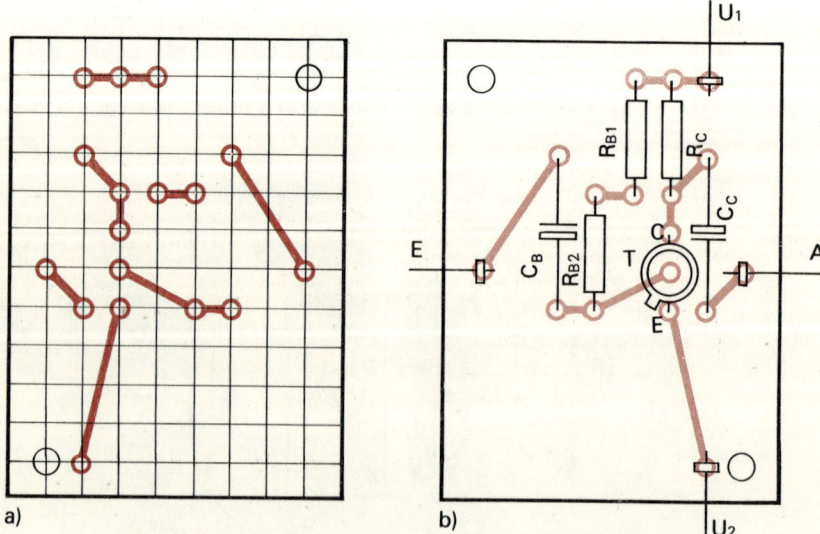

Bild 5.9 Leitungsführung (a) und Bestückungsplan (b) für die Leiterplatte des Kopfhörerverstärkers KV

Eine neue Verdrahtungsart: die gedruckte Schaltung

Ausgangspunkt für das Herstellen einer *Leiterplatte* – der Techniker bezeichnet sie als *Platine* – ist einseitig kupferkaschiertes Hartpapier von 1,5 mm Dicke. Die Kupferfolie ist nur 0,035 mm dick.

Für das Entwerfen der Leitungsführung zeichnet man zunächst auf weißes Papier einen Raster mit 5 mm Kantenlänge. Dann legen wir die einzelnen Bauelemente auf das Papier und übertragen ihre Größen. Die Lötstellen werden nach Möglichkeit nur an den Schnittpunkten der Rasterlinien markiert. Beim Zeichnen der Leitungsführung achten wir darauf, daß keine Leitungskreuzungen entstehen.

Im Bild 5.9a ist die Leitungsführung der Platine unseres ersten Verstärkers dargestellt. Dieses Bild übertragen wir maßstabsgerecht auf Papier. Mit Heftpflaster oder T-Band kleben wir es dann auf die vorher mit »Ata fein« entfettete und gesäuberte Folienseite des Hartpapiers und körnen sämtliche Bohrungen durch das Papier vorsichtig an. Nach Abnahme der Papierschablone zeichnen wir mit verdünnter Nitrofarbe zunächst die Kreisflächen um die Körnerpunkte und dann die Verbindungsleitungen. Bei richtiger Farbverdünnung können wir so arbeiten, wie wir es vom Zeichnen mit Tusche gewöhnt sind. Anschließend muß die nicht abgedeckte Kupferfolie durch Ätzen abgetragen werden. Wir verwenden dazu den handelsüblichen Ätzsatz oder Eisen-III-Chlorid ($FeCl_3$), das in Fachdrogerien zu haben ist. Die Ätzlösung soll etwa 30- bis 40%ig sein, d. h., in 100 cm³ Wasser sind 38 bis 55 g $FeCl_3$ zu lösen. Als Ätzgefäß dient eine kleine Fotoschale, in die wir zunächst die Leiterplatte mit der Folienseite nach oben legen. Dann wird nur so viel Lösung in die Schale geschüttet, daß der Flüssigkeitsspiegel etwa einen Millimeter über der Platte steht. Beschleunigend auf den Ätzvorgang wirkt eine ständige Bewegung des Bades. Die Ätzzeiten liegen zwischen 10 und 20 Minuten.

Sobald die Folie abgetragen ist, nehmen wir die Leiterplatte aus der Fotoschale und spülen sie gründlich mit Lei-tungswasser ab. Dann entfernen wir mit Nitroverdünnung die aufgetragene Farbe und scheuern zum Schluß erneut mit »Ata fein« ab. Nach dem Trocknen streichen wir die Folienseite mit lötbarem Elektroisolierüberzuglack, wie er teilweise als Abdecklack im Ätzsatz enthalten ist. Der letzte Arbeitsgang ist das Bohren der Befestigungslöcher und der 1-mm-Löcher zum Durchstecken der Bauelemente. Wie die einzelnen Bauelemente auf der Leiterplatte angeordnet werden müssen, entnehmen wir Bild 5.9b.

Wir bestücken die Leiterplatte zuerst mit den Widerständen, dann folgen die Kondensatoren und zum Schluß die Stecklötösen sowie der Transistor. Für die im Bild 5.8 angegebene Basis-Widerstandskombination aus dem Einsteller und dem 4,7-kΩ-Festwiderstand verwenden wir jetzt zwei ebenfalls in Reihe zu schaltende Widerstände, nachdem der Wert der Kombination in der üblichen Art durch Strommessung ermittelt wurde. Hier dient die Reihenschaltung nicht dem Schutz des Transistors, sondern der besseren Größenwahl des Widerstandswertes. Bild 5.10 zeigt die bestückte Platine von der Leiterseite, Bild 5.11 von der Bauelementenseite.

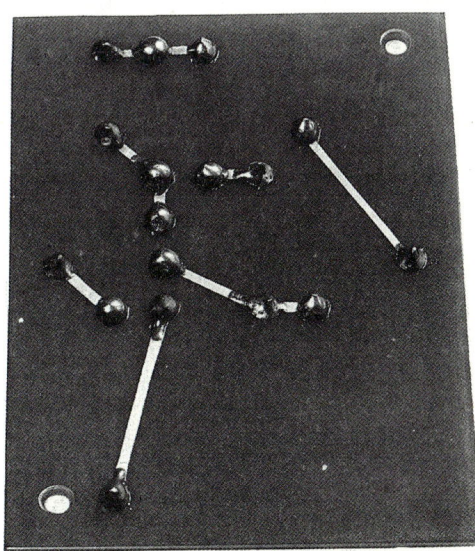

Bild 5.10 Die Platine des Kopfhörerverstärkers, von der Leiterseite aus gesehen

Bild 5.11   So sieht die bestückte Leiterplatte des Kopfhörerverstärkers KV aus.

Zum Schluß seien noch einige *Hinweise zum Löten von gedruckten Schaltungen* gegeben: Der Lötkolben soll nicht mehr als 100 W haben, 30 W reichen bereits aus; die Folie darf nicht wärmer als 250 °C werden. Mit geeignetem Flußmittel ist eine einwandfreie Lötstelle in weniger als zwei Sekunden möglich. Die Lötkolbenspitze sollte pyramidenförmig gefeilt werden. Die Anschlüsse der Bauelemente werden vor dem Einsetzen verzinnt, nach dem Einsetzen dicht über der Folie abgeschnitten, aber nicht umgebogen. Das erleichtert eine unter Umständen erforderliche Demontage. Nach dem Löten säubern wir die Leiterseite gründlich mit Spiritus und streichen erneut mit dem erwähnten Schutzlack.

Bild 5.16 entnehmen wir, wie unser erster Verstärkerbaustein KV in die Schaltung des Diodenempfängers einbezogen wird. Demodulator D ist jetzt fest mit der an Buchse S_2 liegenden Spulenanzapfung verbunden, der Verstärkerausgang mit H_1. Eingang E von KV liegt direkt an der Verbindung von D und C_2. Die Leiterplatte schrauben wir mit zwei kleinen Holzschrauben und etwa 3 mm dicken Zwischenlagen innen an den Gehäuserahmen. Für die beiden Betriebsspannungs-

leitungen ist ein Loch durch die rückwärtige Wand des Gehäuserahmens zu bohren. Ebenso kann der Verstärker natürlich auch mit zwei hintereinandergeschalteten Flachbatterien betrieben werden, die sich gut in das Gehäuse einbauen lassen.

Der Transistor als Impedanzwandler

Wenn wir den Kopfhörer noch einmal »vor« dem Verstärker, also direkt parallel zu C_2, anklemmen, die Verbindung zum Eingang E des Verstärkers ablöten und dann wieder den gerade abgelöteten Draht an E legen, stellen wir im Kopfhörer einen deutlichen Lautstärkerückgang fest. Das ist ein untrügliches Zeichen für einen zu niedrigen Wechselstrom-Eingangswiderstand des Verstärkers. Da der Wechselstrom- oder Scheinwiderstand auch als *Impedanz* bezeichnet wird, ist unter einem Impedanzwandler daher ein Widerstandswandler zu verstehen.

Versuche mit der Kollektorschaltung

Auf dem Experimentierbrett schalten wir ähnlich wie in Bild 3.7 in die Kollektorleitung eines Transistors SF 126 einen Strommesser und zusätzlich in die Leitung vom Emitter zum Minuspol der Spannungsquelle eine Kleinglühlampe 3,8 V/0,07 A. Wir arbeiten hier ohne Basiswiderstand und mit einer Spannung von 4,5 V. Solange die Steckverbindung St getrennt bleibt, ist die Lampe dunkel; der Transistor wirkt wie ein geöffneter Schalter. Erst wenn die Verbindung St geschlossen wird, leuchtet die Lampe auf. Anschließend messen wir den Kollektorstrom; er liegt bei $I_C = 70$ mA. Das ist der Nennstrom der Glühlampe, der auch bei direktem Anschluß an eine Spannungsquelle mit $U = 3,8$ V fließen würde. Er ist ein Maß für den Widerstand der

Lampe von $R_E = \dfrac{3,8 \text{ V}}{0,07 \text{ A}} = 54,3 \ \Omega$.

Dann legen wir den Strommesser in die Basisleitung und messen (bei direkter Verbindung des Kollektors mit dem Pluspol der Spannungsquelle) z. B. $I_B = 0,5$ mA. Dieser weitaus geringere Strom ist Ausdruck eines viel höheren Widerstandes; der Lampenwiderstand erscheint um das Verhältnis $\dfrac{I_C}{I_B} = \dfrac{70 \text{ mA}}{0,5 \text{ mA}}$ =140 an der Basis heraufgesetzt. Da dieses Stromverhältnis die Gleichstromverstärkung des Transistors darstellt, können wir festhalten: *Der Eingangswiderstand eines Transistors in Kollektorschaltung ist B-mal größer als der Lastwiderstand am Emitter:* $R_{ein} = B \cdot R_E$.

Als nächstes bauen wir eine Kollektorschaltung für die Verarbeitung von Wechselspannungen nach Bild 5.12 auf; R_V und die Wechselspannung U_E schließen wir noch nicht an. Wie bei der Emitterschaltung im Bild 5.8 soll auch hier am Arbeitswiderstand die halbe Betriebsspannung

$$U_{RE} = \frac{U_B}{2}$$ abfallen. Da für den mit R_B einzustellenden Basisstrom sowohl $I_B = \dfrac{I_C}{B}$

als auch $I_B = \dfrac{U_B - U_{BE} - U_{RE}}{R_B}$ gilt, können

wir zunächst $\dfrac{I_C}{B} = \dfrac{U_B - U_{BE} - U_{RE}}{R_B}$ schreiben. Daraus erhalten wir dann

$$R_B = \frac{(U_B - U_{BE} - U_{RE}) \cdot B}{I_C}$$, woraus sich

mit $I_C = \dfrac{U_{RE}}{R_E}$ und $U_{RE} = \dfrac{U_B}{2}$ für den Basiswiderstand schließlich

$$R_B = \frac{\left(\dfrac{U_B}{2} - U_{BE}\right) \cdot B \cdot R_E}{\dfrac{U_B}{2}}$$ bzw.

$$R_B = \frac{B \cdot R_E \cdot (U_B - 2\, U_{BE})}{U_B}$$

ergibt. Ist die Betriebsspannung groß gegenüber $U_{BE} \approx 0,6$ V, dürfen wir mit der Näherungsbeziehung $R_B \approx B \cdot R_E$ rechnen. Mit $B = 140$ aus dem Lampenversuch kommen wir auf $R_B \approx 140 \cdot 0,56 \text{ k}\Omega \approx 80 \text{ k}\Omega$ und verwenden dafür wieder einen 500-kΩ-Einstellwiderstand. Ein besonderer Schutzwiderstand ist nicht erforderlich, da selbst bei Leitungsunterbrechung zum Kollektor der Basisstrom durch R_E

auf $\quad I_{Bmax} = \dfrac{9 \text{ V}}{0,56 \text{ k}\Omega} \approx 16 \text{ mA} \quad$ begrenzt

wird.

Wir stellen den richtigen Arbeitspunkt mit R_B nach der Anzeige eines parallel zu R_E liegenden Spannungsmessers ein und ermitteln anschließend den Wert des Einstellwiderstandes. Das Meßergebnis kann beträchtlich vom Rechenwert abweichen; in der Musterschaltung wurde $R_B = \dfrac{9 \text{ V}}{0,18 \text{ mA}} = 50 \text{ k}\Omega$

gemessen. Hauptursache dieser Abweichung ist die Gleichstromverstärkung; wir messen deshalb auch in dieser Schaltung mit dem richtig eingestellten Basiswiderstand sowohl den Kollektorstrom

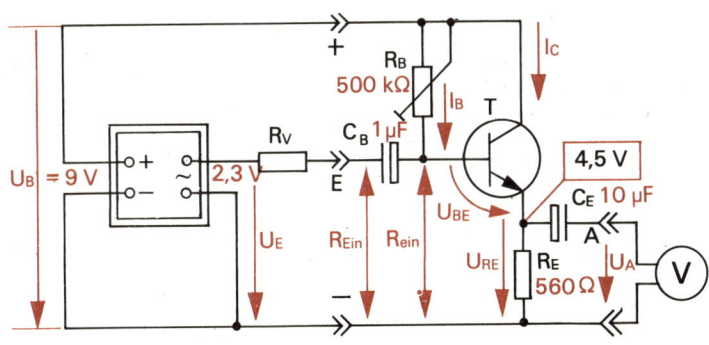

Bild 5.12   Wir untersuchen die Kollektorschaltung. (T: SF 126)

als auch den Basisstrom und erhalten z. B. $I_C = 8$ mA, $I_B = 0,075$ mA. Daraus ergibt sich $B = \dfrac{8\text{ mA}}{0,075\text{ mA}} = 107$ und

$R_B \approx 107 \cdot 0,56$ kΩ ≈ 60 kΩ. Der eigentliche Grund für die unterschiedliche Gleichstromverstärkung ein und desselben Transistors ist in der Größe des Kollektorstromes zu sehen. Wir prägen uns deshalb gut ein: *Die Gleichstromverstärkung eines Transistors ist nicht konstant; mit steigendem Kollektorstrom wird sie größer.*

Nach der Arbeitspunkteinstellung legen wir nun die an den Buchsen Bu_8 und Bu_9 des Stromversorgungsgerätes abgreifbare Wechselspannung von 2,3 V direkt, also ohne R_V, an den Eingang der Kollektorschaltung und messen mit einem Spannungsmesser die Ausgangs-Wechselspannung; sie liegt kaum merklich unter dem Wert der Eingangsspannung. Messen wir einen höheren Wert, so schwingt der Transistor; ein Kondensator von 1...4,7 nF zwischen Kollektor und Emitter unterbindet dies. Für die *Spannungsverstärkung* der Kollektorschaltung gilt $V = \dfrac{U_A}{U_E} \approx 1$.

Zum Ermitteln der Phasenlage zwischen U_A und U_E rufen wir uns noch einmal die Wirkungsweise der Lampenschaltung in Erinnerung: die Lampe leuchtete nur dann, wenn an der Basis die Betriebsspannung lag. Hohe Spannung am Eingang bewirkt also hohe Spannung am Ausgang, bei $U_E = 0$ muß auch $U_A = 0$ sein. *Bei der Kollektorschaltung liegen Eingangs- und Ausgangsspannung in gleicher Phase.*

Abschließend ermitteln wir noch den Eingangswiderstand R_{Ein} der Kollektorschaltung. Dazu vergrößern wir den Wert des Vorwiderstandes R_V in der Eingangsleitung so lange, bis die Ausgangsspannung auf die Hälfte der Eingangsspannung, das sind 1,15 V, abgesunken ist. Dann müssen Vorwiderstand und Eingangswiderstand übereinstimmen. In der Musterschaltung wurden 32 kΩ gemessen, also etwa die Hälfte von R_B und R_{ein}. Transistor-Eingangswiderstand R_{ein} und

Basiswiderstand R_B bilden für die Eingangswechselspannung eine Parallelschaltung, so daß für den Eingangswiderstand der Kollektorschaltung

$$R_{Ein} \approx \frac{R_B}{2} \text{ bzw. } R_{Ein} \approx \frac{B \cdot R_E}{2}$$

gilt; in unserem Fall

$$R_{Ein} \approx \frac{107 \cdot 0,56 \text{ kΩ}}{2} \approx 30 \text{ kΩ} .$$

Ein Vorverstärker mit hohem Eingangswiderstand

Um den Hauptvorzug der Kollektorschaltung mit den Verstärkungseigenschaften der Emitterschaltung verbinden zu können, kombinieren wir beide Teilschaltungen zu einer neuen; ihren Stromlaufplan sehen wir im Bild 5.13. T_1 ist der Impedanzwandler in Kollektorschaltung, T_2 dessen in Emitterschaltung betriebener Arbeitswiderstand. Für beide direkt gekoppelten Transistoren werden die Arbeitspunkte gemeinsam mit einem Spannungsteiler $R_1 R_2$ eingestellt; $R_5 C_4$ ist ein Siebglied für die Betriebsspannung und entkoppelt den Vorverstärker von den übrigen Baugruppen. Der Ruhestrom von T_2 muß bei

$$I_{C2} = \frac{U_B}{R_5 + 2 R_3} = \frac{9 \text{ V}}{5,4 \text{ kΩ}} \approx 1,7 \text{ mA}$$

liegen, so daß mit $B_2 = 50$ und $B_1 = 50$ Transistor T_1 einen Basisstrom

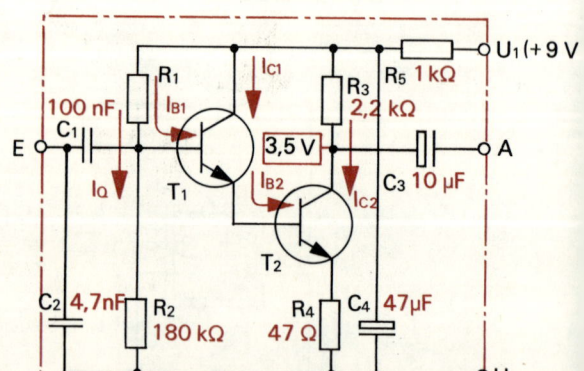

Bild 5.13 Stromlaufplan des Vorverstärkers VV (T_1: SC 237, T_2: SC 236)

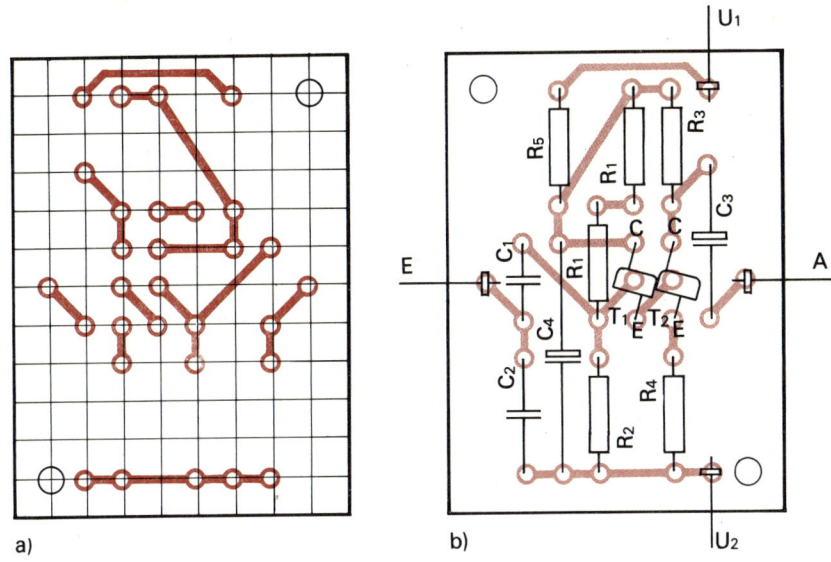

a) b)

*Bild 5.14   Leitungsführung (a) und Bestückungsplan (b)
des Vorverstärkers VV*

$$I_{B1} = \frac{I_{C1}}{B_1} = \frac{I_{B2}}{B_1} = \frac{I_{C2}}{B_1 \cdot B_2} = \frac{1700\ \mu A}{50 \cdot 50}$$
$$\approx 0{,}7\ \mu A$$

benötigt. Da der *Spannungsteiler-Querstrom* I_Q 5...10mal so groß wie der Basisstrom sein soll, berechnen wir für

$$R_2 = \frac{2 \cdot U_{BE}}{10 \cdot I_{B1}} = \frac{1{,}2\ V}{7\ \mu A} \approx 180\ k\Omega;\ R_1\ \text{muß in}$$

der Größenordnung

$$\frac{U_B - (U_{R5} + U_{R2})}{I_Q + I_{B1}} \approx \frac{9\ V - (2 + 1{,}2)\ V}{7{,}7\ \mu A}$$

$\approx 750\ k\Omega$ liegen. Auf der Leiterplatte im Bild 5.14 sind für R_1 zwei Teilwiderstände vorgesehen, mit denen wir die Spannung am Kollektor von T_2 möglichst genau auf 3,5 V einstellen. Kondensator C_2 schließt möglicherweise auf den Eingang gelangende hochfrequente Spannungsreste kurz; für $f = 1$ MHz beträgt sein Blindwiderstand $X_C = 34\ \Omega$. Widerstand R_4 in der Emitterleitung von T_2 reduziert einerseits die Spannungsverstärkung auf etwa 20, trägt aber andererseits maßgeblich zu einer hohen Übertragungsqualität mit bei.

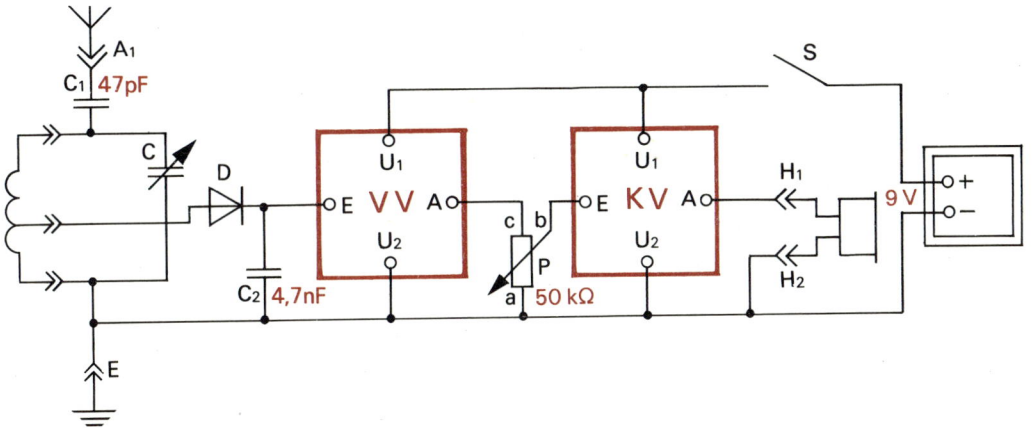

Bild 5.15   Stromlaufplan des Diodenempfängers mit zwei Verstärkerbausteinen (D: GA 100)

55

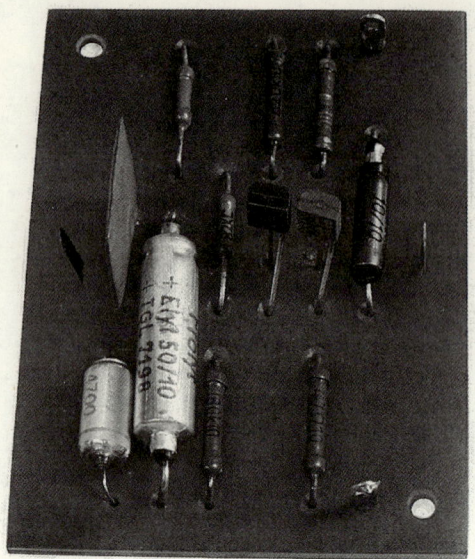

Den fertig bestückten Vorverstärker sehen wir im Bild 5.16; Bild 5.15 gibt die Schaltung des jetzt sehr leistungsstarken Diodenempfängers wider. Auch bei einem weiter entfernten Bezirkssender erzielen wir jetzt eine beachtliche Lautstärke im Kopfhörer. In den Abend- oder Nachtstunden empfangen wir in günstiger Lage unter Umständen einen zweiten oder gar dritten Sender. Um bei einem nahe gelegenen Ortssender Übersteuerungen des Kopfhörerverstärkers zu vermeiden, ist zwischen den beiden Baugruppen unbedingt das Potentiometer P als Lautstärkeeinsteller anzuordnen. Bild 5.17 erlaubt einen Blick in das Gehäuse unseres Diodenempfängers.

Bild 5.16   Leiterplatte des Vorverstärkers VV

Bild 5.17   Blick in den Diodenempfänger mit zwei Verstärkerbausteinen

6. Prüfgeräte
für Halbleiterbauelemente

Unabdingbare Voraussetzung und Kriterium wissenschaftlichen Arbeitens ist die stete Verbindung von Theorie und Praxis. Das — wenn auch oft nur näherungsweise — *Berechnen* der Größe eines Bauelementes oder dessen Strom- bzw. Spannungsbelastung ist ebenso notwendig wie das sich daran anschließende *Messen* des berechneten Wertes.

Einfache Prüfschaltung mit Leuchtdiode

Der wirklich ernsthafte Elektronikamateur braucht früher oder später ein geeignetes Präzisionsvielfachmeßgerät für Ströme und Spannungen, das nicht ganz billig und auch sehr empfindlich ist. Neben einem Meßgerätezeiger eignet sich aber auch eine *Lichtemitter-* oder *Leuchtdiode*, kurz LED genannt, als Indikator. Mit einer solchen werden wir eine Prüfschaltung für Dioden und Transistoren aufbauen. Bild 6.1 zeigt den Stromlaufplan und Bild 6.2 einen möglichen Aufbau auf einem Lötösenbrettchen. Für das zu prüfende Bauelement und die LED sind Transistorfassungen vorgesehen. Die Steckverbindungen St$_1$ und St$_2$ realisieren wir mit Krokodilklemme und Bananenstecker.

I. *Diodenprüfung*
Zuerst prüfen wir die LED selbst, indem St$_2$ geschlossen und die Betriebsspannung angelegt wird. Bei richtiger Polung leuchtet die LED auf, im anderen Fall stecken wir sie mit umgekehrter Polung in die Fassung. Widerstand R$_5$ ist so bemessen, daß ein Durchlaßstrom um 8 mA fließt. Da er jedoch etwas exemplarabhängig ist, überzeugen wir uns durch eine Messung von seiner wirklichen Größe und verändern notfalls R$_5$. Dann öffnen wir Steckverbindung St$_2$, wobei die LED verlöschen muß; nun folgt das Prüfen der ersten Diode. Wir stecken sie in der im Bild 6.1 dargestellten Art in die bis

dahin freie Prüffassung. Weil sie in Durchlaß betrieben wird, muß die LED aufleuchten, bei umgekehrter Polung aber dunkel bleiben. So können wir auch die Anschlüsse unbekannter, aber noch brauchbarer Dioden ermitteln. Leuchtet die LED jedoch in beiden Polungen des Prüflings oder bleibt sie beidemal dunkel, ist das Exemplar unbrauchbar. Im ersten Fall ist der pn-Übergang zerstört und im zweiten die Zuleitung zum Kristall unterbrochen.

II. *Transistorprüfung*
Bei geöffneten Steckverbindungen St$_1$ und St$_2$ und eingesetztem Transistor muß die LED noch dunkel bleiben. Erst beim Einspeisen eines Basisstromes durch Schließen der Verbindung St$_1$ darf sie aufleuchten. Basiswiderstand R$_1$ ist so bemessen, daß ein Basisstrom

$$I_{B1} = \frac{U_B - U_{BE}}{R_1} = \frac{4{,}5\,\text{V} - 0{,}6\,\text{V}}{100\,\text{k}\Omega} \approx 0{,}04\,\text{mA}$$

fließt. Leuchtet damit die LED fast ebenso hell wie bei geschlossener Verbindung St$_2$, hat der Prüfling eine Gleichstromverstärkung von etwa

$$B = \frac{I_C}{I_B} = \frac{8\,\text{mA}}{0{,}04\,\text{mA}} = 200\,.$$

Stellen wir jedoch beim Schließen von St$_2$ eine deutliche Helligkeitszunahme

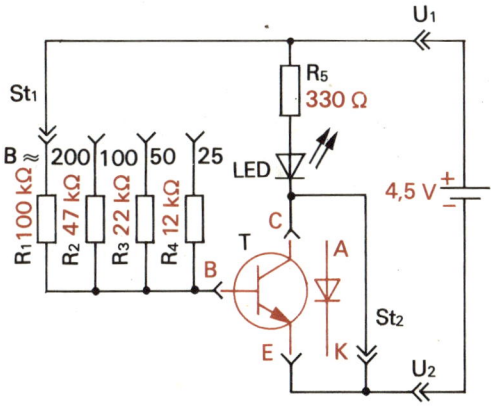

Bild 6.1   Stromlaufplan des Dioden-Transistor-Prüfgerätes (LED: VQA 23)

57

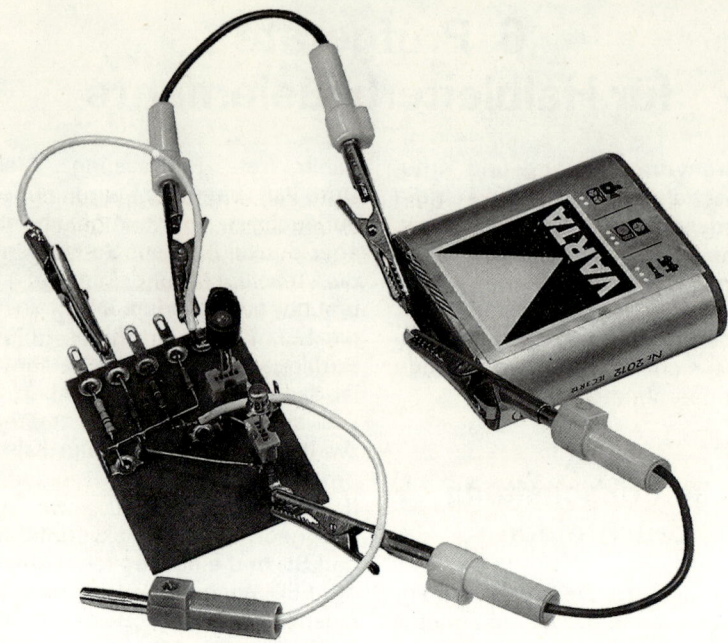

Bild 6.2   Halbleiterprüfgerät

fest, wählen wir durch Umstecken von St_1 an R_2 (oder R_3 oder R_4) einen doppelt so großen Basisstrom und vergleichen erneut die LED-Helligkeit durch Antippen von St_2. Dabei ist es günstig, wenn der Arbeitsplatz leicht abgedunkelt ist und kein Fremdlicht in die LED fällt. Bei einiger Übung gelingt mit dieser einfachen Schaltung nicht nur das Prüfen von Transistoren, sondern auch bereits das Grobsortieren in Stromverstärkungsgruppen, die sich jeweils um den Faktor 2 unterscheiden. Ist ein pnp-Transistor zu prüfen, polen wir LED und Batterie um.

Meß- und Prüfgerät für Dioden und Transistoren

Für unsere Belange sind nur der Sperrstrom I_{sp} von Dioden sowie die Stromverstärkung B und der Kollektorreststrom I_{CE0} von Transistoren bedeutsam. Der prinzipielle Aufbau dieses Meßgerätes nach Bild 6.3 entspricht der Prüfschaltung; anstelle der LED verwenden wir jetzt einen Strommesser als Indikator. Den Basiswiderstand dimensionieren wir

so, daß bei einer Batteriespannung von $U_B = 4{,}5\ V$ ein Basisstrom $I_B = 0{,}1\ mA$ fließt. Damit wir neben Si- auch Ge-Transistoren aus Restbeständen ausmessen können, und weil die Basis-Emitter-Spannung von Ge-Transistoren bei nur $U_{BE} = 0{,}1\ V$ im Gegensatz zu 0,6 V bei Si-Typen liegt, verwenden wir für beide Materialien unterschiedliche Basiswiderstände. Für Silizium muß

$$R_B = \frac{U_B - U_{BE}}{I_B} = \frac{4{,}5\ V - 0{,}6\ V}{0{,}1\ mA} = 39\ k\Omega\ ,$$

für Germanium

$$R_B = \frac{4{,}5\ V - 0{,}1\ V}{0{,}1\ mA} = 44\ k\Omega$$

groß werden. Wir schalten zwei Widerstände $R_1 = 39\ k\Omega$ und $R_2 = 4{,}7\ k\Omega$ in Reihe, von denen der kleinere bei Si-Transistoren mit S_1 kurzgeschlossen wird. Damit nicht ein ungenauer Basiswiderstand die Meßgenauigkeit zu stark beeinträchtigt, überzeugen wir uns von ihren tatsächlichen Werten durch Strom- und Spannungsmessung. Zur Reststrommessung wird der Basiswiderstand mit S_2 von der Batterie getrennt.

Da Stromverstärkungen um 200 bei

Si-Transistoren keine Seltenheit sind, muß das Meßgerät mindestens $I_C = B \cdot I_B = 200 \cdot 0,1\ \text{mA} = 20\ \text{mA}$ anzeigen können. Vorteilhaft ist ein Vielfachmeßgerät, das die Umschaltung in niedrigere Strombereiche bei der Rest- bzw. Sperrstrommessung erlaubt. Während des Messens der Stromverstärkung bzw. des Kollektorstromes beachten wir aber, daß die Grenzdaten des Prüflings nicht überschritten werden. Bei den üblichen Si-Transistoren ist das im allgemeinen unproblematisch; Ge-HF-Transistoren waren jedoch z. T. nur für höchstens 10 mA ausgelegt.

Um keine Fehler wegen Batterieunterspannung zu erhalten, führen wir vor jeder Halbleitermessung eine *Batteriekontrolle* durch. Wenn das Meßgerät dabei einen Strom von 15 mA anzeigen soll,

wird ein Widerstand $R_3 = \dfrac{4,5\ \text{V}}{15\ \text{mA}} = 300\ \Omega$

gebraucht; wir setzen ihn aus 270 Ω und 27 Ω zusammen.

Da infolge unsachgemäßer Behandlung der pn-Übergang einer Diode ebenso wie die Emitter-Kollektor-Strecke eines Transistors beschädigt sein kann und dann beim Anlegen der Batteriespannung ein für das Meßgerät zu hoher Kurzschlußstrom fließt, muß nach der Batteriekontrolle grundsätzlich eine *Kurz-*

schlußkontrolle durchgeführt werden. Wir legen den Schutzwiderstand so aus, daß höchstens 10 mA fließen, also

$$R_4 = \frac{4,5\ \text{V}}{10\ \text{mA}} \approx 470\ \Omega \,.$$

Die fehlerhafte Sperrschicht erkennen wir am Ausschlag des Zeigers: Alle Transistoren, bei denen der Strom größer als 2 mA ist, sind für unsere Zwecke ungeeignet. Die Messung von I_{CE0} und I_C darf dann nicht durchgeführt werden.

Mit dem einpoligen 4-Stellen-Umschalter S_3 werden sowohl die Anschlüsse der Batterie als auch die des Strommessers umgepolt, wenn z. B. nach npn-Transistoren pnp-Typen zu messen sind.

Sollte die Batterie einmal verbraucht und keine neue zur Hand sein, können wir das Prüfgerät auch über die Buchsen Bu_1 und Bu_2 an unser Stromversorgungsgerät anschließen.

Wir bauen die Schaltung – bis auf das Meßgerät – in ein kleines Gehäuse ein, für dessen 150 mm × 90 mm große Deckplatte einseitig kaschiertes Leiterplattenhalbzeug ebenso wie Hartpapier geeignet ist. Der Rahmen aus Sperrholz, auf den die Deckplatte mit EP 11 aufgeklebt wird, ist 35 mm hoch. Bild 6.4 zeigt das fertige Meßgerät, Bild 6.5 gestattet einen Blick in die Verdrahtung. Der zu prüfende Transistor wird mit Hilfe von drei Krokodilklem-

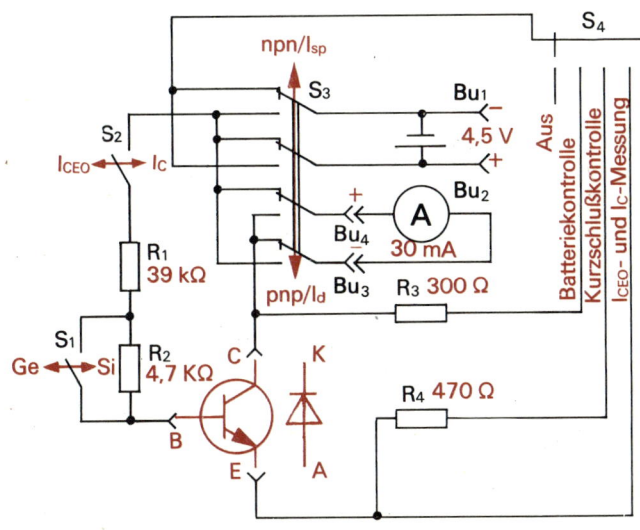

Bild 6.3 Stromlaufplan des Dioden-Transistor-Meßgerätes

Bild 6.4   Unser Halbleitermeßgerät

men, die auf Bananensteckern sitzen, fest-
geklemmt. Bei Transistoren mit kurzen
Anschlußfahnen und bei Miniplasttran-
sistoren klemmen wir an die Krokodilklemmen eine Transistorfassung, an deren Anschlußfahnen etwa 20 mm lange
Drahtstückchen angelötet wurden.

Vor jeder Messung sind die Schalter S_1
und S_2 geöffnet, und S_4 steht in Stellung
»Aus«. Wir arbeiten mit dem Halbleiter-
meß- und Prüfgerät folgendermaßen:

I. *Diodenprüfung:*

1. Diode entsprechend Bild 6.3 anklemmen, S_3 auf »I_{sp}« schalten, Meßbereich
30 mA.

2. Mit S_4 auf »Batteriekontrolle« schalten:
$I = 15$ mA.

3. Mit S_4 auf »Kurzschlußkontrolle« schalten: $I < 2$ mA; bei $I \approx 10$ mA: pn-Übergang zerstört, Diode unbrauchbar,
Messung abbrechen.

4. Mit S_4 auf »I_{CE0}- und I_C-Messung«
schalten, Meßbereich nach Bedarf verkleinern, *Sperrstrom I_{sp} ablesen*, Meßbereich 30 mA.

5. Mit S_4 auf »Kurzschlußkontrolle« zu-
rückschalten, S_3 auf »I_d« schalten:
Durchlaßstromkontrolle: $I \approx 10$ mA; bei
$I = 0$: Zuleitung zum Kristall unterbrochen, Diode unbrauchbar.

Bild 6.5   Blick in die Verdrahtung des Halbleitermeßgerätes

6. S_3 auf »I_{sp}« schalten, mit S_4 ausschalten.

II. *Transistorprüfung:*

1. Transistordaten ermitteln (Material, Zonenfolge, Strom- und Leistungsgrenzwerte), S_1 auf »Ge« oder »Si«, S_3 auf »npn« oder »pnp« stellen, Transistor anklemmen, Meßbereich 30 mA.

2. Mit S_4 auf »Batteriekontrolle« schalten: $I = 15$ mA.

3. Mit S_4 auf »Kurzschlußkontrolle« schalten: $I < 2$ mA; bei $I \approx 10$ mA: Kollektor-pn-Übergang zerstört, Transistor unbrauchbar, Messung abbrechen (Emitter-pn-Übergang u. U. noch als Diode verwendbar).

4. Mit S_4 auf »I_{CE0}- und I_C-Messung« schalten, Meßbereich nach Bedarf verkleinern, *Reststrom I_{CE0} ablesen*, Meßbereich 30 mA.

5. S_2 auf »I_C« schalten und *Kollektorstrom I_C für $I_B = 0{,}1$ mA bzw. Gleichstromverstärkung B* (bei $I_{CE0} = 0$) *ablesen.*

6. S_2 auf »I_{CE0}« schalten und mit S_4 ausschalten.

Nehmen wir an, ein Ge-Transistor GC 301 habe einen Reststrom $I_{CE0} = 0{,}2$ mA und einen Kollektorstrom $I_C = 7$ mA. Mit der exakten Gleichung für die Stromverstärkung $B = \dfrac{I_C - I_{CE0}}{I_B}$ berechnen wir dann $B = \dfrac{(7 - 0{,}2)\ \text{mA}}{0{,}1\ \text{mA}} = 68$;

bei Vernachlässigung des Reststromes kämen wir auf $B = \dfrac{7\ \text{mA}}{0{,}1\ \text{mA}} = 70$. Da bei Si-Transistoren I_{CE0} mit unseren Mitteln nicht meßbar ist (andernfalls sollten wir sie nicht verwenden), brauchen wir lediglich den Kollektorstrom I_C mit 10 zu multiplizieren und können so die Stromverstärkung direkt vom Meßgerät ablesen.

7. Leistungsverstärker für Lautsprecherbetrieb

Der Wunsch nach ausreichender Leistung für die Beschallung eines Raumes führte schon lange vor der Erfindung des Verstärkers (mit Elektronenröhren) zu den ersten Lautsprechern. Sie entstanden auf der Grundlage von Fernhörersystemen mit sehr großen Trichtern zur Schallabstrahlung. Die Weiterentwicklung dieses Prinzips führte schließlich zum *elektromagnetischen* Lautsprecher, dessen Wiedergabequalität im Vergleich zum Aufwand jedoch ebenso wie die des *elektrostatischen* Lautsprechers nie recht befriedigte. Deshalb arbeitete man vorwiegend an der Vervollkommnung eines *elektrodynamischen* Systems, auf dessen Grundlage auch heute noch die üblichen Lautsprecher gebaut werden; Bild 7.1 zeigt eine schematisierte Schnittdarstellung. Wir erkennen die drei wesentlichen Teile: das Magnetsystem, die Schwingspule und die kegelförmige Membran. Während ursprünglich Elektromagnetsysteme verwendet wurden, setzte sich ab 1932 das Dauermagnetsystem durch; so entstand der *permanent-dynamische* Lautsprecher. Die physikalische Grundlage seiner Wirkungsweise ist das Motorprinzip. Sobald durch die Schwingspule ein Wechselstrom fließt, wird sie – in Abhängigkeit von der Stromrichtung – weiter in das Dauermagnetfeld gezogen oder aus diesem herausgedrückt und mit ihr gleichzeitig die Lautsprechermembran, die die angrenzende Luft in Schallschwingungen versetzt – wir hören einen Ton. Für unsere folgenden Experimente eignet sich am besten ein Lautsprecher mit einer Impedanz von 4 Ω und für mindestens 3 W Leistung, auch wenn die folgenden drei Endverstärker nur für Wechselstrom- oder Sprechleistungen von etwa 1 W ausgelegt sind.

Da aus akustischen Gründen auch unbedingt ein Gehäuse dazu gehört, kaufen wir entweder ein passendes Kofferradiogehäuse, oder wir fertigen selbst ein Gehäuse aus mindestens 6 mm dickem

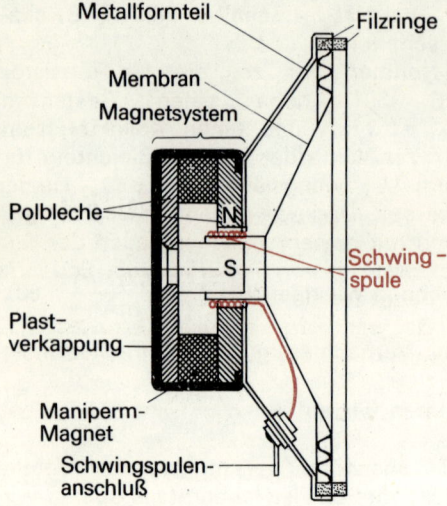

Bild 7.1 Aufbau eines Lautsprechers

Übertrager bezeichnete Transformatoren verwendet werden. Dieses Prinzip übernahm man auch für die ersten Transistor-Leistungsverstärker, obwohl deren Innenwiderstände um mehr als eine Zehnerpotenz unter denen der Elektronenröhre lagen.

Übertrager und Endstufe

Physikalische Grundlage des Anpaßvermögens eines Übertragers ist der im Kapitel 4 ermittelte Zusammenhang zwischen den Windungszahlen zweier Spulen und deren induktiven Widerständen:

$$\frac{N_1^2}{N_2^2} = \frac{X_{L1}}{X_{L2}}.$$ Da man die Spulen eines

Transformators in Signal- bzw. Energieflußrichtung mit den Indizes p (primär) und s (sekundär) und die inneren Widerstände von Wechselspannungsquellen und -verbrauchern als Impedanzen bezeichnen, können wir auch

$$\frac{N_p^2}{N_s^2} = \frac{Z_p}{Z_s} \text{ bzw. } N_s = N_p \sqrt{\frac{Z_s}{Z_p}}$$ schreiben.

Soll die Sprechleistung bei 1 W liegen, muß die Gleichstrom- oder Kollektor-Verlustleistung mindestens das Doppelte, also $P_V = 2$ W, betragen. Für eine Kollektorspannung $U_{CE} = 15$ V berechnen wir eine Ausgangsimpedanz

$$Z_p = \frac{U_{CE}^2}{P_V} = \frac{(15\text{ V})^2}{2\text{ W}} \approx 100\ \Omega.$$

Mit der Lautsprecherimpedanz $Z_s = 4\ \Omega$ und einer Primärwindungszahl $N_p = 600$ ergeben sich für die Sekundärspule dann

$$N_s = 600 \sqrt{\frac{4\ \Omega}{100\ \Omega}} = 120 \text{ Windungen.}$$

Der Aufbau des Übertragers auf einem Kern EI 60 erfolgt analog dem unserer Experimentierspule im Kapitel 4, nur kommt hier für den erforderlichen Luftspalt im Eisenkern zwischen E-Kern und I-Kern eine 0,12 mm dicke Papierzwischenlage von 60 mm Länge und 20 mm Breite. Sie soll eine zu starke Gleichstromvormagnetisierung durch den Kollektorstrom verhindern. Wir bringen zunächst die Primärwicklung aus CuL 0,4 auf, isolieren mit einer Papierlage und wickeln dann aus

Sperrholz — etwa 320 mm breit, 220 mm hoch, 90 mm tief und mit Rückwand. Für den Schallaustritt arbeiten wir mit der Laubsäge entsprechend Bild 7.6 passende Schlitze ein. Damit später beim Aufbau des Kofferempfängers der Lautsprechermagnet nicht frequenzverwerfend auf die Oszillatorspule wirkt, sollten wir den Lautsprecher möglichst weit links unten anordnen. Er kommt auf eine Montageplatte aus 10 mm dickem Sperrholz mit zwei zum Lautsprecher passenden Durchbrüchen. Die Vorderseite der Platte wird mit grobmaschigem Dekorationsstoff beklebt. Um unerwünschte Resonanzerscheinungen zu vermeiden, verwenden wir für die Schraubverbindung des Lautsprecherchassis je zwei dicke Gummischeiben, beispielsweise Wasserhahndichtungen (vgl. Bild 8.9).

Der historische Verstärker mit Ausgangsübertrager

Eine maximale Leistungsübertragung ist nur dann möglich, wenn Verstärker und Lautsprecher widerstandsmäßig zueinander passen. Da die inneren Widerstände von Elektronenröhren grundsätzlich im kΩ-Bereich lagen, mußten zur Anpassung der niederohmigen Lautsprecher als

CuL 0,55 die Sekundärspule. Nach dem Zusammenbau des Übertragers messen wir den ohmschen Widerstand der Primärspule und ermitteln $R_p \approx 10\,\Omega$. Bei dem erforderlichen Ruhestrom

$$I_C = \frac{U_{CE}}{Z} = \frac{15\,\text{V}}{100\,\Omega} = 0{,}15\,\text{A} \quad \text{fallen an der}$$

Primärspule $U_p = R_p \cdot I_C = 10\,\Omega \cdot 0{,}15\,\text{A} = 1{,}5\,\text{V}$ ab, so daß wir mit einer Betriebsspannung $U_B = 17\,\text{V}$ arbeiten werden.

Der Stromlaufplan des Endverstärkers mit Übertrager ist im Bild 7.2 dargestellt; vom Schaltungsprinzip stimmt er weitgehend mit unserem Vorverstärker VV überein. $R_1 C_1$ am Eingang unterdrücken unter Umständen noch vorhandene Reste hochfrequenter Spannungen, und Kondensator C_3, den wir unmittelbar am Transistor anbringen, unterbindet ein sonst mögliches Schwingen der Endstufe. Das Siebglied $R_4 C_2$ für die Betriebsspannung ist zwischen Endtransistor T_2 und Kollektorstufe T_1 angeordnet. Parallel zu C_2 liegt ein neues Bauelement, eine sogenannte Z-Diode, auf deren Funktion wir noch zu sprechen kommen.

Emitterwiderstand R_5 ist hier für die *thermische Stabilisierung* des Arbeitspunktes unbedingt notwendig. Steigt z. B. der Kollektorstrom von T_2 durch übermäßige Erwärmung an, wird auch der Spannungsabfall an R_5 größer. Die Spannung

an R_3 hängt jedoch nur vom gewählten Spannungsteiler-Querstrom ab und bleibt daher konstant; es gilt

$$U_{R3} = U_{BE1} + U_{BE2} + U_{R5}\,.$$

Wird nun U_{R5} größer, muß bei konstantem U_{R3} zwangsläufig $U_{BE1} + U_{BE2}$ kleiner werden. Dadurch gehen die Basisströme und mit diesen schließlich auch der Kollektorstrom von T_2 zurück; die Endstufe arbeitet temperaturstabil.

Bei der vorgesehenen Gleichstromleistung von 2 W erwärmt sich der Transistorkristall beträchtlich. Soll er nicht zerstört werden, ist der Transistor in der Mitte eines quadratischen Kühlblechs von 50 mm Kantenlänge und 2 mm Dicke anzuordnen; wir bohren es analog Bild 3.8a. Das Blech muß senkrecht angeordnet werden, damit die aufsteigende Luft die Wärme abführen kann. Der Befestigungswinkel nach W_2 hat folgende Maße in mm: $a = 18$, $b = 20$, $c = 20$, $d = 2$, $e_1 = e_2 = e_3 = 3{,}5$, $f_1 = f_2 = 5$, $g_1 = 10$, $g_2 = 5$, $h = 10$. Bei e_1 wird er gemeinsam mit dem Transistor verschraubt.

Für T_2 suchen wir nach der Schaltung im Bild 3.7 ein Exemplar mit einer Arbeitspunkt-Gleichstromverstärkung von mindestens 15 aus. Anstelle der beiden Monozellen verwenden wir 15 V Gleichspannung unseres Stromversorgungsgerätes, der Basiswiderstand muß für $I_C = 0{,}15$ A

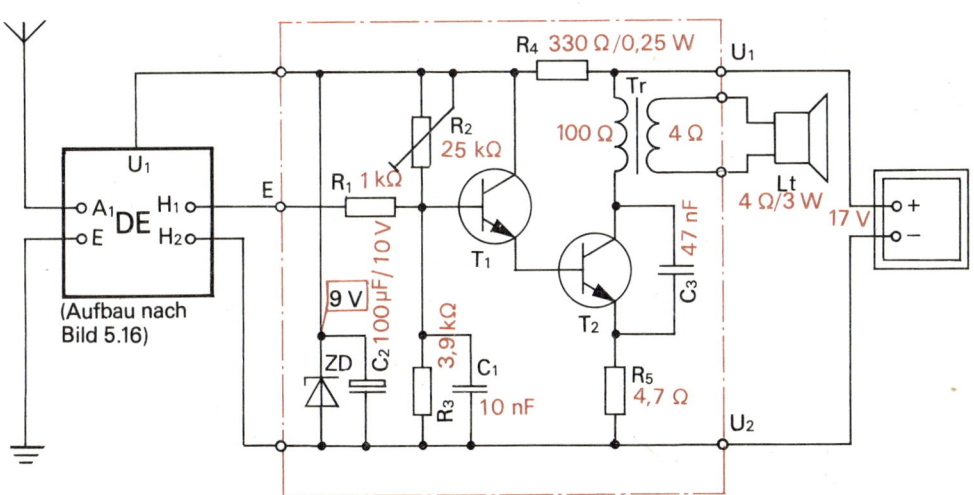

Bild 7.2 Diodenempfänger mit historischem Endverstärker EV1

$$R_B = \frac{(U_B - U_{BE}) \cdot B}{I_C} = \frac{(15\,V - 0,75\,V) \cdot 15}{0,15\,A}$$
$$\approx 1,5\,k\Omega$$

groß sein. Die Stromverstärkung von T_1 soll bei 200 liegen; wir ermitteln sie mit unserem Halbleitermeßgerät.

Die Z-Diode als Spannungsstabilisator

Über den Siebwiderstand R_4 (vgl. Bild 7.2) fließen nicht nur der Kollektorstrom $I_{C1} \approx 10\,mA$ und der Spannungsteiler-Querstrom samt Basisstrom von etwa 0,55 mA, sondern bei Anschluß der Vorstufen VV (Bild 5.3) und KV (Bild 5.8) auch noch deren Betriebsströme von etwa 10 mA bei 9 V. Um den Arbeitspunkt der Endstufe unabhängig von den Vorstufen einstellen zu können, muß in jedem Fall die Spannung über R_4 auf 9 V am Kollektor von T_1 herabgesetzt und konstantgehalten werden; diese Aufgabe übernimmt die Z-Diode ZD.

Um uns eine Vorstellung von deren Wirkungsweise zu verschaffen, nehmen wir zunächst ihre Kennlinie nach der im Bild 7.3 angegebenen Schaltung auf. Wir arbeiten mit nur einem Vielfachmeßgerät, damit der durch dessen Innenwiderstand verursachte Fehler gering bleibt. Vorwiderstand $R = 100\,\Omega$ schützt den Strommesser im Falle eines Kurzschlusses. Für die Sperrkennlinie erhöhen wir die Spannung des Stromversorgungsgerätes zunächst so weit, bis der Strommesser einen hier als *Z-Strom* bezeichneten Sperrstrom von 25 mA anzeigt. Viel größer dürfen wir ihn nicht einstellen, da diese Z Diode eine maximale Belastbar-

keit von 250 mW hat; nachrechnen! Dann lösen wir die Verbindung des Strommessers vom Punkt B, schließen den Stromkreis mittels Kabel von A nach B, schalten das Meßgerät auf 15 V Gleichspannung, legen dessen Minuspolanschluß an Punkt C und lesen 9,3 V ab. Für 10 mA ermitteln wir in der gleichen Art 9,0 V und für gerade gegen Null gehenden Sperrstrom 8,7 V. Hierin unterscheidet sich unsere Z-Diode von einer »normalen« Si-Diode. Ihr pn-Übergang ist so gestaltet, daß ab einer bestimmten Sperrspannung ein Durchbruch erfolgt. Infolge Stoßionisation werden lawinenartig Ladungsträger aus dem Atomverband gelöst, und der Strom steigt erheblich an. Durch geeignete Dotierung kann man die Durchbruchsspannung zwischen etwa 5 V und 50 V festlegen. Sobald die Durchbruchspannung unterschritten wird, stellt sich wieder der normale geringe Sperrstrom ein.

Für die Durchlaßkennlinie polen wir die Z-Diode um und setzen die niedrigste Spannung unseres Stromversorgungsgerätes mit einem zusätzlichen Potentiometer weiter herab; der Meßbereich des Spannungsmessers kann bei 2 V liegen. Wir messen in der gleichen Art wie beim Sperrfall und erhalten die für Silizium-pn-Übergänge typische Durchlaßkennlinie (vgl. auch Bild 5.7a). Im Bild 7.4 sind beide Kennlinienteile als vollständige Kennlinie dargestellt. Drehen wir das Bild um 90°, wird die Bezeichnung dieses Bauelementes verständlich.

Im Endverstärker nach Bild 7.2 ist die Z-Diode in Sperrichtung über den Vorwiderstand R_4 an die Betriebsspannung

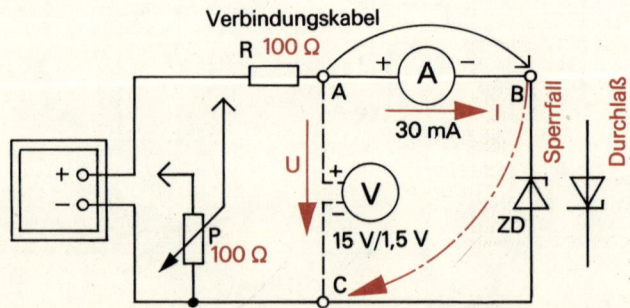

Bild 7.3   Schaltung zur Aufnahme der Kennlinie einer Z-Diode (ZD: SZX 21/9,1)

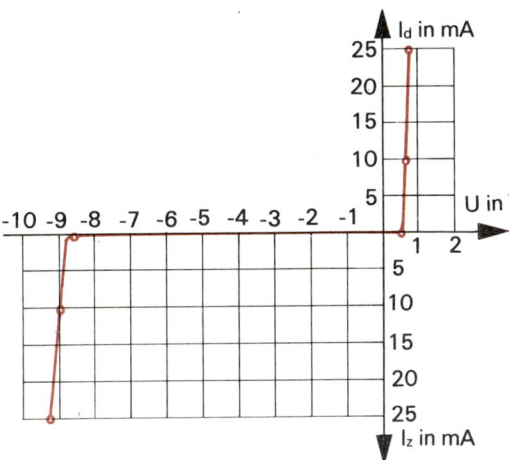

Bild 7.4   Kennlinie einer Z-Diode

$U_B = 17$ V gelegt. Diese teilt sich an ZD und R_4, und zwar fallen 9 V an der Z-Diode und der Rest, $U_{R4} = U_B - U_Z$ $= 17$ V $- 9$ V $= 8$ V, am Vorwiderstand ab. Sein Wert ist so zu bemessen, daß der Z-Strom kleiner als der maximal zulässige bleibt, z. B. $I_Z = 25$ mA. Wir berechnen dann

$$R_4 = \frac{U_B - U_Z}{I_Z} = \frac{8\,\text{V}}{25\,\text{mA}} \approx 330\,\Omega$$

mit einer Belastbarkeit von
$P_{R4} = 8$ V $\cdot 25$ mA $= 0.2$ W.

Sobald parallel zu ZD Verbraucher geschaltet werden, geht der Z-Strom in dem Maße zurück, wie der Verbraucherstrom ansteigt. Bei richtig eingestelltem Arbeitspunkt von T_2 fließen durch T_1 bereits 10 mA, so daß der Z-Strom nur noch 15 mA betragen wird. Schließen wir dann später auch noch die erwähnten Vorstufen VV und KV an, die ebenfalls etwa 10 mA aufnehmen, geht der Z-Strom auf 5 mA zurück. Geringer sollte er nicht werden, da andernfalls die Schaltung ihre Stabilisierungseigenschaft verliert.

Anschließend berechnen wir noch die erforderliche Kapazität des Siebkondensators C_3. Sie ist so zu bemessen, daß die Brummspannung der Vorstufen höchstens 0,005 % der Betriebsspannung beträgt. Bei Verwendung unseres Stromversorgungsgerätes gehen wir von $\Delta U_1 = 12$ mV aus. Um auf $\Delta U_2 = 0,85$ mV – das sind 0,005 % von 17 V – zu kommen, muß nach

$$\Delta U_2 = k_4 \cdot \frac{\Delta U_1}{R_S \cdot C_S} \quad \text{mit } k_4 = 3,2 \cdot 10^{-3}\,\text{s die}$$

Kapazität

$$C_3 = \frac{k_4 \cdot \Delta U_1}{R_4 \cdot \Delta U_2} = \frac{3,2 \cdot 10^{-3}\,\text{s} \cdot 12\,\text{mV}}{330\,\Omega \cdot 0,85\,\text{mV}} \approx$$

100 µF betragen.

Wir bauen diesen historischen Endver-

Bild 7.5   Der Endverstärker EV1 auf dem Expèrimentierbrett

65

stärker entsprechend Bild 7.5 nur auf dem Experimentierbrett auf. Die Leitung vom Kollektoranschluß des Leistungstransistors zum Übertrager halten wir möglichst kurz. Mit dem Drehwiderstand R_2 stellen wir unter Zuhilfenahme eines Strommessers in der primären Übertragerleitung einen Ruhestrom von zunächst 125 mA ein, der nach etwa 10 Minuten und entsprechender Erwärmung von T_2 samt Kühlblech auf 150 mA ansteigen wird; bei Bedarf korrigieren wir nach dieser »Einlaufzeit« die Stromeinstellung und entfernen dann das Meßgerät.

Diesen ersten Leistungsverstärker schließen wir nach Bild 7.2 an unseren Diodenempfänger DE mit den beiden Verstärkerbausteinen VV und KV entsprechend Bild 5.16; das Lautstärkepotentiometer öffnen wir vorläufig nur etwa bis zu einem Drittel. Bild 7.6 zeigt eine Ansicht unserer mit modernen Bauelementen nachgestalteten historischen Empfängeranlage. Auch damals waren der eigentliche Empfänger, der »Kraftverstärker«, der Lautsprecher und die Stromversorgung mittels Akkumulatorbatterien voneinander getrennte Baugruppen.

Das klassische Gegentaktverstärkerprinzip

Seine Vorteile wurden schon um 1930 im »Röhrenzeitalter« genutzt, allerdings mit speziellen Gegentakt-Eingangs-und-Ausgangsübertragern. Nach der Erfindung des Transistors war der transformatorgekoppelte Gegentaktverstärker nahezu über zwei Jahrzehnte die einzige Möglichkeit, mit Kleinleistungstransistoren annehmbare Sprechleistungen zu erzielen. Der entscheidende Fortschritt in der Leistungsverstärkertechnik bahnte sich 1970 an, als man erstmals *komplementäre* Transistoren in der Endstufe einsetzen konnte. Darunter sind datengleiche Transistoren mit entgegengesetzter Zonenfolge zu verstehen. Mit ihnen ließen sich einfache Gegentaktverstärker ohne jegliche Übertrager aufbauen, für die sich die Bezeichnung »eisenloser« Verstärker durchsetzte und die nach dem Fortfall der großen Induktivitäten überhaupt erst die Möglichkeit der Schaltungsintegration eröffneten.

Gegentaktsteuerung durch komplementäre Transistoren

Aus Bild 7.7 ist das Grundsätzliche dieses Gegentaktverstärkers ersichtlich; npn-Transistor T_2 und pnp-Transistor T_3 arbeiten in Kollektorschaltung wechselstrommäßig direkt auf den Lautsprecher als Arbeitswiderstand. Transistor T_1 in Emitterschaltung »treibt« die Endstufe an und wird daher auch als *Treiberstufe* bezeichnet. Sein Basiswiderstand R_1 sei so eingestellt, daß über T_1 ein Kollektorruhestrom $I_{C1} = 10$ mA fließe und die Emitter von T_2 und T_3 genau auf $\dfrac{U_B}{2} = 4,5$ V liegen. Über $R_2 = 450\ \Omega$ fallen $U_{R2} = 450\ \Omega \cdot 10$ mA

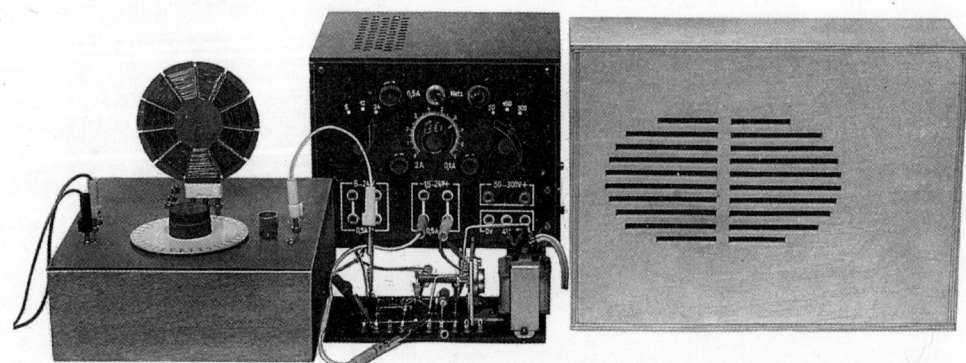

Bild 7.6   Wir schalten das erste Radio für Lautsprecherbetrieb.

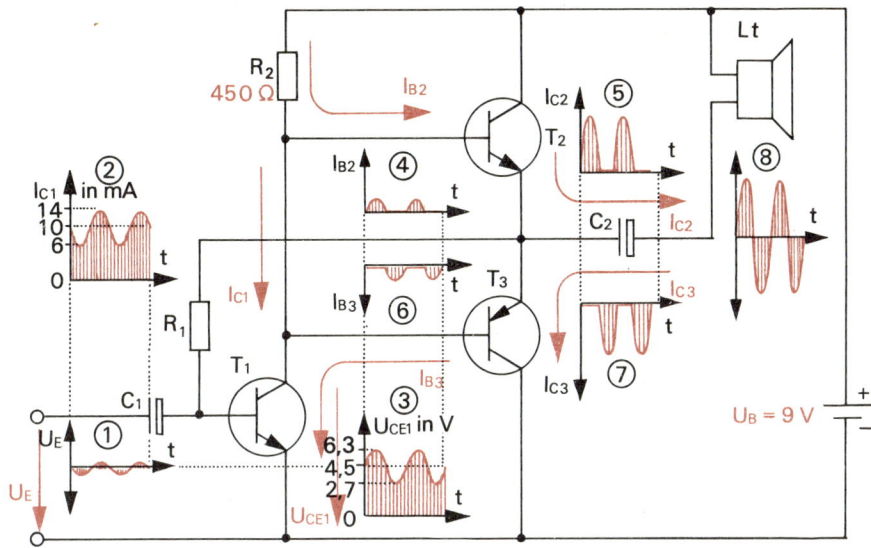

Bild 7.7 *Prinzip der eisenlosen Gegentaktendstufe mit komplementären Transistoren*

= 4,5 V ab, so daß die Kollektorspannung von T_1 (und damit die Basisspannung von T_2 und von T_3) ebenfalls $U_{CE1} = 4{,}5$ V beträgt. Spannungsgleichheit zwischen Emitter und Basis ist aber gleichbedeutend mit Basisvorspannung Null, so daß über T_2 und T_3 keine Kollektorströme fließen.

Nun gelange an den Eingang von T_1 die negative Halbwelle einer Wechselspannung U_E nach Kurve 1, die den Kollektorstrom um beispielsweise 4 mA auf $I_{C1} = 6$ mA herabsetzt (Kurve 2). Über R_2 fallen dann $U_{R2} = 450\,\Omega \cdot 6\,\text{mA} = 2{,}7$ V ab, die Kollektorspannung von T_1 steigt auf $U_{CE1} = U_B - U_{R2} = 9\,\text{V} - 2{,}7\,\text{V} = 6{,}3$ V (Kurve 3). Sie ist um $6{,}3\,\text{V} - 4{,}5\,\text{V} = 1{,}8$ V positiver als im Ruhezustand geworden — und auch um den gleichen Betrag positiver als das Emitterpotential von T_2 und T_3. Während über den npn-Transistor T_2 jetzt ein Basisstrom I_{B2} (Kurve 4) und damit auch ein Kollektorstrom I_{C2} (Kurve 5) fließt, ist T_3 gesperrt. Über diesen vermag nur dann ein Strom zu fließen, wenn seine Basis negativer als der Emitter wird. Das geschieht im Falle der positiven Halbwelle am Eingang, die den Kollektorstrom wieder um 4 mA auf $I_{C1} = 14$ mA hochsteuert. Der Spannungsabfall an R_2 steigt auf $U_{R2} = 450\,\Omega \cdot 14\,\text{mA} = 6{,}3$ V, die Kollektorspannung beträgt nur noch

$U_{CE1} = 9\,\text{V} - 6{,}3\,\text{V} = 2{,}7$ V, und die Spannung an den Basisanschlüssen von T_2 und T_3 ist um $4{,}5\,\text{V} - 2{,}7\,\text{V} = 1{,}8$ V negativer als deren Emitterpotential. In diesem Fall fließt nur über den pnp-Transistor T_3 ein Basisstrom I_{B3} (Kurve 6) und ein Kollektorstrom I_{C3} (Kurve 7).

Das ist der Grundgedanke des Gegentaktprinzips: Jeder Endstufentransistor übernimmt die Verarbeitung nur einer Halbschwingung, und am Lautsprecher werden beide Hälften wieder phasenrichtig zusammengesetzt (Kurve 8). Der Vorteil dieses Verfahrens liegt darin, daß jeder der beiden Endtransistoren für eine Halbwelle der Wechselspannung den gesamten Kollektorstrombereich zur Verfügung hat. Damit kann man im Vergleich zur Verstärkung mit nur einem Transistor die doppelte Stromstärke und auch die doppelte Spannung entnehmen. Doppelte Spannung und doppelter Strom bedeuten aber vierfache Leistung einer Gegentaktstufe gegenüber einer Endstufe mit nur einem Transistor.

Wenn T_3 leitend ist, werden sein Ausgangswiderstand und damit seine Kollektorspannung geringer; das im Ruhezustand auf 4,5 V liegende Emitterpotential der Endtransistoren geht gegen Null. Mit einem maximalen Kollektorstrom I_{C3} kann sich der Auskoppelkondensator C_2

auf nahezu die gesamte Betriebsspannung aufladen. Ist T_2 leitend, kehren sich die Verhältnisse um. Die Ladespannung an C_2 treibt den Kollektorstrom I_{C2} an, der Kondensator entlädt sich dabei, und das Emitterpotential kann bis in die Nähe der Betriebsspannung gleiten. Über C_2 wird der Wechselspannungsanteil des Emitterpotentials von T_2 und T_3 auf die niederohmige Schwingspule des Lautsprechers ausgekoppelt.

Bisher haben wir angenommen, beide Endtransistoren seien im Ruhezustand stromlos. Das würde jedoch zu starken Verzerrungen führen, und deshalb stellt man auch in der Gegentaktstufe einen geringen Ruhestrom ein; T_2 und T_3 benötigen dann eine Vorspannung von $U_{BE} \approx 0,6$ V (vgl. Bild 5.7a). Für ein Emitterpotential von 4,5 V muß die Basis von T_2 auf $4,5$ V $+ 0,6$ V $= 5,1$ V, die von T_3 auf $4,5$ V $- 0,6$ V $= 3,9$ V liegen und die Spannungsdifferenz zwischen beiden Basisanschlüssen demnach $5,1$ V $- 3,9$ V $= 1,2$ V, also $2 \cdot U_{BE}$ betragen. Mit $I_{C1} = 10$ mA wäre deshalb in die Kollektorleitung von T_1 zwischen die beiden Basisanschlüsse ein

$$\text{Widerstand} \quad R_3 = \frac{2 \cdot U_{BE}}{I_{C1}} = \frac{1,2\,V}{10\,mA} = 120\,\Omega$$

einzubauen und gleichzeitig der Kollektor-

$$\text{Arbeitswiderstand auf} \quad R_2 = \frac{9\,V - 5,1\,V}{10\,mA}$$

$= 390\,\Omega$ zu verkleinern. Über R_2 und R_3 fallen dann $U = (R_2 + R_3) \cdot I_{C1} = 510\,\Omega \cdot 10$ mA $= 5,1$ V ab, so daß die Kollektorspannung des Treibertransistors $U_{CE1} = 3,9$ V beträgt.

Wir bauen einen eisenlosen Gegentaktverstärker

Die Erzeugung von $2 \cdot U_{BE}$ mittels Widerstand ist die einfachste Möglichkeit; wir könnten den 120-Ω-Widerstand im Aufbau nach Bild 7.8 direkt zwischen die Basisanschlüsse von T_2 und T_3 löten. In diesem Stromlaufplan sehen wir jedoch eine andere Art der Vorspannungserzeugung. Um nämlich $2 \cdot U_{BE}$ – und damit vor allem den Ruhestrom der Endstufe – von Temperatur- und Betriebsspannungsänderungen weitgehend unabhängig zu machen, setzt man anstelle des Widerstandes in Durchlaßrichtung betriebene Si-pn-Übergänge dafür ein; nicht in jedem Fall einfach Dioden! Bei 10 mA Durchlaßstrom beträgt die Flußspannung an zwei in Reihe geschalteten Dioden nahezu 1,5 V, so daß auch der Basisruhestrom der Endtransistoren bei 10 mA läge und – abhängig von ihren Stromverstärkungen – der Kollektorruhestrom leicht 1 A überschrei-

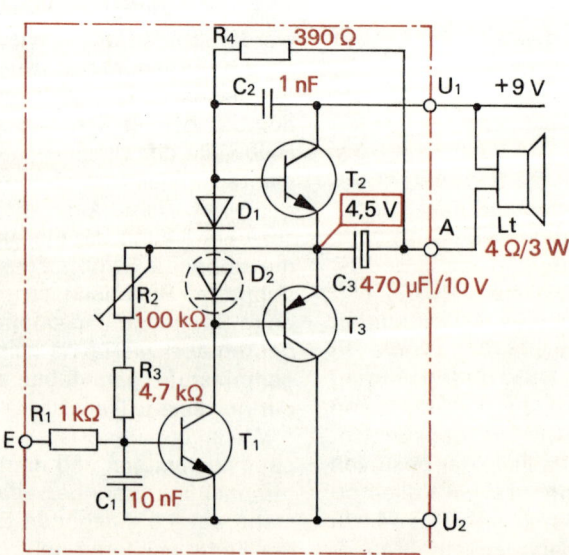

Bild 7.8 Stromlaufplan des Endverstärkers EV2
(D_1: SAY 30, D_2: SC 236 als Diode geschaltet, T_1: SC 236, T_2: SF 128, T_3: SF 118)

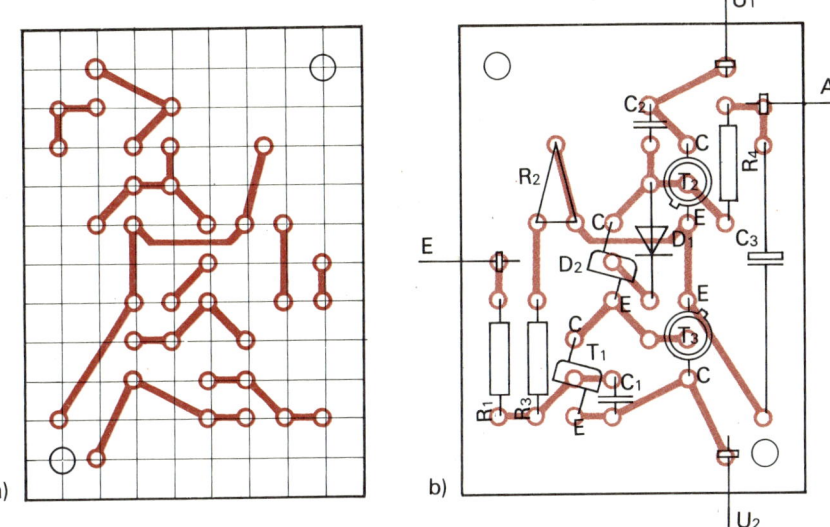

Bild 7.9   Leitungsführung (a) und Bestückungsplan (b) des Endverstärkers EV2

ten könnte! Deshalb verwenden wir für D_2 einen Miniplasttransistor mit etwa der gleichen Stromverstärkung wie von T_2 und T_3 und schalten zwischen dessen Kollektor und Basis eine beliebige Si-Diode D_1 (vgl. Bild 7.9b).

Der Kollektorstrom dieses »Dioden-Transistors« beträgt dann zwar auch 10 mA, über seinen Basis-pn-Übergang und den von D_1 fließt aber ein weitaus geringerer Strom, und damit wird die Flußspannung kleiner.

$R_1 C_1$ kennen wir schon vom Endverstärker EV1, R_3 wirkt strombegrenzend bei falsch eingestelltem R_2, und C_2 unterbindet sonst mögliches Schwingen. Treibertransistor T_1 erhält – im Unterschied zu Bild 7.7 – seine Betriebsspannung über den Lautsprecher; dadurch wird eine etwas höhere Aussteuerung möglich. Das bedeutet aber auch, daß zum Abgleich entweder der Lautsprecher oder ein 4-Ω-Widerstand anzuschließen ist.

Damit eine annähernd gleiche Aussteuerung der Endtransistoren möglich wird, müssen ihre Gleichstromverstärkungen weitgehend übereinstimmen; Abweichungen bis 20% sind jedoch zulässig. Wir gehen dabei vom pnp-Transistor aus. Messen wir z. B. $B_3 = 60$, muß B_2 zwischen 70 und 50 liegen. Einen entsprechenden

npn-Transistor suchen wir danach aus einer größeren Anzahl von Basteltransistoren oder auch typisierten Transistoren aus. Die Stromverstärkung von T_1 soll etwa 100 betragen.

Die Kapazität des Auskoppelkondensators C_3 bildet mit der Schwingspulenimpedanz des Lautsprechers eine Reihen-

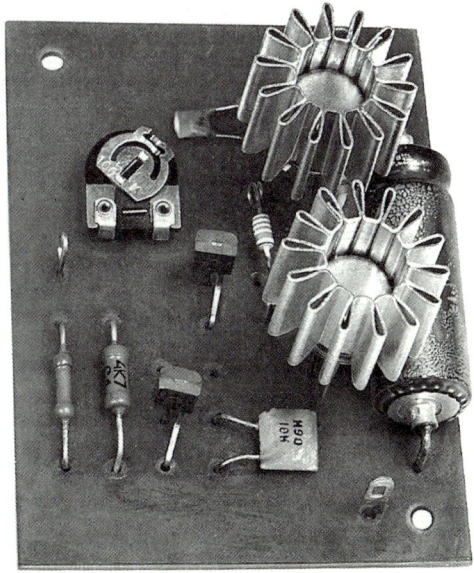

Bild 7.10   Gegentaktverstärker EV2 mit Komplementärendstufe

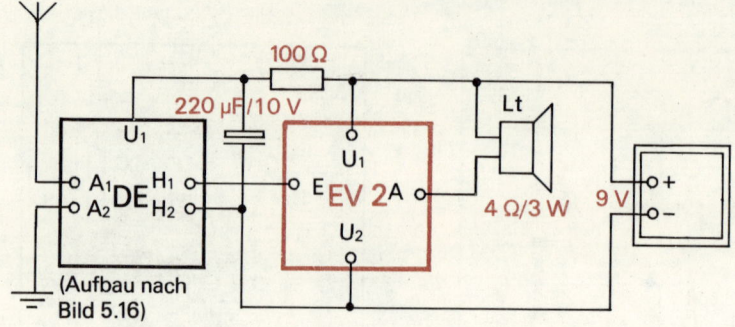

Bild 7.11 Diodenempfänger mit Gegentaktendverstärker

schaltung, in der der kapazitive Blindwiderstand für die niedrigste Tonfrequenz nicht größer als die Impedanz werden darf, in unserem Falle also $X_{C3} = Z = 4\,\Omega$. Für $f = 100$ Hz berechnen wir

$$C_3 = \frac{1}{2\pi \cdot f \cdot X_{C3}} = \frac{1\,\text{A}}{2\pi \cdot 100\,\text{s}^{-1} \cdot 4\,\text{V}} = 398\,\mu\text{F}$$

und setzen deshalb einen Kondensator von mindestens 470 µF ein. Nach dem Bestücken der Leiterplatte versehen wir T_2 und T_3 zur Wärmeabfuhr mit passenden Kühlsternen, schließen den Lautsprecher und die Betriebsspannung an und stellen dann mit R_2 das Emitterpotential auf 4,5 V ein. Gleichzeitig oder anschließend messen wir die Stromaufnahme. Sie wird bei 15 mA liegen, die sich aus $I_{C1} = 10$ mA und dem Ruhestrom der Endstufe von 5 mA zusammensetzen. Nimmt der Verstärker bei richtig eingestelltem Emitterpotential mehr als 20 mA auf, ist für D_2 ein Transistor mit höherer Gleichstromverstärkung einzusetzen.

Den fertigen Verstärkerbaustein sehen wir im Bild 7.10. Bild 7.11 zeigt, wie wir ihn an unseren Diodenempfänger DE anschließen. Zur Entkopplung von den dort eingebauten zwei Vorstufen ist das Siebglied 100 Ω/220 µF gedacht. Mit einem Strommesser in der Plusleitung überzeugen wir uns davon, daß dieser Endverstärker einen um so höheren Strom aufnimmt, je größer wir die Lautstärke wählen. Dabei werden wir Zeigerausschläge bis 150 mA und eine beträchtliche Erwärmung der Endtransistoren feststellen können.

8. Mikroelektronik:
Die Integrierte Schaltung ersetzt eine Vielzahl von Einzelelementen

Immer *schneller*, immer *zuverlässiger* und immer *billiger* (hinsichtlich Herstellungs- und Betriebskosten) — das waren die Hauptforderungen, die um 1963 zur Entwicklung der Mikroelektronik überhaupt führten und die auch ihre ständige Weiterentwicklung prägen. Bereits im Kapitel 5 wurde die Diffusionstechnik bei der Dioden- und Transistorfertigung erwähnt; diese Technik bildet auch die Grundlage der Integration komplexer Schaltungen in einem Halbleiterblock.

Als Beispiel wählen wir unseren Gegentaktverstärker EV2 nach Bild 7.8 aus, der unter anderem vier Transistoren enthält.

Auf einer Substratscheibe werden heute gleichzeitig einige tausend solcher Transistoren hergestellt, wie einer im Bild 5.5a zu sehen ist. Nach dem Prüfen und Kennzeichnen der unbrauchbaren Exemplare wird das Substrat zerlegt, und die brauchbaren Transistoren werden kontaktiert und verkappt. Dann nehmen wir vier von ihnen und löten sie entspre-

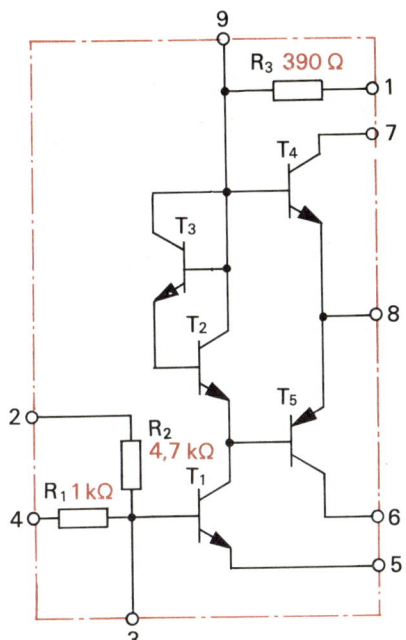

Bild 8.1   Integrierbarer Schaltungsteil des Endverstärkers EV2

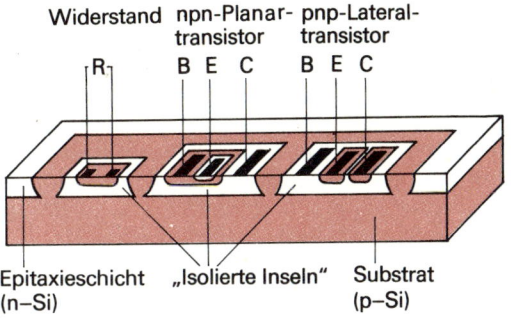

Bild 8.2   Aufbau von integriertem Widerstand und integrierten Transistoren

chend Bild 7.8 wieder zusammen – ist das nicht paradox? Es liegt doch nahe, auf dem Substrat möglichst viele Bauelemente und deren Verbindung als *Integrierte Schaltung* (IS) herzustellen und nur die notwendigen Außenanschlüsse herauszuführen.

Integration der Bauelemente

Der Transistor ist zum wesentlichen integrierten Bauelement geworden, weil er meist weniger Fläche als ein hochohmiger Widerstand benötigt; Induktivitäten und Kapazitäten werden nicht integriert. Im Bild 8.1 ist der integrationsfähige Teil unseres Endverstärkers EV2 noch einmal gesondert und integrationsgerecht dargestellt; die in der Schaltung nach Bild 7.8 noch vorhandene Diode D_1 wird nun ebenfalls durch einen Transistor realisiert. Damit sind drei Widerstände, vier npn-Transistoren und ein pnp-Typ zu integrieren. Schauen wir uns die einzelnen Schritte zur Herstellung dieser Bauelemente etwas genauer an!

Allgemeingültige Tiefenprozeßschritte sind Grundlage der gesamten Mikroelektronik

Ausgangsmaterial ist hochohmiges p-Si-Substrat, auf dem man zuerst eine einkristalline n-leitende Si-Schicht aufwachsen läßt. Dieser Vorgang wird als *Epitaxie* bezeichnet und bei Temperaturen von über 1 000 °C durchgeführt. Die 4 bis 25 µm dicke Schicht wächst dadurch, daß sich an der heißen Oberfläche des Substrats eine gasförmige n-Si-Verbindung zersetzt. Auf dieser Epitaxieschicht bildet sich an der Luft ein SiO_2-Überzug (Quarz), der einen natürlichen Schutz bietet. Um im Silizium an bestimmten Stellen bestimmte Leitfähigkeiten durch Diffusion zu erzeugen, muß an diesen Stellen der SiO_2-Überzug entfernt werden. Das geschieht auf fotomechanischem Wege: Aufbringen eines lichtempfindlichen Fotolacks und Belichtung der getrockneten Lackschicht mit UV-Licht (Quarzlampe) durch eine Fotomaske. An den belichteten Stellen verfestigt sich der Fotolack durch Polymerisation, an den unbelichteten wird er beim »Entwickeln« abgewaschen. Dann gibt man das Substrat in ein Ätzbad, das an den Stellen, an denen der Lack entfernt ist, die SiO_2-Schicht löst. Es entstehen »Diffusionsfenster«, durch die Störstellen eindiffundiert werden können.

Mit der ersten Diffusion von p-Gebieten, die bis zum p-Substrat reichen müssen, werden »isolierte Inseln« in der epitaktischen n-Schicht geschaffen (vgl. Bild 8.2). Für jeden Transistor ist eine eigene Insel notwendig; die Widerstände können gemeinsam in einer Insel hergestellt werden.

In einem zweiten Diffusionsverfahren, das genau die gleichen Schritte wie das eben beschriebene erste erfordert, werden p-leitende Gebiete überall dort in die »isolierten Inseln« eindiffundiert, wo Widerstände und Basisgebiete vorhanden sein sollen.

Auf die Basisdiffusion folgt die Emitterdiffusion, mit der in die Basis-p-Schicht eine letzte n-Schicht eingebaut wird.

Aus Bild 8.3 ist der prinzipielle Aufbau der eingangs erwähnten Bauelemente ersichtlich. Daraus geht auch hervor, daß die eigentliche Mikroelektronik in der höchsten 25 µm »dicken« Epitaxieschicht liegt. Die schwarzen Flächen stellen Kontaktgebiete dar, über die die leitende Verbindung der integrierten Bauelemente untereinander erfolgt.

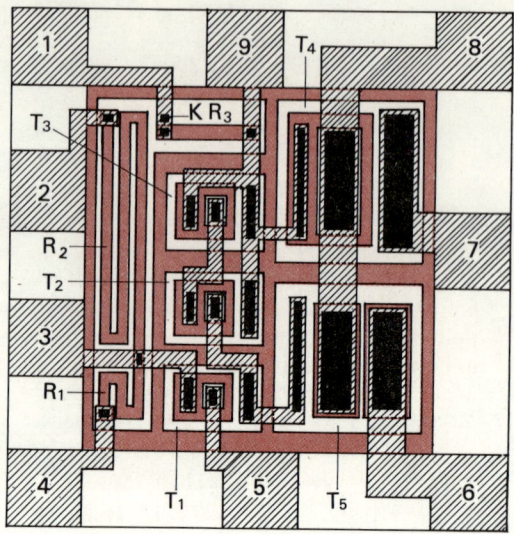

Bild 8.3   Topologie der Integrierten Schaltung (IS) nach Bild 8.1

Spezielle Topologie ist die Welt des Schaltungsentwicklers

Für den Flächenbedarf eines npn-Transistors – und damit letztlich der gesamten IS – sind drei Größen wesentlich: der

Emitterstrom I_E, die *Stromdichte* $J = \dfrac{I_E}{A}$

und die technisch realisierbare *Strichbreite d*. Darunter ist die Breite eines Kontaktstreifens oder eines dotierten Gebietes zu verstehen; heute sind Strichbreiten unter 1 µm möglich. Die Redewendung »haargenau« ist durch die Mikroelektronik nur noch historisch zu verstehen, denn im Durchmesser eines menschlichen Haares bringt der Mikroelektroniker gut zwanzig 1 µm breite Leiterzüge unter, die durch ebenso breite Isolationswände voneinander getrennt sind.

Ausgangsgröße der Flächenberechnung ist der Emitterstrom; wir gehen in unserem Beispiel vom Treibertransistor T_1 mit $I_E \approx I_C = 10$ mA aus. Für eine Stromdichte von $J = 5 \dfrac{A}{mm^2}$ muß die Emitterfläche

$A_E = \dfrac{I_E}{J} = \dfrac{10^{-2} A \cdot mm^2}{5\,A} = 0{,}002\ mm^2$

betragen; sie könnte beispielsweise 0,04 mm = 40 µm breit und 0,05 mm = 50 µm lang sein. Legen wir weiter eine Strichbreite von 20 µm fest, kommen wir entsprechend der Oberflächenstruktur des npn-Planartransistors im Bild 8.2 auf eine Transistorbreite von 40 µm + 8·20 µm = 200 µm und eine Länge von 50 µm + 4·20 µm = 130 µm. Berücksichtigt man noch ringsherum 10 µm für die Isolationswände, wären für einen Transistor dieser Art 0,22 mm·0,15 mm = 0,033 mm² erforderlich. Für die Endtransistoren sind wegen der größeren Ströme auch noch größere Flächen notwendig; im Schaltungsentwurf nach Bild 8.3, aus dem die Anordnung der Bauelemente (*Layout*, engl., Anlage) hervorgeht, ist das entsprechend berücksichtigt. Ganz links erkennen wir die Widerstände R_1 und R_2, rechts daneben oben Widerstand R_3 und darunter die berechneten Transistoren $T_1 \ldots T_3$. Rechts oben liegt der npn-Transistor T_4, rechts unten der pnp-Transistor T_5.

Nach der Emitterdiffusion werden die schwarz dargestellten Kontaktgebiete in der SiO$_2$-Schicht auf die gleiche Art geöffnet, wie das für die Diffusionsfenster geschah, und die gesamte Oberfläche durch Aufdampfen einer dünnen Aluminiumschicht »verspiegelt«. Dann folgt ein Arbeitsgang, der dem Herstellen einer gedruckten Schaltung ähnelt: das Aluminium wird an den nicht benötigten Stellen abgetragen. So entsteht die im Bild 8.3 schraffiert dargestellte innere Leitungsverbindung mit den großen *Bondflächen* am Rande des (im Beispiel) 1 mm^2 großen *Chips*. Auf einer Substratscheibe von 50 mm Durchmesser ließen sich über 1500 solcher Schaltkreise gleichzeitig fertigen. Nach dem Prüfen der Schaltkreise auf der Scheibe werden die fehlerhaften Systeme gekennzeichnet, und dann wird die Scheibe zerlegt. Jeder Halbleiterblock kommt anschließend auf ein Montageblech; hier erfolgt die Verbindung des Chips über dünne Drähte von den Bondflächen mit der »Außenwelt«.

Damit die isolierten Inseln ihre Funktion erfüllen können, wird das p-Substrat mit dem negativen Pol der Spannungsquelle verbunden und jede n-leitende Transistorinsel über den Kollektor (bzw.

die Basis bei T_5) auf das höchstmögliche positive Potential gelegt; in der Widerstandsinsel erfolgt die Sperrpolung durch den speziellen Kontakt K bei R_3 (vgl. Bild 8.3).

Der moderne Leistungsverstärker mit Integriertem Schaltkreis

Nach den theoretischen Erörterungen zur Mikroelektronik nun wieder zurück zur mikroelektronischen Praxis. Bild 8.4 zeigt die stark vereinfachte Schaltung der IS A 211 D, eines Verstärkers für 1 W Sprechleistung. Über Anschluß 8 gelangt die (gleichspannungsfreie) Wechselspannung an die Basis des pnp-Transistors T_1, einer Vorstufe in Kollektorschaltung analog T_1 in unserem Vorverstärker VV nach Bild 5.13. Für eine hohe Spannungsverstärkung sorgt der *Differenzverstärker* mit T_2 und T_3; T_5 bildet dessen Arbeitswi-

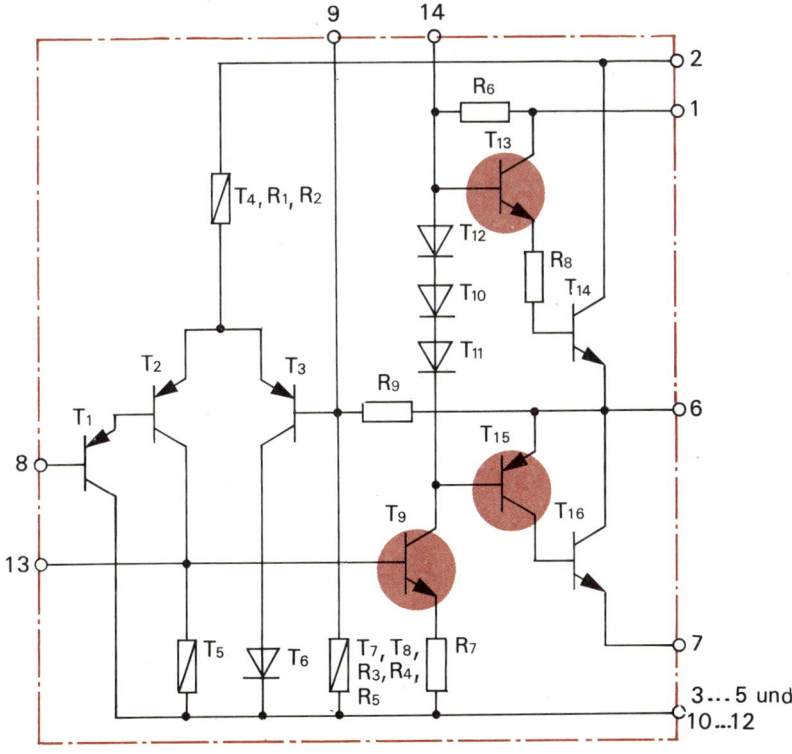

Bild 8.4   Stark vereinfachte Darstellung der IS A 211D

derstand. Über T_4 wird der Differenzverstärker mit einem konstanten Strom versorgt. Im Kapitel 9 werden wir eine ähnliche Schaltung für die Phasenumkehr selbst aufbauen (vgl. T_{11} und T_{12} im Bild 9.19). Der spannungsabhängige Widerstand T_8 hält gemeinsam mit R_9 automatisch das Emitterpotential der Endstufe auf $\dfrac{U_B}{2}$. Vom Arbeitswiderstand T_5 des Differenzverstärkers gelangt das Signal an die Basis der Treiberstufe T_9, in deren Kollektorleitung die »Transistordioden« T_{10}, T_{11} und T_{12} (für $3 \cdot U_{BE}$) sowie der Arbeitswiderstand R_6 liegen. Das Komplementärpaar $T_{13}T_{15}$ bildet hier noch nicht die Endstufe, sondern steuert die beiden eigentlichen Leistungstransistoren T_{14} und T_{16} an.

Unser NF-Verstärker entsteht

Bild 8.5 zeigt den Stromlaufplan des Leistungsverstärkers mit der IS A 211 D. Die Leitung vom Anschlußpunkt U_2, der wieder mit dem Minuspol der Spannungsquelle zu verbinden ist, endet — wie auch eine Reihe von Bauelementen — mit einem Strichbalken als Symbol für elektrische »Masse«. Diese Stellen sind untereinander mit der *Masseleitung* verbunden. Alle Spannungsangaben beziehen sich auf das *Massepotential* (0 V), an das man im Bedarfsfall auch die Erdleitung legt.

Nun zu den Bauelementen selbst. R_2 ist der Basiswiderstand des integrierten Transistors T_1, C_5 unterbindet hochfrequente Schwingungen, C_6 bestimmt die obere Grenzfrequenz, und C_7 kompensiert den Impedanzanstieg des Lautsprechers bei höheren Frequenzen. Die Aufgaben von C_1 und R_1C_2 sowie C_4 kennen wir mittlerweile, so daß nur noch eine Bemerkung zu R_3 und C_3 notwendig ist. Diese Reihenschaltung bildet mit dem integrierten Widerstand $R_9 = 7,5$ kΩ eine Gegenkopplung für den Differenzverstärker; R_3 bestimmt somit die Gesamtverstärkung. Je kleiner er ist, um so geringer wird der an T_3 zurückgelangende Teil der Ausgangswechselspannung und desto größer wird die Verstärkung. Sie errechnet sich nach $V = \dfrac{R_9 + R_3}{R_3}$ und beträgt für

$$R_3 = 39\ \Omega \quad V = \frac{7500\ \Omega + 39\ \Omega}{39\ \Omega} = 190.$$ Mit $R_3 = 27\ \Omega$ wäre eine höchste Verstärkung von etwa 280 möglich, aber dann nimmt die Übertragungsqualität merklich ab.

Die nach $f = \dfrac{1}{2\pi \cdot R \cdot C}$ zu berechnende untere Grenzfrequenz von R_3C_3 darf nicht kleiner als die von C_8 und der Lautsprecherimpedanz werden.

Leiterplattenzeichnung und Bestückungsplan sehen wir im Bild 8.6, Bild 8.7 zeigt den fertigen Aufbau. Die Schlitze in der Leiterplatte zum Durchstecken des

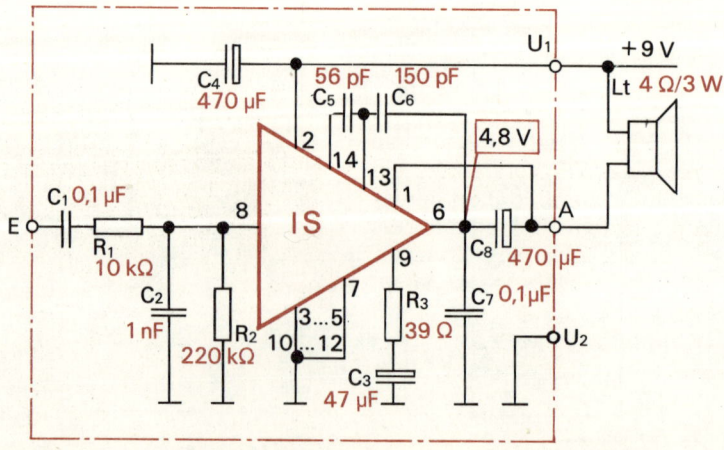

Bild 8.5 Stromlaufplan des Endverstärkers EV3 (IS: A 211D)

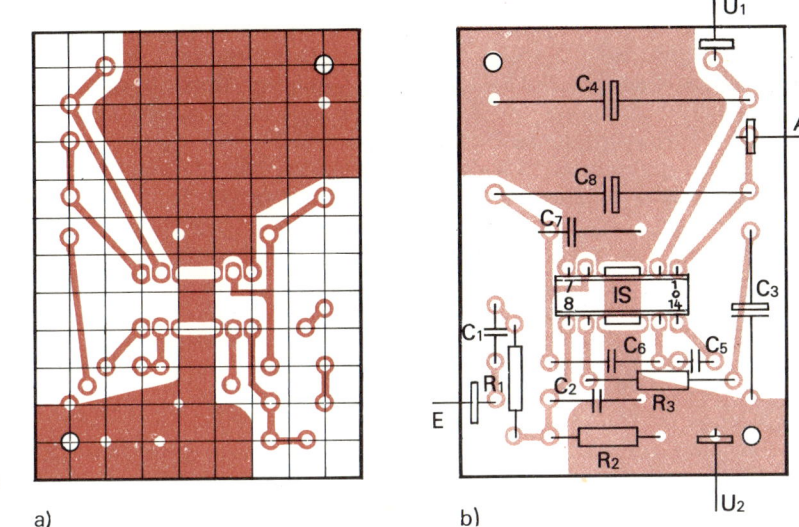

a)   b)

Bild 8.6   Leitungsführung (a) und Bestückungsplan (b) des Endverstärkers EV3

breiteren Mittelstreifens (Anschlüsse 3...5 und 10...12) arbeiten wir mit der Laubsäge ein. Da hier erstmals Lötaugen nur 2,5 mm voneinander entfernt liegen, kontrollieren wir sowohl nach dem Zeichnen als auch nach dem Ätzen und natürlich auch nach dem Löten diese Stellen mit der Lupe, ob sie auch eindeutig voneinander getrennt sind. Die Masseleitung wurde flächenhaft ausgebildet, damit sie gleichzeitig als Kühlfläche wirken kann. Das ist vor allem dann notwendig, wenn – wie in unserem Fall mit $U_B = 9$ V und $Z = 4\,\Omega$ – die IS in der Nähe ihrer Grenzdaten betrieben wird. Für eine noch höhere Betriebsspannung muß ein Lautsprecher mit $8\,\Omega$ (U_B höchstens 14 V) eingesetzt werden.

Wie der neue Endverstärker als wesentliche Baugruppe in den Aufbau unseres *Niederfrequenz-(NF-)Verstärkers* einbezogen wird, geht aus Bild 8.8a hervor. In Verbindung mit dem Vorverstärker VV verfügen wir damit über eine Kombination, die auch bei geringen Tonspannungen ausreichende Verstärkungsreserve bietet. Wir bringen beide Baugruppen samt Lautstärkepotentiometer im Lautsprechergehäuse unter, so daß der Diodenempfänger wieder den einfachen Aufbau nach Bild 2.2 annimmt. Für den Verstärkereingang sehen wir eine Dioden-

buchse Bu vor, die an einer Seitenwand des Gehäuses angebracht wird. Ist die Leitung zum Eingang von VV1 länger als 10 cm, verwenden wir dafür abgeschirmtes Kabel; gleiches gilt auch für die Anschlüsse des Lautstärkepotentiometers. Ohne Eingangssignal nimmt der Verstärker etwa 5...7 mA Ruhestrom auf, davon entfallen 2 mA auf VV und 3...5 mA auf

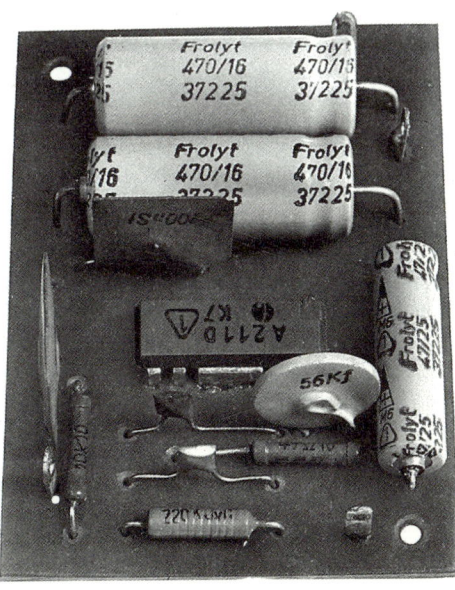

Bild 8.7   Der Endverstärker EV3 mit 1-W-IS

EV3. Bild 8.9 zeigt eine Ansicht des Verstärkeraufbaus.

Zur Verbindung mit dem Diodenempfänger fertigen wir nach Bild 8.8b ein etwa 30 cm langes Kabel, das an dem einen Ende den zur Diodenbuchse Bu im Verstärkergehäuse passenden Diodenstecker St_3 und an dem anderen zwei Bananenstecker St_1 und St_2 erhält. Der eine ist direkt an das verzinnte Ende des Innenleiters zu schrauben, der andere an ein Stück mit dem Geflecht verlöteten Litzenkabel. Das Kabel selbst bereiten wir folgendermaßen für die Lötung vor: Nach dem Abmanteln mit dem Messer wird die Abschirmung bis zum Mantel entfloch-

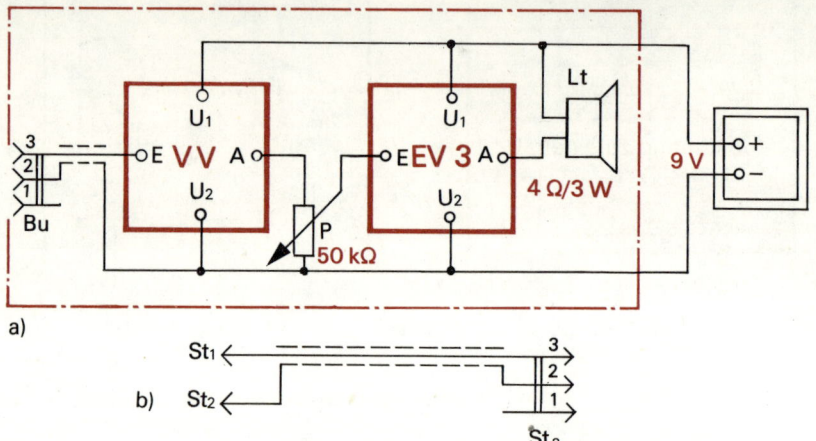

Bild 8.8   Stromlaufplan unseres NF-Verstärkers (a) und Anschlußkabel für den Diodenempfänger (b)

Bild 8.9   Blick in den NF-Verstärker

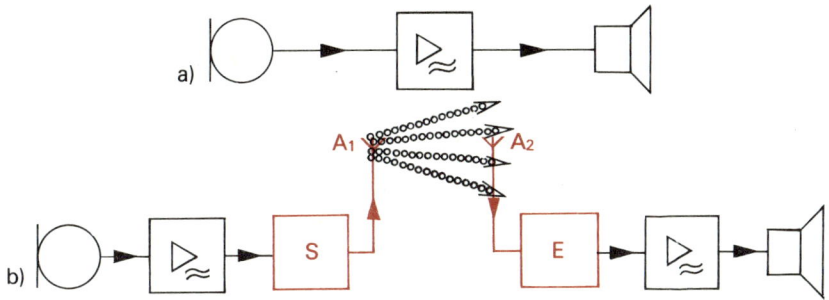

Bild 8.10   Aus der Mikrofonanlage (a) wird eine Rundfunkanlage (b).

ten, seitlich abstehend zu einem Drahtanschluß verdrillt und verzinnt. Das Verzinnen darf nicht zu lange dauern, damit die Isolation des Innenleiters nicht schmilzt. Sie wird abschließend mit der Lötkolbenspitze erwärmt und mit den Fingernägeln rasch abgezogen. Dann wird der Innenleiter verzinnt.

Einfache Mikrofonanlage

Unser NF-Verstärker nach Bild 8.8a ist nicht nur für den Diodenempfänger geeignet, sondern auch für eine Mikrofonanlage. Als Mikrofon selbst verwenden wir einen beliebigen, aber nicht zu kleinen Lautsprecher, der wie der Diodenempfänger anzuschließen ist. Sobald Schallwellen die Membran zum Schwingen bringen, werden nach dem Generatorprinzip in der Spule Wechselspannungen induziert, die wir verstärken können. Das Lautsprechermikrofon müssen wir allerdings weit genug vom eigentlichen Lautsprecher entfernt aufstellen — am besten in einem anderen Raum —, da sonst unsere Anlage zu pfeifen beginnt; auf diesen Effekt kommen wir noch zu sprechen.

Während wir in unserer Bastelecke die angeregte Unterhaltung im Wohnzimmer über unsere Mikrofonanlage unbeobachtet verfolgen, fassen wir in Gedanken das Prinzip der drahtgebundenen Tonübertragung zusammen: Ein Mikrofon wandelt die Schallwellen in elektrische Spannungsschwankungen um. Diese werden im Verstärker so weit vergrößert, daß ein angeschlossener Lautsprecher wieder kräftige Schallwellen abgeben kann. Im Bild 8.10a sehen wir die einfachste Darstellungsmöglichkeit der Mikrofonanlage: den *Übersichtsschaltplan*. Nur der Signalfluß ist angedeutet; die Betriebsspannung wird vernachlässigt. Wie man die Mikrofonanlage zur Rundfunkanlage ausbauen kann, ist im Bild 8.10b gezeigt. Die verstärkten Mikrofonströme geben wir auf den *Sender* S, der — für unser Ohr unhörbar — über eine *Antenne* A_1 *elektromagnetische Wellen* abstrahlt. Eine Empfangsantenne A_2 nimmt diese Strahlung auf und leitet sie zum *Empfänger* E. Hier erfolgt die Rückverwandlung in Spannungsschwankungen, die in der bekannten Art über den Verstärker auf den Lautsprecher gelangen.

9. Wir bauen ein Elektronenstrahloszilloskop

Die außerordentlich gute Wiedergabequalität unseres Diodenempfängers hat Sie bestimmt in Erstaunen versetzt. Allerdings trifft das nur für den Empfang des Orts- oder Bezirkssenders zu. Warum ein so einfaches Gerät — noch dazu mit selbstgefertigten Bauelementen — eine relativ gute Tonwiedergabe hat, ist uns, wie überhaupt das gesamte Funktionsprinzip der drahtlosen Nachrichtenübermittlung, immer noch unklar. Eine ganze Reihe von Fragen blieb noch offen. Physikalische Experimente sollen uns bei ihrer Beantwortung helfen. Natürlich fangen wir wieder bei unserem Empfänger an. Im »Stromkreis« Antenne—Erde (vgl. Bild 2.2 und Experiment nach Bild 4.5) liegt ein Schwingkreis, der im Resonanzfall zu maximalen Schwingungen angeregt wird. Die Antenne muß also auf irgendeine mit unseren Sinnen nicht wahrnehmbare Art vom Sender derartig beeinflußt werden, daß in ihr Wechselströme hoher Frequenz fließen. Unsere bisherigen Meßgeräte sind zum Nachweis dieser kleinen Wechselströme oder hochfrequenten Schwingungen ungeeignet; wir brauchen ein Gerät, das solche Schwingungen aufzuzeichnen vermag: ein *Elektronenstrahloszilloskop*. Sein wichtigstes Bauelement ist eine Elektronenstrahlröhre.

Am Anfang stand die Elektronenröhre

Obwohl die grundlegenden physikalischen Ideen der Rundfunktechnik bereits vor der Entwicklung der Elektronenröhre bekannt waren, ermöglichte erst dieses Bauelement die breite Anwendung der Nachrichtentechnik. Im Jahre 1906 konstruierten, unabhängig voneinander, der nordamerikanische HF-Techniker Lee *de Forest* (1873–1961) und der österreichische Physiker Robert *von Lieben* (1878–1913) eine Dreipol-Verstärkerröhre (*Triode*, griech., tri ... = drei ...). Beide konnten auf die Zweipol-Elektronenröhre, die *Diode* (griech., di ... = zwei ...), zurückgreifen, die zwei Jahre zuvor von dem englischen Physiker John Ambrose *Fleming* (1849–1945) entwickelt worden war und seitdem als Empfangsgleichrichter anstelle des Kristalldetektors eingesetzt wurde.

Für einige Versuche zum Wesen der Elektronenröhre beschaffen wir uns von einem Kleinkraftradbesitzer eine defekte Biluxlampe 6 V/15/15 W, deren Abblendfaden durchgebrannt ist (vgl. Bild 9.1), und löten drei Drahtenden an den Sockel. Diese Lampe legen wir nach Bild 9.2a in Reihe mit einem Strommesser und einem

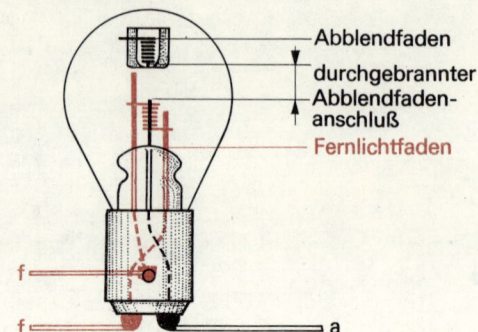

Bild 9.1   Eine defekte Biluxlampe dient uns als Elektronenröhre.

Schichtwiderstand von 47 kΩ an unser Stromversorgungsgerät. Es fließt kein Strom. Das darf uns nicht wundern, da innerhalb der Lampe der Stromkreis unterbrochen ist. Im nächsten Versuch schicken wir zusätzlich durch den Fernlichtfaden einen Strom, indem wir an seine Enden unsere Wechselspannung 6,3 V legen. Obwohl nach wie vor der Stromkreis innerhalb der Lampe unterbrochen ist, zeigt der Strommesser 2 mA an. Wie ist das möglich?

Die in dem gewendelten Metalldraht des Fernlichtfadens vorhandenen Leitungselektronen können normalerweise die Metalloberfläche nicht verlassen.

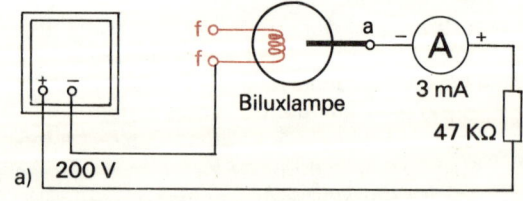

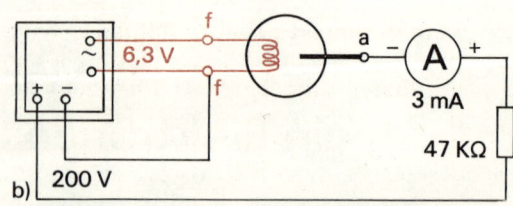

Bild 9.2   Versuche mit der Biluxlampenröhre:
a) Der Stromkreis ist innerhalb der Lampe unterbrochen; es fließt kein Strom.
b) Sobald der Fernlichtfaden aufglüht, zeigt das Meßgerät einen Stromfluß an.

Führen wir jedoch einem Metall Energie, beispielsweise in Form von Wärme, zu, vermögen die energiereichsten Elektronen aus dem Metall herauszutreten. Man bezeichnet diesen Vorgang als *Elektronenemission.* Da die Elektronen geladen sind, werden sie von dem am positiven Pol der Spannungsquelle liegenden Abblendfadenanschluß a angezogen, und es fließt ein Strom.

Die Elektronenröhre bestand im einfachsten Fall aus einem luftleer gepumpten Glas- oder Metallkolben, in dem ein Heizfaden ff und eine metallische Elektrode als *Anode* a eingeschmolzen waren, der Heizfaden diente gleichzeitig als

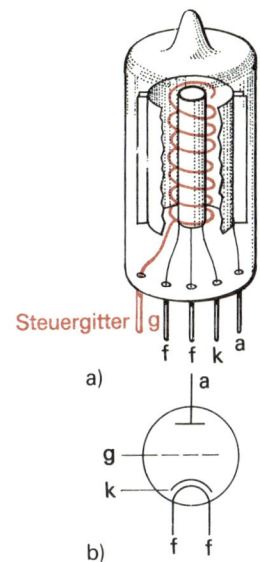

Bild 9.4 Aufbau (a) und Schaltungszeichen (b) der Triode

Mit der Triode, deren Aufbau und Schaltungszeichen aus Bild 9.4 ersichtlich sind, konnten erstmals niedrige Wechselspannungen verstärkt und auch hochfrequente Schwingungen erzeugt werden; das war die eigentliche Geburtsstunde der *Elektronik.* Heute hat die Elektronenröhre ihre Bedeutung bis auf wenige Ausnahmen verloren. Eine dieser Ausnahmen ist die Oszilloskopröhre, die nach ihrem Erfinder auch *Braunsche Röhre* genannt wird. Im Fernsehempfänger hat ihre Verwandte, die Bildröhre mit besonders großer Schirmfläche, die wohl weiteste Verbreitung gefunden.

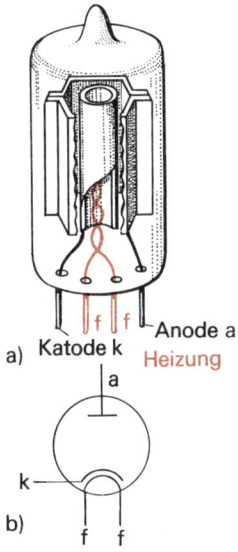

Bild 9.3 Aufbau (a) und Schaltungszeichen (b) der Röhrendiode

Katode k. Um eine Trennung des Heizkreises vom Anodenkreis herbeizuführen, wurden indirekt geheizte Röhren gebaut. Hier legte man den Minuspol an ein den Heizfaden umgebendes Röhrchen. Im Bild 9.3 sind der prinzipielle Aufbau und das entsprechende Schaltungszeichen dargestellt. Solche Röhrendioden wurden lange Zeit als Gleichrichter eingesetzt, bis sie schließlich von den Bauelementen aus Germanium bzw. Silizium abgelöst wurden. Damit wird auch verständlich, weshalb die Halbleitergleichrichter ebenfalls Dioden genannt werden.

Das Wichtigste zur Braunschen Röhre

Bild 9.5 zeigt den grundsätzlichen Aufbau einer *Elektronenstrahlröhre.* Im Hals des luftleeren Glaskolbens befinden sich das Strahlerzeugungs- und Strahlablenksystem. Die aus der Katode emittierten Elektronen fliegen, von der Anodenspannung beschleunigt, mit hoher Geschwindigkeit auf die Anode zu. Da diese — wie alle anderen Elektroden — durchbohrt ist, gelangt der Elektronenstrahl auf den

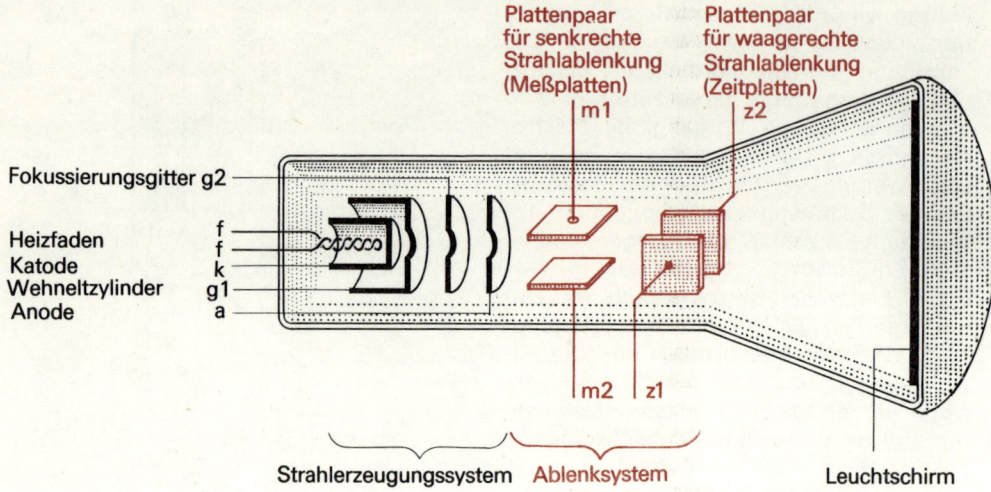

Bild 9.5 Aufbau einer Elektronenstrahlröhre

Leuchtschirm. Die Stärke des Strahls und damit die Helligkeit des Schirmbildes läßt sich durch eine negative Spannung am *Wehneltzylinder*, dem Steuergitter der Elektronenstrahlröhre, einstellen. Dieser wurde – ebenso wie die Glühkatode – 1905 von Arthur Rudolph Berthold *Wehnelt* (1871–1944) in die bis dahin mit ungeheizter Katode arbeitende Braunsche Röhre eingebaut. Zur guten Bündelung des Elektronenstrahls dient das Fokussierungsgitter und zur waagerechten und senkrechten Ablenkung je ein Plattenpaar. An die Platten für die senkrechte Ablenkung gelangt die Meßspannung, an die für die waagerechte eine zeitlineare

Kippspannung. Sehr oft sind die Meßspannungen so gering, daß sie den Elektronenstrahl nicht genügend auslenken. Sie müssen daher in einem *Meßverstärker* auf einen höheren Wert gebracht werden. Ein Oszilloskop besteht somit aus den Baugruppen Netzgerät, Sichtteil mit Bildröhre, Kippgerät und Meßverstärker; Bild 9.6 zeigt den Übersichtsschaltplan.

Wir verwenden für den Aufbau des Oszilloskops die Bildröhre B7 S2 mit 75 mm Schirmdurchmesser. Für ihre Beschaffung über ein Fachgeschäft (vgl. Tafel 14 im Anhang) müssen wir einige Zeit einplanen. Zum Anschluß dieser Röhre brauchen wir die passende vierzehnpolige Fassung und einen Steckkontakt für die Nachbeschleunigungsanode am Schirmende. Damit die wertvolle Röhre nicht beschädigt werden kann, lassen wir sie so lange in ihrer sicheren Lieferverpackung stecken, bis der Abschirmzylinder fertig montiert ist.

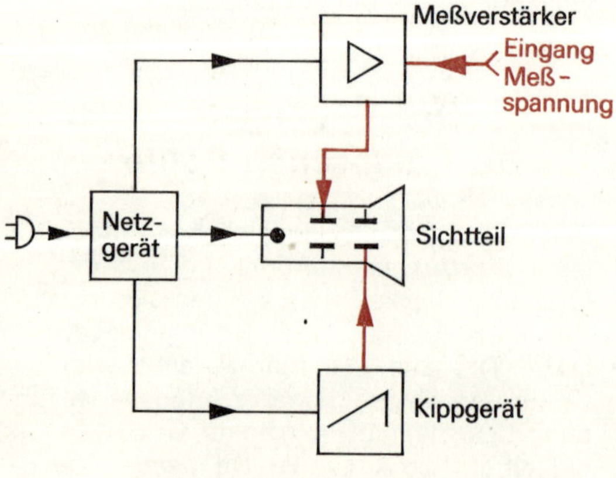

Bild 9.6 Übersichtsschaltplan eines Oszilloskops

Mit dem Netzgerät fängt der Bau an

Es besteht nach Bild 9.7 aus drei Teilschaltungen: dem Hochspannungsteil zum Betrieb der Bildröhre (+650 V und –650 V), dem Mittelspannungsteil für die

Endstufen des Meßverstärkers (+80 V) und des Kippgerätes (+100 V) sowie dem Niederspannungsteil für die Vorstufen dieser beiden Baugruppen (−15 V).

Als Transformator verwenden wir einen Typ der Kerngröße M 85 mit zweimal 250 V und 4/6,3 V Sekundärspannung. Meist hat er noch eine weitere 6,3-V-Wicklung, an deren Stelle wir unsere Mittelspannungswicklung aufbringen. Nach Kennzeichnung löten wir die Drahtanschlüsse ab, nehmen den Kern auseinander, entfernen die Spulenabdeckung, zählen die Windungen der äußeren 6,3-V-Wicklung und wickeln sie ab. Wenn für 6,3 V z. B. 27 Windungen vorhanden sind, muß unsere neue 100-V-Wicklung

$$N = \frac{27 \cdot 100 \text{ V}}{6,3 \text{ V}} = 430 \text{ Windungen erhalten.}$$

Als Wickeldraht verwenden wir CuL 0,2; bei der 86. Windung zapfen wir die Wicklung an, um hier die Wechselspannung von 20 V für die Niederspannung abzugreifen. Nach dem Wickeln wird die

Spule gut abgedeckt, der Transformator wieder ordnungsgemäß zusammengebaut und einem Elektriker zur Abnahme vorgestellt.

Die Teilschaltungen des Netzgerätes

An den beiden hintereinandergeschalteten 250-V-Ausgängen des Trafos liegt die Gleichrichterdiode D_1 mit Ladekondensator C_1 und Siebglied R_2C_2, die die Betriebsspannung von etwa 650 V für die Elektronenstrahlröhre liefern; der Pluspol dieser Spannung liegt auf Masse.

Um ein möglichst helles Schirmbild zu erhalten, geben wir an die Nachbeschleunigungsanode der Bildröhre eine zusätzliche Spannung, die wir aus der schon benutzten 500-V Wicklung gewinnen. D_1 verwertet nur eine Hälfte der Wechselspannung, die andere Hälfte läßt der gegenpolig geschaltete Gleichrichter D_2 durch; D_1 und D_2 arbeiten ähnlich wie T_2 und T_3 aus Bild 7.6 im Gegentakt und sind durch je eine Reihenschaltung zweier Si-

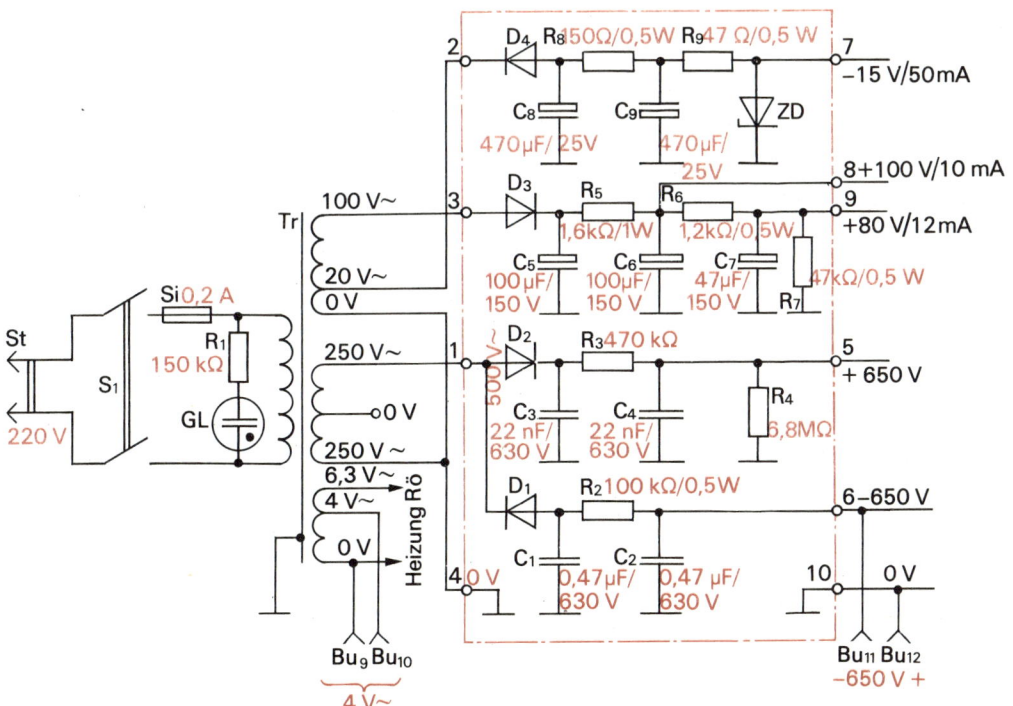

Bild 9.7 Stromlaufplan des Netzgerätes für das Oszilloskop (D_1 und D_2: je zwei in Reihe geschaltete SY 320/8, D_3: SY 320/3, D_4: 320/0,75, ZD: SZ 600/15)

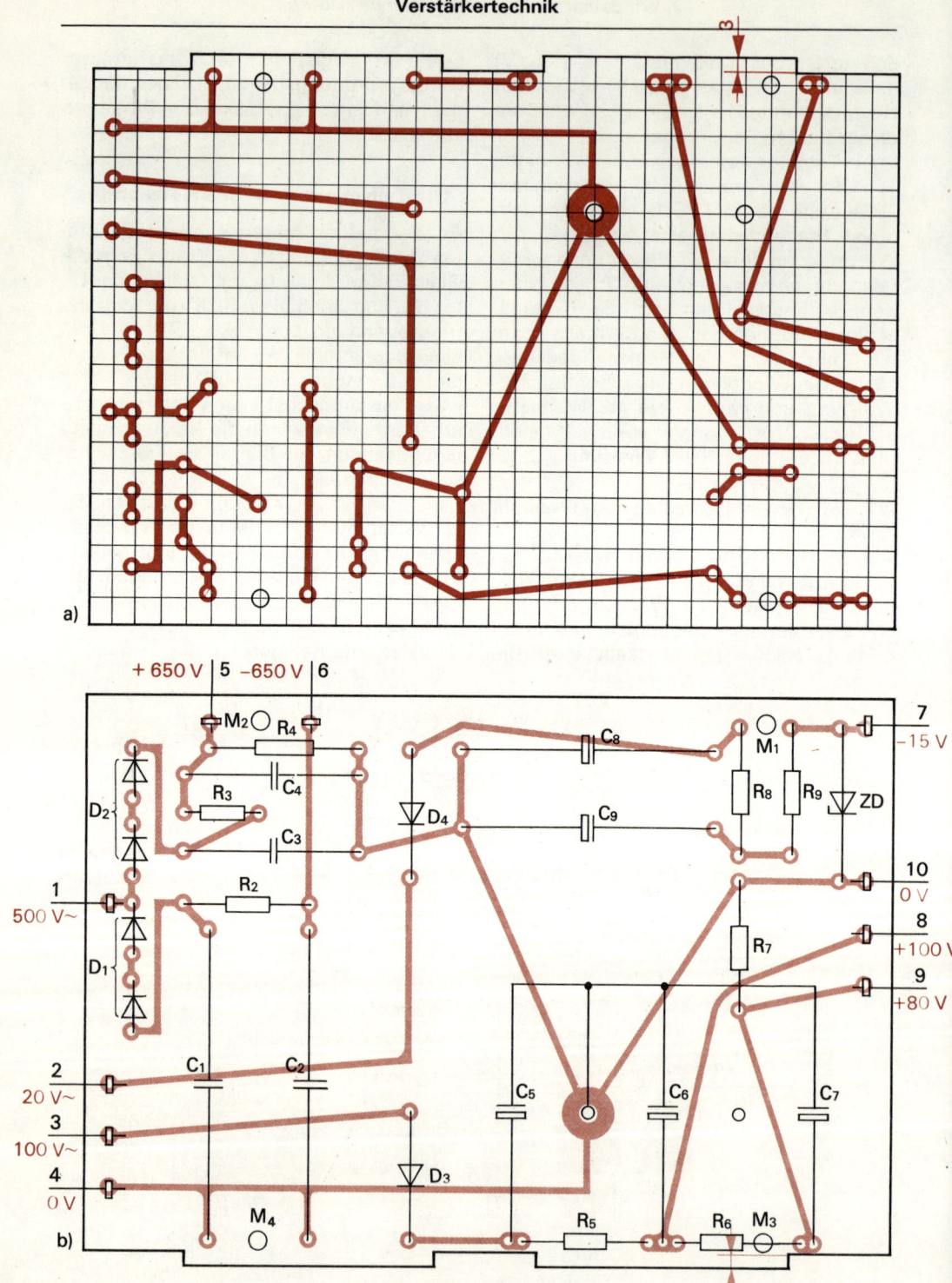

Bild 9.8   Leitungsführung (a) und Bestückungsplan (b) des Netzgeräts NG

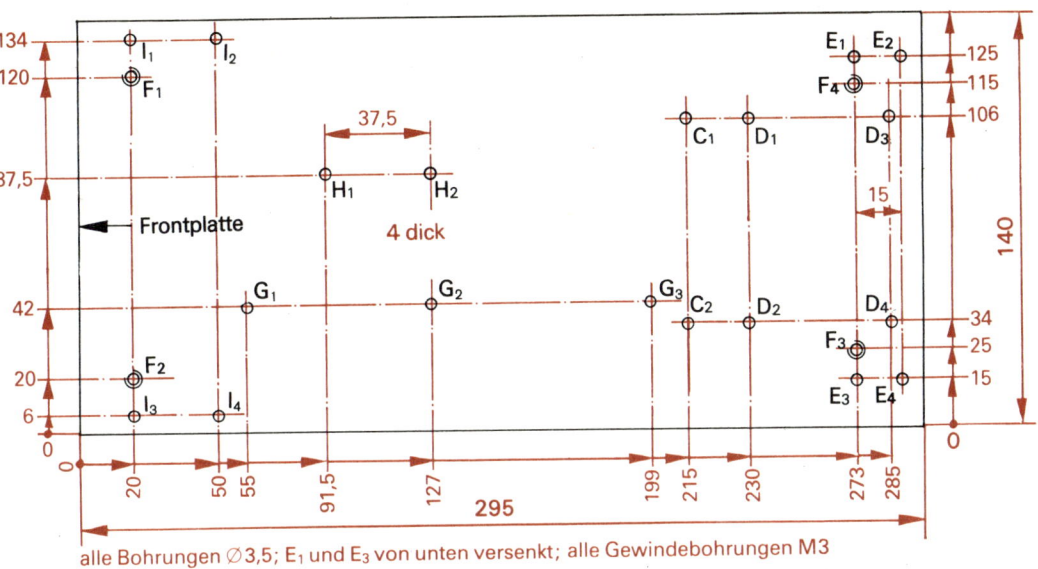

alle Bohrungen ⌀3,5; E_1 und E_3 von unten versenkt; alle Gewindebohrungen M3

Bild 9.9   Das Grundbrett des Oszilloskops (von oben gesehen)

Dioden mit 800 V Sperrspannung zu realisieren. Für $C_1...C_4$ reichen auch bei 520 V Wechselspannung Styroflexkondensatoren mit einer Gleichspannungsfestigkeit von 630 V, da diese Ausführung bis zu 10% Überspannung verträgt.

Damit wir mit diesem Hochspannungsnetzteil auch andere Elektronenstrahlröhren betreiben können, führen wir die Heizspannung von 4 V und die Betriebsspannung von −650 V an leicht zugängliche abgedeckte Telefonbuchsen $Bu_9...Bu_{12}$.

Die Gleichrichterschaltung mit D_3 für die Mittelspannung weist keine Besonderheiten auf. Am Siebkondensator C_6 greifen wir die Spannung für die Endstufe des Kippgerätes und an C_7 die für die Endstufe des Meßverstärkers ab. Die Widerstände R_5 und R_6 sind so bemessen, daß sich im Belastungsfall die angegebenen Spannungen einstellen. Im Leer-

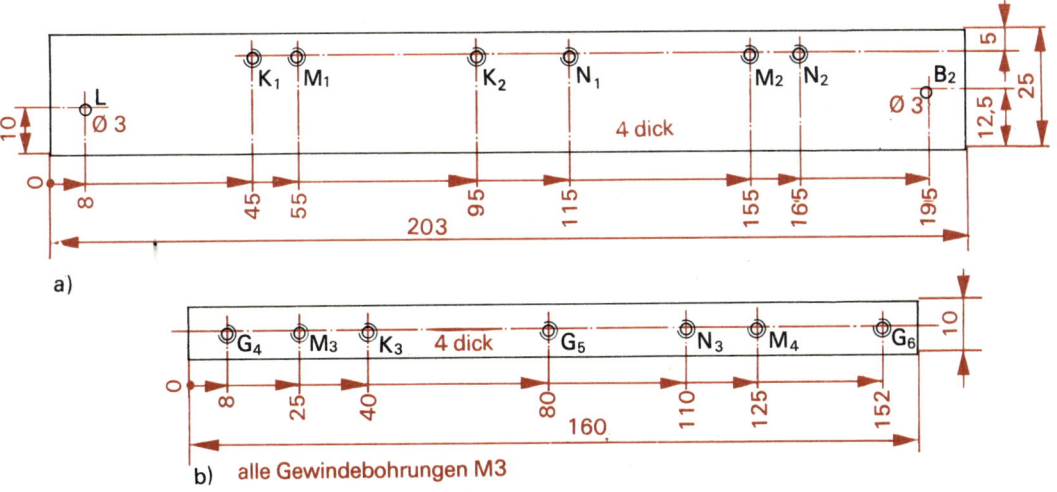

Bild 9.10   Die Streben zum Anschrauben der Leiterplatten: a) obere Strebe, b) untere Strebe

lauf betragen diese 140 V bzw. 135 V. Der zu C_7 parallelgeschaltete Widerstand R_7 verhindert, daß sich C_7 im Leerlauf unnötig hoch auflädt.

An der Anzapfung der Mittelspannungswicklung liegt die Niederspannungsteilschaltung mit D_4, deren Spannung mittels Z-Diode ZD stabilisiert wird; im Leerlauf messen wir 15,5 V.

Wir bauen das Netzgerät auf einer Leiterplatte nach Bild 9.8 auf; für die 150-V-Elektrolytkondensatoren fertigen wir einen Winkel 1 nach W_3 (Tafel 1) aus Aluminiumblech, der allerdings im Abstand f_2 neben e_3 und e_4 noch eine gleiche Bohrung mit dem Abstand h_2 von e_4 hat. Die Maße dieses Winkels in mm entnehmen wir der folgenden Tabelle.

seiner Bahn ablenken und das Oszillogramm verfälschen. Mit magnetischen Werkstoffen entsprechender Dicke kann man solche Streufelder ganz oder teilweise abschirmen.

Nachdem wir nun noch die zwei oberen Kernschrauben des Netztrafos gelöst haben, schrauben wir die Einzelteile auf dem Grundbrett in folgender Reihenfolge fest:
1. Netztransformator bei D_1...D_4 (Lötösen weisen nach hinten),
2. Abschirmblech bei C_1 und C_2 (danach verschrauben wir es mit den oberen Kernschrauben am Netztransformator),
3. Winkel 7 bei E_1 und E_2 und Winkel 8 bei E_3 und E_4 (die 30 mm langen Schenkel beider Winkel weisen jeweils nach

Winkel-Nr.	Standard	a	b	c	d	e_1	e_2	e_3	e_4	f_1	f_2	g_1	g_2	h_1	h_2
1	W_3	20	32	90	2	3,5	3,5	18	18	10	16	30	15	30	30
2	W_1	16	13	25	1	3,5	3,5	—	—	8	6	12,5	—	—	—
3	W_1	30	27,5	25	1	3,5	10	—	—	10	10	10	—	—	—
4, 5, 6,	W_1	10	13	16	1	3,5	3,5	—	—	5	6	8	—	—	—
7, 8	W_2	30	25	25	1	4,5	3,5	3,5	—	10	10	12,5	5	15	—

Wir montieren das Netzgerät auf dem Grundbrett

Bild 9.9 zeigt das Bohrschema des Grundbrettes aus Hartpapier, Bild 9.10 zwei Streben aus dem gleichen Material zum Befestigen der einzelnen Leiterplatten. Die obere Strebe schrauben wir mit den Winkeln 2 und 3, die untere mit 4, 5 und 6, alle aus Eisenblech, fest (s. Tabelle).

Die Transformatorabschirmung nach Bild 9.11 und zwei weitere Winkel 7 und 8 fertigen wir ebenfalls aus Eisenblech von wenigstens 1 mm Dicke. Unter die mit A bezeichnete Bohrung in der Deckfläche der Abschirmung kleben wir mit EP 11 von unten eine Mutter M4 nach dem Bohren; ebenso verfahren wir mit den Winkeln 7 und 8. Hier kommt die Mutter bei Bohrung e_1 in den Winkelinnenraum. Das Abschirmblech ist notwendig, weil aus dem Kern einer von Wechselstrom durchflossenen Spule magnetische Feldlinien austreten. Dieses Streufeld würde den Elektronenstrahl der Oszilloskopröhre aus

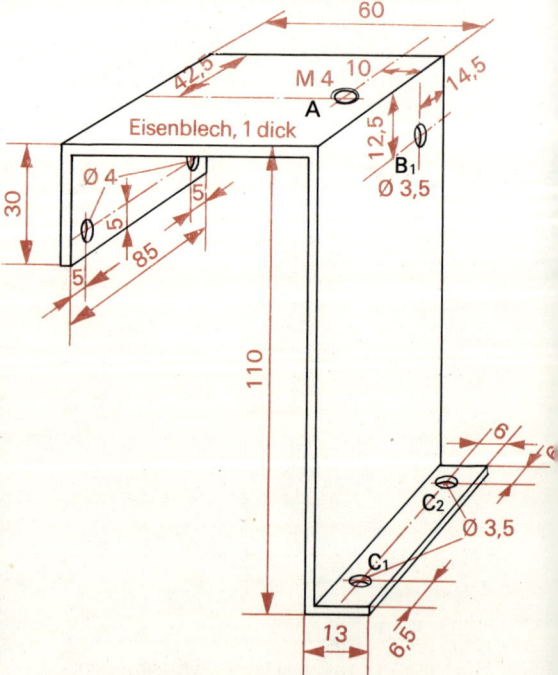

Bild 9.11   Das Abschirmblech aus Weicheisen für den Transformator

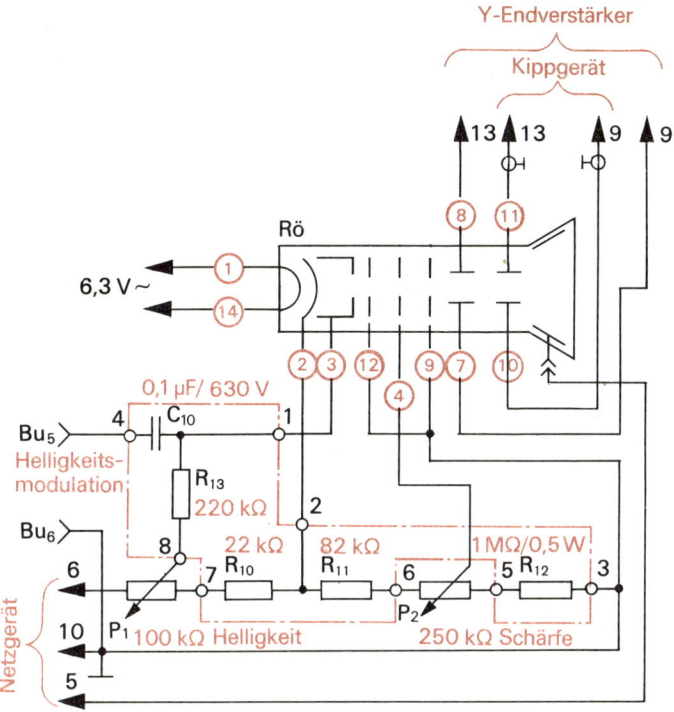

Bild 9.12 Anschluß der Elektronenstrahlröhre (Rö: B7 S2)

außen; an ihnen schrauben wir später das Gehäuse fest),

4. Gummifüße von unten bei $F_1 \ldots F_4$,

5. untere Strebe (Bild 9.10b) mit den drei Winkeln 4, 5 und 6 durch Bohrung e_2 bei G_1, G_2 und G_3; die Strebe (bei G_4, G_5 und G_6 mit den Winkeln verbunden) weist nach der näher gelegenen Seitenkante des Grundbrettes,

6. obere Strebe (Bild 9.10a) bei B_2 mit Winkel 2 an das Abschirmblech bei B_1; sie muß genau senkrecht oberhalb der unteren Strebe angeordnet sein. Bei L wird sie später über Winkel 3 mit der Frontplatte verbunden.

Nun können wir an die Streben bei $M_1 \ldots M_4$ die Platine des Netzgerätes schrauben. Dabei weist die Leiterseite nach den Streben. Über die Befestigungsschrauben schieben wir etwa 8 mm × 8 mm große Abstandsstückchen aus 3 bis 4 mm dickem Hartpapier. Diese sind erforderlich, damit die Leiterplatte gleichmäßig an die Streben gedrückt wird. Nach dem Anschluß der Leiterplatte an den Transformator und dessen

Masseverbindung (Lötöse an Kernschraube) führen wir die erste Funktionsprobe durch. Vorsichtshalber legen wir an die 220-V-Primärwicklung des Transformators zunächst eine Wechselspannung von 24 V, die wir dem Niederspannungsausgang unseres Stromversorgungsgerätes entnehmen, und messen die an den Lötösen 5…9 der Leiterplatte gegen Masse (Lötöse 10) liegenden Spannungen. Sie müssen bei etwa einem Zehntel der im Bild 9.7 angegebenen Werte liegen. Erst dann dürfen wir — aber bitte *äußerste Vorsicht, mit 1,3 kV zwischen den Anschlüssen 5 und 6 ist nicht mehr zu spaßen!* — die Netzspannung über ein vorschriftsmäßiges Kabel mit angegossenem Stecker anlegen. Wenn wir jetzt noch die Spannungen an den Lötösen 5 bzw. 6 gegen Masse messen wollen, brauchen wir einen Vielfachmesser mit 1000-V-Bereich. Nach dem Abschalten der Netzwechselspannung entladen wir die Hochspannungskondensatoren mit einem kleinen Hilfsgerät. Es besteht aus einem Stückchen Leiterplattenmaterial mit aufgelöstem Widerstand 2,2 kΩ/1 W und zwei mit den Widerstandsenden verbundenen, gut isolierten Anschlußkabeln mit Bananensteckern an den freien Enden. Auch den Widerstand selbst und das Leiterplattenmaterial sollten wir isolieren. Es reicht, dieses Hilfsgerät zur Entladung der Kondensatoren etwa 5 Sekunden zwischen Masse und Öse 5 bzw. 6 zu schalten.

Der Sichtteil mit dem Anschluß der Elektronenstrahlröhre

Die Teilschaltung für den Bildröhrenanschluß ist im Bild 9.12 angegeben. Über den Spannungsteiler P_1, R_{10}, R_{11}, P_2, R_{12} werden die Elektroden des Strahlerzeugungssystems mit den erforderlichen

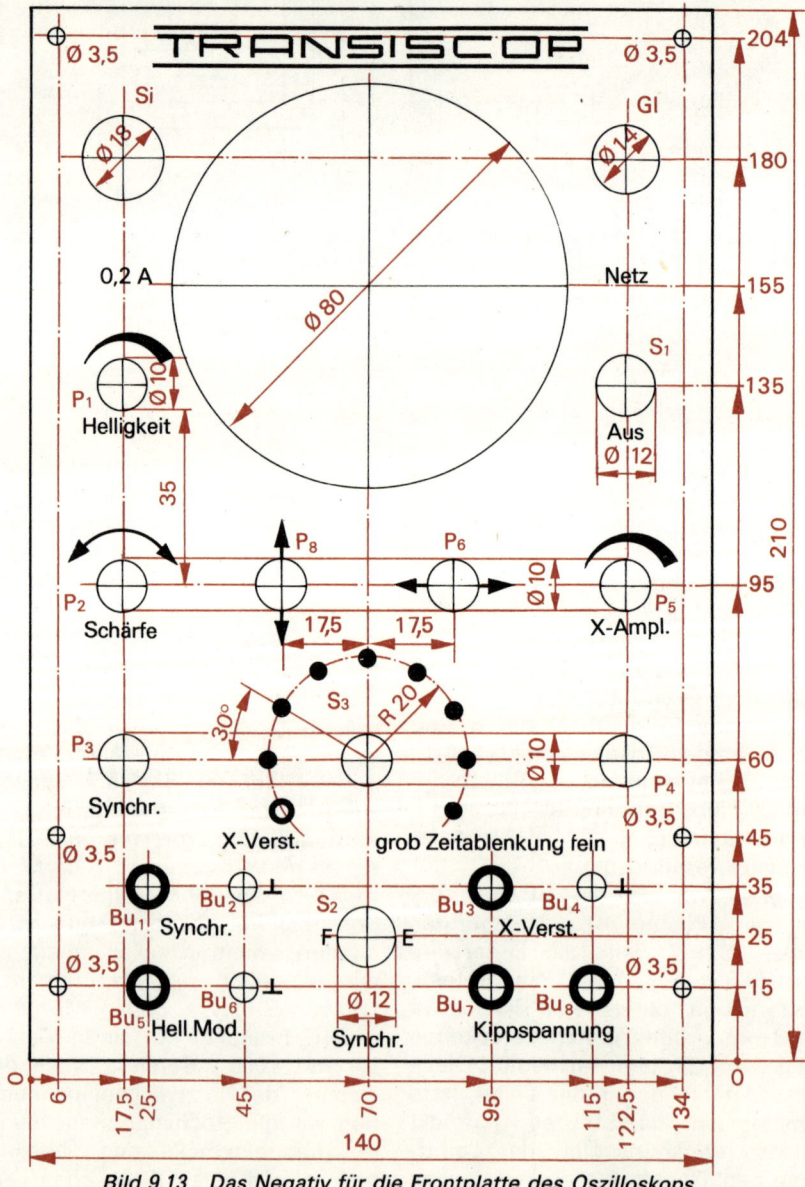

Bild 9.13   Das Negativ für die Frontplatte des Oszilloskops

Spannungen versorgt. Das RC-Glied $R_{13}C_{10}$ am Wehneltzylinder ist für die Helligkeitsmodulation des Elektronenstrahls mit einer Wechselspannung gedacht.

Wir gestalten die Frontplatte des Oszilloskops

Das »Gesicht« unseres Oszilloskops konstruieren wir in der gleichen Weise wie die Frontplatte des Stromversorgungsgerätes; Gestaltung und Abmessungen entnehmen wir Bild 9.13. Wir stellen die Frontplatte aus 4 mm dickem Hartpapier her. Die Rückseite der Frontplatte wird teilweise mit einer Abschirmung aus Konservendosenblech (Eisen) versehen, deren Form und Lage Bild 9.15 zu entnehmen sind. Sie wird mit den Potentiometern P_2 bis P_6 und P_8, den Schaltern S_2 und S_3 sowie den Telefonbuchsen Bu_2, Bu_4 und Bu_6 an die Frontplatte geschraubt. Mit P_5 schrauben wir gleichzeitig noch den Winkel 2 fest, der die obere Strebe der Platinenhalterung mit der Frontplatte verbindet.

Nach dem Ausbohren und Nachfeilen oder Aussägen der Röhrenschirmöffnung von 80 mm Durchmesser wickeln wir aus Zeichenkarton die vordere Bildröhrenhalterung (vgl. Bild 9.14). Das machen wir folgendermaßen: Über ein Rundholz von 75 mm Durchmesser wickeln wir etwa fünfzehn Lagen eines 40 mm breiten Papierstreifens, der vorher einseitig mit einem Azetonkleber bestrichen wurde. Zwei Ringgummis halten den Wickel so lange, bis er trocken ist. Dann folgen an einem Ende des Wickels noch einmal etwa zehn Lagen eines 10 mm breiten Streifens. Diesen Rohling lassen wir drei bis vier Stunden trocknen. Paßt der Papierwickel sowohl in die Frontplattenöffnung als auch auf die Bildröhre, wird er mehrmals in Schellack getränkt. Zum Schluß lassen wir ihn etwa 24 Stunden austrocknen.

In der Zwischenzeit bereiten wir die Frontplatte zur Montage vor. Für das Verschrauben mit dem Grundbrett benötigen wir zwei Winkel W_4. Der Winkel, der neben den Buchsen Bu_1 und Bu_5 an die Frontplatte geschraubt wird, erhält noch ein kleines Hartpapierbrettchen, in das wir

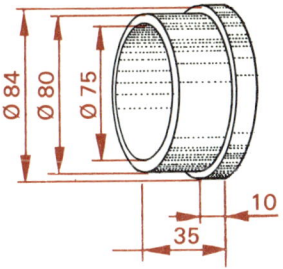

Bild 9.14   Die vordere Bildröhrenhalterung

die Telefonbuchsen Bu_9 bis Bu_{12} einsetzen (vgl. Bilder 9.7 und 9.26). Die Buchsenköpfe versenken wir so weit, daß sie mit dem Hartpapier gleichmäßig abschließen.

Dann bestücken wir den zweipoligen 9-Stellen-Umschalter S_3 mit den einzelnen Kippkondensatoren für die verschiedenen Frequenzbereiche. Dazu werfen wir einen Blick auf den Stromlaufplan des Kippgerätes im Bild 9.21. Wir erkennen, daß in der einen Ebene des Umschalters S_3, vom linken Anschlag beginnend, der Reihe nach zunächst ein 3,3-MΩ-Widerstand und dann Kondensatoren der Kapazitätswerte 1 µF, 0,33 µF, 100 nF, 33 nF, 10 nF, 3,3 nF, 1 nF, 330 pF anzuordnen sind, deren freie Enden alle miteinander verbunden werden. Damit die Kippfrequenzen später nicht unnötig hoch vom Sollwert abweichen, suchen wir entweder aus einer größeren Anzahl von Kondensatoren mit einer Meßbrücke passende Kapazitäten aus, oder wir stellen sie durch Zusammenschalten selbst her; behelfsweise kann die Kapazitätsmessung auch durch eine Wechselstrommessung mit 24 V Wechselspannung unseres Stromversorgungsgerätes ersetzt werden. Durch $C = 1$ µF müssen

$$I = 2\pi \cdot f \cdot U \cdot C = 2\pi \cdot 50 \text{ s}^{-1} \cdot 24 \text{ V} \cdot 10^{-6} \, \frac{\text{As}}{\text{V}}$$

$= 7,38$ mA fließen, also zweckmäßigerweise höchstens 7,75 mA oder mindestens 7,00 mA. In der anderen Ebene liegt nur am linken Anschlag ein Kondensator von 0,47 µF. Alle anderen Anschlußfahnen des Umschalters sind miteinander verbunden, ebenso die beiden Schaltermittelpunktanschlüsse. Wir verdrahten zuerst die – von der Schalterwelle aus gesehen – hintere Ebene und löten dann an die Fahnen der vorderen Ebene die

Kondensatoren. Der Verdrahtungsplan der Frontplatte im Bild 9.15 gibt uns dazu sicherlich noch einige Anregungen.

Die Festwiderstände sowie den Kondensator C_{10} des Spannungsteilers der Elektronenstrahlröhre löten wir auf eine kleine Leiterplatte nach Bild 9.16, die wir über vier Kupferdrahtbrücken direkt an die Potentiometer P_1 und P_2 löten. Wie im Bild 9.16b erstmals dargestellt, werden wir künftig die Bauelemente in Bestückungsplänen (bis auf Dioden und Einsteller) nur noch als Striche ausführen.

Die an der Frontplatte nach links herausgeführten zehn Leitungen lassen wir

mindestens 20 cm überstehen; fünf der Leitungen schirmen wir ab. Das Abschirmgeflecht verbinden wir jeweils an der Frontplatte auf kürzestem Wege mit Masse. Wir vergessen nicht, alle zehn Leitungen mit einem Stückchen Heftpflaster zu kennzeichnen, denn nach der Montage der Frontplatte am Grundbrett ist der jeweilige Ausgangspunkt nur schwer zu ermitteln.

Inzwischen ist die vordere Bildröhrenhalterung sicherlich getrocknet, und wir können sie von hinten in die große Frontplattenbohrung einkleben. Dann schrauben wir die Frontplatte bei $I_1...I_4$ an das

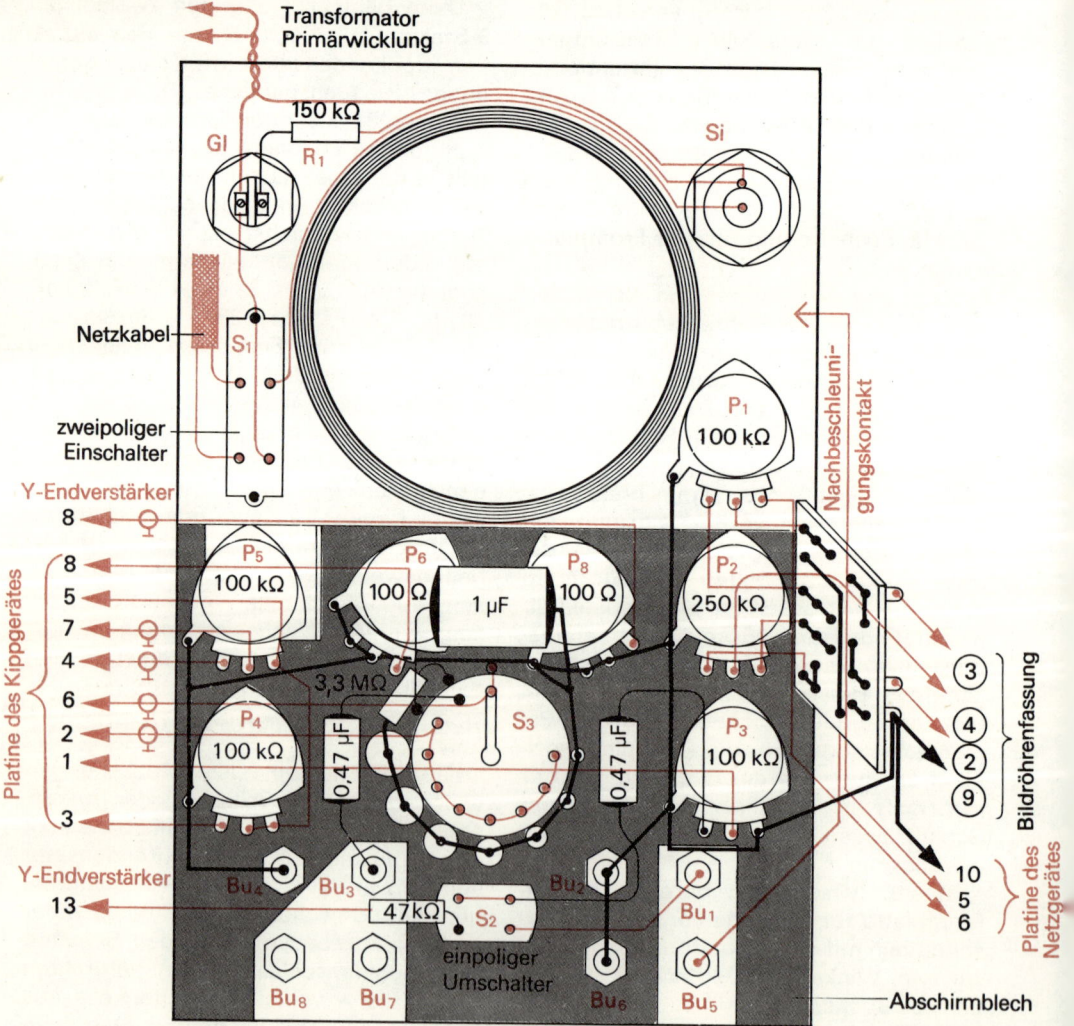

Bild 9.15   Verdrahtungsplan der Frontplatte

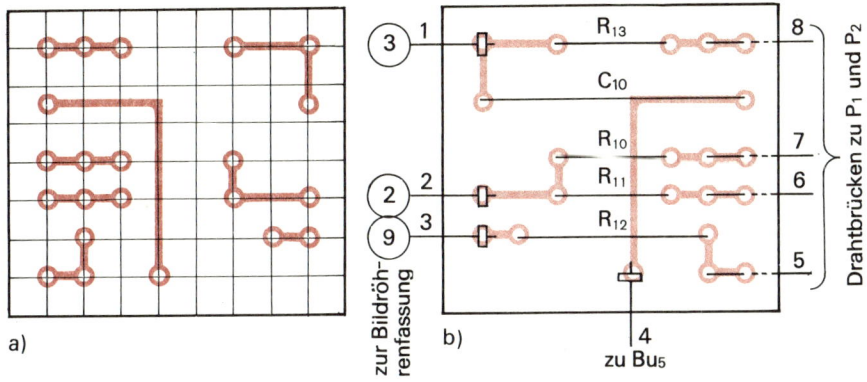

Bild 9.16 Leitungsführung (a) und Bestückungsplan (b) des Bildröhren-Spannungsteilers ST

Grundbrett. Die obere Strebe, die nun auch mit dem Frontplattenwinkel verschraubt wird, verleiht unserer Konstruktion die notwendige Festigkeit.

Ein Eisenzylinder
schirmt die Bildröhre ab

Wie bereits erwähnt, reagiert der Elektronenstrahl einer Braunschen Röhre sehr empfindlich auf magnetische Felder. Die Industrie stellt *Abschirmzylinder* aus dünnwandigem, hochpermeablem Spezialmaterial her (siehe Tafel 14c). Da sie jedoch verhältnismäßig teuer sind, bauen wir selbst einen. Am einfachsten gelingt das mit einem 200 mm langen Eisenrohr, das einen Innendurchmesser von 84 mm hat und eine Wanddicke von mindestens 3 mm. Macht die Rohrbeschaffung Schwierigkeiten, stellen wir es aus 3 mm dickem Eisenblech her. Vielleicht nehmen wir hier die Hilfe eines Klempners in Anspruch; für ihn ist das ordentliche Runden des Bleches eine Kleinigkeit. Die Naht wird anschließend verschweißt und dabei das Rohr gleich ausgeglüht. Nach dem Erkalten befeilen wir die Schweißnaht und bearbeiten den gesamten Zylinder mit Schmirgelpapier, damit der beim Glühen entstandene Zunder abgetragen wird. Dann arbeiten wir nach Bild 9.17 ein Langloch in den Zylindermantel ein. Nach dem Anreißen und Körnen bohren wir mit etwa 3 mm die Form aus, wobei sich die einzelnen Bohrungen nahezu berühren müssen. Dann schlagen wir im Schraubstock mit dem Hammer das ausgebohrte

Stück heraus und befeilen das »zackige« Langloch sauber und maßgerecht. Es ist zum Anschluß des Nachbeschleunigungskontaktes notwendig.

Von einem 0,4 bis 0,5 mm dicken Stück Eisen- oder Messingblech schneiden wir 10 mm breite Streifen für die Klemmschelle ab. Mit ihr schrauben wir den Hals der Oszilloskopröhre im Abschirmzylinder fest. Bild 9.17 zeigt die Ansicht des Zylinders mit eingeschraubter Klemmschelle von der hinteren Stirnseite, als auch wie die beiden Abstandswinkel der Klemmschelle zu biegen und mit dem Ring zu verlöten sind. Eine Lasche der Schelle muß etwas verdickt werden (Löten oder Kleben), damit wir Gewinde M 3 einschneiden können. Zum Schluß kleben wir in die Klemmschelle zum Schutz des Röhrenhalses einen Streifen aus dünnem Filz. Die zwei Löcher für die Winkel der Klemmschelle bohren wir 20 mm von der hinteren Stirnseite entfernt in den Zylindermantel, das Schraubenzieherloch 45 mm von hinten. Nach dem Bohren bearbeiten wir es noch etwas mit der Rundfeile. 15 mm von der hinteren Stirnseite erhält der Abschirmzylinder zwei Gewindebohrungen M 4, an denen die Befestigungslasche des Abschirmzylinders (vgl. Bild 9.17d) aus Aluminium- oder Messingblech angeschraubt wird. Wir verwenden für die Lasche kein Eisenblech, weil sonst das Streufeld des Netztransformators von der Transformatorabschirmung zum Abschirmzylinder geleitet wird. Paßt alles zusammen, streichen wir den Abschirmzylinder innen und außen mit Silberbronze und bauen nach dem Trocknen Röhre und Abschirmzylinder ein.

An der rechten Seite des Abschirmzylinders (von hinten gesehen) führen wir in einem Kabelbaum drei Leitungen von den Lötösen 5, 6 und 10 der Netzteilplatine zur Frontplatte (−650 V) bzw. zum Nachbeschleunigungskontakt (+650 V) und zur Spannungsteiler-Leiterplatte (Masse), parallel dazu drei weitere Litzendrähte von dieser Leiterplatte und eine von der Frontplatte (Schleifer P_2) zur Bildröhrenfassung. Sie sollen nur so lang sein, daß die Fassung noch ordentlich vom Sockel abgezogen werden kann. Dann schließen wir die Seitenwandbuchsen $Bu_9...Bu_{12}$ an. Die 4-V-Heizleitung verlegen wir verdrillt vom Netztrafo, und die beiden Leitungen für Masse und −650 V führen wir von der Frontplatte nach unten.

Die Netzleitung und die verdrillte Leitung von der Frontplatte zum Primäran-

schluß des Netztransformators verlegen wir auf der linken Seite des Abschirmzylinders oberhalb der oberen Strebe. Am Transformator geht die Netzleitung nach unten und ist mit einer Schelle am Grundbrett festgelegt. Gemeinsam mit diesen beiden 220-V-Leitungen führen wir — ebenfalls verdrillt — ein flexibles Leitungspaar von der 6,3-V-Wicklung des Transformators zur Röhrenfassung. Im Bild 9.18 ist das Anschlußschema der Röhrenfassung dargestellt und hervorgehoben, welche Leitungen gemeinsam verlegt werden können. An die Anschlüsse 7 und 8 löten wir zunächst je eine etwa 20 cm lange flexible Leitung, an 10 und 11 je eine ebenso lange abgeschirmte Leitung. Alle vier freien Leitungsenden verlöten wir vorerst miteinander und legen diesen Punkt auf Masse.

Nun folgt wieder eine Funktionsprobe, vorher kontrollieren wir aber noch einmal

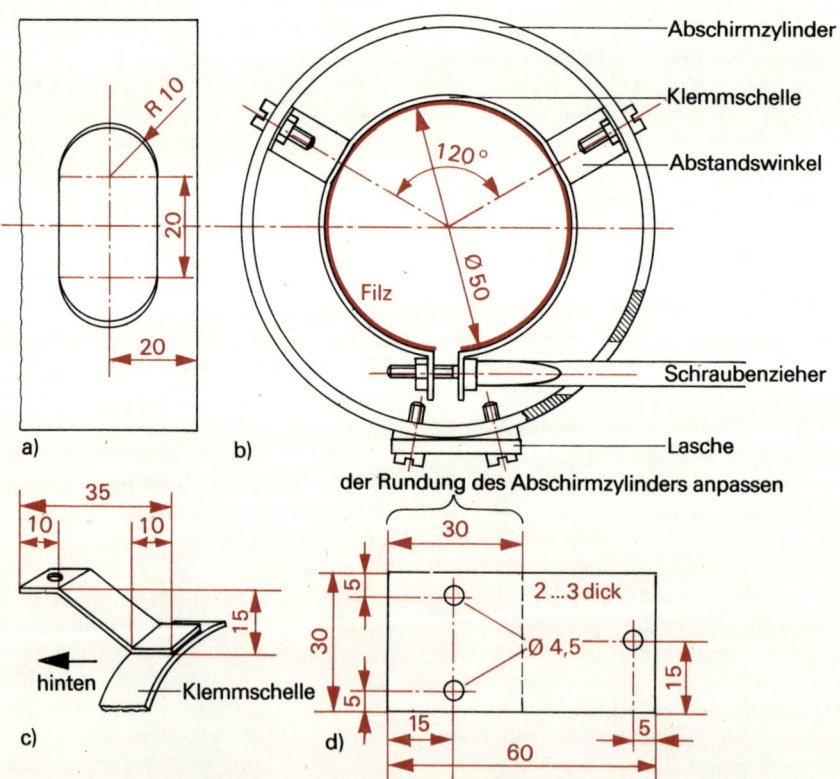

Bild 9.17   Bau des Abschirmzylinders: a) Das Langloch an der vorderen Stirnseite für den Nachbeschleunigungsanschluß, b) Ansicht von der hinteren Stirnseite,
c) So löten wir die Abstandswinkel an die Klemmschelle,
d) Mit dieser Lasche schrauben wir den Abschirmzylinder am Abschirmblech fest.

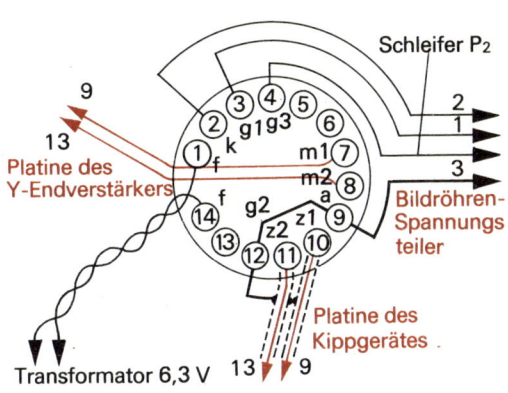

Schleifer P₂

Platine des
Y-Endverstärkers

Bildröhren-
Spannungs-
teiler

Platine des
Kippgerätes

Transformator 6,3 V

*Bild 9.18 So schließen wir die
Bildröhrenfassung an.*

die gesamte Leitungsführung. Dann werden die Glimmlampe sowie die Sicherung eingesetzt und die Netzspannung eingeschaltet. Nach etwa 15 Sekunden ist die Röhre aufgeheizt, und auf dem Leuchtschirm erscheint ein Leuchtpunkt, dessen Helligkeit und Schärfe mit den beiden Potentiometern P_1 und P_2 einstellbar ist.

Ein Gegentaktverstärker sorgt für die notwendige hohe Ablenkspannung

Wenn wir eine der beiden Meßplattenleitungen vom Massepunkt trennen und zwischen ihr und Masse eine Wechselspannung von beispielsweise 24 V anlegen, wird der Elektronenstrahl um 4 cm ausgelenkt. Da er sowohl dem positiven Maximalwert als auch dem negativen folgt, wäre für dieselbe Auslenkung eine Gleichspannung von

$$2 \cdot \sqrt{2} \cdot U = 2 \cdot \sqrt{2} \cdot 24\,V = 68\,V \quad \text{notwendig.}$$

Der *Ablenkfaktor* für die Meßplatten beträgt unter den gegebenen Bedingungen

demnach $A_m = \dfrac{U}{I} = \dfrac{68\,V}{4\,cm} = 17\,\dfrac{V}{cm}$. Um

den Elektronenstrahl 7 cm auslenken zu können, wird eine Gleichspannung von

$$U = A_m \cdot I = 17\,\frac{V}{cm} \cdot 7\,cm = 120\,V \quad \text{benö-}$$

tigt. Für die Zeitplatten, deren Ablenkfak-

tor $A_z = 23\,\dfrac{V}{cm}$ beträgt, sind sogar 160 V

erforderlich. Die Betriebsspannung des Endstufentransistors müßte demnach mindestens 180 V betragen. Da im Interesse einer oberen Grenzfrequenz von etwa 1 MHz der Arbeitswiderstand der Endstufe höchstens 7 kΩ groß sein darf,

wäre der Ruhestrom auf $I = \dfrac{90\,V}{7\,k\Omega}$

≈13 mA einzustellen, und die Verlustleistung des Transistors müßte größer als $P = 90\,V \cdot 13\,mA = 1,2\,W$ sein. Deshalb ist es günstiger, die Endstufe in Gegentaktschaltung auszuführen. Während ein Transistor die eine Ablenkplatte positiv ansteuert, wird die andere vom zweiten Transistor um den gleichen Spannungswert negativ angesteuert. Die Betriebsspannung je Transistor braucht nur noch halb so groß zu sein, und der Ruhestrom beträgt — bei gleichem Arbeitswiderstand — ebenfalls nur noch die Hälfte. Damit reduziert sich die notwendige Transistorverlustleistung auf ein Viertel im Vergleich zur Verstärkerschaltung mit nur einem Transistor.

Der vollständige Stromlaufplan des Gegentaktverstärkers, den wir sowohl als Endverstärker YE (der erste Buchstabe unserer Symbolik weist auf eine Baugruppe für die senkrechte Strahlablenkung — entsprechend dem x-y-Koordinatensystem — hin, der zweite kennzeichnet den Endverstärker) für den Meßverstärker als auch, in etwas abgewandelter Form, für das Kippgerät verwenden, ist im Bild 9.19 dargestellt.

Als Betriebsspannung verwenden wir +80 V, die Arbeitswiderstände R_{54} und R_{55} der in Basisschaltung arbeitenden Endtransistoren T_{13} und T_{14} sind 6,8 kΩ groß. Für ein gleichmäßiges Aussteuern sind die Arbeitspunktspannungen wie üblich auf die halbe Betriebsspannung einzustellen. Dann fließt durch jeden Endtransistor ein Ruhestrom von

$$I = \frac{40\,V}{6,8\,k\Omega} \approx 6\,mA.$$ Die Schaltung mit den

Transistoren T_{11} und T_{12} ist der bereits beim Bau des integrierten NF-Leistungsverstärkers im Kapitel 8 erwähnte *Diffe-*

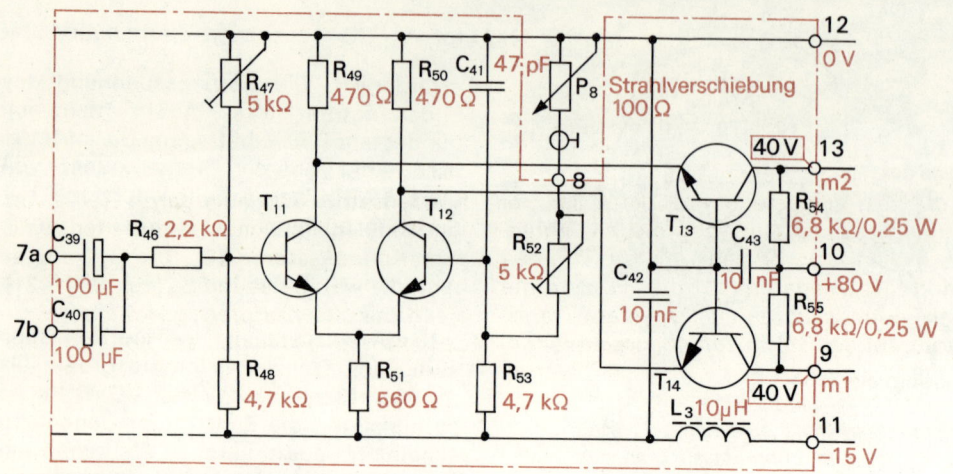

Bild 9.19   Stromlaufplan des Endverstärkers YE (T₁₁ und T₁₂: SF 137, T₁₃ und T₁₄: SF 129)

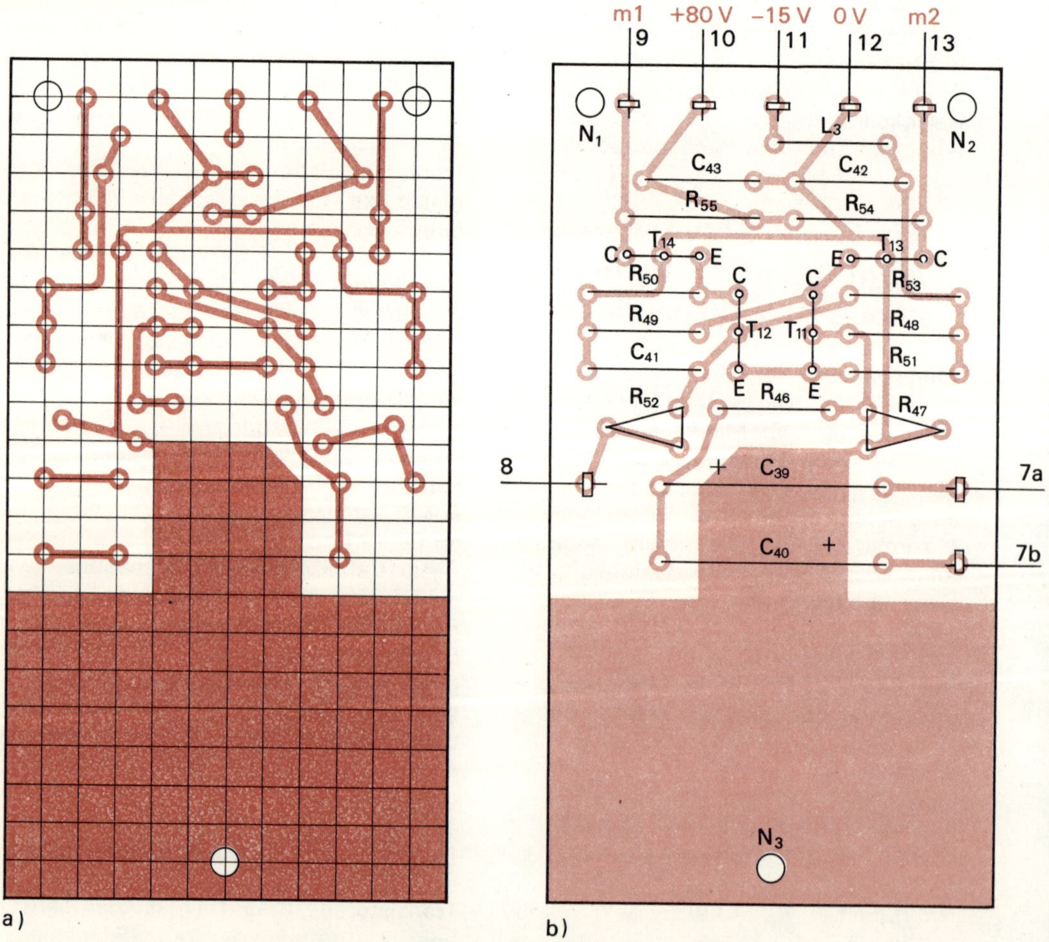

a)

b)

Bild 9.20   Leitungsführung (a) und Bestückungsplan (b) des Endverstärkers YE

renzverstärker und liefert an den Kollektorwiderständen R_{49} und R_{50} gegenphasige Ansteuersignale für die Endtransistoren. Während mit den beiden 5-kΩ-Einstellwiderständen R_{47} und R_{52} in beiden Endtransistoren der Ruhestrom von je 6 mA fest eingestellt wird, dient das Potentiometer P_8 zum begrenzten Verändern der Basisvorspannung für T_{12}. Das wirkt sich wiederum auf die Ruheströme der Endtransistoren aus. In einem Transistor geht der Strom zurück, und im anderen steigt er um den gleichen Betrag. Wenn später der Gegentaktverstärker angeschlossen ist, können wir mit P_8 den Elektronenstrahl um etwa 2 cm senkrecht verschieben. C_{41} sorgt für ein Anheben der oberen Grenzfrequenz auf gut 1 MHz. Kondensator C_{43} legt die Betriebsspannung von +80 V hochfrequenzmäßig auf Masse; in der Speiseleitung von −15 V ist zur HF-Entkopplung der einzelnen Baugruppen ein LC-Glied (L_3C_{42}) vorteilhaft. Als Spule verwenden wir entweder eine handelsübliche Entstördrossel für Gleichstrom-Kleinstmotoren, oder wir wickeln auf den Kern eines Dreikammerspulenkörpers 20 Windungen aus CuL 0,4.

Bevor wir diesen Verstärker auf einer Leiterplatte aufbauen, probieren wir seine Funktion auf dem Experimentierbrett aus und üben auch gleichzeitig das Einstellen der Arbeitspunktspannungen von T_{13} und T_{14}. Die Einsteller werden vorher auf den größten Widerstandswert gestellt, der Schleifer von P_8 steht etwa auf Mitte. Beide Endtransistoren erhalten zur Wärmeabfuhr je einen kleinen Kühlstern, da sie mit $P = 40 \text{ V} \cdot 6 \text{ mA} = 240 \text{ mW}$ belastet werden; die gleichermaßen beanspruchten Arbeitswiderstände R_{54} und R_{55} müssen daher 0,25-W-Ausführungen sein. Die Betriebsspannungen entnehmen wir der Platine des Netzgerätes. Durch *geringfügiges* wechselseitiges Verkleinern der Einsteller-Widerstandswerte stellen wir gleiche Kollektorspannungen von 40 V ein. Nach dem Probeaufbau übertragen wir die Bauelemente auf eine Leiterplatte gemäß Bild 9.20; im Bild 9.27 sehen wir die bestückten Platinen des Y-Endverstärkers (YE) und des Kippgerätes (X). Wir erkennen gut den gleichen Aufbau der Endstufen beider Teilschaltungen.

Die Teilschaltungen des Kippgenerators

Die Kippspannung erzeugen wir durch abwechselnde Auf- und Entladung eines Kondensators. Um eine ganze Reihe von Kippfrequenzbereichen zu erhalten, sind acht Kondensatoren (C_{15} bis C_{22}) eingebaut, die wahlweise mit S_3 (vgl. Bild 9.21) als Kippkondensatoren geschaltet werden können. Sie liegen am Kollektor des Transistors T_3, der als *Konstantstromquelle* arbeitet und für einen zeitlinearen Spannungsanstieg am Kippkondensator sorgt. Mit S_3 stellen wir die Kippfrequenz *grob* − in Stufen − ein; P_4 dient der *Feineinstellung*. Wir erproben die einzelnen Teilschaltungen zunächst wieder der Reihe nach auf dem Experimentierbrett. Als Kippspannungsverstärker verwenden wir vorläufig den Endverstärker YE.

Geringe Belastung durch Impedanzwandler

In der ersten Stellung des zweipoligen 9-Stellen-Umschalters S_3 wird sowohl anstelle eines Kippkondensators Widerstand $R_{21} = 3,3 \text{ MΩ}$ an die Basis von T_4 gelegt als auch die Verbindung zur Konstantstromquelle T_3 unterbrochen; der Kippgenerator ist dann außer Betrieb. In dieser Stellung kann über die Buchsen Bu_3 und Bu_4 eine beliebige Spannung von außen zugeführt werden. Sie gelangt über C_{23} an die Basis von T_4, der in Kollektorschaltung als Impedanzwandler arbeitet. Mit P_5 wird die am Eingang 7a von YE liegende Wechselspannung auf den gewünschten Wert eingestellt. T_4 muß unter den Betriebsbedingungen bei

$$I_C = \frac{10 \text{ V}}{2 \cdot 15 \text{ kΩ}} = 0,33 \text{ mA}$$ eine Stromverstärkung von gut 200 haben, da R_{21} einen

Basisstrom $I_B \approx \frac{5 \text{ V}}{3,3 \text{ MΩ}} = 1,5 \text{ μA}$ ermöglicht und $\frac{330 \text{ μA}}{1,5 \text{ μA}} = 220$ ergibt. Wir suchen für T_4 nach der Schaltung im Bild 5.12 ein Exemplar aus, das mit $U_B = 10 \text{ V}$, $R_E = 15 \text{ kΩ}$ und $R_B = 3,3 \text{ MΩ}$ eine Emitter-

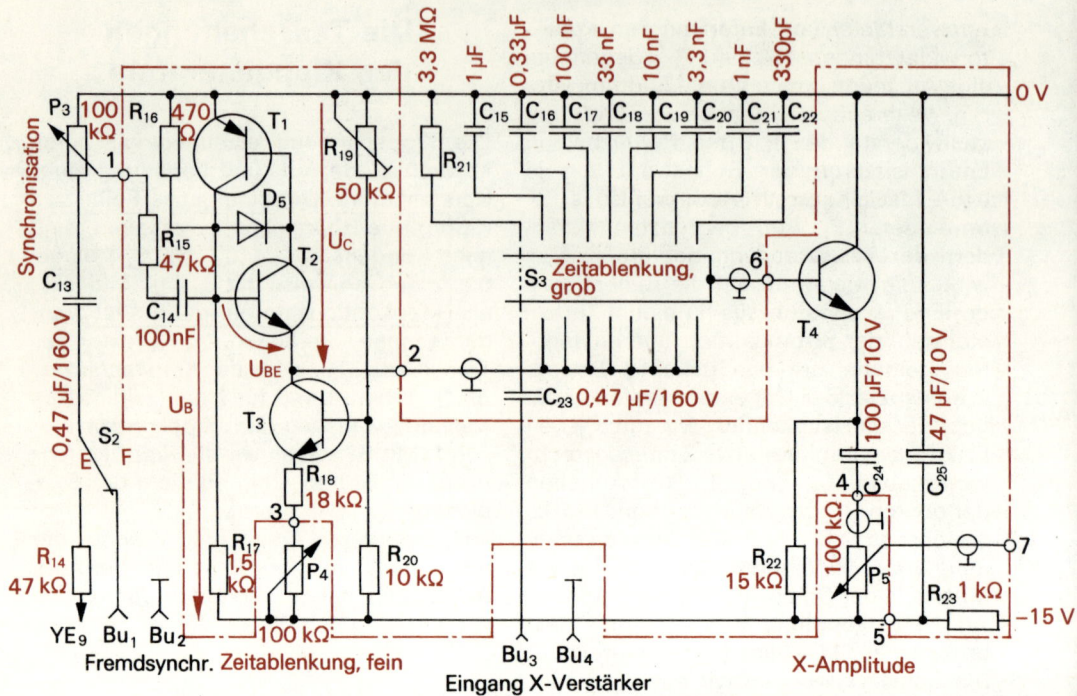

Bild 9.21   Stromlaufplan des Kippgenerators
(D_5: SAY 12, T_1: SF 116, T_2 und T_3: SF 136, T_4: SF 136 D oder E)

spannung zwischen 4,5 V und 5 V erzeugt. Dann liegt die Stromverstärkung zwischen 200 und 250.

Konstanter Ladestrom für den Kippkondensator

Im Bild 4.4 haben wir das Meßergebnis einer Kondensatorladung dargestellt und erkannt, daß die Spannungszunahme im Laufe der Zeit immer geringer wird; Ursache dafür ist der stete Rückgang des Ladestromes. Für eine Kippschaltung, die den Elektronenstrahl vollkommen gleichmäßig – *zeitlinear* – über den Bildschirm steuert, ist ein konstanter Ladestrom erforderlich. Wir bauen die Experimentierschaltung nach Bild 9.22 auf und verwenden für T_3 ein Exemplar mit $B \approx 50$. Wenn sich C bis auf 6 V laden soll, darf die Spannung an R_1 höchstens bei etwa 3,5 V liegen, der Emitterstrom also bei

$$I_E = \frac{3,5\,V}{120\,k\Omega} \approx 30\,\mu A.$$ Auf diesen Wert

stellen wir bei geschlossenen Schaltern

S_1 und S_2 den Kollektorstrom mit R_{19} ein und öffnen dann beide Schalter wieder. Nun beginnt der eigentliche Versuch: Aufnahme der Ladespannung U_C und des Ladestromes I in Abhängigkeit von der Zeit. Mit nur einem Meßgerät führen wir zwei Teilversuche durch und messen einmal nur den Strom und das andere Mal nur die Spannung. Zu einer vollen Minute ($t = 0$) schließen wir S_1 und lesen sofort nach Stillstand des Meßgerätezeigers den Strom ab. Nach jeweils einer Minute schließen wir kurzzeitig S_3, lesen die Spannung ab und öffnen S_3 wieder. Das ist notwendig, damit sich der Kondensator nicht zu stark über den Spannungsmesser entlädt. Wir messen so lange, bis der Strom auf etwa 5 µA gesunken ist oder bis die Spannung nicht mehr ansteigt, und übertragen die Meßwerte in ein Diagramm entsprechend Bild 9.23. Am Ende schließen wir zuerst S_2 und öffnen danach S_1. R_2 begrenzt den Entladestrom; mit geschlossenem S_3 registrieren wir die vollständige Entladung von C.

So können übrigens große Kapazitäten

gemessen werden. Ersetzt man in der Gleichung $C = \dfrac{Q}{U}$ die Ladungs- oder Elektrizitätsmenge durch $Q = I \cdot t$, ergibt sich $C = \dfrac{I \cdot t}{U}$. Mit einem Wertepaar aus Bild 9.23 berechnen wir eine Kapazität

$$C = \frac{30\ \mu A \cdot 1\ \text{min}}{1{,}5\ V} = 1200\ \mu F\ .$$

Nun schalten wir auf dem Experimentierbrett die Konstantstromquelle nach Bild 9.22 ohne die Meßgeräte und R_2, aber mit S_2 und $C = 10\ \mu F$ direkt vor den Impedanzwandler nach Bild 9.21 (ohne $R_{23}C_{25}$) und schließen dessen Ausgang 7 an den Eingang 7a des Endverstärkers YE. An Lötöse 13 kommt die zum Röhrenanschluß 11, an Lötöse 9 die zu 10 führende, abgeschirmte Leitung. Wir schalten zuerst das »Oszilloskop« ein und warten, bis der Leuchtpunkt auf dem Schirm erscheint. Dann legen wir an Impedanzwandler und Konstantstromquelle 10 V vom Stromversorgungsgerät: sofort beginnt der Leuchtpunkt zu wandern. Verschwindet er rechts, schließen wir kurzzeitig S_2 und öffnen wieder: erneute Wanderung. Mit P_5 wählen wir eine solche Eingangsspannung für YE, daß sich der

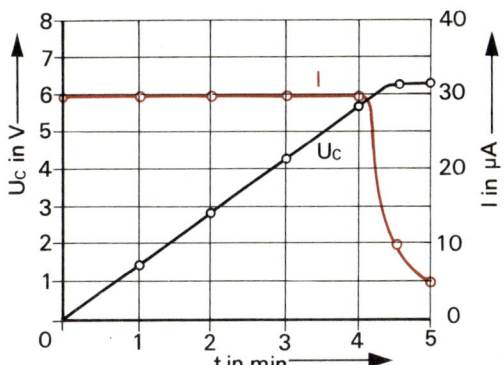

Bild 9.23 *Strom- und Spannungsverlauf der Konstantstromladung*

Leuchtpunkt gerade von einer Schirmseite zur anderen bewegt. Das Ganze

dauert etwa $t = \dfrac{C \cdot U}{I} = \dfrac{10\ \mu F \cdot 6\ V}{30\ \mu A} = 2\ s;$

beim Schließen von S_2 springt der Leuchtpunkt schlagartig nach links zurück.

Entladeschalter mit komplementären Transistoren

Bisher haben wir den Kippkondensator jeweils durch Schließen von S_2 entladen; diese Aufgabe übernehmen im Bild 9.21 die Transistoren T_1 und T_2. Sobald die Betriebsspannung anliegt, lädt sich der Kippkondensator C auf; die Spannung U_C steigt entsprechend Bild 9.23. An der Basis des npn-Transistors T_2 liegt eine kon-

stante Spannung $U_B \approx \dfrac{10\,V \cdot 0{,}5\,k\Omega}{2\,k\Omega} = 2{,}5\,V,$

so daß beim Erreichen von $U_C = U_B + U_{BE} \approx 3\ V$ zunächst über T_2 ein Basisstrom zu fließen beginnt, der sofort einen Kollektorstromfluß über die Basis des pnp-Transistors T_1 bewirkt. Dieser wiederum öffnet die Emitter-Kollektorstrecke von T_1, was zum völligen Durchsteuern von T_2 führt: der Kondensator entlädt sich über T_1 und T_2. Da sich diese Vorgänge sehr schnell abspielen, erfolgt die Entladung nahezu augenblicklich, und die Aufladung kann erneut beginnen. Für T_1 und T_2 suchen wir Exemplare aus, deren Stromverstärkungen zwischen 50 und 100 lie-

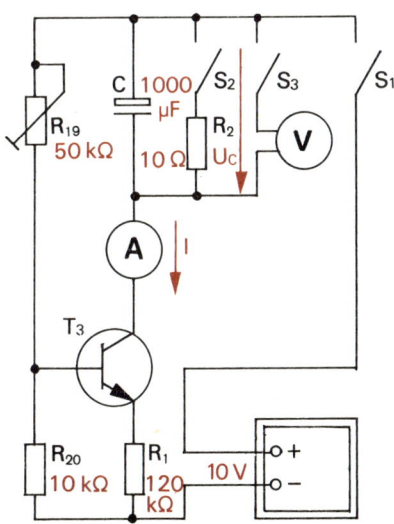

Bild 9.22 *Kondensatorladung mit Konstantstromquelle (T_3: SF 136)*

gen und die sich um nicht mehr als 30 % voneinander unterscheiden. Bei Verwendung eines SF 225 für T_2 beachten wir dessen spezielle Elektrodenanordnung! Wir entfernen Schalter S_2 aus unserer Versuchsschaltung und schließen nun noch T_1 und T_2 mit ihrem Spannungsteiler $R_{16}R_{17}$ an; der Emitter von T_2 wird direkt mit dem Kollektor von T_3 verbunden. Jetzt ist der Strahlrücklauf automatisiert; der Leuchtpunkt wird allerdings doppelt so schnell und nicht mehr so weit wie vorhin über den Schirm geführt. Das liegt an der geringeren Lade- bzw. Kippspannung, die jetzt nur noch etwa 3 V beträgt. Wir vergrößern deshalb durch weiteres Öffnen von P_5 die Eingangsspannung für YE, bis

der Leuchtpunkt wieder über den ganzen Schirm wandert.

Dann ersetzen wir R_1 durch die Reihenschaltung $R_{18}P_4$ (vgl. Bild 9.21); danach muß sich mit P_4 die Ablenkzeit im Verhältnis 1:5 verändern lassen. Zur besseren Meßbarkeit ersetzen wir $C = 10\,\mu\text{F}$ durch 47 μF und ermitteln Zeiten zwischen einer und fünf Sekunden. Zum Schluß verwenden wir $C = 330\,\text{pF}$. Schwingt der Kippgenerator damit nicht an oder bricht die Zeitlinie beim Feineinstellen der Frequenz zusammen, bauen wir entsprechend Bild 9.21 Diode D_5 bei T_1 und T_2 ein; sie ist nur für Kippfrequenzen über 50 kHz erforderlich.

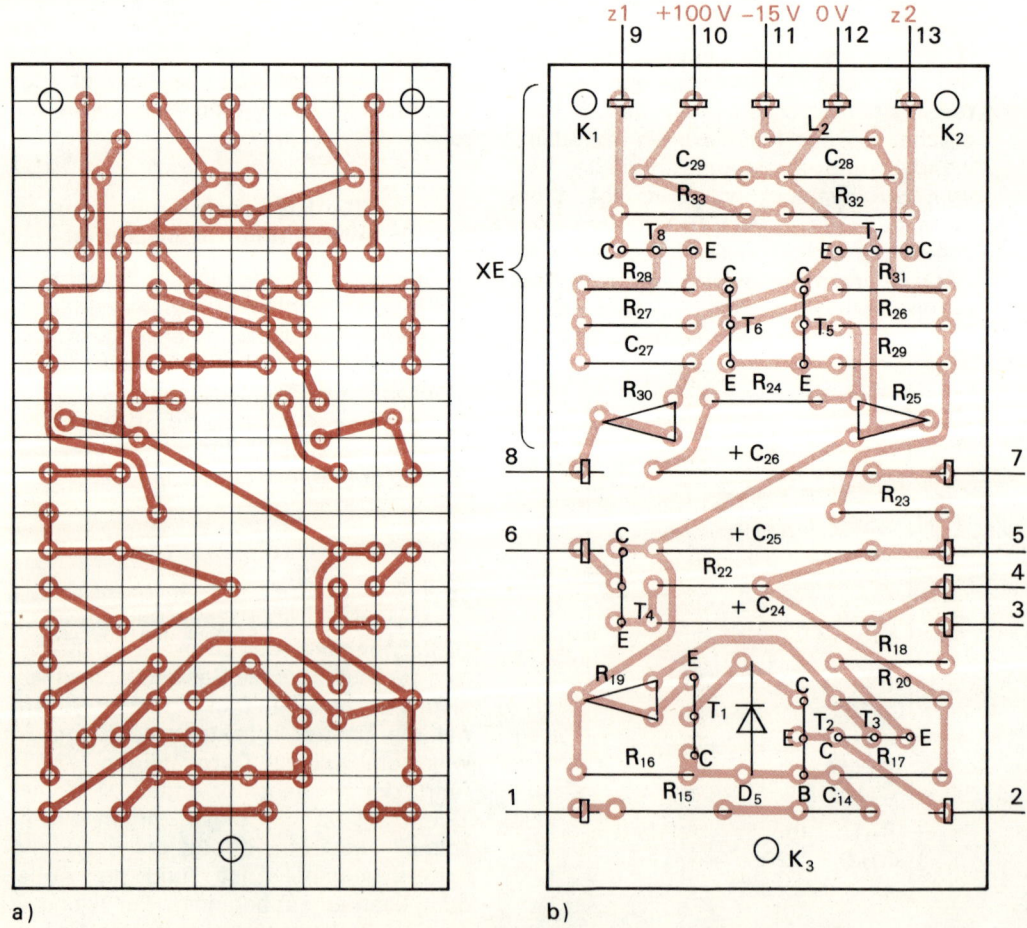

Bild 9.24 Leitungsführung (a) und Bestückungsplan (b) des Kippgerätes X

Das Kippgerät
setzt sich aus Generator
und Endstufe zusammen

Die im Bild 9.21 ganz links angegebenen Bauelemente dienen der *Synchronisation*. Um die Schirmbildkurve sicher zum Stehen zu bringen, muß sich die Kippfrequenz mit der Meßspannung in Gleichlauf bringen, synchronisieren lassen. S_2 gestattet das Umschalten von Eigensynchronisation (E) auf Fremdsynchronisation (F); den Synchronisationsgrad stellen wir mit P_3 ein.

Wir übertragen nun die auf ihre Funktionstüchtigkeit überprüften Bauelemente des Kippgenerators auf eine Leiterplatte nach Bild 9.24, verbinden die Lötösen 2 und 6 und legen von hier nach Masse den Kippkondensator; P_4 und P_5 sind mit Lötöse 5 zu verbinden. Nach erneuter Funktionsprobe bestücken wir schließlich den X-Endverstärker. Seine Schaltung entspricht bis auf vier Bauelemente der des Y-Endverstärkers, und es besteht die Zuordnung laut der Tabelle.

Besondere Aufmerksamkeit widmen wir dem Verlegen der Leitungen zu den Ablenkplatten. Erfolgt dies unsachgemäß, kann es die Funktion des Oszilloskops in Frage stellen. Wir erkennen das entweder an einer gekrümmten oder anderweitig verformten Zeitlinie. Als günstig hat es sich erwiesen, die abgeschirmten Zeitplattenleitungen »hinter« den Leiterplatten unterhalb des Abschirmzylinders zur Röhrenfassung zu führen, während die beiden nicht abgeschirmten flexiblen Meßplattenleitungen an der Seite des Abschirmzylinders zur Fassung gehen (vgl. auch Bild 9.27).

An diese Problematik denken wir auch, wenn der eigentliche Meßverstärker angeschlossen wird. Vor allem das Leitungspaar zum Herausführen der verstärkten Meßspannung vom Y-Endverstärker zur Federleiste auf dem Grundbrett muß weit genug von den Zeitplattenleitungen entfernt sein; am besten

9.18, 9.20b und 9.24b hervor. Bild 9.25 zeigt den vollständigen Stromlaufplan des Oszilloskops, den wir ebenfalls für die Verdrahtung heranziehen können.

YE	$R_{46}...R_{54}$	R_{55}	C_{39}	C_{40}	C_{41}	C_{42}	C_{43}	P_8	L_3	$T_{11}...T_{14}$
XE andere	$R_{24}...R_{32}$	R_{33}	C_{26}	—	C_{27}	C_{28}	C_{29}	P_6	L_2	$T_5...T_8$
Werte	—	10 kΩ	10 kΩ	—	—	220 pF	—	—	—	—	—

R_{32} und R_{33} müssen ebenfalls 0,25-W-Ausführungen sein. Da die Endtransistoren T_7 und T_8 mit +100 V betrieben werden, sind ihre Kollektorspannungen auf 50 V einzustellen; P_6 steht dabei auf Mitte.

Endmontage
und Feineinstellung

Nachdem wir die bestückte Platine des Kippgerätes auf ihre Funktionstüchtigkeit überprüft haben, schrauben wir sie bei $K_1...K_3$ an die Streben, bei $N_1...N_3$ dann auch die des Y-Endverstärkers; zwischen Platine und Streben kommen wieder kleine Abstandsstückchen aus Pertinax. Wie die beiden Platinen anzuschließen sind, geht teilweise aus den Bildern 9.15,

löten wir diese beiden Leitungen direkt an die Röhrenfassung (Anschlüsse 7 und 8). Ähnliches gilt auch für die Leitung der Eigensynchronisation. Von Anschluß 6 der Federleiste gehen wir auf kürzestem Wege über den Widerstand $R_{14} = 47$ kΩ zum Umschalter S_2.

Danach führen wir wieder eine Funktionsprobe durch und nehmen die letzten Einstellungen vor. Das Kippgerät ist ausgeschaltet, die Potentiometer P_6 und P_8 stehen auf Mitte, und wir kontrollieren noch einmal die Spannungen an den Lötösen 9 und 13 von YE (40 V) und X (50 V). Falls erforderlich, stellen wir R_{25} oder R_{30} bzw. R_{47} oder R_{52} noch geringfügig nach; der Leuchtpunkt muß genau in Schirmmitte liegen.

Dann schalten wir mit S_3 die niedrigste Frequenzstufe des Kippgenerators ein und wählen mit P_5 eine etwa 5 cm lange Zeitlinie. Ist sie nach der einen oder anderen Seite geneigt, müssen wir die Bildröhre nach Lösen der Klemmschelle im Abschirmzylinder entsprechend drehen.

Zum Einstellen der Kippfrequenz genügt bereits die Netzfrequenz von 50 Hz. Über einen Spannungsteiler (Potentiometer 1 kΩ) legen wir eine niedrige Wechselspannung an Lötöse 7b von YE und Masse, drehen P_4 auf Rechtsanschlag und gehen wieder geringfügig (etwa 10°) zurück. Dann stellen wir R_{19} so weit nach, bis auf dem Schirm genau eine Periode der Wechselspannung zum Stillstand kommt. Während des anschließenden Drehens von P_4 entgegen dem Uhrzeigersinn werden erst zwei, dann drei, schließlich vier und kurz vor dem linken Anschlag fünf Perioden abgebildet; die Kippfrequenz läßt sich also in der ersten Stufe zwischen 10 Hz und 50 Hz feineinstellen. In den folgenden Stufen ergeben sich bei sorgfältig ausgemessenen Kipp-

kondensatoren automatisch die Frequenzbereiche 30 Hz…150 Hz, 100 Hz… 500 Hz, 300 Hz…1500 Hz, 1 kHz…5 kHz, 3 kHz…15 kHz, 10 kHz…50 kHz und 30 kHz…150 kHz.

Zum Schluß wählen wir wieder die niedrigste Kippfrequenz und geben eine Wechselspannung von 5…10 V an den Eingang »Helligkeitsmodulation«; jetzt wird der Elektronenstrahl periodisch abgedunkelt. Die Grundhelligkeit des Strahls darf dabei nicht zu groß sein. Sind wir mit dem Ergebnis zufrieden, wenden wir uns dem Bau des Meßverstärkers zu.

Wir bauen den Meßverstärker

Aus Bild 9.25 ist ersichtlich, daß der Y-Vorverstärker YV – mit einer Reihe externer Bauelemente (Wir nennen diese Baugruppe der Einfachheit halber »Meßverstärker«, obwohl es sich eigentlich nur

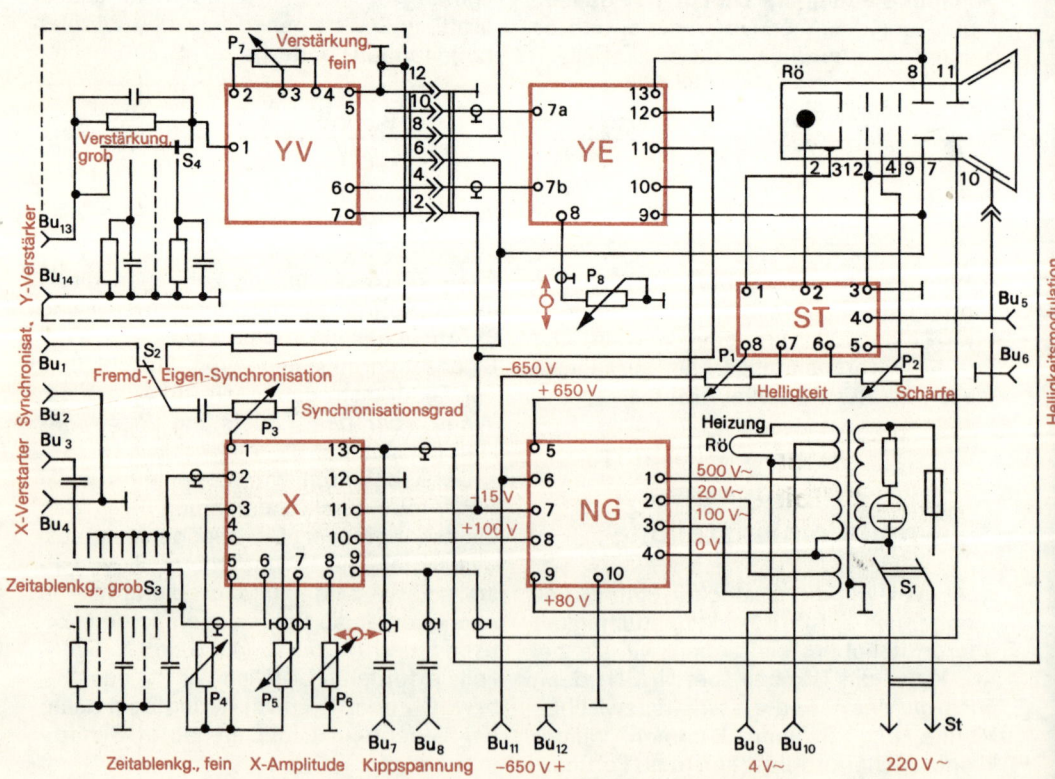

Bild 9.25   Stromlaufplan des Elektronenstrahloszilloskops

Bild 9.26   Netzteilseite des Oszilloskopaufbaus

Bild 9.27   Endverstärkerseite des Oszilloskopaufbaus

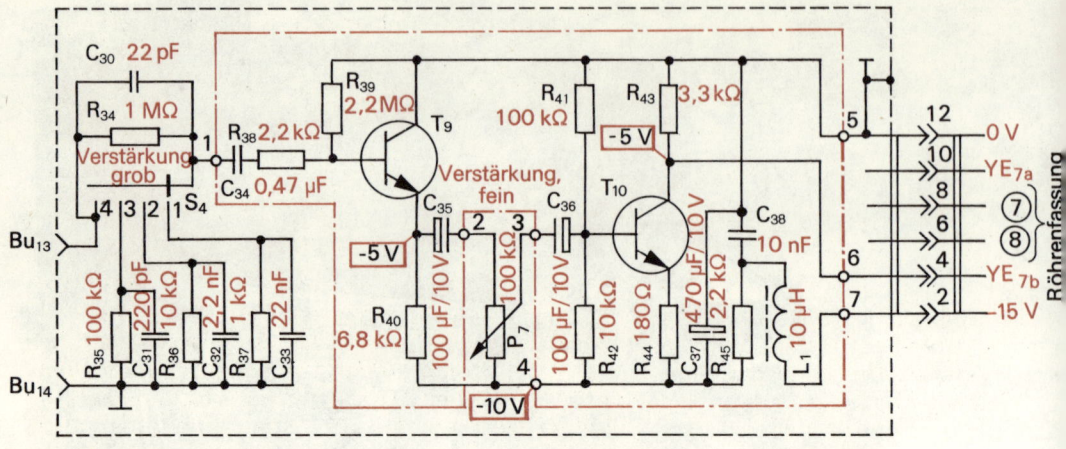

Bild 9.28   Stromlaufplan des Meßverstärkers (T₉: SF 136 E, T₁₀: SF 136 D)

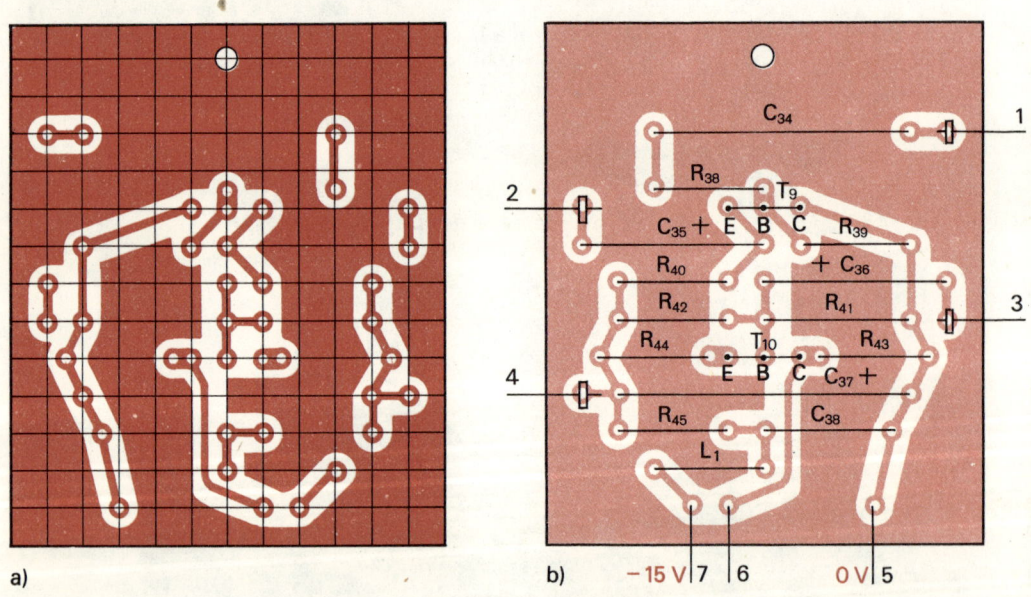

Bild 9.29   Leitungsführung (a) und Bestückungsplan (b) des Y-Vorverstärkers YV

um den Vorverstärker handelt.) – nicht fest in das Oszilloskop eingebaut, sondern über eine Steckverbindung »eingeschoben« wird. So können wir nachträglich auch andere Meßverstärker bzw. ein zweites Kippgerät, z. B. für Experimente zur Bildwiedergabe (Fernsehen) oder Zeichendarstellung (Computer-Bildschirmterminal), anschließen. Den Stromlaufplan des Meßverstärkers entnehmen wir Bild 9.28. Über umschaltbare RC-Glieder gelangt die Meßspannung zunächst an

eine Kollektorstufe mit T₉, die wieder für einen hohen Eingangswiderstand sorgt. Am Potentiometer P₇ stellen wir den Wert der Meßspannung ein, der dann – von der Emitterstufe mit T₁₀ vorverstärkt – den Y-Endverstärker ansteuert. Die Gleichstromverstärkung beträgt für den Impedanzwandlertransistor $B_9 = 300$ und für den Verstärkertransistor $B_{10} = 150$. Um den Meßverstärker ausreichend von den übrigen Baugruppen zu entkoppeln, sind in der Betriebsspannungsleitung sowohl ein RC- als auch ein LC-Siebglied ange-ordnet ($R_{45}C_{37}$ und L_1C_{38}). Nach der Erpro-bung der beiden Transistorstufen auf dem Experimentierbrett und dem Ermit-teln der richtigen Werte für R_{39} und R_{41} übertragen wir die Bauelemente auf eine Leiterplatte nach Bild 9.29.

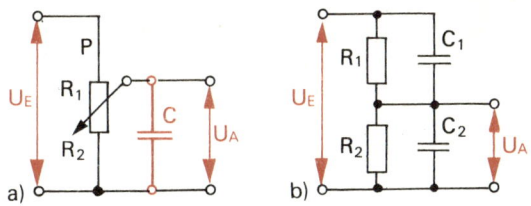

Bild 9.30 Zum Eingangsspannungsteiler des Meßverstärkers

Ein frequenzunabhängiger Spannungsteiler

Untersuchen wir nun, welche Funktion die um S_4 gruppierten RC-Kombinationen erfüllen. Unsere bisher gebauten NF-Ver-stärker hatten jeweils am Eingang ein Po-tentiometer, mit dem wir die Verstärkung stufenlos einstellen konnten. Würden wir nach Bild 9.30a an den Meßverstärkerein-gang ebenfalls ein Potentiometer schal-ten, träten untragbar hohe Meßfehler bzw. Kurvenverzerrungen auf. Dazu wie-der ein Rechenbeispiel: Damit die Bela-stung des Meßobjektes klein bleibt, muß P hochohmig sein, wir nehmen $R_P = 1\,\mathrm{M\Omega}$ an. Wenn der Schleifer in der Mitte steht, sind die Teilwiderstände 500 kΩ groß, die Ausgangsspannung U_A ist dann halb so groß wie die Eingangsspannung U_E, denn es gilt

$$\frac{U_A}{U_E} = \frac{R_2}{R_1 + R_2} = \frac{500\,\mathrm{k\Omega}}{1\,000\,\mathrm{k\Omega}} = \frac{1}{2}.$$

Dem Teilwiderstand R_2 liegt die Eingangs-kapazität des Transistors sowie eine be-stimmte Schaltkapazität parallel, die bei Niederfrequenz bedeutungslos ist. Be-trägt jedoch die Meßfrequenz $f = 1\,\mathrm{MHz}$ und ist $C = 22\,\mathrm{pF}$ groß, so hat diese einen Wechselstromwiderstand von

$$X_C = \frac{1}{2\pi \cdot f \cdot C} = \frac{1\,\mathrm{V}}{2\pi \cdot 10^6\,\mathrm{s}^{-1} \cdot 22 \cdot 10^{-12}\,\mathrm{As}}$$
$$= 7\,\mathrm{k\Omega}.$$

Damit ist aber der am Transistoreingang liegende Teilwiderstand R_2^* nicht mehr 500 kΩ groß, sondern kleiner als 7 kΩ. Während von einer niederfrequenten Spannung immer noch die Hälfte an den Transistor gelangt, ist es bei der hochfre-quenten nur

$$\frac{U_A}{U_E} = \frac{R_2^*}{R_1 + R_2^*} = \frac{7\,\mathrm{k\Omega}}{507\,\mathrm{k\Omega}} \approx \frac{1}{70}.$$

Dieser für einen Meßverstärker untrag-

bar hohe Fehler läßt sich beseitigen, wenn parallel zum Teilwiderstand R_1 ein Kondensator geschaltet wird (vgl. Bild 9.30b). Dabei muß das Verhältnis der ohmschen Teilwiderstände ebensogroß wie das der kapazitiven sein: $\dfrac{R_1}{R_2} = \dfrac{X_{C1}}{X_{C2}}$.

Hieraus ergibt sich aber auch der Nach-teil, daß nun kein Potentiometer mehr verwendet werden kann, denn das Ver-hältnis zweier Kondensatoren ist unverän-derlich. Um eine Beziehung zum Berech-nen der erforderlichen Kapazitäten zu ha-ben, verändern wir obige Gleichung noch etwas:

$$\frac{X_{C1}}{X_{C2}} = \frac{\dfrac{1}{2\pi \cdot f \cdot C_1}}{\dfrac{1}{2\pi \cdot f \cdot C_2}} = \frac{2\pi \cdot f \cdot C_2}{2\pi \cdot f \cdot C_1} = \frac{C_2}{C_1}.$$

Da der genaue Wert der Schalt- und Transistorkapazität unbekannt ist, geben wir uns die Kapazität $C_1 = 22\,\mathrm{pF}$ vor. Als Teilwiderstand R_1 wählen wir 1 MΩ, R_2 sei 100 kΩ groß. Die Ausgangsspannung wird dann auf $\dfrac{U_A}{U_E} = \dfrac{R_2}{R_1 + R_2} = \dfrac{100\,\mathrm{k\Omega}}{1\,100\,\mathrm{k\Omega}}$

$= \dfrac{1}{11}$ der Eingangsspannung herabge-setzt. Die Kapazität des zweiten Konden-sators muß

$$C_2 = C_1 \cdot \frac{R_1}{R_2} = 22\,\mathrm{pF} \cdot \frac{1\,000\,\mathrm{k\Omega}}{100\,\mathrm{k\Omega}} = 220\,\mathrm{pF}$$

betragen. Um das Verhältnis der Teilwi-derstände berechnen zu können, brau-chen wir zunächst den kapazitiven Wider-stand von C_2 für 1 MHz. Er beträgt – bitte nachrechnen! – $X_{C2} \approx 700\,\Omega$. Die Gegen-

überstellung von $\dfrac{R_1}{R_2} = \dfrac{1\,000\,\mathrm{k\Omega}}{100\,\mathrm{k\Omega}}$ und $\dfrac{X_{C1}}{X_{C2}}$

$= \dfrac{7000\,\Omega}{700\,\Omega}$ ergibt jetzt Verhältnisgleich-heit. Der Gesamtwiderstand des Spannungsteilers ist zwar kleiner geworden, das Widerstandsverhältnis bleibt jedoch konstant.

Im Bild 9.28 entspricht R_{34} dem Teilwiderstand R_1, C_{30} ist die vorgegebene Kapazität C_1. Diese Teilkombination bleibt unverändert, während mit S_4 drei unterschiedliche RC-Kombinationen eingeschaltet werden können. In der vierten Stellung von S_4 gelangt die volle Meßspannung über $C_{34}R_{38}$ an die Basis von T_9. In der dritten beträgt der an T_9 gelangende Spannungsanteil nur noch $\dfrac{1}{11}$, in der zweiten $\dfrac{1}{101}$ und in der ersten $\dfrac{1}{1001}$ der Eingangsspannung. Bedenken wir weiter, daß unsere Bauelemente im allgemeinen eine Toleranz von 10% haben, so dürfen wir mit ruhigem Gewissen die Spannungsteilverhältnisse mit 1:1, 1:10, 1:100 und 1:1000 bezeichnen.

Der Meßverstärker muß abgeschirmt werden

Die Bauelemente des Spannungsteilers löten wir wie die Kippkondensatoren direkt an den Drehschalter. Da der Meßverstärker sehr brummempfindlich ist, müssen wir ihn vollständig abschirmen. Deshalb fertigen wir das kleine Gehäuse aus 1,5 mm dickem kupferkaschiertem Hartpapier. Die Kupferseite weist dabei nach innen. Wir brauchen zwei Platten der Größe 50 mm × 70 mm für Boden und Deckel, zwei 50 mm × 72 mm große Seitenwände, eine 70 mm × 75 mm große Frontplatte und eine 70 mm × 66 mm große Rückwand. Die Frontplatte bearbeiten wir nach Bild 9.31. Damit die Telefonbuchse Bu_{13} keinen Kontakt mit dem Kupferbelag bekommt, senken wir die entsprechende Bohrung von der Kupferseite an und legen eine Hartpapierisolierscheibe unter die Mutter; Bu_{14} schrauben wir direkt an.

Nach der mechanischen Bearbeitung der Platten verlöten wir fünf davon zum Gehäuse. Eine kleine Vorrichtung, in der die Platten ordentlich ausgewinkelt und

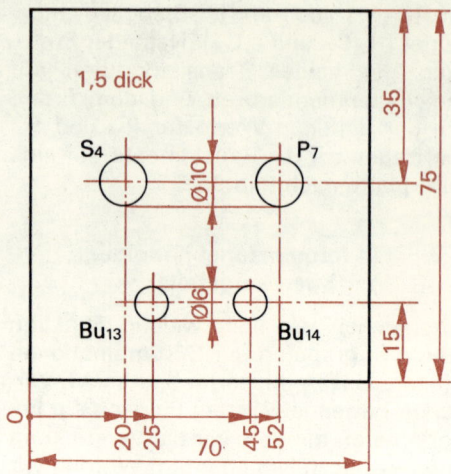

Bild 9.31   Die Frontplatte des Meßverstärkereinschubs

angeklemmt werden können, leistet dabei gute Dienste. Der Lötkolben muß richtig warm sein und sollte eine Leistung von 100 W haben. Beim Verlöten der Kanten, das wir vorher erst an Abfallstückchen geübt haben, muß das Lot gleichmäßig fließen. Als Flußmittel verwenden wir säurefreies Lötfett, das nach dem Löten mit Spiritus wieder restlos entfernt wird. Für das Anschrauben der Platine kleben wir mit Epasol EP 11 einen kleinen Winkel an die Deckplatte (vgl. Bild 9.32). Die sechspolige ZEIBINA-Messerleiste ist genau in der Mitte der Bodenplatte anzuordnen; wir schrauben sie mit zwei Senkschrauben M3 an. Die Lötfahnen der Messerleiste biegen wir leicht nach oben und löten sie entsprechend Bild 9.28 bei 5, 6 und 7 an die Platine. Zwischen Anschluß 5 und die Gehäuseinnenseite löten wir eine kurze Drahtbrücke als direkte Masseverbindung. Bild 9.34 gestattet einen Blick in das Verstärkergehäuse.

Die Rückwand muß beim Anschrauben elektrischen Kontakt mit der Kupferschicht des Gehäuses bekommen. Deshalb dürfen wir die beiden Befestigungswinkel nicht an die Rückwand kleben, sondern wir müssen sie anlöten. Dann setzen wir die Rückwand an das Gehäuse, bohren jeweils durch eine Seitenwand und den darunterliegenden Winkel ein 2,4-mm-Loch und nehmen die Rückwand wieder ab. Die beiden Gehäuselö-

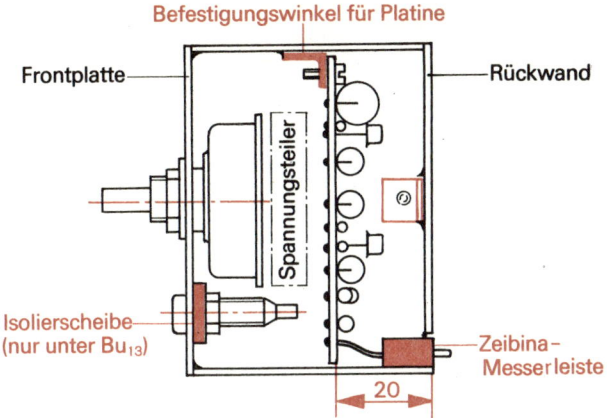

Bild 9.32   Querschnitt durch das Meßverstärkergehäuse

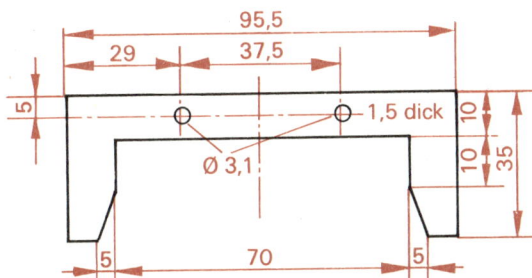

Bild 9.33   Führungsplatte für den Einschub

Bild 9.34   Der Meßverstärkereinschub

cher bohren wir auf 3 mm auf, und in die Winkel schneiden wir Gewinde M3. Mit zwei Senkschrauben M3 befestigen wir zum Schluß die Rückwand am Gehäuse.

Die zur Messerleiste passende Federleiste schrauben wir gemeinsam mit der Führungsplatte (vgl. Bild 9.33) aus 1,5 mm dickem Platinenmaterial bei H_1 und H_2 am Grundbrett des Oszilloskops fest. Bild 9.28 gibt an, wo die Fahnen der Federleiste anzuschließen sind. Die Federn 6 und 8 verbinden wir auf kürzestem Wege mit den Anschlüssen 8 und 7 der Bildröhrenfassung. Diese Leitungen dürfen nicht in die Nähe der Zeitplattenleitungen kommen. Für den Masseanschluß legen wir eine besondere Leitung von Feder 12 zur Lötöse 10 des Netzgerätes.

Nach der letzten Funktionsprobe verschaffen wir uns eine Vorstellung von der Spannungsverstärkung des Y-Verstärkers. Dazu legen wir von unserem Stromversorgungsgerät über ein Potentiometer eine niedrige Wechselspannung an den Meßverstärkereingang, schalten das Kippgerät ab und S_4 in Stellung 2 und drehen P_7 voll auf. Jetzt gelangt rund ein Hundertstel der anliegenden Spannung an den Verstärker. Wir stellen nun am zusätzlichen Potentiometer eine solche Wechselspannung ein, daß die senkrechte Strahlauslenkung genau 4 cm beträgt, und messen die eingestellte Spannung. Liegt diese bei 2,35 V, gelangen an den Verstärkereingang 0,0235 V. Wir erinnern uns, daß zur gleichen Strahlablenkung bei direktem Anschluß der Meßplatten 24 V Wechselspannung notwendig waren, und berechnen daher eine Spannungsverstärkung von $\dfrac{24\ V}{0{,}0235\ V} \approx 1000$.

Dieser Wert ist für das spätere Ermitteln der Größe von niedrigen Eingangsspannungen wichtig.

Zum Meßverstärker gehört auch unbedingt ein abgeschirmtes Zuleitungskabel. Dafür nehmen wir aber nicht das einfache dünne NF-Kabel, sondern sogenanntes Koaxialkabel, wie es auch für Fernsehantennenleitungen üblich ist. Wir bearbeiten beide Enden so, wie es im Kapitel 8 beschrieben wurde, und löten dann je zwei kurze flexible Leitungen mit Bananensteckern an.

Zuerst versehen wir den Mittelleiter beispielsweise mit einer roten Leitung, dann umwickeln wir die Lötstelle mit so viel Isolier- oder Lenkerband, bis die Dicke etwa mit der des Abschirmgeflechtes übereinstimmt. Anschließend löten wir an das Abschirmgeflecht die schwarze Masseleitung und isolieren das Ganze noch einmal. Die Masseleitung an dem Ende unserer Meßleitung, das wir am Meßobjekt anschließen, soll etwa 15 cm lang sein.

Zum Schluß erhält unser Oszilloskop ein Gehäuse ähnlich dem des Stromversorgungsgerätes. Die eine Seitenwand muß eine 70 mm breite und 80 mm hohe Aussparung für den Meßverstärkereinschub erhalten; der Abstand der Aussparung von der Frontplattenkante beträgt 75 mm. Außerdem dürfen wir nicht die Bohrungen und ihre Kennzeichnung für die Telefonbuchsen Bu_9 bis Bu_{12} vergessen. Um einen Wärmestau im Oszilloskop zu vermeiden, erhalten der Deckel und eine Seitenwand eine Reihe von Belüftungsbohrungen; am Deckel bringen wir einen Tragegriff an. Bild 9.35 zeigt unser nunmehr betriebsbereites Elektronenstrahloszilloskop.

Bild 9.35   Unser Elektronenstrahloszilloskop

Rundfunktechnik

10. Grundlagenexperimente zur drahtlosen Nachrichtenübertragung

Den aus Kondensator und Spule bestehenden Schwingkreis haben wir bereits kennengelernt. Wir wissen weiter, daß er eine von Kapazität und Induktivität abhängige Eigenfrequenz hat. Schauen wir uns im ersten Versuch an, daß er tatsächlich selbst Schwingungen erzeugen kann; bisher haben wir ihn immer mit einer anderen Schwingung dazu erst gezwungen.

Der einfache Schwingkreis erzeugt gedämpfte Schwingungen

Die Versuchsschaltung entnehmen wir Bild 10.1. Der Schwingkreis besteht diesmal aus einem Kondensator von 1 µF und unserer Experimentierspule aus Kapitel 4 mit 600 Windungen. Von ihr gehen wir an den Eingang des Meßverstärkers, dessen Schalter in Stellung 2 steht und dessen Potentiometer voll aufgedreht ist. Das Kippgerät ist auf die niedrigste Frequenz eingestellt. Über einen Umschalter – dazu eignet sich besonders gut eine Mor-

setaste – können wir den Kondensator am Stromversorgungsgerät aufladen. Sobald wir den Schwingkreis schließen, erscheint kurzzeitig auf dem Bildschirm eine Wechselstromkurve, deren Amplituden allerdings sehr rasch kleiner werden und die wir als *gedämpfte Schwingung* bezeichnen.

Wie diese *Eigenschwingung* oder *freie Schwingung* zustande kommt, machen wir uns an Hand des Bildes 10.2 klar. Wir erinnern uns dabei der bekannten Schwingung einer belasteten Feder. Bei a laden wir den Kondensator auf. Zwischen den Platten baut sich ein elektrisches Feld auf. Das entspricht dem Anheben des Massestückes am Federschwinger. Lassen wir los, bewegt es sich zur Ruhelage (b). Im Schwingkreis entlädt sich der Kondensator, die Spannung wird kleiner, der Entladestrom I_1 wird größer und baut in der Spule ein Magnetfeld auf. Wie die Masse des Federschwingers nicht in der Ruhelage verharrt, sondern über diese hinausschießt (c), so hört auch der Stromfluß nach der Entladung des Kondensators nicht auf. Das

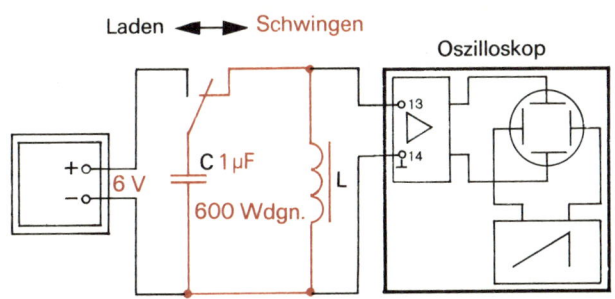

Bild 10.1   Wir regen einen Schwingkreis an.

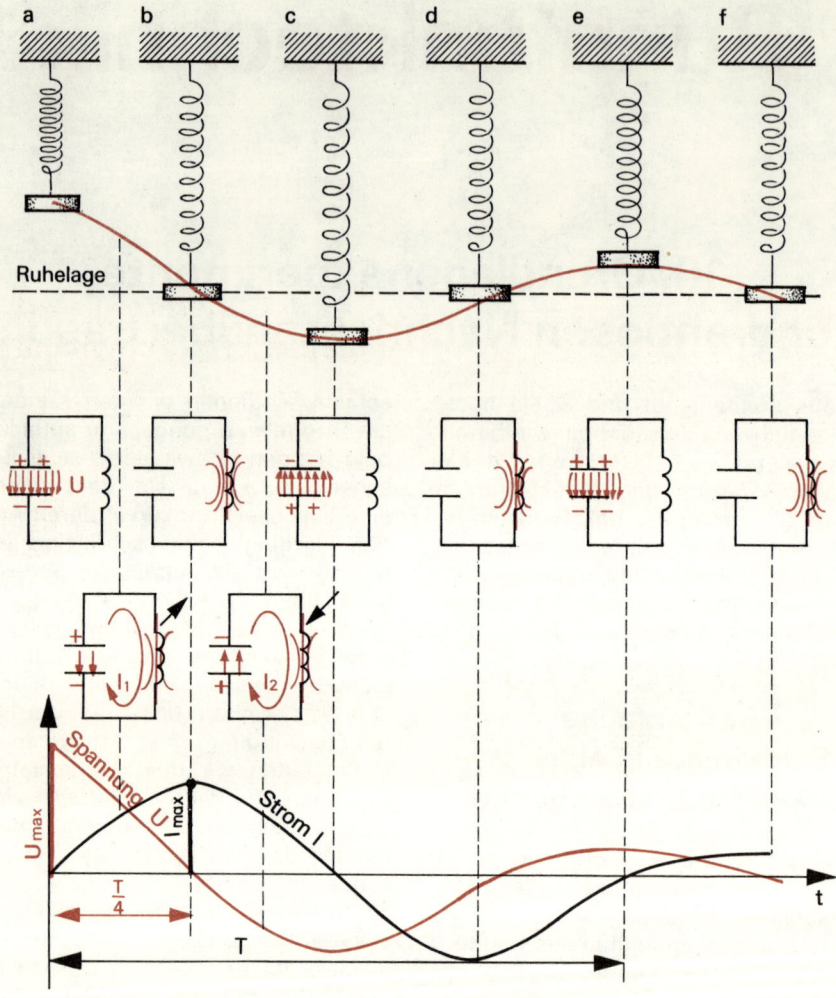

Bild 10.2   Vorgänge im Schwingkreis

Spulenfeld bricht nämlich jetzt zusammen und induziert dabei einen neuen Strom I_2, der den Kondensator erneut auflädt – aber mit umgekehrter Polarität. Nun kann sich der Entladevorgang analog wiederholen. Die Höchstwerte von Strom (I_{max}) und Spannung (U_{max}) treten nicht zu gleichen Zeiten auf; die Phasenverschiebung beträgt eine Viertelperiode. Die Ausschläge des Federschwingers werden im Laufe der Zeit immer kleiner, bis die Schwingung gänzlich aufhört. Das schwingende System gibt durch Reibung Energie an die umgebende Luft ab. Im Schwingkreis wandelt sich ein Teil der Schwingungsenergie in Wärme um, da

die Spule und die Verbindungsleitungen einen ohmschen Widerstand haben.

Im Versuch nach Bild 10.1 erscheint die Spannungskurve der gedämpften Schwingung jedesmal an einer anderen Stelle auf dem Schirm. Das können wir verhindern, indem wir die Anregung des Kreises und die Ablenkung des Elektronenstrahls in Gleichlauf bringen. Wir koppeln deshalb die Kippspannung über einen Kondensator $C_1 = 10$ nF in den Schwingkreis, so wie es aus Bild 10.3 ersichtlich ist. Der Schalter des Meßverstärkers steht in Stellung 3. Auf dem Schirm erscheint das stehende Bild einer gedämpften Schwingung (vgl. Bild 10.4a).

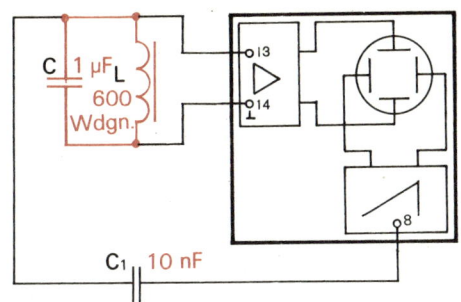

Bild 10.3 Die Kippspannung des Oszilloskops stößt den Schwingkreis periodisch an.

Vom Einfluß des ohmschen Widerstandes auf die *Dämpfung* können wir uns rasch überzeugen, wenn wir einen Festwiderstand von etwa 50 Ω in den Schwingkreis einbauen. Es entsteht ein Oszillogramm nach Bild 10.4b. Ideal wäre es natürlich, wenn die Amplituden der Schwingung nicht kleiner würden, wenn unser Schwingkreis eine *ungedämpfte* Schwingung erzeugen könnte. Da der ohmsche Widerstand niemals restlos beseitigt werden kann, müssen wir dem Schwingkreis von außen Energie zuführen. Wie eine Schaukel stets im *richtigen* Augenblick einen kleinen Anstoß erhalten muß, wenn sie mit gleichen Ausschlägen schwingen soll, müssen wir auch dem Schwingkreis zum richtigen Zeitpunkt Schwingungsenergie zuführen. Daß die Steuerung automatisch vor sich gehen muß, dürfte wohl einleuchtend sein. Das

Prinzip der Erzeugung ungedämpfter Schwingungen ist im Bild 10.5 dargestellt. An einer Stelle entziehen wir dem Schwingkreis die erforderliche Steuerenergie, die – von einem Transistor beträchtlich verstärkt – an anderer Stelle dem Kreis im richtigen Takt wieder zugeführt wird.

Ein Generator liefert ungedämpfte Schwingungen

Die Schaltung entnehmen wir Bild 10.6; zum Aufbau verwenden wir wieder das Experimentierbrett. In der Kollektorleitung des Verstärkertransistors T liegt der Übertrager Tr unseres historischen Endverstärkers EV1 (vgl. Bild 7.2), an den auch vorerst ein beliebiger Lautsprecher Lt angeschlossen wird; so können wir die Schwingung unmittelbar hören. Ohne angeschlossenen Schwingkreis wählen wir nun R_1 so, daß ein Kollektorstrom um 5 mA fließt. Dann verbinden wir den Schwingkreis an drei Punkten mit dem Verstärker und erhalten so eine *Dreipunktschaltung*. Die Schwingkreiskapazität beträgt 1 µF, von der Experimentierspule verwenden wir für den Schwingkreis 300 Windungen. An der Anzapfung bei 150 Windungen liegt der Pluspol der Spannungsquelle. Nach dem Einschalten der Spannung ertönt im Lautsprecher ein gleichmäßiger Ton; unser Generator er-

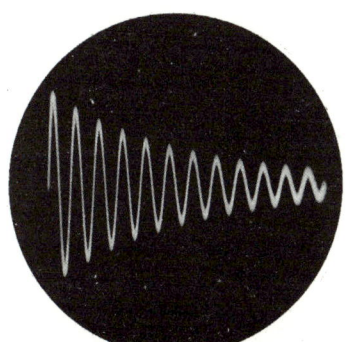 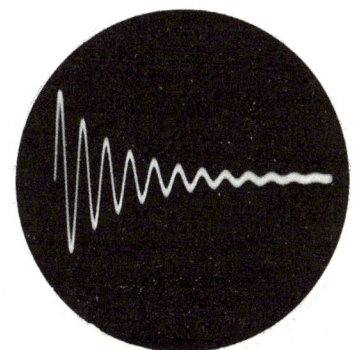

Bild 10.4 Oszillogramme von Schwingungen unterschiedlicher Dämpfung: a) Schwingung eines Kreises aus der Experimentierspule mit 600 Windungen und einer Kapazität von 1 µF, b) mit zusätzlichem Reihenwiderstand von 47 Ω

zeugt Schwingungen im Tonfrequenzbereich.

Nun betrachten wir diese auch auf dem Schirm des Oszilloskops. Es wird übrigens deshalb so bezeichnet, weil man mit ihm Schwingungen sichtbar machen kann; unseren Schwingungserzeuger dürfen wir auch *Oszillator* nennen. Wie aus Bild 10.6 ersichtlich, schließen wir den Meßverstärker (Schalterstellung 2) direkt am Schwingkreis an. In Stellung 2 der Zeitablenkung bringen wir 8 Schwingungen zum Stehen. Da das nicht ganz einfach ist, drehen wir das Potentiometer »Synchronisation« so weit nach rechts, bis die Kurve »einrastet«. Wir haben uns den Ton in der Zwischenzeit gut eingeprägt und schalten ab. Dann vergrößern wir die Induktivität, indem wir zweimal 300 Windungen verwenden. Nach dem Einschalten ertönt ein tiefer Ton, von dem durch geringes Verändern der Kippfrequenz 4 Schwingungen auf dem Schirm erscheinen. Die Tonfrequenz ist also nur halb so groß wie vorher. Ein Verdoppeln der Windungszahl bringt ein Vervierfachen der Induktivität mit sich. Da in der Gleichung der Eigenfrequenz eines Schwingkreises

$$f = \frac{1}{2\pi \cdot \sqrt{L \cdot C}}$$

im Nenner die Wurzel der Induktivität auftritt, muß tatsächlich die Frequenz um die Hälfte kleiner geworden sein, denn $\frac{1}{\sqrt{4}}$ ergibt $\frac{1}{2}$. Überlegen wir, wie sich ein Hal-

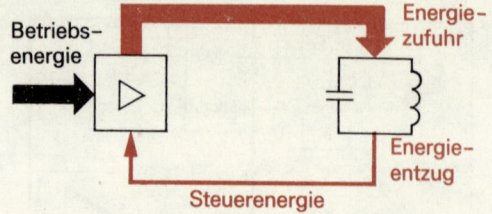

Bild 10.5   Das Prinzip der Selbsterregung

bieren der Kapazität auswirkt! Sie steht ebenfalls unter der Wurzel im Nenner. Die Wurzel aus 0,5 ergibt rund 0,7. Demnach müssen auf dem Schirm 4 Schwingungen : 0,7 ≈ 6 Schwingungen erscheinen.

Wir können uns davon überzeugen, indem wir den Kondensator von 1 µF gegen einen von 0,47 µF austauschen. Nach geringer Kippfrequenzkorrektur zählen wir 6 Schwingungen ab. Unser neuer Ton liegt in der Höhe zwischen den ersten beiden. Einen noch weit höheren Ton gibt unser Oszillator ab, wenn die Kapazität auf 47 nF erniedrigt wird. Etwa 18 Schwingungen erkennen wir jetzt auf dem Röhrenschirm.

In welcher schaltungstechnischen Art wir dem Schwingkreis Steuerenergie entziehen und Schwingungsenergie zuführen, ist nebensächlich. Es gibt eine ganze Reihe unterschiedlicher Oszillatorschaltungen, von denen wir noch einige kennenlernen werden. Grundsätzlich kann jeder Verstärker schwingen, wenn der Ausgang auf den Eingang »zurückkoppelt«. Wir erinnern uns des Aufheulens unserer Mikrofonanlage, sobald der Lautsprecher

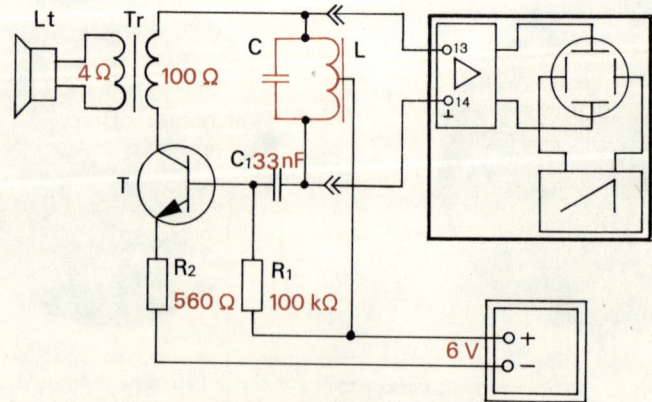

Bild 10.6   Wir schalten einen Tongenerator. (T: SF 126)

und das Mikrofon dicht beieinander standen. Die Rückkopplung erfolgte dort auf akustischem Wege. Da jedoch Verstärker im allgemeinen verstärken und nicht schwingen sollen, werden Eingang und Ausgang sorgfältig gegeneinander abgeschirmt.

Mit der Schaltung zum Erzeugen ungedämpfter elektrischer Schwingungen haben wir die wichtigste Baustufe eines Senders kennengelernt: den *HF(Hochfrequenz)-Generator*. Dieser unterscheidet sich von unserem Tonfrequenz- oder NF-Generator vor allem dadurch, daß er eine weitaus höhere Frequenz erzeugt — mindestens 100 kHz; unser NF-Generator schwingt bei etwa 1 kHz.

Das Ausnutzen der erwähnten Rückkopplung zum Erzeugen ungedämpfter Schwingungen war die Grundidee der modernen Sendetechnik. Im Jahre 1913 gelang es dem bei der Firma Telefunken tätigen österreichischen Physiker Alexander *Meißner* (1883–1958) erstmals, mit der nach ihm benannten Röhrenschaltung ungedämpfte HF-Schwingungen zu erzeugen, auf deren Grundlage 1917 der erste Röhrensender entstand.

Im nächsten Experiment untersuchen wir, wovon die Amplitude der Schwingung abhängig ist. Den Lautsprecher brauchen wir nicht mehr, wir klemmen ihn vom Übertrager ab. Das Eingangspotentiometer des Verstärkers stellen wir so ein, daß die Schirmbildkurve bei der anliegenden Gleichspannung von 6 V eine Höhe von 2 cm hat. Dann vergrößern wir die Betriebsspannung auf 12 V. Augen-

blicklich wächst die Kurve auf 4 cm Höhe an. Vorläufig wollen wir den Einfluß der anliegenden Spannung auf die Amplitude lediglich festhalten; wozu dieser Effekt zu nutzen ist, wird uns später interessieren. Im Bild 10.7 ist das Oszillogramm unserer Generatorschwingung zu sehen.

Modellversuche zur Funktechnik

Die Bezeichnung »Funk« und die davon abgeleiteten Begriffe gehen auf den historischen Versuch von Heinrich *Hertz* (1857–1894) im Jahre 1886 zurück, der die Funkwellen mittels elektrischer Funken, mit einem *Funkensender*, erzeugte. Mit dem experimentellen Nachweis der 1865 von James Clerk *Maxwell* (1831–1879) theoretisch vorausgesagten elektromagnetischen Wellen, zu dem Hertz durch eine Preisaufgabe der Berliner Akademie im Jahre 1879 angeregt worden war, betrachtete er die Aufgabe als gelöst. Versuche zur technischen Anwendung der *Hertzschen Wellen* für die drahtlose Nachrichtenübermittlung führten in Rußland Alexander *Popow* (1859–1906) und in Italien Guglielmo *Marconi* (1874–1937) durch. 1901 gelang es Marconi, das erste Funkzeichen von England über den Atlantik nach Neufundland zu senden.

Informationsübertragung ohne Drahtverbindung

Wir wickeln eine zweite Experimentierspule genauso wie die erste mit insgesamt 600 Windungen und zwei Anzapfungen. In den Spulenkörper wird nur der E-Kern geschoben. Diese zweite Spule legen wir so in 35 cm Abstand von der Spule des betriebsbereiten Oszillators auf den Tisch, daß beide Spulenachsen zusammenfallen. Anfang und Ende gehen an den voll aufgedrehten Meßverstärker (Schalterstellung 4) des Oszilloskops; die Betriebsspannung des Generators erhöhen wir auf 20 V. Auf dem Bildschirm läßt sich eine Schwingung von etwa 2 mm Höhe erkennen. Das magnetische Feld der Generatorspule induziert in der zwei-

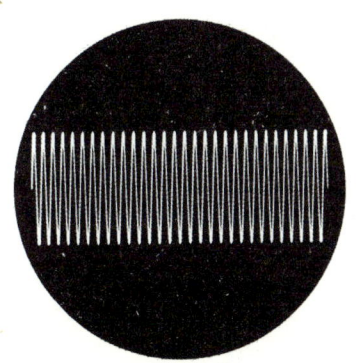

Bild 10.7 Oszillogramm einer ungedämpften Schwingung des Tongenerators

ten Spule eine Wechselspannung. *Ohne Draht übertragen wir Schwingungsenergie vom »Sender« zum »Empfänger«.* Damit kein falscher Eindruck entsteht: Wir haben keinen Sender im üblichen Sinne aufgebaut; Generatorspule und Empfängerspule bilden weiter nichts als einen Transformator mit sehr loser Kopplung zwischen Primärspule und Sekundärspule. Wie ein Generator zum Sender wird, erfahren wir noch. Zunächst interessieren die Vorgänge im Empfänger, und diese vermag der Versuch recht anschaulich zu vermitteln. Der »Empfänger« besteht allerdings nur aus einer Spule; unser Diodenempfänger hat dagegen im Eingang einen Schwingkreis, der auf einen Mittelwellensender abgestimmt werden kann. Stimmen wir unseren »Empfänger« ebenfalls auf den »Sender« ab!

Zunächst schalten wir der Spule einen Kondensator von 47 nF parallel. Obwohl jetzt beide Schwingkreise gleich aufgebaut erscheinen, können wir keine merkliche Veränderung auf dem Schirm der Bildröhre feststellen. Die Ursache dafür liegt in der beträchtlich kleineren Induktivität der Empfängerspule, deren Kern nicht geschlossen ist. Wir ersetzen den eben eingebauten Kondensator durch einen mit der Kapazität 0,68 µF. Sofort nimmt das Oszillogramm eine Höhe von 12 mm an. Dann ziehen wir einige Kernbleche langsam aus der Spule. Die Kurve wird noch höher. Wir erreichen bei ungefähr 20 mm ein Maximum. Wenn noch

mehr Bleche aus der Spule gezogen werden, nimmt die Amplitude wieder ab. Wir können also die Eigenfrequenz eines Schwingkreises nicht nur – wie bei unserem Diodenempfänger – durch Verändern der Kapazität, sondern auch durch eine Änderung der Spuleninduktivität mit der Senderfrequenz in Resonanz bringen. Im Bild 10.8 ist dieser Versuch dargestellt.

Die Reichweite des magnetischen Streufeldes unserer Oszillatorspule ist gering; deshalb können wir die Schwingungsenergie auch nur über sehr kurze Strecken übertragen. Ein Rundfunksender vermag aber ungleich größere Entfernungen zu überbrücken. Wodurch dies möglich ist, können wir nur mit einem Gedankenexperiment klären, denn ohne Lizenz der Deutschen Post darf kein Sender betrieben werden.

Im Bild 10.9a ist der uns bekannte geschlossene Schwingkreis dargestellt. Der Kondensator ist geladen; zwischen seinen Platten hat sich das elektrische Feld aufgebaut. Nun ziehen wir die Platten voneinander weg. Dabei treten die Feldlinien aus dem Kondensatorinnenraum heraus (Bild 10.9b). Klappen wir den Kondensator vollständig auseinander, verläuft das elektrische Feld weit durch den freien Raum (Bild 10.9c). Daran ändert sich auch nichts, wenn wir die Kondensatorplatten entfernen und die Spule auseinanderziehen. Das so entstandene gerade Leiterstück ist noch ein Schwingkreis – allerdings ein offener (Bild 10.9d).

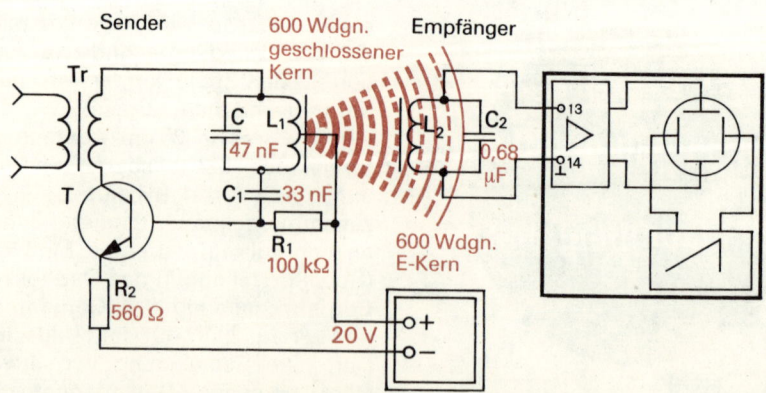

Bild 10.8   Grundversuch zur drahtlosen Informationsübertragung (T: SF 126)

Ein Sender strahlt
elektromagnetische Wellen ab

Im Bild 10.10a ist noch einmal das Leiterstück dargestellt. An seinen Enden sitzen entgegengesetzte Ladungen; der Stab hat zwei Pole. Wir wollen ihn deshalb künftig *Dipol* nennen. Um die Zeichnung

nicht durch viele Feldlinien unübersichtlich zu machen, sind nur zwei eingetragen. Sie sollen entlang der größten Feldstärke verlaufen. Die Ladungen bleiben natürlich nicht an den Enden des Dipols. Sie wandern aufeinander zu. Mit ihnen bewegen sich ebenfalls Anfang und Ende der Feldlinien. Durch die Ladungsbewe-

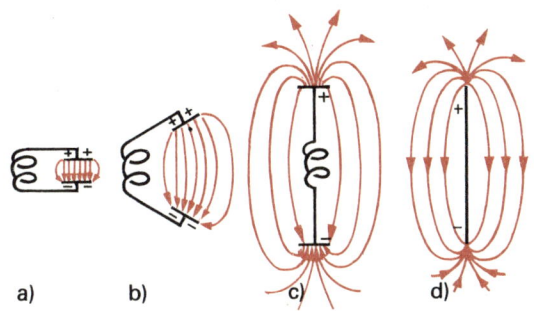

a)   b)   c)   d)

Bild 10.9   Übergang vom geschlossenen zum offenen Schwingkreis

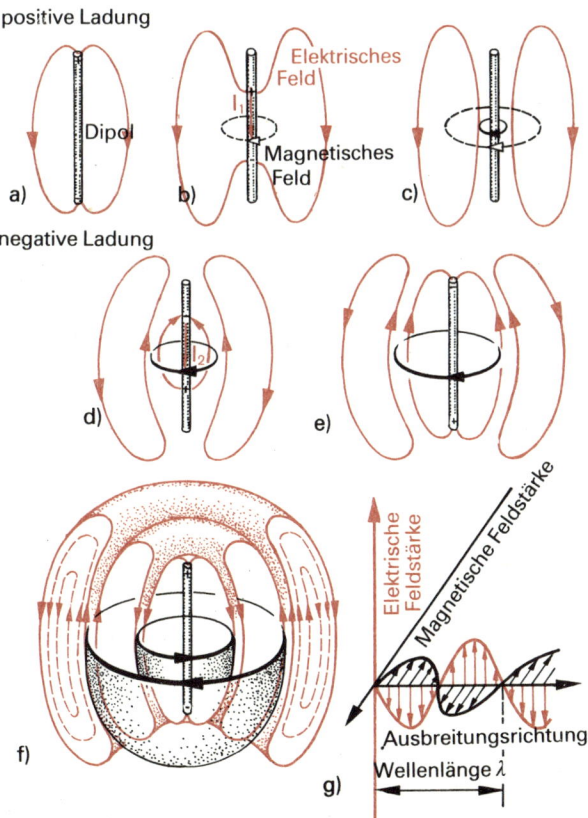

*Bild 10.10   Schwingungsvorgang im offenen Schwingkreis
und Abstrahlung der elektromagnetischen Welle*

gung entsteht ein Stromfluß I_1, der ein *magnetisches Feld* aufbaut (Bild 10.10b). Im Augenblick des Ladungsausgleiches (Bild 10.10c) schnürt sich das elektrische Feld vom Dipol ab. Der Strom hat gerade seinen Höchstwert, das Magnetfeld erreicht seine größte Stärke. Wie im geschlossenen Schwingkreis geht der Vorgang weiter; ein vom Magnetfeld induzierter Strom I_2 schiebt die Ladungen in Richtung Dipolenden auseinander. Sowohl elektrisches als auch magnetisches Feld entfernen sich vom Dipol, gleichzeitig entsteht ein neues elektrisches Feld (Bild 10.10d). Wie nach einer halben Periode der Raum um den Dipol aussieht, entnehmen wir Bild 10.10e. Die Dipolenden sind jetzt umgekehrt geladen. Nun wiederholt sich der Vorgang in analoger Weise. Am Ende einer vollen Schwingung sieht das Dipolfeld so aus, wie es im Bild 10.10f dargestellt ist.

Bisher hatten wir die beiden Teilfelder nur jeweils in einer Ebene betrachtet. In Wirklichkeit handelt es sich aber um Raumgebilde. Ebenso sind die von den Feldlinien begrenzten Räume nicht feldfrei, dort ist die Feldstärke lediglich geringer. Durch den sich ständig wiederholenden Schwingungsvorgang im Dipol entstehen immer wieder neue Felder, die in den Raum abwandern. Nun erkennen wir auch, wozu der Dipol zu verwenden ist. Er wird an den Oszillatorschwingkreis angekoppelt und bildet die Sendeantenne.

Wenn wir eine einzige Ausbreitungsrichtung ins Auge fassen und an den verschiedenen Stellen durch Pfeile die jeweilige elektrische und magnetische Feldstärke eintragen, erhalten wir das Bild einer *elektromagnetischen Welle* (vgl. Bild 10.10g). Den kürzesten Abstand zweier Punkte gleicher Feldstärke mit gleicher Richtung bezeichnen wir als

Länge der Welle oder kurz *Wellenlänge λ* (sprich: lambda). Soll diese größer werden, muß die Frequenz der Schwingung im Dipol kleiner werden, denn das Produkt beider Größen ergibt die Ausbreitungsgeschwindigkeit

$$v = f \cdot \lambda = 300\,000 \; \frac{\text{km}}{\text{s}}.$$

Ein Mittelwellensender von 783 kHz strahlt also eine elektromagnetische Welle der Länge

$$\lambda = \frac{v}{f} = \frac{3 \cdot 10^8 \, \text{m} \cdot \text{s}}{7{,}83 \cdot 10^5 \, \text{s}} = 383 \, \text{m}$$

ab. Da die Funkwellenlängen sehr unterschiedlich sein können, hat man eine Einteilung in Wellenbereiche vorgenommen (s. Tabelle).

Die Bezeichnung UKW ist nur für den Hörfunk üblich, während der Fernsehfunk dieses Wellenbereiches mit VHF (very high frequencies: sehr hohe Frequenzen) bezeichnet wird. Das um 1970 eingeführte 2. Programm des Fernsehens nutzt den UHF-Bereich (ultra-high frequencies: ultrahohe Frequenzen).

Auch ein Dipol hat wie jeder Schwingkreis eine bestimmte Eigenfrequenz. Die »Eigenwellenlänge« ist gleich der doppelten Dipollänge. Der *Halbwellendipol* für 783 kHz müßte

$$l = \frac{\lambda}{2} = \frac{383 \, \text{m}}{2} = 191{,}5 \, \text{m}$$

lang sein. Je niedriger die Senderfrequenz wird, um so größer müßten die Antennen sein. Deshalb teilt man den Halbwellendipol noch einmal und erdet ein Ende.

Bild 10.11 zeigt das von einer solchen Antenne ausgehende elektrische Wechselfeld, das der Erdoberfläche folgt. Zunächst interessiert uns die *Bodenwelle*,

Bezeichnung der Welle	Wellenlänge	Frequenz
LW: Langwelle	2000 m...1053 m	150 kHz ... 285 kHz
MW: Mittelwelle	571 m... 187 m	525 kHz ...1605 kHz
KW: Kurzwelle	130 m... 10 m	2,3 MHz... 30 MHz
UKW: Ultrakurzwelle (VHF)	7,5 m... 1 m	40 MHz... 300 MHz
UHF: Ultrahochfrequenz	0,75 m... 0,30 m	400 MHz...1000 MHz

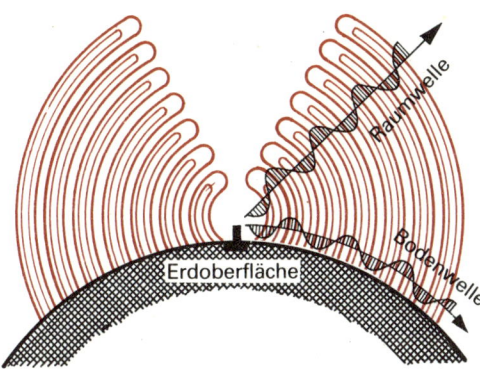

Bild 10.11   Das Feld eines geerdeten Dipols

die von der Antenne des Senders AS ausgeht, der Erdkrümmung folgt und – zwar abgeschwächt – von der Empfangsantenne AE_1 aufgenommen wird (Bild 10.12). Unter Umständen empfangen wir sogar noch bei AE_2. Der größte Teil der elektromagnetischen Welle wandert jedoch von der Erdoberfläche weg in die Atmosphäre. In einigen hundert Kilometern Höhe werden die Gasschichten durch kosmische Strahlung ionisiert und damit elektrisch geladen. Je flacher die *Raumwelle* auf diese Schicht trifft, um so besser kann sie zurückgeworfen werden. In dieser Art breiten sich vor allem Kurzwellen aus. Da sich die örtliche Zusammensetzung der Reflexionsschicht ständig ändert, schwankt auch die Empfangsfeldstärke bei AE_2 ständig. Der Techniker bezeichnet diese Erscheinung als *Schwund* und hat spezielle Schwundausgleichsschaltungen entwickelt. Auch die Erde selber kann als Reflektor fungieren, so daß unter günstigen Bedingungen so-

gar bei AE_3 die von AS ausgehende Raumwelle noch empfangen werden kann. Je höher die Senderfrequenz wird, um so mehr breitet sich die Welle wie ein Lichtstrahl aus; deshalb spricht man auch von „quasioptischer" Ausbreitung. Das ist bei Ultrakurzwellen und erst recht bei Mikrowellen der Fall. Ihre Reichweite ist zwar sehr groß, kann jedoch auf der Erdoberfläche infolge deren Krümmung nicht voll ausgenutzt werden. Die größtmögliche Entfernung zwischen Sendeantenne AS und Empfängerantenne AE_4 ist etwa gleich der optischen Sichtweite. Deshalb kann man um so weiter entfernt liegende UKW-Sender empfangen, je höher der Empfangsort liegt und je höher sich die Empfängerantenne anbringen läßt.

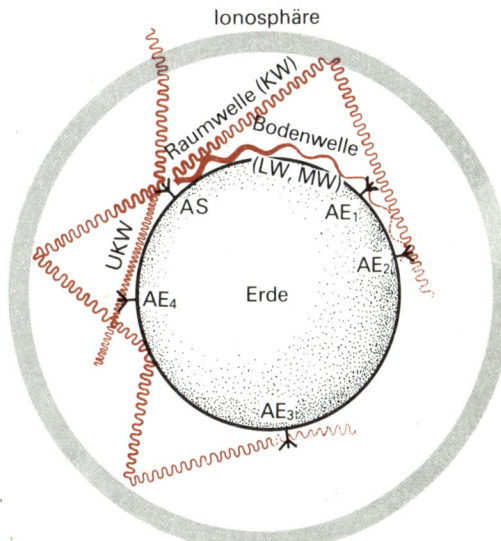

Bild 10.12   Die Ausbreitung der Funkwellen

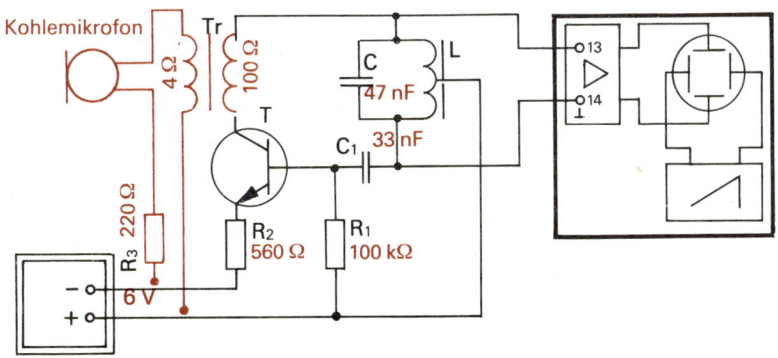

Bild 10.13   Experimentierschaltung zur Amplitudenmodulation (T: SF 126)

Die Funkwelle trägt Sprache und Musik ins Haus

Wir erinnern uns, daß die Amplitude der ungedämpften Schwingung eines Generators von der Betriebsspannung abhängig ist. Wenn diese im Takt einer Sprachschwingung verändert wird, müßten sowohl die Generatorschwingung als auch die von der Antenne abgestrahlte elektromagnetische Welle Amplitudenänderungen aufweisen.

Das Experiment nach Bild 10.13 soll unsere Vermutung bestätigen. Wir schließen an der 4-Ω-Wicklung des Übertragers Tr in der Kollektorleitung des Generators diesmal eine einfache Kohlemikrofonkapsel an; ein 220-Ω-Widerstand schützt das Mikrofon vor zu hohem Stromfluß. Nachdem auf dem Oszilloskopschirm die Kurve der ungedämpften Schwingung erscheint, pfeifen oder singen wir in das Mikrofon. Sofort reagiert das Schirmbild: Die Amplituden werden stellenweise größer, an anderen Stellen kleiner. Die Generatorschwingung wird im Takt der Sprachschwingung *moduliert*. Wir nennen den Vorgang *Amplitudenmodulation* (AM).

Bild 10.14 zeigt, wie die Schaltung eines sehr einfachen Senders aussieht. Allerdings ist es *verboten*, an Oszillatoren Antennen anzuschließen. Erst wenn wir vielleicht später eine Amateurfunkgenehmigung der Deutschen Post erworben ha-

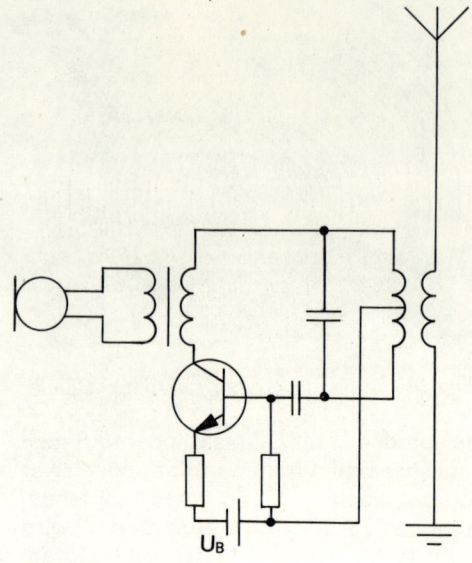

Bild 10.14   Der Generator wird zum Sender.

ben, dürfen wir auch Sender aufbauen und betreiben.

Richtige Sender sind noch etwas komplizierter aufgebaut als unser Beispiel. Sowohl die vom Mikrofon abgegebenen Spannungen als auch die Generatorschwingungen gehen über Verstärker, ehe in einer besonderen Modulationsstufe die Niederfrequenz der Hochfrequenz aufgeprägt wird. Die hier entstehende amplitudenmodulierte Schwingung durchläuft dann noch den Endverstärker, der die nun kräftig gewordenen

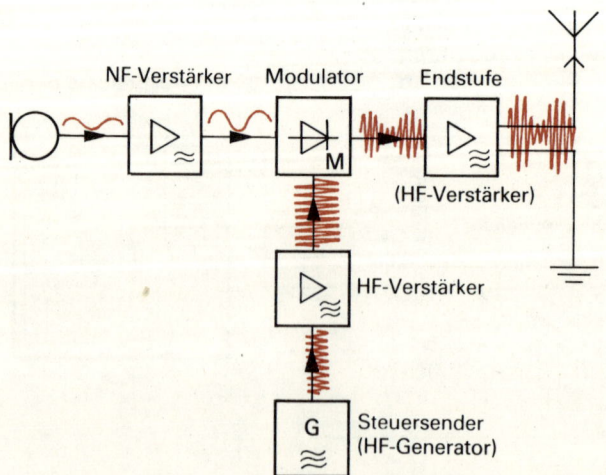

Bild 10.15   Übersichtsschaltplan eines Rundfunksenders

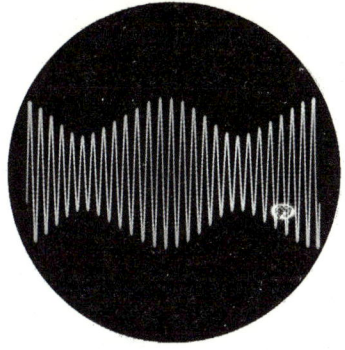

Bild 10.16 Oszillogramm einer mit 50 Hz amplitudenmodulierten Schwingung im »Empfänger«

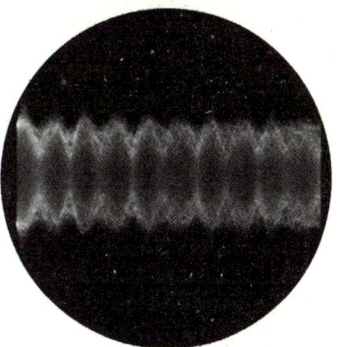

Bild 10.18 Oszillogramm einer vom Ortssender abgestrahlten amplitudenmodulierten Schwingung

Schwingungen auf die Antenne überträgt (vgl. Bild 10.15). Da der Empfängerschwingkreis erst von der aufgenommenen Senderenergie zum Schwingen gezwungen wird, müssen die Amplitudenschwankungen auch hier auftreten. Wir bauen noch einmal den Versuch nach Bild 10.8 auf. Um eine vom Besprechen des Mikrofons unabhängige Modulation zu erhalten, legen wir diesmal an die 4-Ω-Wicklung des Übertragers eine Wechselspannung von 50 Hz und 4 V aus dem Stromversorgungsgerät. Ein in Reihe geschalteter Widerstand von 47 Ω...100 Ω verhindert einen zu starken Stromfluß, da die Sekundärwicklung einen äußerst geringen ohmschen Widerstand hat. Den Abstand zwischen Oszillatorspule und Empfängerspule verkleinern

wir auf 25 cm, der Schalter des Meßverstärkers steht in Stellung 4, und das Potentiometer ist voll aufgedreht. Die Betriebsspannung des Oszillators beträgt 20 V. Bild 10.16 zeigt das aufgezeichnete Oszillogramm. Schauen wir uns nun endlich die von unserem Ortssender abgestrahlte Schwingung an! Bild 10.17 können wir entnehmen, wie der Abstimmkreis des Diodenempfängers an das Oszilloskop angeschlossen wird. Die Spule verbinden wir über zwei kurze Kabel a und b mit den Buchsen S_1 und S_3 (vgl. Bild 2.3), so daß die Meßleitung mittels Krokodilklemme an die Anzapfung der Spule gelegt werden kann. Ob der Meßverstärker in Stellung 3 oder 4 betrieben werden muß, hängt von der Stärke des einfallenden Senders ab.

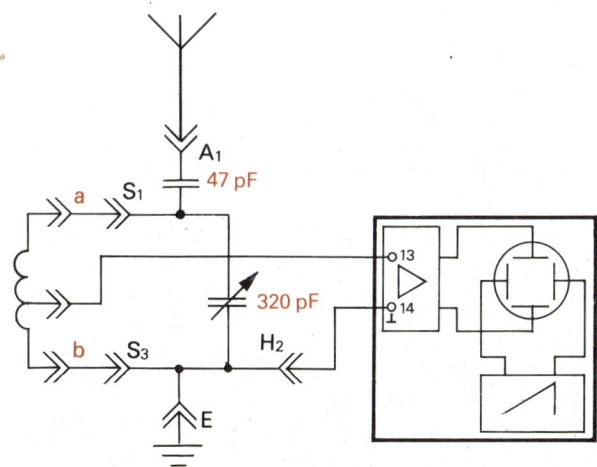

Bild 10.17 Wir schalten unseren Diodenempfänger an das Oszilloskop.

Durch Verändern der Eigenfrequenz suchen wir die Stellung des Drehkondensators, bei der die Höhe des Schirmbildes am größten ist. Es darf uns nicht wundern, daß im Oszillogramm Bild 10.18 die HF scheinbar gleichzeitig mehrere Male moduliert wird, denn der Elektronenstrahl wanderte während der Filmbelichtung mehr als einmal über den Bildschirm.

Wir müssen aus der hohen Frequenz, die der Sender abstrahlt, die Tonschwingungen wieder zurückgewinnen, d. h. die amplitudenmodulierte Schwingung *demodulieren*. Unser Diodenempfänger hat zu diesem Zweck eine Diode. Sie richtet die HF gleich, schneidet eine Hälfte ab. Auch diesen Vorgang wollen wir selbst erleben. Der Versuchsaufbau entspricht dem von Bild 10.8, aber mit zusätzlicher Amplitudenmodulation. Wie bei unserem Mittelwellenempfänger schalten wir eine beliebige Diode und einen Arbeitswiderstand von 4,7 kΩ an den Schwingkreis.

Die entsprechende Teilschaltung zeigt Bild 10.19. Ob im Oszillogramm nach Bild 10.20 die obere oder die untere Hälfte der amplitudenmodulierten Schwingung abgeschnitten wird, hängt vom Einbau des Gleichrichters ab. Wir erkennen, daß die Demodulation weiter nichts als eine Gleichrichtung ist. Ein zum Arbeitswiderstand parallelgeschalteter Ladekondensator von 0,47 µF oder größer gewinnt die ursprüngliche NF zurück (vgl. Oszillogramm Bild 10.21). Dieser Kondensator ist sehr wichtig, da erst er den Stromkreis für die Hochfrequenz schließt. Wäre er nicht vorhanden, müßte der hochfrequente Wechselstrom über die als HF-Drossel wirkende Spule des angeschlossenen Kopfhörers oder des Ausgangsübertragers fließen. Nur ein geringer Bruchteil der hochfrequenten Wechselspannung würde an die Diode gelangen; die Lautstärke wäre sehr geschwächt.

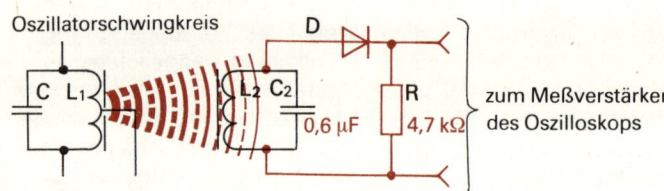

Bild 10.19   Eine Diode fungiert als Demodulator (D: GA 100 oder GA 101)

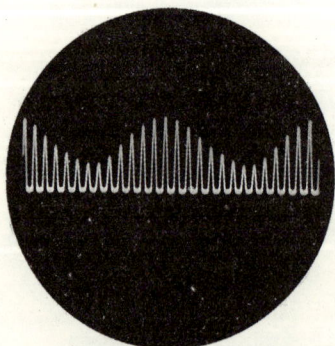

Bild 10.20   Oszillogramm der gleichgerichteten Schwingung

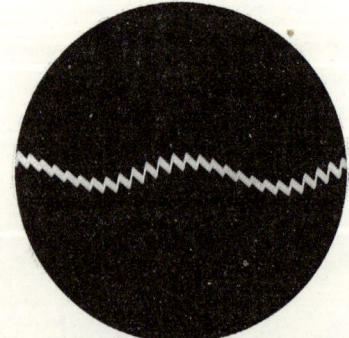

Bild 10.21   Ein Ladekondensator unterdrückt den größten Teil der Trägerschwingung.

11. Fernempfang durch Hochfrequenzverstärkung

In den ersten Jahren nach Beginn des Hörfunkbetriebes breitete sich eine Woge der Rundfunkbegeisterung aus, deren technische Basis ganz wesentlich von der Elektronenröhre bestimmt wurde. Die Entwicklung vom Detektorgerät zum »Vollröhrenempfänger« mit ausreichender Verstärkung und einfacher Bedienbarkeit verlief über eine berühmt gewordene Schaltung, die 1907 von Lee de Forest angegeben wurde: das *Audion*. Mit einer Dreipolröhre konnten die Hochfrequenzspannung verstärkt und demoduliert und die dabei entstehende Niederfrequenzspannung vorverstärkt werden. Da das Audion eine die speziellen Eigenschaften der Elektronenröhre nutzende Schaltung ist, verzichten wir auf den Aufbau einer analogen Transistorstufe. Weitaus unproblematischer erweist sich die Schaltung eines leistungsfähigen HF-Verstärkers, dessen Röhrenvorbild 1911 dem Ingenieur Otto *von Bronk* (1872–1951) patentiert wurde. Aus Bild 11.1 ist das Prinzip eines Rundfunkempfängers mit HF-Verstärkung ersichtlich.

HF-Verstärker mit Dioden-Demodulator

Von unserem Diodenempfänger nach Bild 2.2 übernehmen wir den Abstimmkreis sowie den kompletten NF-Verstär-

ker (vgl. Bild 8.8) mit den Bausteinen VV und EV3, so daß nur noch der HF-Verstärker und ein Demodulator gebraucht werden. Bild 11.2 zeigt den Stromlaufplan des Verstärkers. Abgesehen vom Ausgang A_2 und den verhältnismäßig niedrigen Kapazitätswerten handelt es sich um einen ganz normalen Verstärker in Emitterschaltung. $R_7 C_5$ ist das übliche Entkoppelglied, und R_2 bestimmt den Arbeitspunkt. Auch die Wirkungsweise entspricht genau der eines NF-Verstärkers, nur daß jetzt eine hochfrequente Wechselspannung an die Basis gelangt und einen hochfrequenten Kollektorwechselstrom hervorruft (vgl. Bild 5.7). Wir bauen

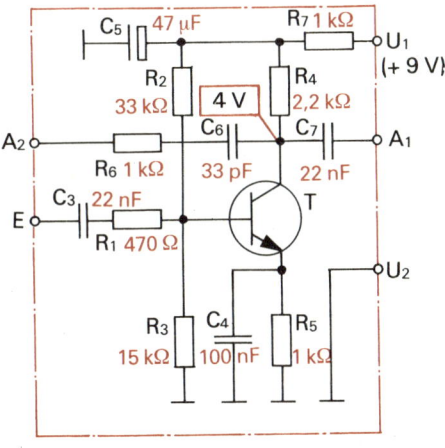

Bild 11.2   Stromlaufplan des HF-Verstärkers HV1 (T: SF 225)

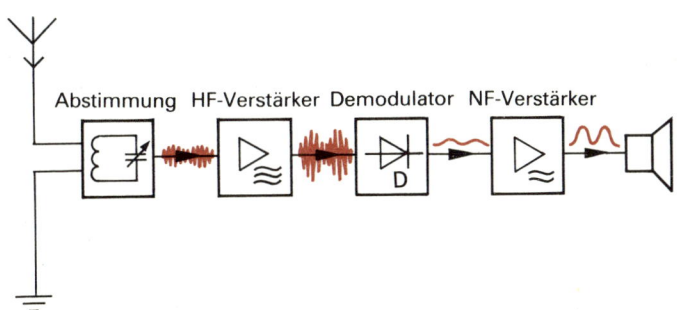

Bild 11.1   Übersichtsschaltplan eines Rundfunkempfängers nach dem Geradeausprinzip

die Schaltung auf eine Leiterplatte nach Bild 11.3, Bild 11.4 zeigt diese mit zwei weiteren Baugruppen des neuen Empfängers. Seinen Stromlaufplan sehen wir im Bild 11.5. Den Antennenkondensator reduzieren wir auf 10 pF, R_8, D und C_8 werden vorläufig nicht angeschlossen. Von A_1 und Masse des HF-Verstärkers gehen

wir zum Meßverstärker (Schalterstellung 3) des Oszilloskops, auf dessen Schirm nach dem Einschalten der Betriebsspannung und dem Abstimmen auf den Ortssender der hochfrequente Kollektorwechselstrom beobachtet werden kann. Daraufhin legen wir die Meßleitung an den Eingang des HF-Verstärkers und

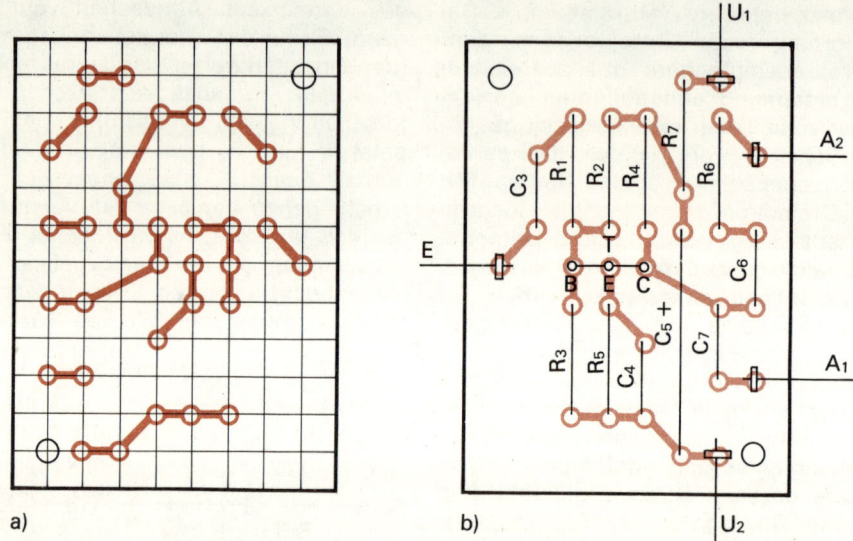

Bild 11.3   Leitungsführung (a) und Bestückungsplan (b) für den HF-Verstärker HV1

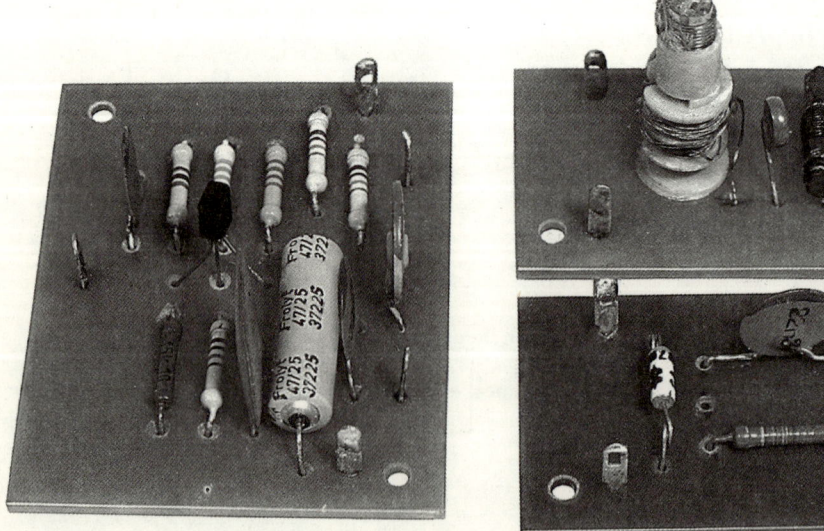

Bild 11.4   Der HF-Verstärker HV1 mit Dioden-Demodulator und Frequenzsperre FS

schalten S₄ des Meßverstärkers in Stellung 4. Jetzt sind die Amplituden der HF-Schwingung nicht einmal halb so groß wie vorhin am Ausgang – die Spannungsverstärkung muß demnach größer als 20 sein.

Danach bauen wir den Demodulator ein. Über C_7 gelangt die verstärkte HF-Spannung an den Arbeitswiderstand R_8 und wird mit der Diode D in der bekannten Art gleichgerichtet. Kondensator C_8 erfüllt die gleiche Aufgabe wie der Hörerkondensator im Diodenempfänger. Er schließt für die HF den Stromkreis und wirkt für den HF-Anteil der NF als Ladekondensator, der die demodulierte HF zur NF »glättet«. Wenn wir den Meßverstärker jetzt an den Ausgangsbuchsen H_1 und H_2 des Empfängergehäuses anschließen, erscheint auf der Bildröhre ein Oszillogramm der niederfrequenten Tonschwingung.

Und nun schalten wir den neuen Empfänger an unseren NF-Verstärker. Der Lautstärkezuwachs ist ganz erstaunlich – aber der starke Orts- oder Bezirkssender »schlägt« nahezu im gesamten Abstimmbereich durch. Trotzdem registrieren wir bereits eine Handvoll neuer, entfernter Sender, die aber eben z. T. übertönt werden; unser bisher wichtigster Sender wird plötzlich zum Störenfried.

Unerwünschte Frequenzen werden unterdrückt

Es gibt vielerlei Funkstörungen, und nicht alle lassen sich im Empfänger ausschalten; am wirksamsten ist das Auffinden der Störquelle und deren Beseitigung. Uns geht es hier um die unvermeidbar über die Antenne kommenden Signale, die aber nicht in ihrer vollen Stärke bis in den Abstimmkreis gelangen dürfen.

Sperren des MW-Ortssenders

Da wir nur eine einzige Frequenz unterdrücken wollen, brauchen wir einen Widerstand, der nur für eine Frequenz einen hohen Wert hat. Höhere und niedrigere Frequenzen sollen ihn ungehindert passieren können. Erinnern wir uns an den Versuch, der uns mit den Phasenbeziehungen im Schwingkreis vertraut machte (vgl. Bild 4.6 und zugehörigen Text). Im äußeren Stromkreis wurde der Strom dann am kleinsten, wenn die Eigenfrequenz des »inneren« Stromkreises mit der Frequenz des anstoßenden Wechselstromes übereinstimmte, also bei Resonanz. Wir brauchen demzufolge einen zweiten Schwingkreis, der auf die Frequenz des Ortssenders abgestimmt und

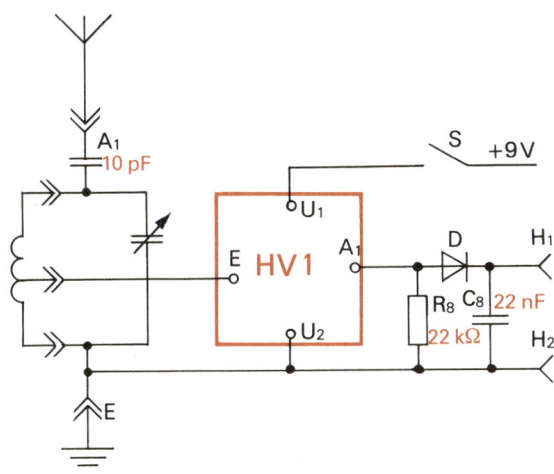

Bild 11.5   Empfänger mit HF-Verstärker und Dioden-Demodulator
(D: GA 100 oder GA 101)

in die Antennenzuleitung eingebaut wird. Wegen seiner Funktion nennen wir ihn *Sperrkreis*.

Für die Spule L_1 im Bild 11.6 wickeln wir 70 Windungen aus CuL 0,2 – noch bessere Ergebnisse lassen sich bei Verwendung von Hochfrequenzlitze $20 \times 0,05$ (s. u.) erzielen – in die oberen Kammern eines Dreikammerspulenkörpers. Die Induktivität beträgt dann etwa 70 µH. Von der Frequenz des zu sperrenden Senders hängt es ab, wie groß die Kondensatorkapazität werden muß. Für $f = 1044$ kHz berechnen wir beispielsweise

$$C_1 = \frac{1}{4\pi^2 \cdot f^2 \cdot L_1}$$
$$= \frac{1\,\text{V}}{4\pi^2 \cdot 1,044^2 \cdot 10^{12}\,\text{s}^{-2} \cdot 70 \cdot 10^{-6}\,\text{As}}$$
$$= 330\ \text{pF}.$$

Wir verwenden unbedingt einen Keramikkondensator! Obwohl sich die Spule des Sperrkreises durchaus aus Volldraht herstellen läßt, sollten wir uns auch von der noch bedeutend wirkungsvolleren Unter-

drückung des Ortssenders bei Verwendung der erwähnten *Hochfrequenzlitze* experimentell überzeugen. HF-Litze besteht aus vielen sehr dünnen, lackisolierten Volldrähten, die gemeinsam noch mit Seide umsponnen werden. Worin liegt der Vorteil dieser HF-Litze? Wir wissen, daß die Resonanzspannung in einem Schwingkreis dann am größten wird, wenn der Wechselstromwiderstand der Spule möglichst klein ist. Bei hohen Frequenzen tritt in den Leitungen ein Effekt auf, den wir noch nicht kennen. Der hochfrequente Wechselstrom hat das Bestreben, nur an der Oberfläche des Leitungsdrahtes zu fließen. Deshalb muß der Draht eine möglichst große Oberfläche haben. Wie man das bei einem bestimmten Querschnitt erreicht, soll eine kleine Rechnung zeigen. Einfacher Spulendraht von 0,2 mm Druchmesser hat einen Querschnitt von

$$A = \pi \frac{d^2}{4} = \pi \cdot \frac{0,04\ \text{mm}^2}{4} = 0,031\ \text{mm}^2,$$

sein Umfang beträgt $U = \pi \cdot d = \pi \cdot 0,2$ mm

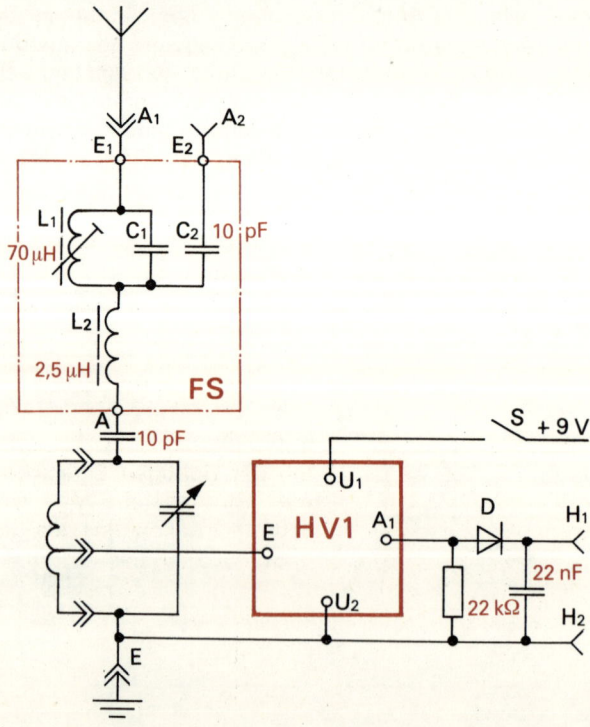

Bild 11.6 Frequenzsperre FS zwischen Antenne und Abstimmkreis
(D: GA 100, C_1 je nach Ortssenderfrequenz)

= 0,63 mm. Der Umfang ist ein direktes Maß für die Oberfläche des Drahtes. Wenn wir nun den Querschnitt in zwanzig gleiche Drähte aufteilen, so muß jeder davon

$$d = 2 \sqrt{\frac{A}{20 \cdot \pi}} = 2 \sqrt{\frac{0,031 \text{ mm}^2}{20 \cdot \pi}}$$
$$= 0,0447 \text{ mm}$$

dick sein. Der einzelne Draht hat dann einen Umfang von $U = \pi \cdot 0,0447$ mm = 0,14 mm, alle zwanzig zusammen = 2,8 mm. Die Oberfläche der HF-Litze ist also $\frac{2,8 \text{ mm}}{0,63 \text{ mm}} = 4,4$mal größer als die des Volldrahtes gleichen Querschnittes. Damit liegt ihr Vorteil klar auf der Hand. Sie setzt dem hochfrequenten Wechselstrom einen geringeren Widerstand entgegen, die Dämpfung des Schwingkreises wird kleiner und das Resonanzmaximum ausgeprägter.

Die Verarbeitung solcher HF-Litze wird uns allerdings etwas mehr Schwierigkeiten bereiten, als wir sie vom Abisolieren und Verlöten des lackisolierten Volldrahtes gewohnt sind. Äußerst wichtig ist, daß beim Abisolieren kein Drähtchen abreißt und beim Löten auch alle erfaßt werden. Mit dem Messer dürfen wir hier keinesfalls arbeiten. Zuerst entfernen wir auf etwa 10 mm die Seidenumspinnung,

bringen dann das zu verlötende Ende in einer Spiritusflamme auf Rotglut und kühlen dann blitzschnell in Spiritus ab. (Achtung! Die Drähtchen verbrennen leicht!) Am besten gießen wir eine kleine Menge Spiritus in ein Blechschälchen, zünden an, erhitzen oben in der Flamme und können dann gleich unten in der Flüssigkeit abkühlen (Vgl. Bild 11.7). Mit Hilfe einer Lupe überzeugen wir uns davon, daß alle Drähtchen sauber abisoliert sind. Die Spiritusflamme löschen wir durch Auflegen eines kleinen Blechdeckels. Dann müssen die Drähtchen verzinnt werden. Auch hier verwenden wir auf keinen Fall Lötfett oder Lötpaste, sondern nur Kolophonium. Nach Bild 11.7b legen wir das Litzenende auf das Flußmittel, setzen den verzinnten Lötkolben auf und ziehen nach dem Schmelzen des Kolophoniums die Litze unter dem Lötkolben weg. Auch nach diesem Arbeitsgang kontrollieren wir wieder mit der Lupe; alle Drähtchen müssen vom Zinn erfaßt worden sein.

Das Bearbeiten von HF-Litze sollten wir an einem Stückchen Probelitze üben. Erst wenn wir einige Male hintereinander gute Erfolge erzielt haben, wickeln wir die Sperrkreisspule, verlöten sie mit C_1 zum Sperrkreis und legen diesen zunächst zwischen Antennenbuchse und Antenne. Dann stellen wir den Abstimmkreis so ein, daß der stärkste Sender nicht ganz in voller Stärke wiedergegeben wird, und suchen nun durch Ein- oder Ausdrehen des Spulenkernes ein deutliches Lautstärkeminimum. Diese Arbeit wird um so länger dauern, je ungenauer unsere Rechnung gewesen ist. Kennen wir dazu nicht einmal die Induktivität der Sperrkreisspule hinreichend genau, ist das Einstellen der richtigen Eigenfrequenz beinahe ein Glücksspiel. Mit einem zweiten 330-pF-Drehkondensator, den wir anstelle des Festkondensators für C_1 verwenden, ist die richtige Frequenz sehr schnell eingestellt, aber dann müssen wir dessen Kapazität abschätzen, und das gelingt selbst Fachleuten nicht immer genau. Mit einem Frequenzmesser würden wir diese Schwierigkeiten umgehen. Deshalb merken wir den Bau eines Frequenzmeßgerätes für das nächste Kapitel vor.

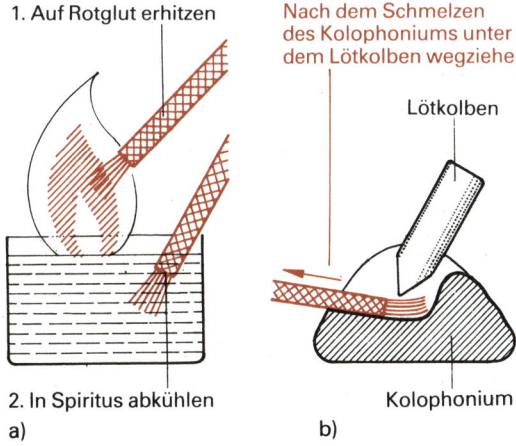

1. Auf Rotglut erhitzen

Nach dem Schmelzen des Kolophoniums unter dem Lötkolben wegziehen

Lötkolben

2. In Spiritus abkühlen

Kolophonium

a)

b)

Bild 11.7 So wird HF-Litze bearbeitet:
a) Wir entfernen die Lackisolation.
b) Wir verzinnen die HF-Litze.

Wenn wir nach dem Sperrkreisabgleich wieder den Kondensator des Abstimmkreises durchdrehen, reicht eine Hand schon nicht mehr für alle einfallenden Sender aus; recht schwache, vorher vom Ortssender gänzlich »verdeckte« Fernsender kündigen sich an.

Drosselung von UKW-Signalen

Die leistungsfähigen Si-HF-Transistoren können in der Nähe starker UKW- oder VHF-Sender bereits auf deren Signale reagieren und in den mit ihnen bestückten Verstärkern mitunter nur schwer definierbare Störgeräusche erzeugen. Deshalb fügen wir nach Bild 11.6 in Reihe zum Sperrkreis noch eine *UKW-Sperrdrossel* in die Antennenleitung, die für den gesamten UKW-Bereich einen hohen Widerstand hat, den KW-Bereich jedoch noch nicht merklich beeinflußt. Wir legen für $f = 100$ MHz einen Blindwiderstand von $X_L = 1{,}5$ kΩ fest und berechnen dafür

$$L_2 = \frac{X_L}{2\pi \cdot f} = \frac{1{,}5 \cdot 10^3 \, V}{2\pi \cdot 10^2 \cdot 10^6 \, s^{-1} \, A} \approx 2{,}5 \, \mu H \, .$$

Mit fallender Frequenz wird X_L kleiner, und für die höchste KW-Frequenz von 30 MHz sinkt der Blindwiderstand bereits auf etwa 500 Ω. Die kleine Spule wickeln wir mit 10 Windungen aus CuL 0,4 auf den Kern eines Dreikammerspulenkörpers. Sperrkreis und Sperrdrossel löten wir gemeinsam mit einem erst später notwendigen Kondensator C_2 auf eine kleine Leiter-

platte, die wir nach Bild 11.8 auch in Ritztechnik herstellen können. Auf einer ähnlichen Platine ist im Mustergerät auch der Demodulator aufgebaut.

Rückkopplung bringt Trennschärfe und Gewinn

In den Abendstunden offenbart unser neuer Empfänger ein neues Übel: Einige Sender lassen sich nicht getrennt empfangen; die *Trennschärfe (Selektivität)* unseres *Einkreisers* (wir nennen ihn so, weil er nur *einen* frequenzbestimmenden Schwingkreis hat) ist zu gering.

Im Bild 2.5 sind Resonanzkurven eines Schwingkreises dargestellt. Wenn drei Sender frequenzmäßig dicht beieinander liegen, regen sie alle drei den Resonanzkreis nahezu gleichstark an. Wir wissen, daß die Amplituden einer freien Schwingung um so rascher kleiner werden, je größer der Dämpfungswiderstand ist. Wenn es uns gelingt, diesen kleiner zu machen, verläuft die Resonanzkurve spitzer, und es kann tatsächlich nur noch ein Sender den Schwingkreis zu maximalen Schwingungen anregen. Wir müssen also eine Möglichkeit finden, den Dämpfungswiderstand des Abstimmkreises zu verkleinern.

Der Schwingkreis unseres Tongenerators wurde entdämpft, weil er im richtigen Takt Energie zugeführt bekam. Ver-

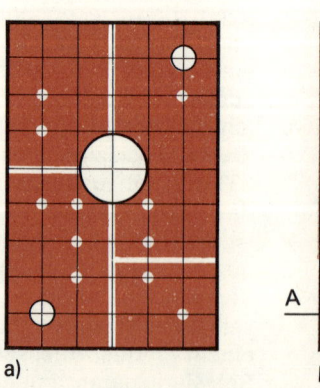
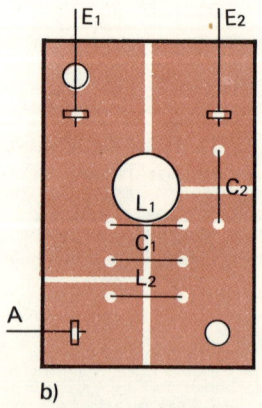

Bild 11.8   Leitungsführung (a) und Bestückungsplan (b) für die Frequenzsperre FS

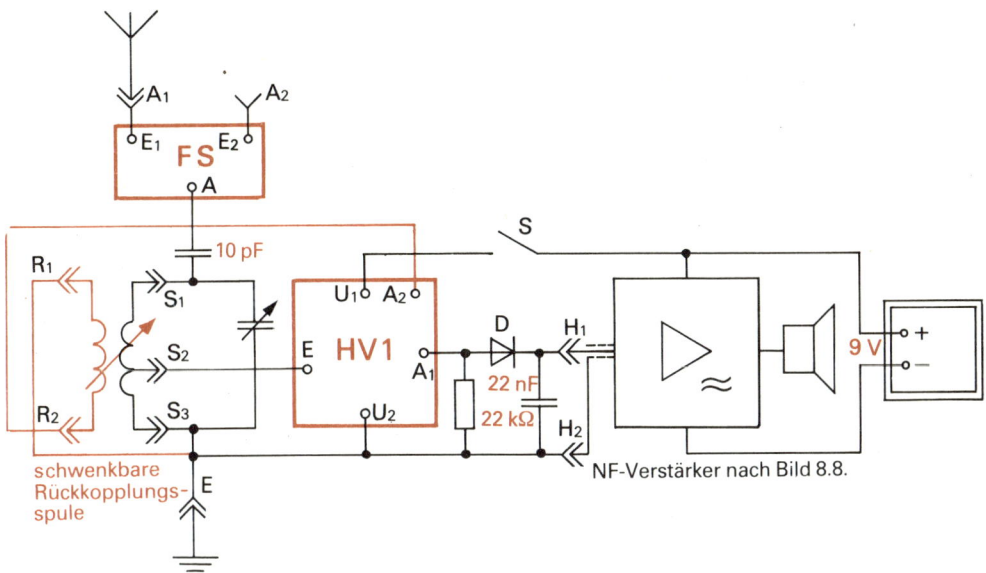

Bild 11.9   Stromlaufplan des Rückkopplungsempfängers (D: GA 100)

suchen wir das gleiche am HF-Verstärker, indem wir die am Kollektor vorhandene kräftige HF-Schwingung in den Abstimmkreis zurückkoppeln! Da sich aber der Verstärker nicht selbst erregen darf, muß die Rückkopplung möglichst »weich« einstellbar sein.

Ganz einfach: die Schwenkspule

Aus Bild 11.9 ist ersichtlich, wie sie an den für diesen Zweck gedachten Ausgang A_2 des HF-Verstärkers angeschlossen wird. Bild 11.10 zeigt den zur Empfängerspule passenden Schlitzspulenkörper mit zwei beidseitigen Versteifungen, auf den analog Bild 2.1 25 Windungen aus CuL 0,4 zu wickeln sind. Anfang und Ende fädeln wir durch zwei Bohrungen im längerem Fußsektor und löten dort etwa 10 cm lange dünne Litzendrähte mit Bananensteckern an.

Zum Anschrauben der Schwenkspule dient ein Winkel nach W_1 (Tafel 1) aus Aluminium mit folgenden Maßen in mm: $a = 60$, $b = 20$, $c = 18$, $d = 2$, $e_1 = e_2 = 3$, $f_1 = 35$, $f_2 = 9$, $h = 20$. Die Bohrungen e_1 sind die Randbohrungen eines Langloches. Den kurzen Schenkel runden wir um e_2 mit dem Radius 9 mm halbkreisförmig, so wie das im Bild 11.11 zu erkennen

ist. Dort sehen wir auch, daß der Spulenkörper mit dem Fußsektor über eine M-3-Schraubverbindung mit Unterlegscheiben und Druckfeder am kurzen Schenkel befestigt wird. Die Feder spannen wir so, daß sich die Spule gut schwenken läßt, ohne durch ihr eigenes Gewicht die Lage zu verändern. Nach der richtigen Einstellung kontern wir die Schraubverbindung. Durch das Langloch schrauben wir den Winkel bei W_3 auf die Montageplatte des Empfängergehäuses. Der lange Schenkel ragt dabei in Richtung S_2W_3 über die hintere Gehäusekante hinaus, so daß damit Winkel samt Spule zum Voreinstellen des Rückkopplungsgrades im Langloch verschoben werden kann. Wir suchen dazu einen Sender am langwelligen Ende des Mittelwellenbereiches und nähern die fast senkrecht stehende Rückkopplungsspule der Schwingkreisspule. Dabei muß die Lautstärke deutlich zunehmen, ohne daß jedoch ein Pfeifen auftritt. Im Mustergerät sind die Spulenebenen 25 mm voneinander entfernt.

Wird jedoch der Empfang beim Nähern der Spulen leiser, sind die Anschlüsse der Rückkopplungsspule in den Buchsen R_1 und R_2 umzupolen. Uns ist bekannt, daß Eingangs- und Ausgangswechselspannung eines (einstufigen) Verstärkers um eine halbe Periode phasenverschoben sind. Bei direkter Rückführung der Ausgangsspannung auf den Eingang wird die Eingangsspannung geschwächt; man bezeichnet diese Art als *negative* Rückkopplung oder *Gegenkopplung*. Für die von uns angestrebte Schwingkreisentdämpfung muß die Phasenverschiebung aufgehoben werden, und dazu sind die Anschlüsse der Rückkopplungsspule im Vergleich zur Schwingkreisspule zu vertauschen. Dann kommt es zu einer *positiven* Rückkopplung oder *Mitkopplung*.

So bediente man den Rückkopplungsempfänger

Je mehr wir die Frequenz unseres Abstimmkreises erhöhen, um so weiter muß die Rückkopplungsspule von der Schwingkreisspule weggeschwenkt werden. Während wir bisher die Abstimmung sicherlich mit der rechten Hand vorgenommen haben, müssen wir uns nun an die zweihändige Bedienung gewöhnen: Mit der linken Hand stimmen wir ab, und mit der rechten halten wir die

Rückkopplung dicht vor dem Schwingeinsatz. Das erfordert schon einige Übung, und nun bewährt sich auch das handliche Skalenrad mit der Gradeinteilung. Da-

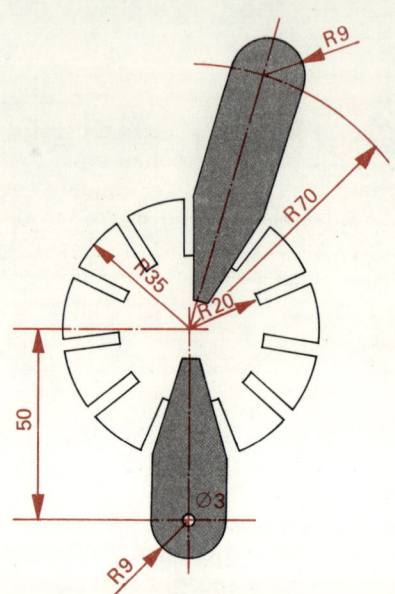

Bild 11.10   Schlitzspulenkörper für die Rückkopplungsspule

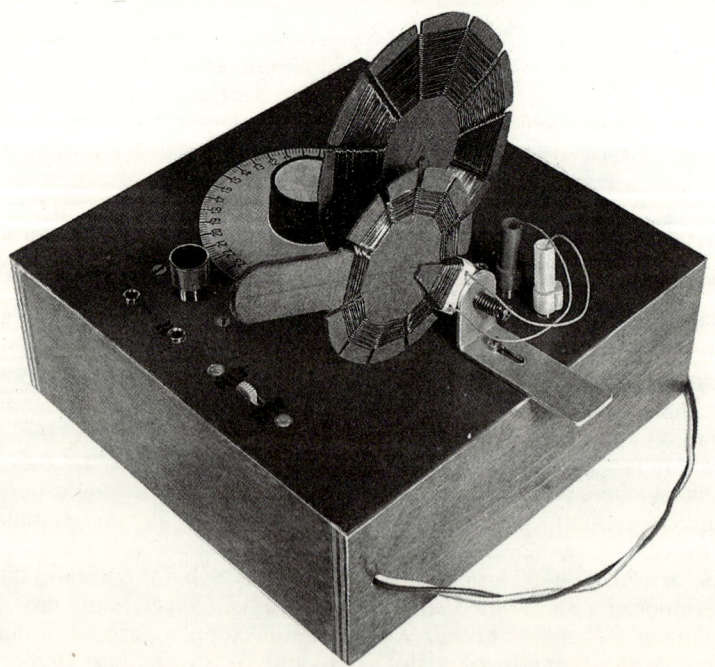

Bild 11.11   Unser moderner Rückkopplungs-Oldtimer

nach finden wir einmal »entdeckte« und auf einer Liste festgehaltene Sender jederzeit wieder. Den Rückkopplungsgrad dürfen wir allerdings nie so weit erhöhen, daß unser HF-Verstärker zum Oszillator wird. Wir merken das sofort: Aus dem Lautsprecher ertönt ein unangenehmes Heulen oder Pfeifen. Diese Erscheinung ist jedoch nur das kleinere Übel! Am »Oszillatorkreis« haben wir eine Antenne — womöglich sogar eine Hochantenne — angekoppelt, die nun als Sendeantenne wirkt und das Heulen und Pfeifen in den Raum strahlt. Die rundfunkhörenden Nachbarn werden über den plötzlich auftauchenden neuen Pfeifsender nicht erfreut sein, erst recht nicht die Kollegen vom Funküberwachungsdienst der Deutschen Post! Dazu wollen wir es lieber nicht erst kommen lassen. Bild 11.11 zeigt eine Ansicht unseres Rückkopplungs-Oldtimers. Übrigens erhielt 1913 der bei der gleichen Firma wie Alexander Meißner tätige Ingenieur Wilhelm *Schlömilch* (1870–1939) das erste Patent auf ein Rückkopplungsaudion.

12. Ein Frequenzmesser ist unbedingt erforderlich

Ohne dieses Gerät kommt kein ernsthafter Radioamateur aus, wenn er sich nicht mit sehr einfachen Empfängern begnügen will — wir haben das bereits beim Einstellen des Sperrkreises unseres HF-Verstärkers festgestellt. Die Grundidee des neuen Meßgerätes leiten wir aus dem Strommeßversuch am Diodenempfänger im Kapitel 2 ab, bei dem im *Resonanzfall* der Kopfhörerstrom einen Maximalwert annahm (vgl. Bild 2.5). Wesentliche Baugruppen sind deshalb ein abstimmbarer und in Frequenzen zu eichender Schwingkreis sowie eine Stromanzeigevorrichtung, wobei der Schwingkreis sowohl fremde Schwingungen empfangen als auch selbst Schwingungen erzeugen können muß. Im Stromlaufplan des Resonanzfrequenzmessers nach Bild 12.1 erkennen wir mit $L_1C_{1...5}$ den erwähnten Schwingkreis und in der Schaltung mit T_1 den HF-Oszillator. $T_3...T_6$ bilden den Gleichstromverstärker in Brückenschaltung für das Anzeigemeßgerät A, und T_2 ist der Verstärkertransistor eines Tongenerators mit RC-Phasenschieberkette. Dieser erlaubt über die Betriebsspannungszuführung die Amplitudenmodulation der Hochfrequenz von T_1. Die einzelnen Betriebsarten wählen wir mit Schalter S, zur Stromversorgung dient eine 9-V-Batterie. Ebenso können wir den Frequenzmesser über Bu_1 und Bu_2 mit dem Stromversorgungsgerät betreiben.

Steuerung der Leitfähigkeit durch ein elektrisches Feld

Die Schaltungszeichen von T_1, T_3 und T_6 im Bild 12.1 sind für uns neu. Es handelt sich hierbei um sogenannte *unipolare* Transistoren, bei denen die Ladungsträger im Ausgangsstromkreis keine pn-Übergänge wie bei den bisher von uns verwendeten Bipolartransistoren zu passieren haben. Die Steuerung des Stromes erfolgt durch ein von außen erregtes elektrisches Feld, deshalb werden diese Transistoren als *Feldeffekttransistoren* (FET) bezeichnet. Schon im Jahre 1930 hat *Lilienfeld* darauf ein US-Patent erhalten; praktisch konnte dieses Bauelement jedoch erst nach dem Beherrschen der Siliziumdiffusionstechnik realisiert werden.

Der MOSFET ist ein empfindliches Bauelement

Bild 12.2a zeigt den prinzipiellen Aufbau eines *Metall-Oxid-Silizium-Feldeffekttransistors* (MOSFET, entsprechend der Materialanordnung von der Steuerelektrode zum Substrat). Zwischen den stark dotierten n-leitenden Elektrodengebieten für *Source* (engl., Quelle für die Nachlieferung von Ladungsträgern) und *Drain* (engl., Senke bzw. Abfluß der Ladungsträger) ist ein schwächer dotierter n-lei-

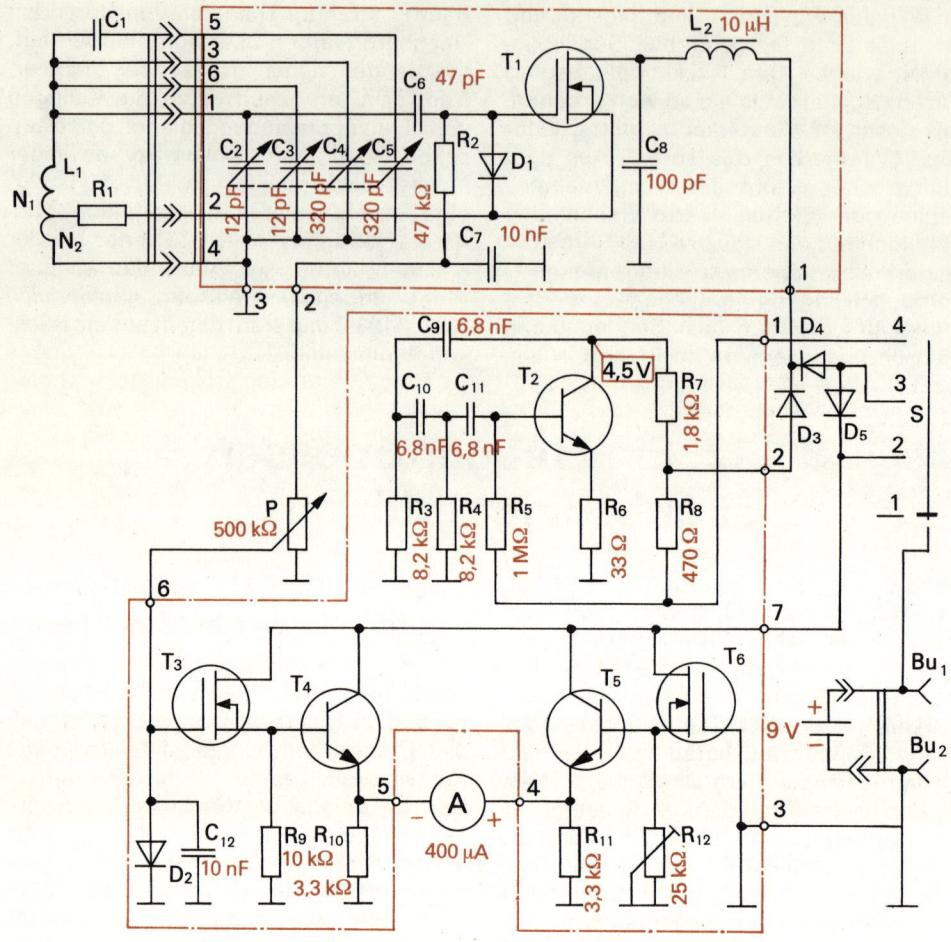

Bild 12.1 Stromlaufplan des Resonanzfrequenzmessers
(D₁: SAY 17, D₂...D₅: SAY 30, T₁: SM 104, T₂: SC 236 E, T₃ und T₆: SM 103, T₄ und T₅: SC 236,
N₁, N₂, R₁ und C₁ siehe Spulentabelle im Text)

tender Kanal vorhanden. Liegt eine Spannung U_{DS} zwischen Drain und Source mit positiver Polarität am Drain, fließt ein bestimmter Drainstrom I_D. Wird dann noch zusätzlich an das isolierte *Gate* (engl., Tor, Steuerelektrode) eine gegenüber dem Source negative Spannung U_{GS} gelegt, verarmt der Kanal aufgrund der Kondensatorwirkung zwischen Gate und Halbleiteroberfläche an Elektronen. Die Leitfähigkeit des Kanals wird reduziert, und I_D geht zurück.

Das Substrat ist kontaktiert und wird innerhalb des Transistorgehäuses mit dem Source verbunden. Da als Isolierung zwischen Gate und Halbleiter die nur

etwa 0,1 µm — das sind 0,0001 mm — dicke Oxidschicht dient, ist der MOSFET *äußerst empfindlich gegen statische Aufladungen* des Gate, die zum Durchschlag der Isolierschicht führen. Deshalb sind beim Umgang mit MOSFET ganz besondere Schutzmaßnahmen zu treffen. Der Hersteller steckt die Anschlußfahnen grundsätzlich in Leitgummi, den wir erst dann entfernen dürfen, wenn das Gate in der fertigen Schaltung auf andere Weise *leitend* mit dem Source verbunden ist. Das Gate sollte nie freiliegen! Zum Kurzschließen der Anschlußfahnen während des Experimentierens verwenden wir eine Krokodilklemme, deren »Zahn«-Abstände mit dem Elektrodenabstand der Mini-plasttransistoren übereinstimmen. Auch unsere Arbeitskleidung wählen wir mit Bedacht aus; alles, was sich stark auflädt, muß vermieden werden. Das gilt für Wäsche genauso wie für Kittel aus Dederon oder ähnlichem Material und Schuhe mit hochisolierender Sohle. Als Arbeitsplatzunterlage besorgen wir uns am besten ein Stück Aluminiumblech, das wir ebenso mit einer guten Erdleitung verbinden wie uns selbst, z. B. mittels beweglichen Kabels und Krokodilklemme über das metallene Uhrenarmband am linken Handgelenk. Der Lötkolben muß über den Schukoanschluß vorschriftsmäßig geerdet sein; im Zweifelsfall ziehen wir den Stecker aus der Netzdose. Bei Verwendung eines fremden Stromversorgungsgerätes zum Betrieb von Schaltungen mit MOSFET klemmen wir an die Ausgangsbuchsen analog Bild 3.6 eine Z-Diode, deren Spannung um 10% über der Betriebsspannung liegt. Nur so sind die MOSFET gegen eine zu hohe Induktionsspannung beim Abschalten des Netzgerätes hinreichend geschützt.

Neben dem im Bild 12.2a vorgestellten n-Kanal-FET, dessen Ladungsträgerdichte im Kanal durch eine negative Gatespannung reduziert und der deshalb als *Verarmungstyp* bezeichnet wird, gibt es auch den *Anreicherungstyp*; hier entsteht

erst mit der Gatespannung ein leitender Kanal. Aus Bild 12.2b sind die Schaltungszeichen der beiden wichtigsten MOSFET-Typen ersichtlich.

Wir nehmen die Kennlinie eines MOSFET auf

Bild 12.3 zeigt die Versuchsschaltung. Schalter S_1, für den notfalls ebenso wie für S_2 eine Steckverbindung genügt, sichert nach Einsetzen des Transistors in die Fassung und Abziehen des Leitgummis bzw. Öffnen der Krokodilklemme die notwendige Elektrodenverbindung. Das Stromversorgungsgerät ist noch ausgeschaltet, und wir legen die Spannung der Flachbatterie an. Der 330-Ω-Widerstand begrenzt den Strom bei durchgeschlagener Isolierschicht auf $I = \dfrac{4,5\,V}{330\,\Omega} = 13,6\,mA$.

Zeigt der Strommesser nahezu Vollausschlag, ist der MOSFET unbrauchbar, und wir klemmen die Batterie sofort wieder ab. Ist der Strom jedoch kleiner als 10 mA, schließen wir S_2 und lesen den Drainstrom für $U_{GS} = 0\,V$ ab. Nun darf S_1 geöffnet und das Stromversorgungsgerät eingeschaltet werden. Bei 1,5 V beginnend, stellen wir ab 3 V jeweils um 1 V steigende, negative Gatespannungen ein. Wir erhöhen sie so weit, bis kein Drain-

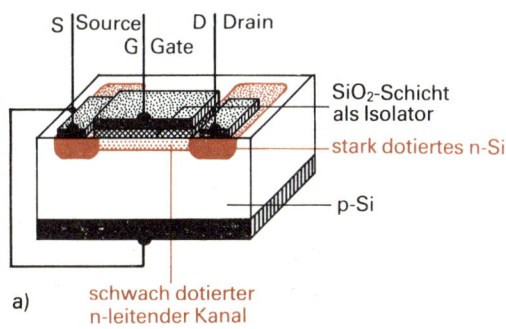

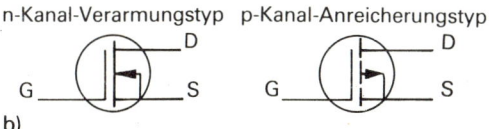

Bild 12.2   Prinzip eines MOSFET (a) und Schaltungszeichen von MOSFET (b)

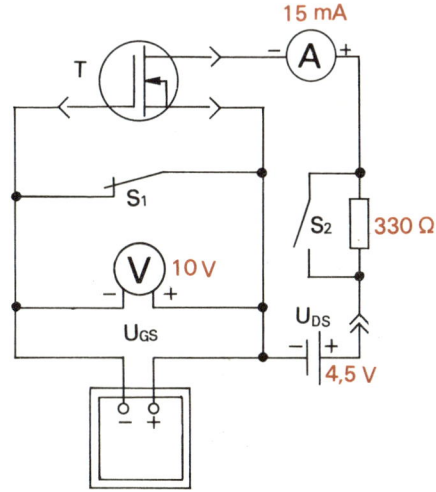

Bild 12.3   Schaltung zur Aufnahme einer MOSFET-Kennlinie (T: SM 104)

strom mehr fließt. Dann schalten wir das Stromversorgungsgerät ab, schließen S_1, polen Spannungsmesser und Stromversorgungsgerät um, öffnen S_1 und legen nun auch – wieder bei 1,5 V beginnend – positive Gatespannung an; der Drainstrom muß allerdings unter 15 mA bleiben!

Zum Schluß des Versuches schalten wir das Stromversorgungsgerät aus, schließen S_1, öffnen S_2, klemmen die Batterie ab und an die Transistorelektroden die Krokodilklemme. Erst dann ziehen wir den MOSFET aus der Fassung und legen ihn samt Klemme auf der geerdeten Arbeitsplatzunterlage ab.

Die erhaltenen Wertepaare übertragen wir in ein Diagramm nach Bild 12.4 und ermitteln daraus eine wichtige Kenngröße des MOSFET: die *Steilheit*

$$S = \frac{\Delta I_D}{\Delta U_{GS}} \ .$$

Sie beträgt für das Musterexemplar

$$S = \frac{8{,}8 \text{ mA} - 4{,}2 \text{ mA}}{2 \text{ V} - 0 \text{ V}} = 2{,}3 \ \frac{\text{mA}}{\text{V}} \ .$$

Ein Feldeffekttransistor zeichnet sich gegenüber einem Bipolartransistor durch einen sehr hohen Eingangswiderstand der Größenordnung 10^8 MΩ aus. Das kommt daher, daß die Steuerelektrode von den übrigen isoliert ist. Ein MOSFET benötigt zur Steuerung des Drainstromes nur eine Eingangsspannung, aber keinen Eingangsstrom; die Steuerung erfolgt leistungslos. Deshalb wird z. B. der frequenzbestimmende Schwingkreis unseres Resonanzfrequenzmessers vom Transistor nicht belastet, und die Meßfrequenz bleibt auch bei sinkender Batteriespannung konstant. Das ist für ein Meßgerät sehr wesentlich.

Die Teilschaltungen des Resonanzfrequenzmessers

Wie aus Bild 12.1 ersichtlich, ist die Spule L_1 des frequenzbestimmenden Schwingkreises nicht fest eingebaut, sondern wird für den notwendigen Bereichswechsel als Steckspule ausgeführt; mit acht

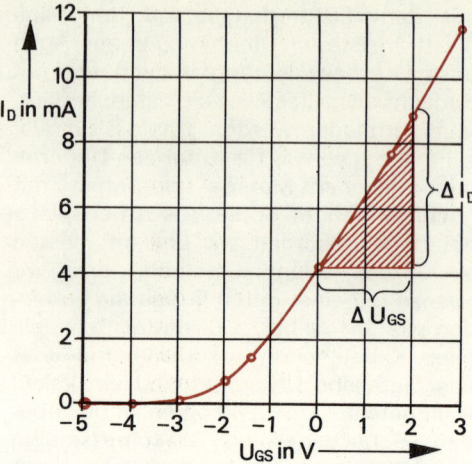

Bild 12.4 I_D-U_{GS}-Kennlinie eines MOSFET

Spulen können wir Frequenzen von 150 kHz bis 150 MHz messen.

HF-Generator in Dreipunktschaltung

Während im Tongenerator nach Bild 10.6 die Rückkopplung vom Kollektor aus erfolgt, geschieht dies im HF-Generator vom emittersprechenden Source über die Spulenanzapfung in den Schwingkreis. Spule L_2, für die wieder eine Kleinstmotor-Entstördrossel verwendet werden kann, soll ein Abfließen von HF-Resten über die Betriebsspannungsleitung verhindern.

Kondensator C_8 erfüllt eine frequenzabhängige Schalterfunktion: Für niedrige Frequenzen soll er wie ein geöffneter Schalter und für hohe wie ein geschlossener wirken. Das hängt mit der Frequenzabhängigkeit des MOSFET-Kanals zusammen. Ohne oder mit nur geringer Gatespannung beträgt dessen Wechselstromwiderstand für niedrige Hochfrequenzen nur wenige 100 Ω, so daß C_8 mit $X_{C8} \approx 10$ kΩ (für 150 kHz) den sonst beim Empfang fremder Schwingungen eintretenden Kurzschluß der Spulenwicklung zwischen Anzapfung und Masse unterbinden muß – starke Dämpfung und Frequenzverwerfung wären andernfalls die Folgen. Für Frequenzen über 50 MHz muß das Drain dagegen bei aktivem und bei passivem Betrieb wechselstrommäßig auf Masse liegen, das wird ebenfalls mit $X_{C8} \approx 30\ \Omega$ verwirklicht.

Diode D_1 übt eine Doppelfunktion aus. Einerseits dient sie als Gateschutz während des Spulenwechsels und andererseits als Demodulator für die HF. Im Unterschied zu unserem Diodenempfänger liegt die Gleichrichterschaltung C_6D_1 parallel zum Schwingkreis. Vom Demodulator gelangt die Gleichrichterspannung über das HF-Siebglied R_2C_7 an das Empfindlichkeitspotentiometer P und von hier an den Gleichstromverstärker.

Anzeigeverstärker in Brückenschaltung

Damit auch sehr geringe Richtspannungen bei vernachlässigbarer Belastung der Demodulatorschaltung nachweisbar werden, wird im Verstärkereingang ein MOS-FET T_3 eingesetzt. Als Strommesser ist ein beliebiges Indikator-Drehspulmeßwerk für 400 µA und mit einem Innenwiderstand von 500 Ω vorgesehen, das bei $U = 500\ \Omega \cdot 400\ \mu A = 0,2\ V$ Vollausschlag zeigt. Deshalb wird auf eine Spannungsverstärkung verzichtet, und sowohl T_3 als auch T_4 werden in Drain- bzw. Kollektorschaltung ausgeführt. D_2 ist wieder Gateschutz für T_3, und C_{12} unterdrückt eventuell noch vorhandene HF-Reste. T_5 und T_6 bilden mit R_{11} einen Spannungsteiler der Betriebsspannung, dessen Teilverhältnis mit R_{12} eingestellt wird. Ist die Spannung an R_{11} gleich der an R_{10}, befindet sich die Brücke $T_4R_{10}\ T_5R_{11}$ im elektrischen Gleichgewicht, und der Strompfad zwischen den Lötösen 4 und 5 ist stromlos. Er bleibt es auch dann, wenn die Betriebsspannung merklich absinkt — vorausgesetzt, die Daten von T_3 und T_6 und die von T_4 und T_5 weichen nicht allzusehr voneinander ab.

Gelangt nun über P an das Gate von T_3 eine negative Spannung, so geht der Drainstrom zurück und mit ihm die Spannung an R_9. Um den gleichen Betrag sinkt auch die Spannung an R_{10}. Die Brücke kommt aus dem Gleichgewicht, und vom konstanten, mit Einsteller R_{12} festgelegten Potential an Lötöse 4 fließt ein Strom über das Meßgerät, der mit wachsender Spannung an P steigt.

Tongenerator mit RC-Phasenschieberkette

Aus dem letzten Abschnitt des 4. Kapitels ist bekannt, daß es in einer Reihenschaltung aus ohmschem und kapazitivem Widerstand zu einer Phasenverschiebung zwischen der anliegenden Gesamtspannung U und den beiden Teilspannungen U_R und U_C kommt (vgl. Bild 4.8). Diese kann — je nach Widerstandsverhältnis — zwischen einem sehr geringen Wert und nahe, aber stets unter $\frac{T}{4}$ liegen. Um die zur Selbsterregung notwendige Phasendrehung von $\frac{T}{2}$ zu erreichen, sind daher mindestens drei solcher RC-Glieder erforderlich; auf jedes entfällt dann eine Phasenverschiebung von $\frac{T}{6}$. Im Bild 12.1 besteht die Phasenschieberkette aus C_9R_3, $C_{10}R_4$ und $C_{11}R_{T2}$, wobei R_{T2} vom Transistor-Eingangswiderstand gebildet wird. Mit $R_6 = 33\ \Omega$ und $R_{T2} = 8,2\ k\Omega$ ermitteln wir näherungsweise $B_{T2} = \dfrac{8200\ \Omega}{33\ \Omega} \approx 250$

und damit $R_5 = 2 \cdot B_{T2} \cdot (R_7 + R_8)$ $= 2 \cdot 250 \cdot 2,27\ k\Omega \approx 1\ M\Omega$. Die Frequenz hängt vom Produkt $R \cdot C$ der Phasenschieber-Kettenglieder ab und beträgt in der Musterschaltung etwa 1 kHz.

Wir erproben den RC-Generator zunächst auf dem Experimentierbrett. Als erstes ist ohne Phasenschieberkette mit R_5 die Arbeitspunktspannung auf 4...4,5 V einzustellen, dann an der Verbindungsstelle von R_7 und R_8 (und Masse) der Meßverstärker des Oszilloskops und zum Schluß die Phasenschieberkette anzuschließen. Sollte die Kurvenform stark von der Sinusform abweichen, vergrößern wir probeweise R_6 — die Schwingungen dürfen aber auch beim Verringern der Betriebsspannung um 2...3 V noch nicht abreißen!

Betriebsartenschalter mit Schalterdioden

In der gezeichneten Schaltstellung von S, für den ein 4-Stellen-Umschalter benötigt wird, ist die Betriebsspannung abgeschaltet. Bei Schaltstellung 2 gelangt sie nur an den Anzeigeverstärker, so daß die Frequenz fremder LC-Oszillatoren durch induktive Kopplung mit L_1 gemessen werden kann; unser Gerät arbeitet als *Absorptionsfrequenzmesser* (A). Diode D_5 ist in Sperrichtung geschaltet und verhindert damit einen Stromfluß zum HF-Generator.

In Schaltstellung 3 erhalten über D_4 der HF-Generator und über D_5 auch der Anzeigeverstärker Strom. Die kräftigen Schwingungen in $L_1C_{1...5}$ führen zu einer Richtspannung um 10 V, so daß das Potentiometer für Vollausschlag des Strommessers nur geringfügig geöffnet werden darf. Koppeln wir die von L_1 ausgehenden Schwingungen in einen fremden, selbst nicht schwingenden (passiven) Schwingkreis, so wird im Resonanzfall dem Oszillator ein Maximum an Schwingungsenergie entzogen; die Richtspannung sinkt, und die Anzeige des Strommessers geht deutlich zurück. Bei gleichmäßiger Frequenzänderung am Frequenzmesser oder am passiven Schwingkreis »dippt« der Meßgerätezeiger nur kurz zurück; jetzt arbeitet der Frequenzmesser als *Dipmeter* (D).

In der vierten Schaltstellung werden der Tongenerator mit Betriebsspannung und über R_8 und D_3 der HF-Generator mit einer »tonfrequenzmodulierten« Gleichspannung versorgt, so daß von L_1 amplitudenmodulierte Schwingungen ausgehen. Mit dieser Betriebsart gleicht man

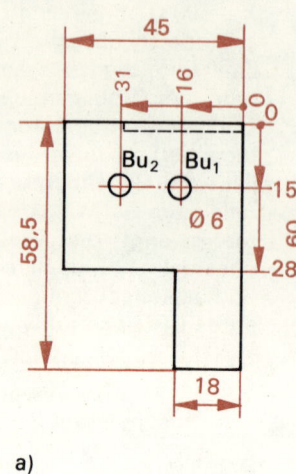

a)

Empfänger nach dem Modulationston ab; unser Frequenzmesser wird zum *Prüfgenerator* (P). D_4 unterbindet den Stromfluß zum Anzeigeverstärker.

Wir bauen den Resonanzfrequenzmesser

Das Gerät soll beim Messen bequem in der linken Hand liegen und von der rechten bedient werden können. Deshalb müssen das Gehäuse schmal aufgebaut, die Steckspule an einer Stirnseite angeord-

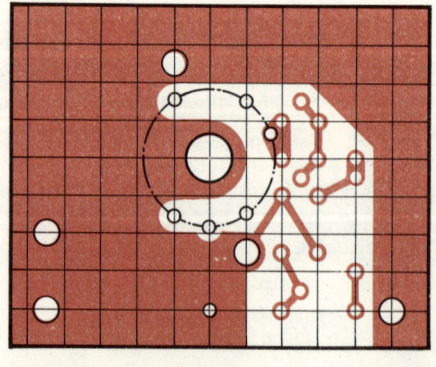

a)

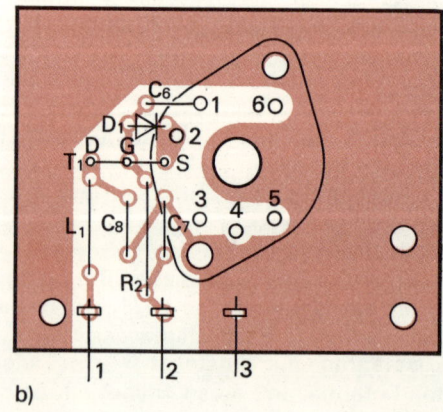

b)

Bild 12.5   Leitungsführung (a) und Bestückungsplan (b) für den HF-Generator (Leiterplatte 1)

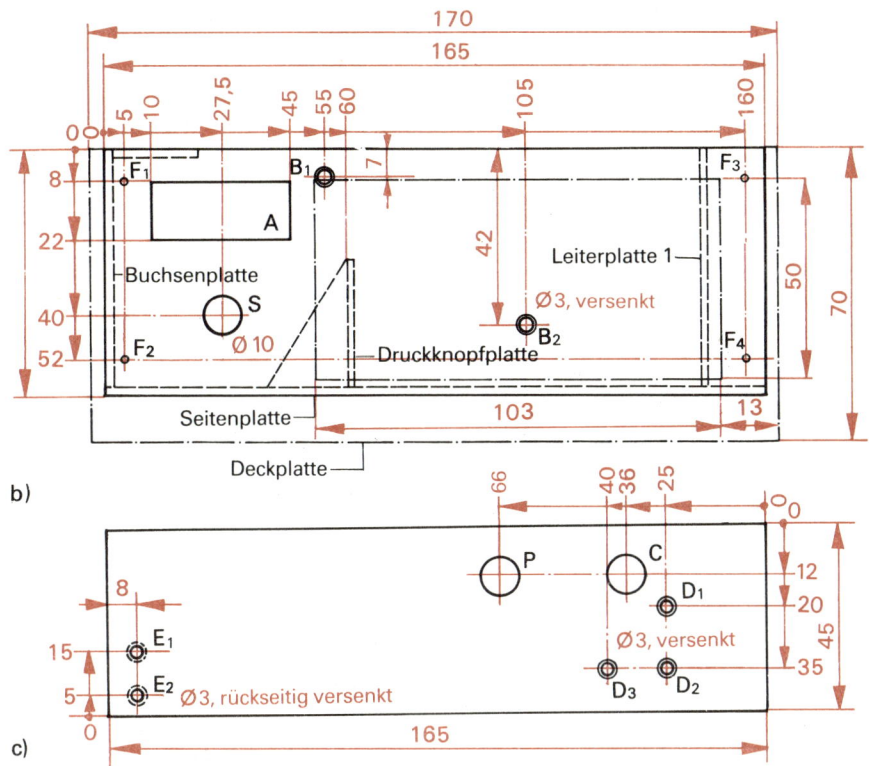

Bild 12.6 Buchsenplatte (a), Skalenplatte (b) und Seitenplatte (c) des Chassisaufbaus

net und die Bedienelemente nach rechts oder nach oben herausgeführt werden. Der Aufbau wird ganz ausschlaggebend vom Drehkondensator $C_{2...5}$ bestimmt, für den im Mustergerät eine Vierfachausführung 2×320 pF und 2×12 pF mit Feintrieb verwendet wurde. Da die geometrischen Abmessungen dieser Bauelemente nicht einheitlich sind, fangen wir mit der eigenen Konstruktion erst nach Beschaffung dieser Bauteile an.

Bild 12.5 zeigt die Leiterplatte 1 für den HF-Generator, auf die zuerst eine neunpolige Röhrenfassung mit 11 mm langen Abstandsstücken geschraubt wird und an die wir drei Anschlußleitungen für den Drehkondensator (Masse, 2×320 pF) anlöten. Sie gehen einfach durch die Leiterplatte hindurch und ragen auf der Bestückungsseite so lang wie notwendig heraus. Die einzige elektrische Verbindung zwischen Leiterplatte und Röhrenfassung ist der Anschluß der Spulenanzapfung. C_6 wird nur einseitig mit der Leiterplatte ver-

lötet, der andere Draht geht direkt zur Fassung.

Chassiskonstruktion mit Linearskale

Entsprechend Bild 12.6 fertigen wir drei Platten, von denen jeweils die nach dem Verlöten außen liegende Trägerseite dargestellt ist. Lage und Größe des Fensters A richten sich nach dem Indikatormeßgerät, die Lage der Bohrungen C und $D_1...D_3$ hängt vom Drehkondensator ab. Zunächst werden Skalenplatte und Seitenplatte sowie das Gehäuse des Oszilloskopmeßverstärkers rechtwinklig miteinander, danach mit der Buchsenplatte und schließlich auch mit der bestückten Leiterplatte 1 verlötet. Die Bohrungen der Buchsenplatte senken wir von der Kupferseite leicht an, damit die Telefonbuchsen keinen elektrischen Kontakt mit ihr bekommen. Außerdem legen wir unter die Muttern Isolierscheiben aus fester Pappe oder aus Hartpapier. Eine rechtwinklige

Dreiecksplatte, die mit der 30 mm langen Kathetenseite an die Buchsenplatte und mit der 20 mm langen an die Skalenplatte gelötet wird, verleiht der Buchsenplatte die notwendige Steife.

Für den Batterieanschluß eignet sich das Druckknopfpaar einer ausgedienten 9-V-Batterie, an dessen Rückseite nach Demontage des Batteriegehäuses die Anschlußdrähte gelötet werden. Zur Halterung im Chassis löten wir, 60 mm von der Buchsenplatte entfernt, die 30 mm breite und 28 mm hohe Druckknopfplatte an die Seitenplatte. Sie hat zwei Bohrungen von 8 mm Durchmesser im Abstand der Batteriedruckknöpfe, zwischen den Bohrungen ist die Kupferschicht entfernt. So vermeiden wir einen sonst möglichen Batteriekurzschluß. Die Bohrungen ordnen wir so an, daß auch die größere Batterie 6 F 25 C eingesetzt werden kann. Eine der ersten gleiche zweite Dreiecksplatte

stützt die Druckknopfplatte gegen die Seitenplatte ab. Das Druckknopfpaar selbst kleben wir mit EP 11 auf die Kupferseite der Druckknopfplatte – am besten mit aufgesteckter Batterie.

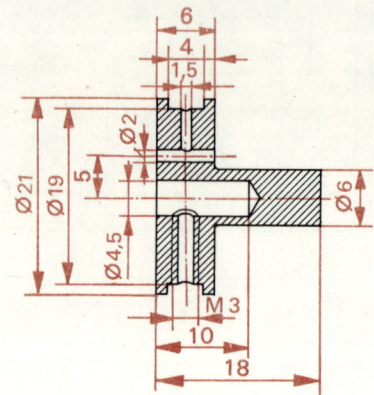

Bild 12.7   Schnitt durch die Seilrolle des Drehkondensators

Bild 12.8   Chassisaufbau des Frequenzmessers

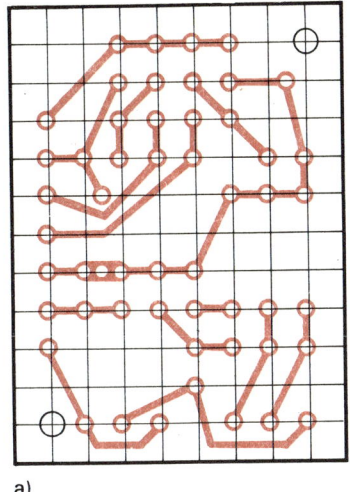

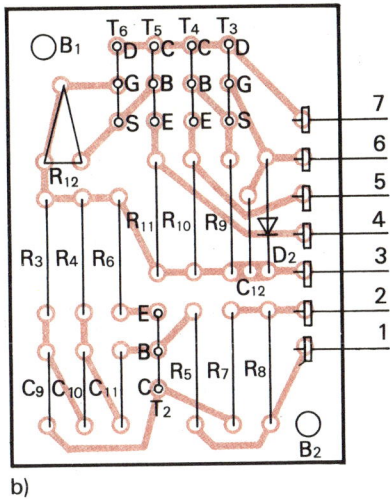

a)   b)

*Bild 12.9   Leitungsführung (a) und Bestückungsplan (b)
für Anzeigeverstärker und Tongenerator (Leiterplatte 2)*

Der Drehkondensator wird auf ein 6 mm dickes Abstandsstück so durch $D_1...D_3$ angeschraubt, daß die Statoranschlüsse der beiden 12-pF-Teile auf kürzestem Wege durch die Leiterplattenbohrungen zu den Fassungsanschlüssen gehen. Für den Antrieb des Drehkondensators fertigen wir eine Seilrolle nach Bild 12.7, mit der sich eine Zeigerweglänge von $l = 1,5 \cdot \pi \cdot 19\ mm \approx 90\ mm$ ergibt. Aus Bild 12.8 ist ersichtlich, wie der Seilzug zu verlegen ist; die drei Umlenkrollen sind auf 1,5 mm dicken Laschen an die Seitenplatte geschraubt. Das Rotorpaket des Drehkondensators wird voll eingeschwenkt und die Seilrolle dann so festgezogen, daß die 1,5-mm-Bohrung zur Potentiometerwelle weist. Dann fädeln wir beide verknoteten Enden des Seilzugs, für den sich Angelschnur gut eignet, von innen durch diese Bohrung, führen das Ende, das gegen den Anschlag wirkt, entgegen dem Uhrzeigersinn zur vorderen Umlenkrolle, gehen oben zurück zur oberen hinteren Umlenkrolle und von da aus über die untere wieder vor zur Seilrolle. Am besten hält nun ein Helfer dieses Ende. Das andere wickeln wir 1¾mal im Uhrzeigersinn um die Seilrolle und hängen nahe der Seilrolle eine kleine Zugfeder ein, die beide Teile des Seilzuges strafft. Durch Schwenken

der Lasche mit der vorderen Umlenkrolle sind noch geringe Korrekturen möglich. Bei B_1 und B_2 setzen wir in die Skalenplatte je eine 12 mm lange Senkschraube M3 ein, die mit einer Mutter festgezogen und mit einer zweiten gekontert wird; beide Muttern dienen gleichzeitig als Abstandsstücke für die Leiterplatte 2.

Anzeigeverstärker und Tongenerator finden auf Leiterplatte 2 nach Bild 12.9 Platz. Die Funktion des Tongenerators kontrollieren wir analog der Experimentierschaltung. Für den Nullpunktabgleich des Anzeigeverstärkers verbinden wir die Lötösen 3 und 6 miteinander und legen den Pluspol der Betriebsspannung an Lötöse 7. Wir messen zunächst die Spannung an Lötöse 5 (um 3,5 V) und stellen anschließend mit R_{12} an Lötöse 4 den gleichen Spannungswert ein. Nach diesem Vorabgleich ist das Indikatormeßgerät anzuklemmen und mit R_{12} der Nullpunkt genau einzustellen. Die Stromaufnahme des Anzeigeverstärkers liegt bei 3 mA, die des Tongenerators bei 2 mA. Die fertige Leiterplatte 2 stecken wir auf die in B_1 und B_2 der Skalenplatte sitzenden Schraubenbolzen und befestigen sie mit zwei Muttern. Die Schalterdioden $D_3...D_5$ kommen direkt an den Umschalter, der bei S mit der Skalenplatte verschraubt wird.

Zum Befestigen des Chassis im Gehäuse dienen zwei Winkel W_1 aus Eisenblech mit folgenden Maßen in mm: $a = 20$, $b = 8$, $c = 10$, $d = 1,5$, $e_1 = e_2 = M3$, $f_1 = 5$, $f_2 = 4$, $h = 10$. Gewindebohrung e_2 bringen wir erst bei der Montage an. Der eine Winkel wird durch E_1 und E_2 mit Senkkopfschrauben an die Seitenplatte geschraubt, der andere mit Zylinderkopfschrauben an Leiterplatte 1.

Das Gehäuse löten wir ebenfalls aus Leiterplattenmaterial; die Platten sind 170 mm × 70 mm, 70 mm × 53 mm und 53 mm × 173 mm groß. In die kleinsten, die Stirnseiten, arbeiten wir entsprechend dem Chassisaufbau 10-mm-Bohrungen für die Telefonbuchsen und eine 24-mm-Öffnung für die Steckspulenfassung ein. Die rechte Seitenwand erhält zwei 8 mm breite Schlitze für die Wellen des Drehkondensatorantriebs und des Potentiometers, damit das Chassis von oben in das wannenartige Gehäuse eingesetzt und – nach dem gemeinsamen Vorbohren, Aufbohren (der Bodenplatte) und Gewindeschneiden (Bohrung e_2 in

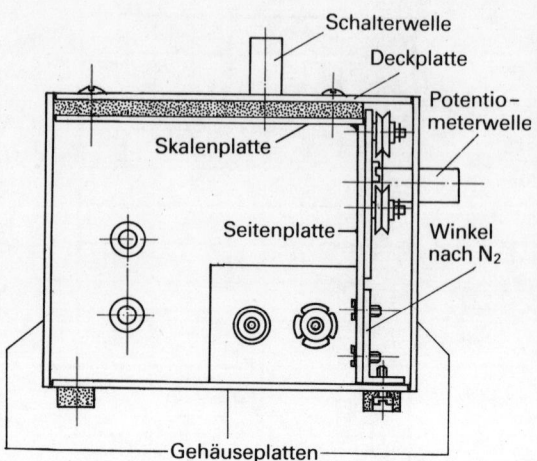

Bild 12.11   Querschnitt durch den Gehäuseaufbau

den Winkeln) – mit zwei Schrauben an der Bodenplatte festgezogen werden kann (vgl. Bild 12.10). Dann ist die 70 mm × 170 mm große, im Bild 12.6 b mit einer Strich-Punkt-Linie angedeutete Deckplatte mit einer Bohrung für die

Bild 12.10   So sind die Bauelemente im Chassis angeordnet.

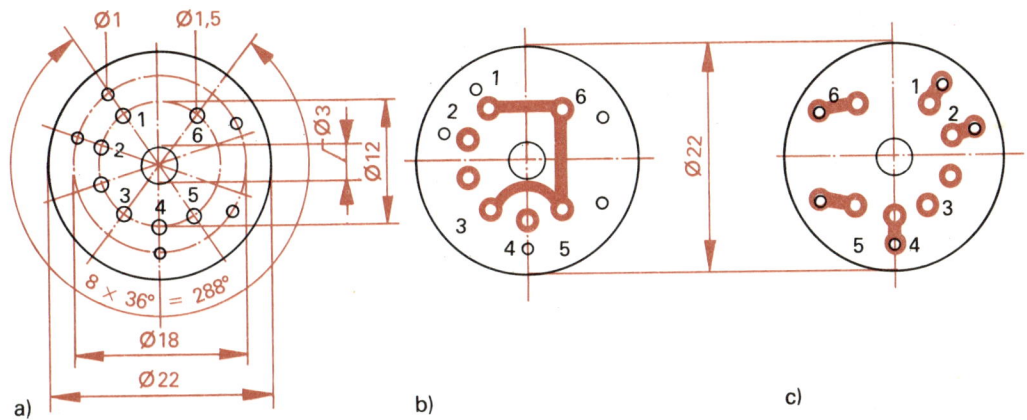

*Bild 12.12 Sockelplatte der Steckspulen: a) Bohrschablone,
b) Sockelplatte von der Spulenseite, c) Sockelplatte von der Stiftseite*

Welle des Schalters und mit zwei Fenstern für Meßgerät und Skale dem Gehäuse und der Skalenplatte anzupassen. Wir schrauben sie über 3 mm dicke Abstandsstücke bei $F_1...F_4$ auf die Skalenplatte.

Kleinserienfertigung: die Steckspulen

Ihre Sockel stellen wir aus doppelseitig kaschiertem Leiterplattenmaterial her; Bild 12.12 enthält die Maße der Bohrschablone und die Leitungsführung beider Seiten. Wir benötigen acht Scheiben, die zuerst ausgesägt, dann mittig gebohrt, anschließend mit der Schablone verschraubt und nach ihr gebohrt werden. Die erforderlichen Verbindungen zwischen den Stiftlöchern 1, 6, 5 und 3 entnehmen wir der Tabelle am Ende dieses Abschnittes. Nach dem Ätzen drücken wir in die 1,5 mm weiten Stiftlöcher 12 mm lange Nagelstücke passenden Durchmessers, die am unteren Ende leicht konisch bearbeitet wurden, und verlöten sie beidseitig mit der Sockelplatte. Der Stift zwischen den Anschlüssen 2 und 3 ist nur zum verwechslungssicheren Einstecken der Spule in die Fassung erforderlich.

Die Spulenkörper fertigen wir aus Zeichenkarton und Pappe oder dünnem Hartpapier. Auf einem Stab von 13 mm Durchmesser wickeln und verkleben wir mit einem Alleskleber ein 25 cm langes Rohr; der Außendurchmesser soll 16 mm betra-

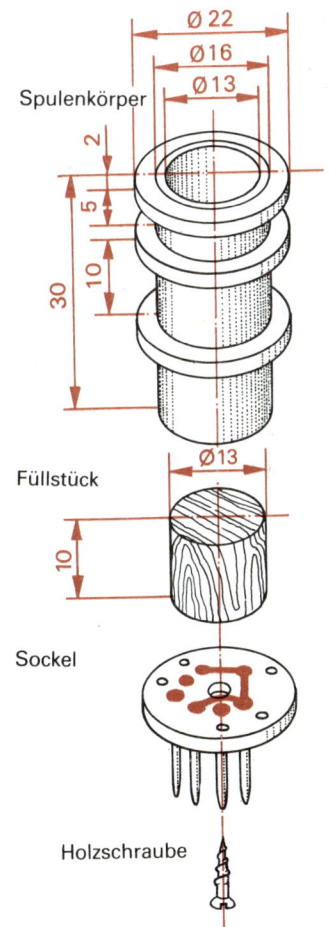

*Bild 12.13 Zum Aufbau der
Steckspulenkörper*

gen. Nach dem Trocknen sind 7 Stücke von 30 mm und eines von 18 mm Länge abzuschneiden. Aus 2 mm dicker Pappe oder aus Hartpapier sägen wir dann 12 Ringscheiben, deren Abmessungen aus Bild 12.13 ersichtlich sind. Zwei lange Spulenkörper erhalten je drei Scheiben, die restlichen je eine an der Stirnseite. Wir verkleben alles gut und tränken anschließend mehrmals in Schellack. In jeden der 8 Spulenkörper kleben wir nach dem Trocknen am scheibenlosen Ende ein Füllstück aus Holz bündig ein; das Ganze wird mit EP 11 auf die Sockelplatte geleimt und mit einer kleinen Holzschraube befestigt. Die erste Spule für 0,15 bis 0,5 MHz erhält 370 Windungen aus CuL 0,2. 90 Windungen kommen in die 5 mm breite Kammer, die restlichen 280 in die größere; wir versuchen, eine Art Kreuzwicklung nachzuahmen. Die Spulenenden legen wir mit einem Tröpfchen Alleskleber fest. Auf keinen Fall dürfen wir die Spule in Schellack tränken oder ganz mit Leim bestreichen, weil sonst die unvermeidliche Eigenkapazität zu groß wird. Die Frequenzbereiche, die Windungszahlen, die Drahtdicken, die erforderlichen Sockelverbindungen (für Bild 12.12b), die Größe des Widerstandes R_1 für die Spulen 1 bis 3 sowie die Größe des Kondensators C_1 für die Spulen 5 und 6 entnehmen wir der Tabelle. Aus Bild 12.14 ist der unterschiedliche Anschluß der Spulen an den Sockel ersichtlich.

Mit den Spulen 1 und 2 werden alle 4 Drehkondensatoren und mit den Spulen 3 und 4 zweimal 12 pF zu einmal 320 pF parallelgeschaltet. Die Spulen 5 und 6 enthalten den Reihenkondensator C_1, der die Kapazitätsvariation des 320-pF-Teiles C_5 auf ein für die Schwingfähigkeit des HF-Generators notwendiges Maß reduziert; nur Spule 8 arbeitet mit einem 12-pF-Teil.

Wir wickeln zunächst Spule 4, messen dann einen Gesamtstrom um 5 mA und stellen in Skalenmitte mit P den Zeigerausschlag auf etwa 75% ein. Widerstand R_1 für die Spulen 1, 2 und 3 ist dann so auszuwählen, daß sich nahezu der gleiche Ausschlag ergibt.

Bild 12.15 zeigt eine Ansicht unseres fertigen Meßgerätes. Spule 1 ist aufgesteckt, die übrigen stehen vor dem Gerät. Auf den Stirnseiten erkennen wir die Bereichsschilder mit den Spulennummern.

Aufnahme der Skalen durch Frequenzvergleich

Nun folgt eine Arbeit, die wir nicht in unserer Bastelecke ausführen können: das Kalibrieren des Frequenzmessers. Dazu brauchen wir ein zweites, am besten industriell gefertigtes und abgeglichenes Gerät; notfalls tut's auch ein Rundfunkempfänger mit den entsprechenden Wellenbereichen. In diesem Fall arbeitet unser Frequenzmesser als Prüfgenerator, und wir richten uns nach dem Modulationston. Die Skale aus Zeichenkarton wird auf die Skalenplatte geklebt und erhält im 12-mm-Abstand 4 gut 9 cm lange Doppelskalinien, wie sie im Bild 12.15 zu erkennen sind.

Unser Gerät, das als Dipmeter betrie-

Zum Aufbau der Steckspulen des Resonanzfrequenzmessers

Nr. der Spule	Frequenzbereich in MHz		Windungszahl (N_1)	Anzapfung (N_2)	Drahtdurchm. in mm	Sockelverbindung	C_1 in pF	R_1 in Ω
1	0,145...	0,68	370	90	0,2	1-6-5-3	—	1 800
2	0,45 ...	1,9	120	30	0,2	1-6-5-3	—	470
3	1,45 ...	5,8	55	13	0,2	1-6-5	—	680
4	4,5 ...	18	13,5	3,5	0,4	1-6-5	—	—
5	14,5 ...	46	5,5	1,5	1,0	1-6	330	—
6	45 ...	75	2,75	0,67	1,0	1-6	18	—
7	68	...107	1,67	0,5	1,0	1-6	—	—
8	102	...150	1,33	0,33	1,0	1	—	—

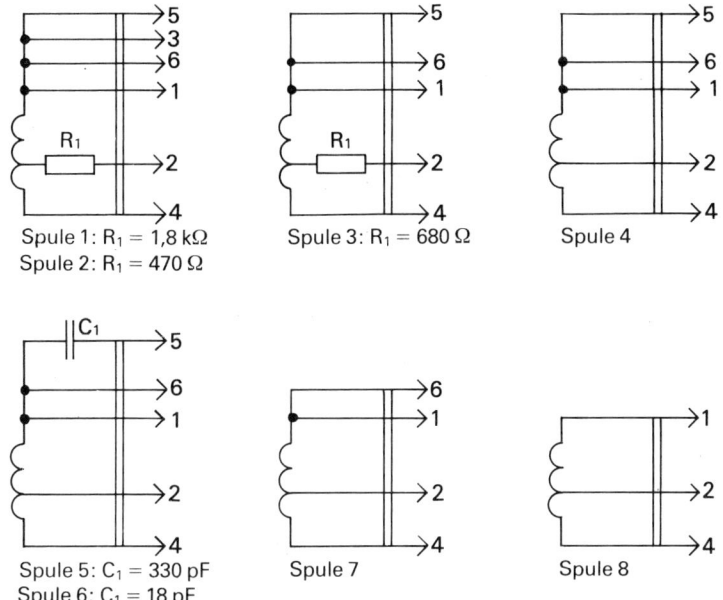

Spule 1: R_1 = 1,8 kΩ
Spule 2: R_1 = 470 Ω

Spule 3: R_1 = 680 Ω

Spule 4

Spule 5: C_1 = 330 pF
Spule 6: C_1 = 18 pF

Spule 7

Spule 8

Bild 12.14   Anschluß der Steckspulen

ben wird, stellen wir gegenüber dem als Absorptionsfrequenzmesser arbeitenden Zweitgerät auf; beide Spulenachsen sollen so gut wie möglich zusammenfallen. Den Abstand wählen wir so, daß das Resonanzmaximum am fremden Gerät gerade noch eindeutig erkennbar ist. Punkt für Punkt werden nun die Frequenzmarken auf die Skalenlinien übertragen. Danach wechseln wir die Betriebsarten: Unser Gerät schalten wir als Absorptionsfrequenzmesser, das fremde als Dipmeter. Wir vergleichen die Frequenzmarken und stellen – besonders im höherfrequenten Skalenbereich mit Spule 3 – eine Abweichung bis 3% fest; an den niederfrequenten Skalenenden sind kaum Abweichungen erkennbar. Bei Absorptionsfrequenzmessungen zeigt unser Gerät stets etwas zu hohe Werte an; mit Spule 2 oder 4 sind es nur noch 1,5%. Das müssen wir berücksichtigen, wenn wir z. B. mit Frequenzmeßwerten weitere Berechnungen durchführen. Resonanzfrequenzmesser unserer Bauart sind unentbehrliche »Orientierungs«meßgeräte, mit denen wir uns Klarheit über angenäherte Frequenzen und die Schwingfähigkeit überhaupt verschaffen; Präzisionsmessungen sind

damit nicht durchführbar und auch für unsere Belange nicht erforderlich.

Das Dipmeter ist ein Mehrzweckgerät

Neben den genannten Betriebsarten »Prüfgenerator« zum Empfängerabgleich und »Absorptionsfrequenzmesser« zum Ermitteln der Schwingfrequenz fremder Oszillatoren, auf die wir noch zu sprechen kommen, interessiert uns vor allem der Betrieb als Dipmeter.

Wir gleichen passive Schwingkreise ab

Als erstes messen wir die Frequenz des Sperrkreises in unserem Rückkopplungsempfänger. Wir bauen die Frequenzsperre aus und nähern der Sperrkreisspule achsengleich die Spule des Dipmeters (Spule 2). Sobald wir einen eindeutigen Dip erkannt haben, vergrößern wir den Abstand zwischen den Spulen so weit, bis beim Durchstimmen des Drehkondensators nur noch ein gerade feststellbares Zeigerzucken auftritt. Liegt die Eigenfrequenz des Sperrkreises unterhalb der Frequenz des Ortssenders, drehen wir den Spulenkern heraus. Die Induktivität wird dann kleiner und die Frequenz größer. Im anderen Falle müssen wir den Kern weiter hineindrehen. Gelingt uns damit kein Abgleich des Sperrkreises auf die Frequenz des Ortssenders, muß entweder die Windungszahl der Spule oder die Kapazität des Kondensators verändert werden.

Nehmen wir an, die Frequenz des Sperrkreises solle 1 MHz betragen. Obwohl wir den Kern ganz eingedreht haben, kommen wir jedoch nur bis auf 1,2 MHz herunter, also muß die Windungszahl vergrößert werden. Nach

$$f = \frac{1}{2\pi \cdot \sqrt{L \cdot C}} \text{ ist } f^2 = \frac{1}{4\pi^2 \cdot L \cdot C}.$$

Dieser Zusammenhang gilt sowohl für unsere gegenwärtig vorhandene Schwingkreisspule mit $f_1 = 1{,}2$ MHz und $N_1 = 70$ als auch für die neu zu wickelnde, für die wir nur $f_2 = 1$ MHz kennen und N_2 bestimmen wollen.

Zunächst stellen wir die Gleichung nach L_2 um und erhalten

$$L_2 = \frac{1}{4\pi^2 \cdot f_2^2 \cdot C}.$$

Da wir den Kondensator beibehalten wollen und damit C für beide Schwingkreise gleich ist, stellen wir die obige Gleichung für f_1 noch nach C um,

$$C = \frac{1}{4\pi^2 \cdot f_1^2 \cdot L_1},$$

und setzen diesen Ausdruck in die Gleichung für L_2 ein:

$$L_2 = \frac{4\pi^2 \cdot f_1^2 \cdot L_1}{4\pi^2 \cdot f_2^2} = \frac{f_1^2 \cdot L_1}{f_2^2}.$$

Aus dem 1. Kapitel wissen wir, daß zwischen der Induktivität und dem Quadrat der Windungszahl direkte Proportionalität besteht: $L \sim N^2$. Wenn wir diese Abhängigkeit in der Gleichung für L_2 berücksichtigen, erhalten wir

$$N_2^2 = \frac{f_1^2 \cdot N_1^2}{f_2^2} \text{ bzw. } N_2 = \frac{f_1 \cdot N_1}{f_2}$$

Bild 12.15   Unser Resonanzfrequenzmesser

Danach muß die neue Schwingkreisspule

$$N_2 = \frac{1,2\,\text{MHz} \cdot 70}{1\,\text{MHz}} = 1,2 \cdot 70 = 84\,\text{Windun-}$$

gen erhalten. Wichtig ist hierbei nur, daß wir mit den Indizes 1 und 2 die alte Windungszahl und die alte Frequenz von der neuen Windungszahl und der neuen Frequenz unterscheiden.

Auch Induktivitäten und Kapazitäten sind meßbar

Neben Frequenzmessungen können wir unser neues Gerät auch zum Ermitteln von Induktivitäten und Kapazitäten verwenden. Wir benötigen dann noch zusätzlich eine Spule oder einen Kondensator bekannter Größe. Brauchen wir z. B. den Wert einer Spule, so vereinigen wir sie mit einem Kondensator zu einem Schwingkreis. Die Kapazität – wir müssen sie ziemlich genau kennen – betrage 273 pF, die Resonanzfrequenz 185 kHz. Wir stellen die Schwingkreisgleichung

$$f = \frac{1}{2\pi \cdot \sqrt{L \cdot C}}\ \text{nach}\ L\ \text{um und erhalten}$$

$$L = \frac{1}{4\pi^2 \cdot f^2 \cdot C}$$

$$= \frac{1\,\text{V}}{4\pi^2 \cdot 185^2 \cdot 10^6\,\text{s}^{-2} \cdot 273 \cdot 10^{-12}\,\text{As}}$$

$$= 2,71\,\text{mH}.$$

Damit läßt sich nun wieder ein unbekannter Kondensator ausmessen. Am Ende des 1. Kapitels wurde erwähnt, daß man die relative Permeabilität experimentell ermitteln kann. Hierzu ist unser Resonanzfrequenzmesser ebenfalls geeignet. Wir wickeln auf einen Spulenkörper 50 Windungen und berechnen wie oben aus der Frequenz die Induktivität der Spule ohne Kern. Dann wiederholen wir Messung und Rechnung für dieselbe Spule mit voll eingedrehtem Kern. Die Induktivität wird erheblich größer geworden sein. Durch Division beider Werte erhalten wir die relative Permeabilität

$$\mu_r = \frac{L_{\text{mit Kern}}}{L_{\text{ohne Kern}}} . \text{ Wir können uns die Rech-}$$

nung aber auch etwas vereinfachen, denn es ist

$$\frac{L_{\text{mit Kern}}}{L_{\text{ohne Kern}}} = \frac{\dfrac{1}{4\pi^2 \cdot f_m^2 \cdot C}}{\dfrac{1}{4\pi^2 \cdot f_o^2 \cdot C}} = \frac{4\pi^2 \cdot f_o^2 \cdot C}{4\pi^2 \cdot f_m^2 \cdot C}$$

$$= \frac{f^2_{\text{ohne Kern}}}{f^2_{\text{mit Kern}}} .$$

Die Berechnung der beiden Induktivitäten ist gar nicht erforderlich, wir dividieren ganz einfach die Quadrate der abgelesenen Frequenzen. Betragen diese für die leere Spule 1,37 MHz und für die Spule mit Kern 1,03 MHz, so erhalten wir für die Permeabilität den Wert

$$\mu_r = \frac{1,37^2\,\text{MHz}^2}{1,03^2\,\text{MHz}^2} = 1,77 .$$

Wenn wir eine mehrlagige Spule berechnen wollen, nützt uns weder die Gleichung der einlagigen Zylinderspule noch die Permeabilität des Kernes etwas. Für solche Spulen verwenden wir die Beziehung $L = N^2 \cdot A_L$. Der Faktor A_L berücksichtigt Form und Material des Spulenkerns und wird als *Induktivitätsfaktor* bezeichnet. Da er uns in den meisten Fällen unbekannt ist, müssen wir ihn selbst ermitteln. Nehmen wir als Beispiel gleich die letzten Meßwerte. Die Resonanzfrequenz der Spule von 50 Windungen mit Kern betrug 1,03 MHz. Der Schwingkreiskondensator hatte eine Kapazität von 720 pF. Die Induktivität der Spule beträgt demnach $L \approx 33\,\mu\text{H}$ und der Induktivitätsfaktor

$$A_L = \frac{L}{N^2} = \frac{33\,\mu\text{H}}{50^2} = 13 \cdot 10^{-3}\,\mu\text{H} .$$

Soll eine auf diesen Kern gewickelte Spule eine Induktivität von 260 µH haben, müssen wir

$$N = \sqrt{\frac{L}{A_L}} = \sqrt{\frac{260\,\mu\text{H}}{13 \cdot 10^{-3}\,\mu\text{H}}} = \sqrt{\frac{260}{1,3}} \cdot 10^2$$

≈ 140 Windungen aufbringen.

13. Einkreisempfänger für Lang-, Mittel- und Kurzwelle

Grundlage für den Aufbau dieses Empfängers ist unser Schwenkspulen-Rückkopplungsgerät. Im Bild 13.1 sehen wir den Stromlaufplan des neuen HF-Verstärkers, der weitgehend seinem Vorgänger HV1 nach Bild 11.2 entspricht; zusätzlich enthält er noch den Demodulator in Spannungsverdopplerschaltung und ein HF-Siebglied $R_{10}C_{10}$. Im Unterschied zu HV1 wird hier die Basisspannung nicht fest eingestellt, sondern sie ist mit dem Potentiometer veränderbar. Aus dem gekrümmten Verlauf der I_C-U_{BE}-Kennlinie läßt sich folgern, daß die Kollektorstromänderungen für dieselbe Basiswechselspannung bei hoher Basisvorspannung größer als bei niedriger Vorspannung sein müssen, d. h., ein hochfrequentes Eingangssignal wird um so mehr verstärkt, je größer die Basisvorspannung wird. Das nutzen wir zum Einstellen der Rückkopplung. Mit wachsender Verstärkung gelangt ein größerer Teil an Schwingungsenergie in den Kreis zurück und entdämpft ihn. Mit P muß sich der Arbeitspunkt von T zwischen etwa 4 V und 8 V verschieben lassen; das entspricht einer Kollektorstromänderung zwischen rund 1,5 mA und 0,3 mA. Liegen beide Spannungswerte zu hoch, verkleinern wir R_4; bei zu niedrigen Spannungen ist R_4 zu vergrößern. Unter Umständen muß auch R_2 verändert werden, nämlich dann, wenn beide Grenzwerte nicht 4 V auseinanderliegen. Nach dieser Gleichstromeinstellung auf dem Experimentierbrett bauen wir die gesamte Schaltung auf eine Leiterplatte nach Bild 13.2.

Berechnung von Empfängerschwingkreisen

Den Abstimmkreis unseres Schwenkspulengerätes haben wir recht empirisch aufgebaut – im Mustergerät wurden mit dem Resonanzfrequenzmesser eine niedrigste Frequenz von 515 kHz und eine höchste von 1 900 kHz gemessen. Ausgangswerte der exakten Berechnung eines Empfängerschwingkreises sind die Grenzfrequenzen des jeweiligen Bereiches, die für Mittelwelle $f_{min} = 525$ kHz und $f_{max} = 1 605$ kHz betragen. Von ihnen hängen sowohl die niedrigste Kreiskapazität C_{min} als auch die Induktivität L der Schwingkreisspule ab. Ein wichtiger Zwischenwert der Rechnung ist das *Frequenzverhältnis* $V_f = \dfrac{f_{max}}{f_{min}}$, für das sich

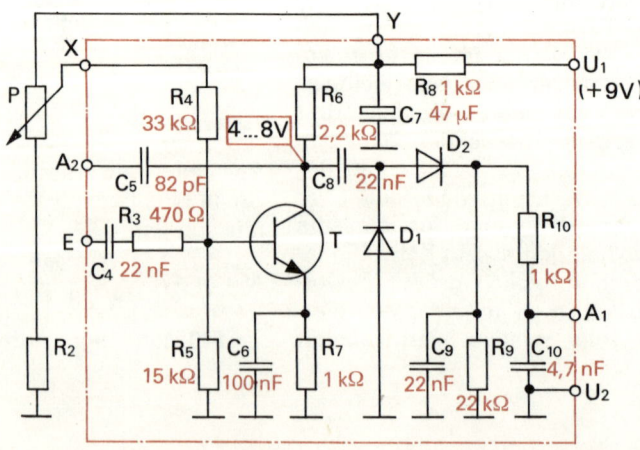

Bild 13.1 Stromlaufplan des HF-Verstärkers HV2 (D_1 und D_2: GA 100, T: SF 225)

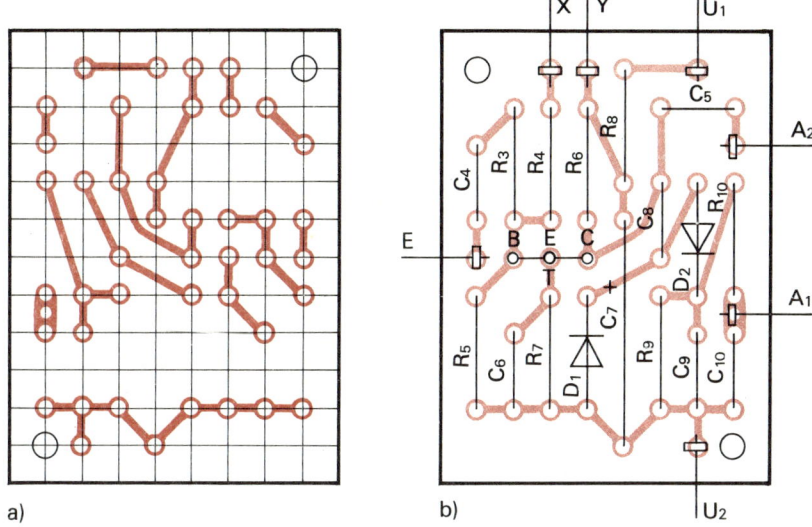

a)   b)

Bild 13.2   Leitungsführung (a) und Bestückungsplan (b) des HF-Verstärkers HV2

im Falle der Mittelwelle $V_f = \dfrac{1\,605\ \text{kHz}}{525\ \text{kHz}}$

$= 3{,}06$ ergibt. Da $f_{max} = \dfrac{1}{2\pi \cdot \sqrt{L \cdot C_{min}}}$ und

$f_{min} = \dfrac{1}{2\pi \cdot \sqrt{L \cdot C_{max}}}$ ist, gilt auch

$\dfrac{f_{max}}{f_{min}} = \sqrt{\dfrac{C_{max}}{C_{min}}}$. Bezeichnen wir $\dfrac{C_{max}}{C_{min}}$ als

das *Kapazitätsverhältnis* V_C, kann

$V_f = \sqrt{V_C}$ bzw. $V_f^2 = V_C$ geschrieben werden; für Mittelwelle berechnen wir
$V_f^2 = 3{,}06^2 = 9{,}36$.

Unser Drehkondensator mit einer *Kapazitätsvariation* $\Delta C = 320$ pF hat eine *Anfangskapazität* $C_a = 20$ pF und eine *Endkapazität* $C_e = C_a + \Delta C = 340$ pF, so daß sein

Kapazitätsverhältnis $V_C = \dfrac{340\ \text{pF}}{20\ \text{pF}} = 17$ be-

trägt. Mit einer Parallelkapazität C_P nach
Bild 13.3 kann V_C bis auf $V_f^2 = 9{,}36$ reduziert werden. Die niedrigste Kreiskapazität wird aus C_P und C_a, die höchste aus C_P
und C_e gebildet, es gilt

$V_C = \dfrac{C_{max}}{C_{min}} = \dfrac{C_P + C_e}{C_P + C_a} = V_f^2$. Danach kön-

nen wir $\dfrac{C_P + C_e}{C_{min}} = V_f^2$ schreiben, woraus

sich über $C_P = C_{min} - C_a$ zunächst

$\dfrac{C_{min} - C_a + C_e}{C_{min}} = V_f^2$ und dann mit

$C_e - C_a = \Delta C$ schließlich $C_{min} = \dfrac{\Delta C}{V_f^2 - 1}$

ergibt; für Mittelwelle erhalten wir

$C_{min} = \dfrac{320\ \text{pF}}{9{,}36 - 1} = 38{,}3$ pF .

Nach $C_P = C_{min} - C_a$ verbleiben für
$C_P = 18{,}3$ pF, in denen aber auch noch die
unvermeidliche Spulenkapazität C_L und
die Schaltungskapazität C_S enthalten
sind. Rechnen wir für beide zusammen
5 pF, muß die zusätzliche Parallelkapazität bei 13 pF liegen; wir verwenden dafür
einen Trimmer 10…40 pF.

Ausgangsbeziehung für das Berechnen der Spuleninduktivität ist die Thom-
sonsche Schwingungsgleichung

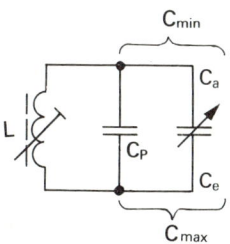

Bild 13.3   Zur Berechnung eines
Empfängerschwingkreises

$f = \dfrac{1}{2\pi \cdot \sqrt{L \cdot C}}$. Die Kapazität ersetzen

wir durch den gerade ermittelten Zusammenhang für C_{min}, die Frequenz durch f_{max}. Nach dem Quadrieren und Umstellen nach L erhalten wir

$$L = \frac{V_f^2 - 1}{4\pi^2 \cdot f_{max}^2 \cdot \Delta C}$$ und berechnen für die

Mittelwellenspule

$$L = \frac{8{,}36}{4\pi^2 \, (1{,}605 \text{ MHz})^2 \cdot 320 \text{ pF}} \approx 260 \, \mu\text{H} \,.$$

Bei einem Induktivitätsfaktor von $A_L = 13 \cdot 10^{-3} \, \mu\text{H}$ sind dafür 140 Windungen erforderlich – das hatten wir am Ende des letzten Kapitels berechnet.

Wir wickeln eine Mittelwellenspule und gleichen unseren Empfänger ab

Bild 13.4 enthält den Stromlaufplan des neuen Empfängers, den wir ebenfalls im Gehäuse des ehemaligen Diodenempfängers aufbauen; L_2 ist die berechnete Mittelwellenspule und C_1 der Abgleichtrimmer. Die Rückkopplungsspule L_3 wird fest mit der Schwingkreisspule gekoppelt, und die HF-Einspeisung erfolgt induktiv

über eine besondere Antennenspule L_1. Unverändert übernehmen wir die Frequenzsperre FS vom Schwenkspulenempfänger.

Die Schwingkreisspule L_2 mit Anzapfung und die Rückkopplungsspule L_3 wickeln wir aus CuL 0,2 gleichsinnig auf einen kleinen Dreikammerspulenkörper mit Abgleichkern nach Bild 13.5a. Wir beginnen bei (3) entsprechend dem Wickelschema im Bild 13.5b und bringen 70 Windungen in die obere Kammer. Um die Eigenkapazität der Spule niedrig zu halten, ahmen wir wieder eine Art Kreuzwicklung nach. d. h., wir versuchen, daß sich die Windungen so oft wie möglich kreuzen. Genauso verfahren wir in der zweiten Kammer und zählen die Windungen weiter. Nach der 130. Windung bringen wir eine erste Anzapfung (4) an, nach der 140. eine zweite (5). Damit ist die Schwingkreisspule fertig. Nun folgen noch 40 Windungen in der unteren Kammer für die Rückkopplungsspule L_3, die bei (6) endet. Mit einem Tröpfchen Alleskleber legen wir das Spulenende fest, hüten uns aber, etwa den ganzen Spulenkörper damit zu bestreichen. Die Spulenkapazität würde dann erheblich steigen.

Die Antennenspule L_1 kommt auf einen

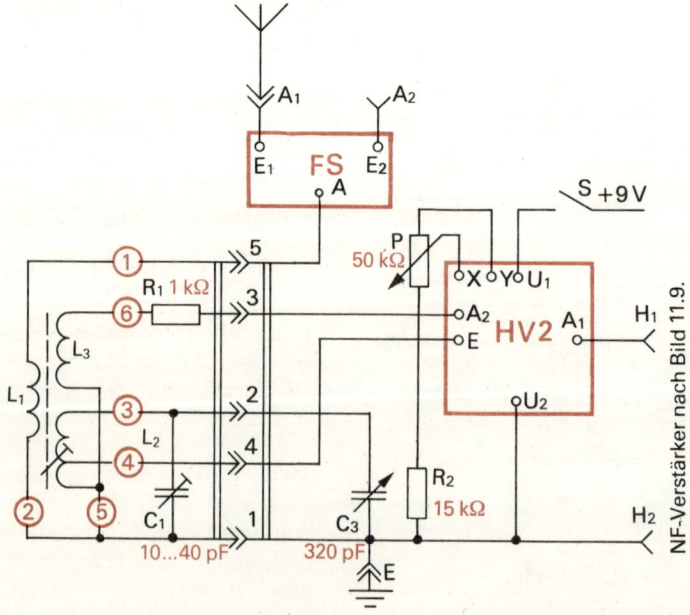

Bild 13.4 Stromlaufplan des Einkreisempfängers

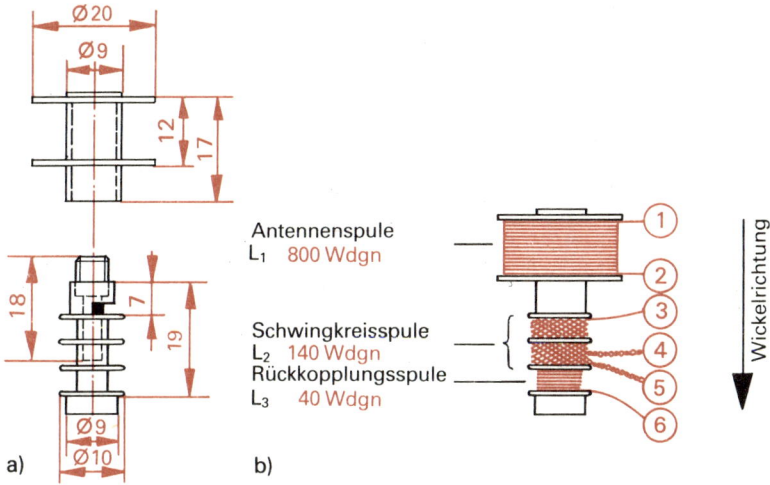

Bild 13.5   Spulenkörper (a) und Wickelschema (b) der Mittelwellenspule

besonderen Spulenkörper aus Pappe, der über ein passendes Röhrchen aus verklebtem Zeichenkarton nach dem Bewikkeln auf den Dreikammerspulenkörper geleimt wird; L_1 erhält 800 Windungen aus CuL 0,1. Nach dem Wickeln messen wir die Eigenfrequenz der Antennenspule, die unterhalb der niedrigsten Bereichfrequenz liegen muß, also bei höchstens 450 kHz. Weil die Induktivität der

Antennenspule viel größer als die der Schwingkreisspule ist, wird diese Art der Antennenkopplung als *hochinduktiv* bezeichnet; ebenso gibt es die *niederinduktive* Antennenkopplung. Auf keinen Fall darf die Eigenfrequenz der Antennenspule in den jeweiligen Empfangsbereich fallen, da es sonst zu höchst unerwünschten Resonanzerscheinungen kommt.

Um den Einkreisempfänger für verschiedene Wellenbereiche verwenden zu können, versehen wir die Spulenkombination mit einem Stecksockel, z. B. mit einem 5poligen Diodenstecker. Die Fassung, eine 5polige Diodenbuchse, sitzt auf einem Adapterbrett aus Hartpapier nach Bild 13.6a. Die Gewindelöcher passen zur Gehäusedeckplatte und sind zum Einschrauben von Bananensteckerstiften gedacht. Bild 13.6b enthält den Verdrahtungsplan, Bild 13.7 zeigt eine Ansicht der Steckspule samt Adapter; links und rechts daneben erkennen wir bereits die Spulen der übrigen Empfangsbereiche. Zur NF-Verstärkung verwenden wir weiterhin unsere Baugruppe entsprechend Bild 8.8.

Dann folgt der Empfängerabgleich. Als erstes stellen wir den Sperrkreis der Frequenzsperre – falls das nicht schon geschehen ist – auf die Frequenz des Ortssenders ein (Vorabgleich mit Resonanzmesser, Endabgleich nach Lautstärkeminimum bei Ortssenderempfang).

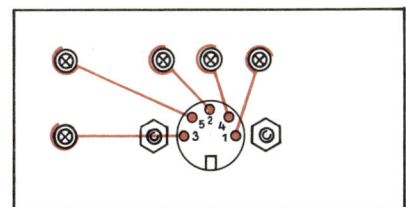

Bild 13.6   Bohrschema (a) und Verdrahtungsplan (b) des Spulen-Adapterbrettes

Daran schließt sich der eigentliche *Abgleich des Schwingkreises* an. Unser Resonanzfrequenzmesser liegt in Antennennähe und arbeitet als Prüfgenerator (P) auf einer Frequenz von 525 kHz. Der Drehkondensator des Empfängers ist auf größte Kapazität eingestellt (Rotorplatten vollständig eingeschwenkt). Wir drehen nun den Abstimmkern der Schwingkreisspule so lange, bis der 1-kHz-Ton im Lautsprecher zu hören ist. Dann schwenken wir die Rotorplatten vollständig aus und stellen unseren Frequenzmesser auf 1,6 MHz ein. Diesmal suchen wir das Lautstärkemaximum durch Verändern der Kapazität des Trimmers. Anschließend wiederholen wir das wechselseitige Einstellen so lange, bis wir den Skalenanfang bei 525 kHz, das Ende bei 1600 kHz liegen haben. Die einzelnen Schritte eines derartigen Abgleiches wollen wir uns gut einprägen, weil wir noch des öfteren darauf zurückgreifen werden.

Ist es aber nicht gleichgültig, wann mittels Trimmer und wann an der Spule abgeglichen wird? Bei vollständig ausgeschwenkten Rotorplatten beträgt die Kreiskapazität noch 38 pF, die mit dem Trimmer C_3 zwischen etwa 35 pF und 65 pF verstellt werden kann; das ergibt ein Frequenzverhältnis

$$V_f = \sqrt{V_C} = \sqrt{\frac{65\ \text{pF}}{35\ \text{pF}}} = \sqrt{1,86} = 1,36\ .\ \text{Bei}$$

vollständig eingedrehten Rotorplatten wächst die Kreiskapazität um 320 pF, so daß wir nur noch auf ein Frequenzverhält-

nis $V_f = \sqrt{\dfrac{385\ \text{pF}}{355\ \text{pF}}} = 1,04$ kommen. Wir

sehen also, daß eine Änderung der Trimmerkapazität die Resonanzfrequenz des Kreises an der kurzwelligen Seite wesentlich deutlicher als an der langwelligen beeinflußt. Deshalb gleichen wir an der oberen Frequenzgrenze mit dem Trimmer (C-Seite) und an der unteren mit dem Spulenkern (L-Seite) ab. Das mehrmalige, wechselseitige Einstellen wird am Trimmer abgeschlossen.

Eine HF-Vorstufe mindert die Störstrahlung

Empfänger mit Rückkopplung, bei denen die Energie des entdämpften Schwing-

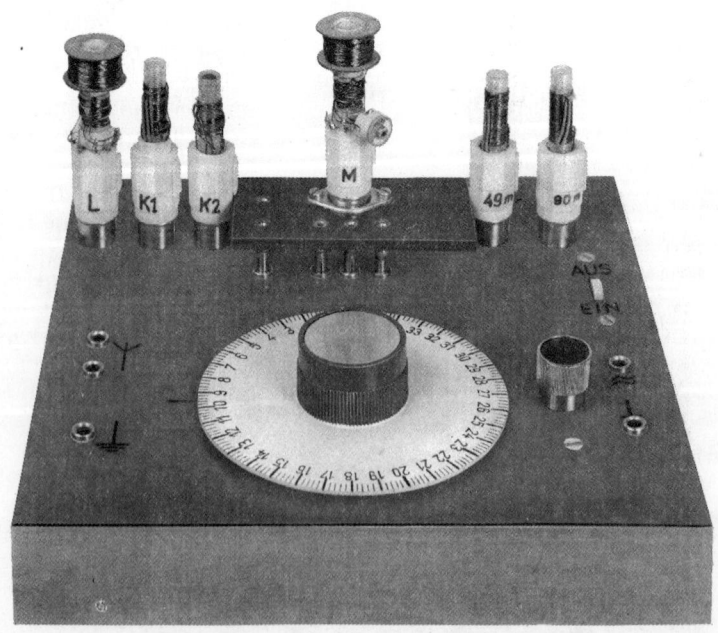

Bild 13.7   Das Spulensortiment unseres Einkreisempfängers

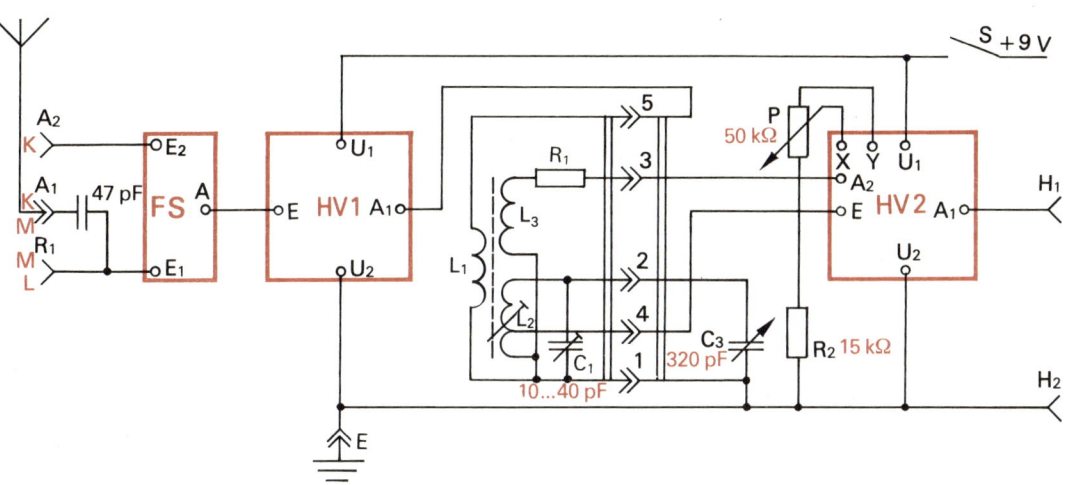

Bild 13.8   Stromlaufplan des Einkreisempfängers mit HF-Vorstufe

kreises direkt an die Antenne gelangen kann, entsprechen nicht den strengen Bestimmungen über die Störstrahlung und sollten daher nur als Experimentierschaltungen aufgebaut werden. Bevor wir unseren Einkreiser für weitere Wellenbereiche auslegen, bauen wir deshalb den Verstärker HV1 als zusätzliche HF-Vorstufe in die Antennenleitung zwischen Frequenzsperre FS und Antennenspule L_1. Bild 13.8 zeigt den Stromlaufplan. Neben der Gewißheit, die Störstrahlung bei falsch eingestellter Rückkopplung auf das erforderliche Maß herabgesetzt zu haben, registrieren wir eine merkliche Empfindlichkeitszunahme; sehr schwach einfallende Sender werden jetzt hörbar. Die stärksten Sender können wir bereits ohne Antennendraht empfangen, schwächere über die Antennenanschlüsse A_1 oder R_1; die größere Trennschärfe ergibt sich bei Anschluß über A_1.

Mit langen Wellen fing drahtlose Telefonie an

Der im Kapitel 10 erwähnte Funkensender war nur für tönende Telegrafie geeignet, da beim Abreißen eines Funkens gedämpfte Schwingungen entstehen. Ungedämpfte Wellenzüge als Voraussetzung für Amplitudenmodulation konnten erstmals mit dem Lichtbogensender erzeugt werden, der 1902 durch den dänischen Physiker Valdemar *Poulsen*

(1869–1942) in einer technisch brauchbaren Form angegeben wurde. Noch vor 1910 führten damit Lee de Forest in Amerika und Adolf *Slaby* (1849–1913) in Deutschland Musikübertragungsversuche durch. Letztlich dienten aber auch diese Sender vorwiegend Telegrafiezwekken, da der HF durch Unregelmäßigkeiten der Lichtbogenzündung ein starkes Rauschen aufgeprägt war.

Drahtloses Fernsprechen ohne HF-mäßig bedingte Störgeräusche wurde erstmals mit Maschinensendern möglich. Ein vielpoliger Wechselstromgenerator erzeugte Frequenzen um 10 kHz, die dann in trafoähnlichen Frequenzvervielfachern bis auf das Hundertfache heraufgesetzt werden konnten. Vor allem die verhältnismäßig einfache Möglichkeit, mit der Maschine hohe Sendeleistungen und damit große Reichweiten zu erzielen, verhinderte den breiten Einsatz des ab 1920 verfügbaren Röhrensenders. Erst gegen Ende der zwanziger Jahre waren die meisten Rundfunksender mit inzwischen sehr leistungsfähigen Elektronenröhren bestückt.

Wir berechnen und bauen die Spule für Langwellenempfang nach dem Vorbild der Mittelwellenspule. Die Bereichsgrenzen liegen bei $f_{min} = 150$ kHz und $f_{max} = 285$ kHz:

$$V_f = \frac{f_{max}}{f_{min}} = \frac{285 \text{ kHz}}{150 \text{ kHz}} = 1,9; \quad V_f^2 = 3,61$$

$$C_{min} = \frac{\Delta C}{V_f^2 - 1} = \frac{320 \text{ pF}}{2,61} = 123 \text{ pF}.$$

Mit $C_a = 20$ pF verbleiben als zusätzliche Parallelkapazität noch 123 pF − 20 pF = 103 pF, wofür wir einen Festkondensator mit $C_1 = 100$ pF einsetzen (vgl. Bild 13.4).

$$L = \frac{V_f^2 - 1}{4\pi^2 \cdot f_{max}^2 \cdot \Delta C}$$

$$= \frac{2,61 \text{ V}}{4\pi^2 \cdot 285^2 \text{ s}^{-2} \cdot 320 \cdot 10^{-6} \text{ As}} = 2,54 \text{ mH};$$

$$N = \sqrt{\frac{L}{A_L}} = \sqrt{\frac{2,54 \text{ mH}}{13 \cdot 10^{-3} \text{ } \mu\text{H}}} = 442.$$

Wir bauen die Langwellenspule entsprechend Bild 13.5 auf. Antennenspule L_1 erhält 1200 Windungen aus CuL 0,1, Schwingkreisspule L_2 440 Windungen mit einer Anzapfung nach 400 Windungen und Rückkopplungsspule L_3 130 Windungen, beide Spulen ebenfalls aus CuL 0,1. Widerstand R_1 am Anschluß 6 ist hier 4,7 kΩ groß. Den Langwellenbereich gleichen wir nur an der L-Seite mit dem Spulenkern ab; die Antenne schließen wir über Buchse R_1 an. In unseren Breiten können etwa zehn Langwellensender empfangen werden.

Auf Kurzwelle rund um den Erdball gehört

Mit dem breiten Einsatz von Elektronenröhren in den Sendestationen begann Ende der zwanziger Jahre auch der offizielle Rundfunkbetrieb auf Kurzwelle, der heute den Bereich von 2300 kHz bis 29700 kHz umfaßt. Wollten wir ihn mit nur einer Schwingkreisspule empfangen, müßte der Drehkondensator ein Kapazitätsverhältnis

$$V_C = V_f^2 = \left(\frac{29700 \text{ kHz}}{2300 \text{ kHz}}\right)^2 = 167 \text{ haben; das}$$

ist technisch nicht realisierbar. Die einfache Teilung in zwei Bereiche wäre denkbar, aber für den höherfrequenten Teilbereich würde dann die Induktivität zu gering. Das war übrigens auch der Grund, weshalb wir bei unserem Resonanzfrequenzmesser für höhere Frequenzen immer kleinere Kapazitäten verwendet haben.

Rein theoretisch läßt sich ein bestimmtes *LC-Produkt* − und damit eine bestimmte Frequenz − mit kleinem L und großem C ebenso wie mit großem L und kleinem C verwirklichen; zusätzlich muß jedoch auch ein bestimmtes *LC-Verhältnis* eingehalten werden. Für Mittelwelle berechnen wir im ungünstigsten Fall

$$\frac{L}{C_{max}} = \frac{260 \text{ } \mu\text{H}}{358 \text{ pF}} = 0,726 \cdot 10^6 \text{ } \Omega^2.$$

Entsprechend der Einheit dürfen wir die Wurzel aus dem LC-Verhältnis als einen Widerstand, den sogenannten *Kennwiderstand* $Z_0 = \sqrt{\frac{L}{C}}$ des Schwingkreises auffassen. Für obiges Beispiel erhalten wir einen Wert von

$$Z_0 = \sqrt{0,726} \cdot 10^3 \text{ } \Omega = 825 \text{ } \Omega, \text{ der auch im}$$

Kurzwellenbereich nicht kleiner als 400 Ω

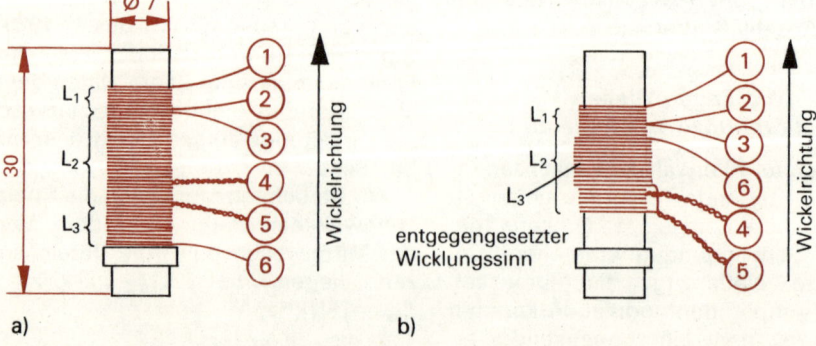

Bild 13.9 Wickelschema von Kurzwellenspulen: a) Spule für K1 und KW-Bänder bis einschließlich 31 m, b) Spule für K2 und KW-Bänder ab 25 m

werden sollte. Danach legt man die kleinste Kreiskapazität fest:

$$C_{min} = \frac{1}{2\pi \cdot f_{max} \cdot Z_0} \, .$$

Da unterhalb des 89-m-Bandes in unseren Breiten kaum KW-Stationen empfangen werden können und mit unserem Drehkondensator ein Frequenzverhältnis

$$V_f = \sqrt{V_C} = \sqrt{17} = 4,12 \text{ möglich ist, ent-}$$

scheiden wir uns für den ersten KW-Bereich K_1 bis einschließlich des 31-m-Bandes ($f_{max} = 9775$ kHz, vgl. Tabelle 13 im Anhang) und berechnen

$$C_{min} = \frac{1 \text{ A}}{2\pi \cdot 9,775 \cdot 10^6 \text{ s}^{-1} \cdot 400 \text{ V}} = 40,7 \text{ pF.}$$

Die Spule muß dann eine Induktivität

$$L = \frac{1}{4\pi^2 \cdot f_{max}^2 \cdot C_{min}}$$

$$= \frac{1 \text{ V}}{4\pi^2 \cdot (9,775 \cdot 10^6)^2 \text{ s}^{-2} \cdot 40,7 \cdot 10^{-12} \text{ As}}$$

$= 6,5 \, \mu\text{H}$ haben, wofür auf einem Polystyrol-Zylinderkörper mit Gewindekern und $A_L = 8 \cdot 10^{-3} \, \mu\text{H}$

$$N = \sqrt{\frac{L}{A_L}} = \sqrt{\frac{6,5 \, \mu\text{H}}{8 \cdot 10^{-3} \, \mu\text{H}}} = 29 \text{ Windun-}$$

gen erforderlich sind.
Alle drei Spulen wickeln wir in gleichem Sinn aus CuL 0,3 entsprechend Bild 13.9; das Anschlußschema sehen wir im Bild 13.10. L_1 hat 3, L_2 26 + 3 = 29 und L_3 schließlich 10 Windungen. Ein Widerstand in der Rückkopplungsleitung ist hier nicht erforderlich, Kondensator C_2 am Anschluß 3 entfällt ebenfalls.

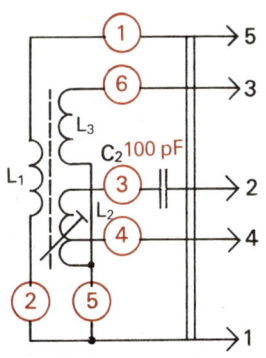

Bild 13.10   Kurzwellenspule für K2
(11,7...26,1 MHz)

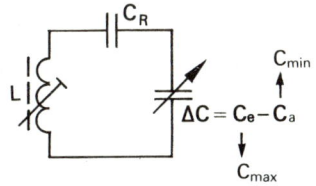

Bild 13.11   Reduzierung der Schwingkreiskapazität durch Reihenkondensator

Die Spule für den höherfrequenten KW-Bereich K2 soll vom 25-m- bis zum 11-m-Rundfunkband (11,7 MHz... 26,1 MHz) reichen. Wir berechnen:

$$C_{min} = \frac{1}{2\pi \cdot f_{max} \cdot Z_0} = \frac{1}{2\pi \cdot 26,1 \text{ MHz} \cdot 400 \, \Omega}$$

$$= 15,2 \text{ pF;}$$

$$V_f = \frac{f_{max}}{f_{min}} = \frac{26,1 \text{ MHz}}{11,7 \text{ MHz}} = 2,23 \, ; \quad V_f^2 = 4,97 \, ;$$

$$C_{max} = V_f^2 \cdot C_{min} = 4,97 \cdot 15,2 \text{ pF} = 76 \text{ pF.}$$

Da C_{min}, im Gegensatz zum LW-Schwingkreis, kleiner als C_a ist, schalten wir einen Kondensator C_R nach Bild 13.11 in Reihe zum Drehkondensator. Für diese Reihenschaltung gilt hier

$$\frac{1}{C_{max}} = \frac{1}{C_e} + \frac{1}{C_R} \, , \text{ so daß wir für}$$

$$\frac{1}{C_R} = \frac{1}{C_{max}} - \frac{1}{C_e} = \frac{1}{76 \text{ pF}} - \frac{1}{340 \text{ pF}} \quad \text{bzw.}$$

$C_R = 98$ pF ermitteln und dafür 100 pF einsetzen. Für die Spule berechnen wir

$$L = \frac{1}{4\pi \cdot f_{max}^2 \cdot C_{min}}$$

$$= \frac{1}{4\pi^2 (26,1 \text{ MHz})^2 \cdot 15,2 \text{ pF}} = 2,45 \, \mu\text{H} \, ;$$

$$N = \sqrt{\frac{L}{A_L}} = \sqrt{\frac{2,45 \, \mu\text{H}}{8 \cdot 10^{-3} \, \mu\text{H}}} = 18 \, .$$

L_1 erhält 2, L_2 16 + 2 = 18 und L_3 5 Windungen aus CuL 0,5. Entsprechend Bild 13.9 wickeln wir L_3 hier im entgegengesetzten Wicklungssinn direkt auf L_2; das Anschlußschema entnehmen wir Bild 13.10. Die Antenne liegt bei KW-Empfang entweder an A_1 oder an A_2; die größere Trennschärfe ergibt sich an A_2.

Schwingkreisberechnung für gespreizte Kurzwellenbereiche

Beim Abhören von Kurzwellensendern haben wir sicherlich bemerkt, daß sie in den relativ »schmalen« Bändern sehr dicht beieinanderliegen und die richtige Einstellung gar nicht so einfach ist. Deshalb hat sich für Kurzwelle der Bandempfang mit gespreizten Teilbereichen durchgesetzt; die gesamte Kapazitätsvariation des Drehkondensators wird für ein einziges KW-Band genutzt. In Tabelle 13 des Anhangs sind alle Bänder mit ihren Frequenzen zusammengestellt.

Wir beginnen mit dem 49-m-Rundfunkband

Das Prinzip der Bandspreizung mit Parallelkapazität C_P und Reihenkapazität C_R ist im Bild 13.12 dargestellt. Von der Berechnung der Schwingkreise für LW und K2 wissen wir, daß ein Parallelkondensator die Schwingkreiskapazität insgesamt — und, auf die Frequenz bezogen, gleichmäßig — erhöht, die Kapazitätsvariation ΔC aber erhält, während ein Reihenkondensator sowohl die Schwingkreiskapazität ungleichmäßig verkleinert als auch ΔC reduziert. Mit beiden Kondensatoren muß sich demnach ΔC einengen, C_{min} vergrößern und C_{max} herabsetzen lassen.

Der erste Teil der Berechnung von Schwingkreisen für gespreizte Bereiche verläuft so, wie das für K2 im vorhergehenden Abschnitt dargestellt wurde. Bei Bandempfang sollte man allerdings den Bereich immer etwas größer als die eigentliche Bandbreite auslegen. Für $f_{min} = 5{,}85$ MHz und $f_{max} = 6{,}25$ MHz erhalten wir

$$C_{min} = \frac{1}{2\pi \cdot f_{max} \cdot Z_0} = \frac{1}{2\pi \cdot 6{,}25 \text{ MHz} \cdot 400 \, \Omega}$$

$$= 63{,}7 \text{ pF} ;$$

$$V_f = \frac{f_{max}}{f_{min}} = \frac{6{,}25 \text{ MHz}}{5{,}85 \text{ MHz}} = 1{,}07 ; \quad V_f^2 = 1{,}14 ;$$

$$C_{max} = V_f^2 \cdot C_{min} = 1{,}14 \cdot 63{,}7 \text{ pF} = 72{,}6 \text{ pF} ;$$

$$L = \frac{1}{4\pi^2 \cdot f_{max}^2 \cdot C_{min}}$$

$$= \frac{1}{4\pi^2 (6{,}25 \text{ MHz})^2 \cdot 63{,}7 \text{ pF}} = 10 \, \mu\text{H} ;$$

$$N = \sqrt{\frac{L}{A_L}} = \sqrt{\frac{10 \, \mu\text{H}}{8 \cdot 10^{-3} \, \mu\text{H}}} = 36 ;$$

$L_1 : 4$ Wdgn., $L_2 : 33 + 3 = 36$ Wdgn., $L_3 : 10$ Wdgn., alle Spulen aus CuL 0,3, Wickelschema nach Bild 13.9a.

Ausgangspunkt der Berechnung von C_P und C_R sind die Kapazitätsverhältnisse bei der Einstellung von C_{min} und C_{max}. Ist der Drehkondensator auf die Anfangskapazität $C_a = 20$ pF gestellt, wird C_{min} realisiert, und wir können

$$\frac{1}{C_{min}} = \frac{1}{C_R} + \frac{1}{C_P + C_a}$$ schreiben. Beim

Einstellen der Endkapazität $C_e = 340$ pF

gilt $\dfrac{1}{C_{max}} = \dfrac{1}{C_R} + \dfrac{1}{C_P + C_e}$. Beide Glei-

chungen bilden ein System mit zwei Unbekannten C_P und C_R, dessen Lösung auf eine gemischt quadratische Gleichung mit Absolutglied führt — eine hübsche Übungsaufgabe! Die Lösung:

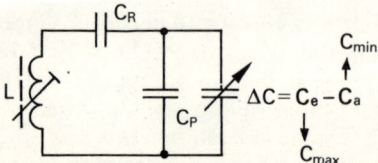

Bild 13.12 *Schwingkreis für gespreizte KW-Bänder*

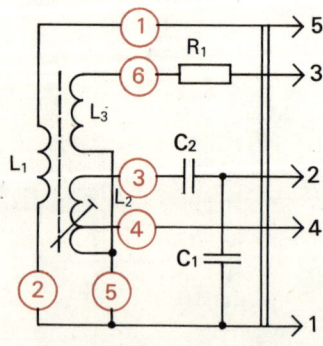

Bild 13.13 *Kurzwellenspule für Einkreis-Bandempfänger*

Zum Aufbau der Steckspulen des Einkreisempfängers

Empfangs-bereich	Windungszahlen/Drahtdurchmesser			R_1 in Ω	C_1 in pF	C_2 in pF
	L_1	L_2	L_3			
LW	1200/0,1	400 + 40 = 440/0,1	130/0,1	4700	100	—
MW	800/0,1	130 + 10 = 140/0,2	40/0,2	1000	—	—
K1	3/0,3	26 + 3 = 29/0,3	10/0,3	—	—	—
K2	2/0,5	16 + 2 = 18/0,5	5/0,5	—	—	100
49 m	4/0,3	32 + 4 = 36/0,3	10/0;3	180	270	82
80 m	5/0,2	42 + 5 = 47/0,2	13/0,2	270	270	150

$$C_P = \sqrt{A^2 + B} - A \text{ mit}$$

$$A = \frac{C_e + C_a}{2}, B = \frac{\Delta C \cdot C_{min} \cdot C_{max} - C_m \cdot C_e \cdot C_a}{C_m}$$

und $C_m = C_{max} - C_{min}$.

Für das 49-m-Band ergibt sich

$$C_m = 72,6 \text{ pF} - 63,7 \text{ pF} = 8,9 \text{ pF};$$

$$A = \frac{340 \text{ pF} + 20 \text{ pF}}{2} = 180 \text{ pF} ;$$

$$B = \frac{320 \cdot 63,7 \cdot 72,6 \text{ pF}^3 - 8,9 \cdot 340 \cdot 20 \text{ pF}^3}{8,9 \text{ pF}}$$

$$= 159478 \text{ pF}^2 ;$$

$$C_P = \sqrt{32400 \text{ pF}^2 + 159478 \text{ pF}^2} - 180 \text{ pF}$$

$$= 258 \text{ pF} .$$

Setzen wir dafür $C_1 = 270$ pF ein (der berechnete Wert liegt dann immer noch innerhalb der 5%-Toleranz), muß der Reihenkondensator nach der umgestellten zweiten Ansatzgleichung

$$\frac{1}{C_R} = \frac{1}{C_{max}} - \frac{1}{C_P + C_e}$$

$$= \frac{1}{72,6 \text{ pF}} - \frac{1}{270 \text{ pF} + 340 \text{ pF}}$$

eine Kapazität $C_R = 82,4$ pF haben; dafür verwenden wir $C_2 = 82$ pF. Das Anschlußschema der Steckspule für das 49-m-Band sehen wir im Bild 13.13, Widerstand R_1 beträgt 180 Ω. In diesem Band arbeiten viele europäische Stationen, so daß die Senderdichte mit der des MW-Bereiches vergleichbar ist.

Hörversuche im 80-m-Amateurband

Damit hat fast jeder Funkamateur begonnen und meist auch mit dem einfachen, selbstgebauten Einkreisempfänger. Natürlich geht der Sendebetrieb erst dann los, wenn »Freizeit« auf dem Terminkalender steht – also in den Abendstunden und an den Wochenenden. Und wen es dabei einmal gepackt hat, den läßt es ein Leben lang nicht mehr los.

Die Berechnung erfolgt analog der am 49-m-Band dargestellten für

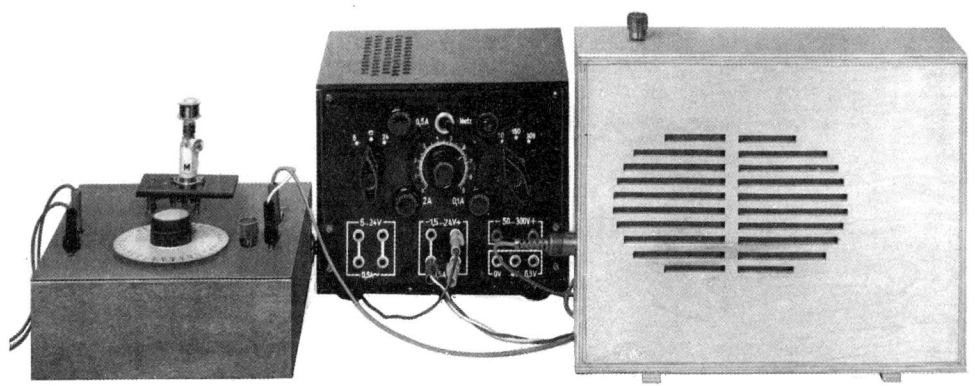

Bild 13.14 Unsere Einkreisempfängeranlage

$f_{min} = 3,45$ MHz und $f_{max} = 3,85$ MHz. Die Spulenwerte ermitteln wir selbständig und vergleichen sie dann mit den in der Tabelle enthaltenen; hier sind noch einmal die Daten aller Einkreisempfängerspulen mit Widerständen und Kondensatoren zusammengestellt (s. Tab. S. 149).

Für weitere Amateurbänder können wir nun die Berechnungen eigenständig durchführen, wobei die Antennenspule und die Anzapfung etwa 10% und die Rückkopplungsspule gut 30% der Windungszahl der Schwingkreisspule haben sollen. Eine Ansicht des vollständigen Aufbaus der Einkreisempfängeranlage geht aus Bild 13.14 hervor.

14. Trennschärfezuwachs durch Bandbreitenreduzierung

Wir haben unseren Einkreisempfänger auf irgendeinen Sender eingestellt und lauschen bezaubernden Melodien. Es ist eigentlich erstaunlich, wie viele Stationen ein richtig bedientes Rückkopplungsgerät zu empfangen vermag. Unmittelbar neben dem eigentlichen Empfänger liegt der Resonanzfrequenzmesser, der in Schalterstellung D hochfrequente Schwingungen erzeugt. Die Empfängerantenne nimmt diese ebenfalls auf. Wir verändern die Frequenz des »Meßsenders« langsam und nähern uns der Frequenz des gerade eingestellten Senders. Plötzlich – laut Zeigerstellung ist die Senderfrequenz nahezu erreicht – ertönt zusätzlich zum Programm ein Pfeifen. Wir drehen in der gleichen Richtung ganz vorsichtig weiter. Das Pfeifen geht in ein immer tiefer werdendes Brummen über und setzt schließlich aus. Jetzt stimmt die Frequenz des Resonanzmessers genau mit der des Senders überein. Nach erneutem geringfügigem Weiterdrehen ist der Pfeifton wieder da. Je mehr wir uns von der Senderfrequenz entfernen, um so höher wird er. Es scheint, als ob unser Frequenzmesser neuerdings Töne im Frequenzbereich von wenigen Hertz bis zu einigen Kilohertz erzeugt. Um diese Vermutung zu überprüfen, suchen wir im Empfangsbereich eine Stelle, an der kein Sender einfällt, und wiederholen das Experiment. Diesmal tritt der interessante Toneffekt nicht auf. Der Resonanzmesser allein erzeugt also den Ton nicht. Anscheinend sind zwei Voraussetzungen dafür notwendig: einmal die hochfrequente Schwingung eines Senders und zum anderen das gleichzeitige Auftreten einer in unmittelbarer Frequenznähe liegenden zweiten Schwingung.

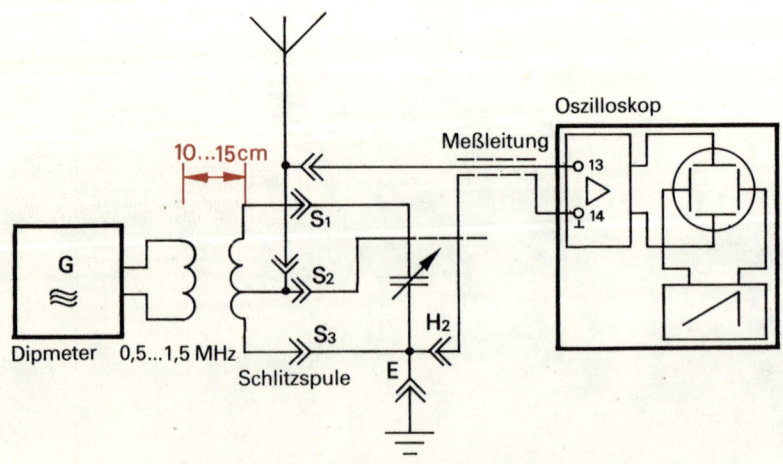

Bild 14.1   Versuchsaufbau zur Überlagerung von HF-Schwingungen

Überlagerung elektrischer Schwingungen

Wir wiederholen den Versuch in einer etwas abgewandelten Form ein zweites Mal. Dazu benötigen wir von unserem Empfänger nur den Schwingkreis, und zwar mit der Schlitzspule. Das Adapterbrett wird entfernt, die Stromversorgung abgeschaltet und an den Steckerstift der Spulenanzapfung nach Bild 14.1 sowohl eine kurze Antenne als auch die Meßleitung des Oszilloskops geklemmt. So stimmen wir den Schwingkreis auf den stärksten Sender ab. Dann entfernen wir die Antenne und koppeln induktiv die vom Dipmeter ausgehenden Schwingungen direkt in die Schlitzspule. Im Resonanzfall wird die senkrechte Auslenkung des Elektronenstrahls am größten. Wenn beide Spulenachsen zusammenfallen, wird ein Spulenabstand zwischen 10 und 15 cm günstig sein. Während das Oszilloskop die Kurve der hochfrequenten Schwingung unseres unmodulierten Prüfsenders aufzeichnet, schließen wir wieder die Antenne an. Nun folgt ein kleines Geduldsspiel. Wir verändern die Frequenz des Resonanzmessers äußerst geringfügig um den eingestellten Wert herum, bis auf der Elektronenstrahlröhre ein fast stehendes Bild erscheint. Vollständig zum Stehen können wir das Bild nur mit Hilfe der Kippfrequenzfeineinstellung bringen. Das auf dem Schirm sichtbare Oszillogramm – Bild 14.2 zeigt eine fotografische Aufnahme davon – hat sehr viel Ähnlichkeit mit einer amplitudenmodulierten Schwingung. Die Frequenz der Begrenzungskurve ist sehr viel geringer als die der beiden überlagerten Ausgangsschwingungen und entspricht dem vorhin im Lautsprecher gehörten Pfeifton.

Schwebungspfeifen

Schauen wir uns Bild 14.3 an. Die Kurve a soll der vom Resonanzmesser ausgehenden Schwingung entsprechen. Beträgt zum Beispiel $t_0 = \dfrac{1}{10\,000}$ s $= 10^{-4}$ s, er-

gibt sich bei fünf Perioden eine Schwingungsdauer von $T = \dfrac{10^{-4}}{5}$ s und damit eine Frequenz von $f_1 = \dfrac{5}{10^{-4}}$ s^{-1} $= 50$ kHz. Die zweite, in der Amplitude geringere Kurve b soll die HF des empfangenen Senders darstellen. Wir berechnen hier eine Frequenz von $f_2 = 40$ kHz. Die Überlagerungskurve c erhalten wir, indem die Momentanwerte beider Schwingungen punktweise addiert werden. Die resultierende Schwingung hat keine gleichbleibende Amplitude mehr, wir bezeichnen sie als *Schwebung*. Die Frequenz der gedachten Schwebungskurve wollen wir ebenfalls berechnen. Sie beträgt $f_3 = 10$ kHz. Die Schwebungsfrequenz ist also gleich der Differenz der beiden Ausgangsfrequenzen: $f_3 = f_1 - f_2$ $= 50$ kHz $- 40$ kHz $= 10$ kHz. Wenn wir die Frequenz des Resonanzmessers auf $f_1 = 41$ kHz erniedrigen, beträgt die Frequenz der Schwebung nur noch $f_3 = f_1 - f_2 = 41$ kHz $- 40$ kHz $= 1$ kHz. Nun wird uns verständlich, warum während des ersten Versuches der Pfeifton im Lautsprecher bei Annäherung der beiden sich überlagernden Frequenzen immer tiefer wurde. Der gleiche Effekt trat aber noch ein zweites Mal auf. Erniedrigen wir beispielsweise f_1 auf 39 kHz, so ergibt sich ebenfalls eine Schwebungsfrequenz von $f_3 = f_2 - f_1 = 40$ kHz $- 39$ kHz $= 1$ kHz.

Fazit: Wenn sich eine Schwingung der Frequenz f_1 mit einer zweiten, um f_3 größeren $(f_{2a} = f_1 + f_3)$ oder kleineren $(f_{2b} = f_1 - f_3)$ Frequenz überlagert, entsteht eine Schwebung mit der Frequenz f_3.

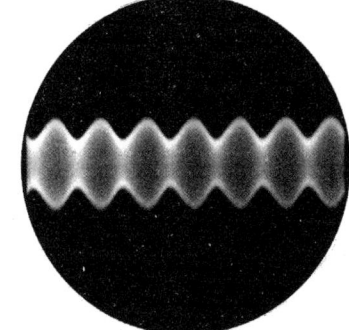

Bild 14.2 Oszillogramm einer Schwebung

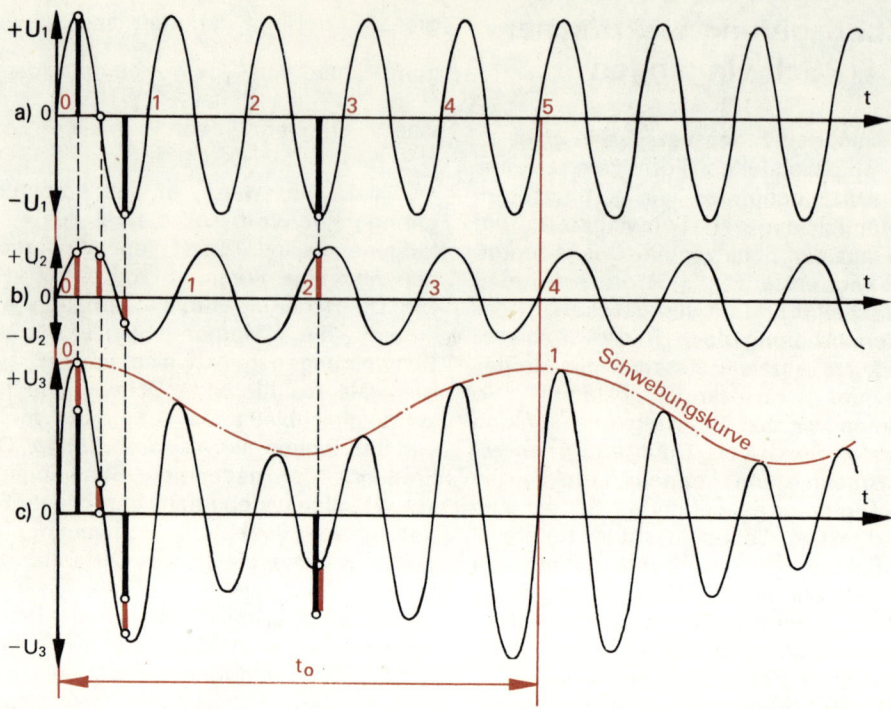

Bild 14.3 *Aus zwei Schwingungen nahezu gleicher Frequenz entsteht eine Schwebung*

Seitenbänder und Bandbreite

Wir haben festgestellt, daß die Schwebung sehr stark einer amplitudenmodulierten Schwingung ähnelt. Beide lassen sich nicht mehr unterscheiden, wenn die Modulationsspannung einen sinusförmigen Verlauf hat (vgl. Bilder 10.16 und 14.2). Aus dieser Tatsache müssen wir folgern, daß die Modulation einer Hochfrequenz f_1 mit einer Niederfrequenz f_3 gleichbedeutend mit der Überlagerung dreier Hochfrequenzen, nämlich f_1, $f_1 + f_3$ und $f_1 - f_3$, ist. Leider können wir zur Überprüfung dieses Sachverhaltes keine Versuche durchführen. Tatsächlich sind in dem durch Modulation entstandenen Frequenzgemisch sowohl die Summe als auch die Differenz von Trägerschwingung f_1 und Modulationsschwingung f_3 enthalten. Wenn ein auf $f_1 = 1000$ kHz arbeitender Sender mit 1 kHz moduliert wird, entstehen zwei *Seitenfrequenzen* von $f_{2a} = f_1 + f_3 = 1000$ kHz $+ 1$ kHz $= 1001$ kHz und $f_{2b} = f_1 - f_3 = 1000$ kHz $- 1$ kHz $= 999$ kHz, die er neben der eigentlichen

Trägerfrequenz von 1 000 kHz zusätzlich abstrahlt.

Im Bild 14.4a sind die beiden Seitenfrequenzen in ihrer Lage zur Trägerfrequenz dargestellt. Ihre Amplituden sind nur halb so groß wie die der Trägerschwingung. Ein Rundfunksender überträgt aber nicht nur einen Ton, sondern ein ganzes Tongemisch. Je höher der Ton wird, um so weiter rücken die Seitenfrequenzen von der Trägerfrequenz ab. Die Bereiche, in denen die Seitenfrequenzen auftreten, bezeichnet der Rundfunktechniker als *Bänder*. Jeder Sender hat demnach ein oberes und ein unteres *Seitenband* (vgl. Bild 14.4b). Die Trägerfrequenzen der Nachbarsender müssen so weit entfernt liegen, daß sich die Seitenbänder nicht überschneiden. Dieser Abstand ist mit 9 kHz festgelegt. Die Seitenbänder dürfen demnach höchstens 4,5 kHz breit sein. Und das wiederum legt die höchstmögliche Modulationsfrequenz fest: $f_3 = 4,5$ kHz.

Wenn man vom »Empfangsbereich« des menschlichen Ohres ausgeht, liegt diese Frequenz noch ein ganzes Ende unterhalb der Hörgrenze von etwa 20 kHz. Aus diesem Grunde kann die Wiedergabequalität von Rundfunksendungen bei einer höchsten Modulationsfrequenz von nur 4,5 kHz niemals voll befriedigen. Bei UKW-Empfängern beträgt die Bandbreite mindestens 50 kHz. Die Modulationsfrequenzen dürfen hier bedeutend höher liegen als im Lang-, Mittel- und Kurzwellenbereich. Besonders bei der Wiedergabe von Musiksendungen verbessern die dann mit übertragenen Obertöne das Klangbild ganz wesentlich.

Das vom Mittel-, Kurz- oder Langwellensender ausgestrahlte, verhältnismäßig schmale Band möchten wir natürlich in voller Breite empfangen, sind doch gerade die an den Bandgrenzen liegenden Schwingungen für eine noch befriedigende Wiedergabe der hohen Töne verantwortlich. Deshalb müßte die Durchlaßkurve eines Abstimmkreises den im Bild 14.4c gezeichneten Verlauf haben. Diese ideale Form können wir allerdings nicht verwirklichen. Zunächst soll uns die tatsächliche Resonanzkurve eines einfachen Schwingkreises interessieren.

Wir nehmen Resonanzkurven eines Schwingkreises auf

Das Gehäuse unseres wieder komplettierten Einkreisempfängers kippen wir um 90° auf die Rückwand, so daß die Spule des auf dem Tisch liegenden Dipmeters möglichst dicht an die im Adapterbrett steckende Mittelwellenspule herangebracht werden kann, und zwar unmittelbar neben die eigentliche Schwingkreisspule. Die Meßleitung des Oszilloskops liegt wieder an der Spulenanzapfung. Wir stellen am Dipmeter 1 MHz ein und stimmen den Empfängerschwingkreis auf diese Frequenz ab. Die Rückkopplung darf nur so weit angezogen werden, daß sich der Empfänger bei ausgeschaltetem Dipmeter noch nicht selbst erregt. In Schaltstellung 4 des Oszilloskopmeßverstärkers öffnen wir dessen Potentiometer vollständig und vergrößern anschließend den Abstand beider Spulen so weit, bis

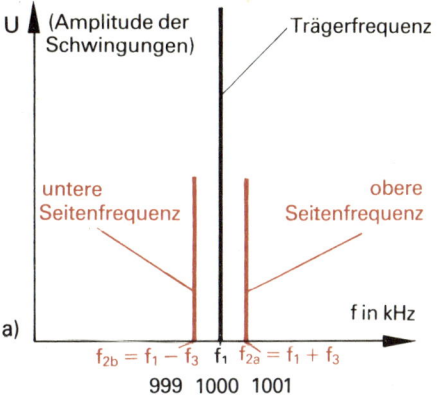

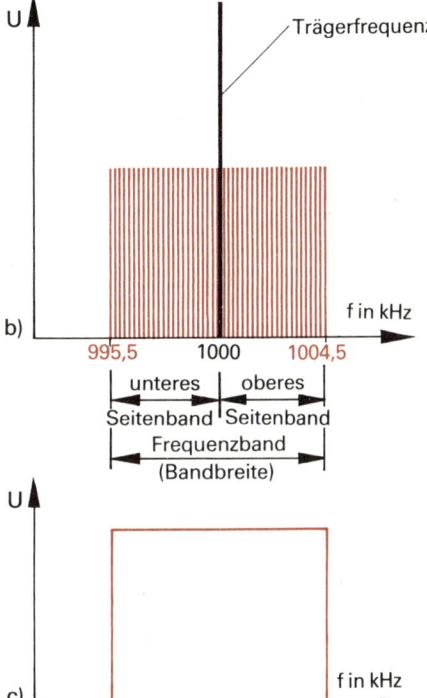

Bild 14.4   Seitenfrequenzen, Seitenbänder und ideale Durchlaßkurve eines Empfängers: a) Trägerfrequenz und Seitenfrequenzen, b) Seitenbänder und Bandbreite, c) Durchlaß- oder Resonanzkurve eines Empfängers

die senkrechte Strahlauslenkung 50 mm beträgt. Dann kontrollieren wir noch einmal die genaue Lage des Resonanzmaximums. Sollte es unter oder über 1 MHz liegen, stimmen wir den Schwingkreis noch etwas nach.

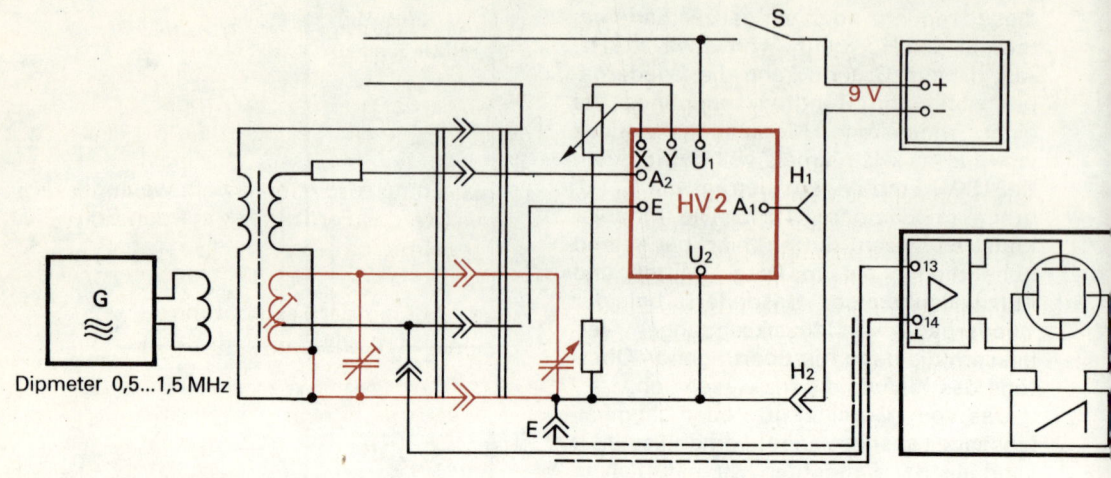

*Bild 14.5 Schaltung zur Aufnahme der Resonanzkurven eines bedämpften
und eines entdämpften Schwingkreises*

Nun nehmen wir die senkrechte Auslenkung des Elektronenstrahls in Abhängigkeit von der anregenden Frequenz auf. Die Auslenkung ist ein Maß für die Schwingkreisspannung. Um sie einigermaßen genau ausmessen zu können, stellen wir einen kleinen Maßstab mit Millimeterteilung in die vordere Bildröhrenhalterung direkt an den Schirm. Bei einer Meßsenderfrequenz von 900 kHz lesen wir 3 mm ab. Am besten übertragen wir die Meßwerte zunächst in eine Tabelle. Die erste Spalte enthält die einzustellende Frequenz, in die zweite schreiben wir die dazugehörigen Auslenkungen.

f in kHz	Auslenkung in mm	
	mit Rück- kopplung	ohne Rück- kopplung
900	3	3
950	7	6
975	15	12
1000	50	25
1025	15	12
1050	7	6
1100	3	3

Nach Aufnahme der Werte mit Rückkopplung stellen wir wieder 900 kHz ein, lösen die Mutter an der Buchse in R_3, ziehen das hier befestigte Kabel ab und unterbrechen damit die Rückkopplungsleitung. Nun führen wir den Versuch noch

einmal durch. Dann übertragen wir die aufgenommenen Wertepaare in ein Diagramm nach Bild 14.6 und verbinden sie untereinander. Auf diese Weise entstehen zwei Resonanzkurven unseres Schwingkreises. Beide haben nicht viel Ähnlichkeit mit der im Bild 14.4c dargestellten. Trotzdem — davon haben wir uns bereits überzeugt — ermöglicht dieser Schwingkreis eine recht brauchbare Tonwiedergabe. Das liegt ganz einfach daran, daß seine Bandbreite größer als die eines Senders ist. Mit Hilfe der Resonanzkurve können wir die Bandbreite eines Schwingkreises bestimmen. Die untere und die obere Bandgrenze liegen dort, wo die Spannung — in unserem Fall die Auslenkung — auf das $\frac{1}{\sqrt{2}}$-fache des Maximalwertes abgesunken ist. Für den bedämpften Schwingkreis erhalten wir $\frac{25}{\sqrt{2}}$ mm $\approx$ 17,5 mm, für den entdämpften $\frac{50}{\sqrt{2}}$ mm $\approx$ 35 mm. Nun brauchen wir nur noch die betreffenden Grenzfrequenzen abzulesen und die Differenz beider zu bilden. Die Bandbreite des einfachen Schwingkreises beträgt demnach 1015 kHz − 985 kHz = 30 kHz, die bei Rückkopplung 1009 kHz − 992 kHz = 17 kHz. Je kleiner die Bandbreite ist, um so besser lassen sich die Sender voneinander trennen, die *Selektivität* wird größer.

Wir haben sicherlich schon festgestellt, daß die Trennschärfe unseres Rundfunkempfängers an manchen Stellen noch besser sein könnte. Selbst bei maximal eingestellter Rückkopplung gelingt es uns nicht immer, zwei dicht beieinander liegende Sender vollständig zu trennen. Die Bandbreite unseres Einkreisers ist noch zu groß. Wir werden daher versuchen, sie mit einem zusätzlichen zweiten Schwingkreis zu verringern.

Zweikreisempfänger mit Ferritantenne

Der in unserem Experimentiergehäuse von Anfang an montierte Zweifachdrehkondensator fordert geradezu anstelle der einfachen Antennenzuleitung einen zweiten Schwingkreis am Eingang von HV1. Die Spule dieses Eingangs- oder *Vorkreises* werden wir auf einen Ferritstab von 10 mm Durchmesser und 200 mm Länge wickeln, so daß eine besondere Drahtaußenantenne überflüssig

Bandbreite des bedämpften Schwingkreises
30 kHz

Bandbreite des entdämpften Schwingkreises
17 kHz

mit Rückkopplung

ohne Rückkopplung

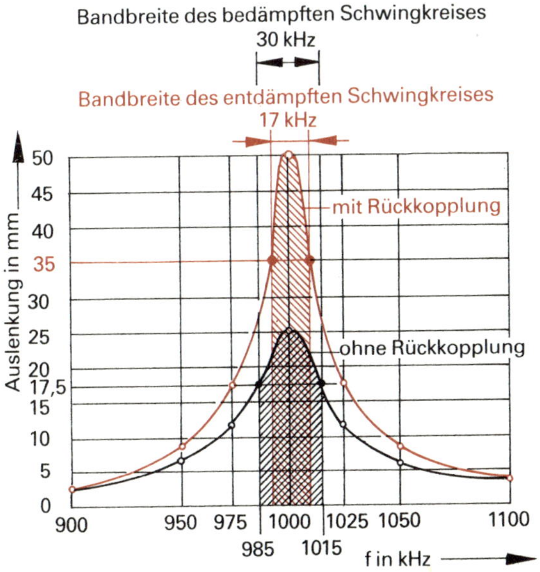

Bild 14.6 Resonanzkurven mit und ohne Rückkopplung

wird. Während Drahtantennen auf das elektrische Feld eines Senders ansprechen, reagiert die Ferritstabspule auf das magnetische (vgl. Bild 10.10); das ist die physikalische Grundlage für die *Richtwirkung der Ferritantenne*. Maximale Empfangsleistung wird dann erzielt, wenn die Längsseite des Ferritstabes auf den Sender gerichtet ist.

Aufbau der Ferritantenne für MW und das 49-m-Band

Bild 14.7 enthält den Stromlaufplan des Zweikreisempfängers mit Ferritantenne für zwei Empfangsbereiche; der Wechsel erfolgt mit einem zweipoligen Umschalter S_{101}. Da die neue Baugruppe später noch für andere Empfängerschaltungen eingesetzt wird, versehen wir ihre Bauelemente mit dreiziffrigen Indizes; die erste Ziffer – hier die 1 – bezeichnet jeweils die Baugruppe. Für die Ankopplung des Verstärkereingangs sind die besonderen Spulen L_{102} und L_{105} vorgesehen, die Induktivität für das 49-m-Band wird aus zwei Teilspulen L_{103} und L_{104} gebildet. Das erleichtert den sonst problematischen Abgleich. Alle Spulen wickeln wir aus HF-Litze $20 \times 0,05$ auf 45 mm bzw. 15 mm lange Pappröhrchen, die in der bekannten Art aus Zeichenkarton gewickelt und mit Schellack getränkt werden und die sich auf dem Ferritstab zum Zwecke des Abgleichs noch gut verschieben lassen. Der Spulenabgleich ist möglich, weil der Stab in der Mitte einen größeren Induktivitätsfaktor als an den Enden hat; von $A_L \approx 100 \cdot 10^{-3}\,\mu H$ in der Mitte verringert er sich auf etwa $85 \cdot 10^{-3}\,\mu H$ an dem einen bzw. $65 \cdot 10^{-3}\,\mu H$ an dem anderen Stabende. Für die Mittelwellenspule mit $L = 260\,\mu H$ und $A_L = 90 \cdot 10^{-3}\,\mu H$ berechnen wir daher

$$N = \sqrt{\frac{L}{A_L}} = \sqrt{\frac{260\,\mu H}{90 \cdot 10^{-3}\,\mu H}}$$
$$\approx 55 \text{ Windungen } (L_{101}).$$

L_{103}, L_{104} und L_{102} erhalten je 5 Windungen, L_{105} erhält eine einzige, alle mit gleichem Wicklungssinn. Drahtanfänge und -enden lassen wir bis zu 12 cm überstehen, damit die Spulen auch bis zu den Stabenden verschoben werden können.

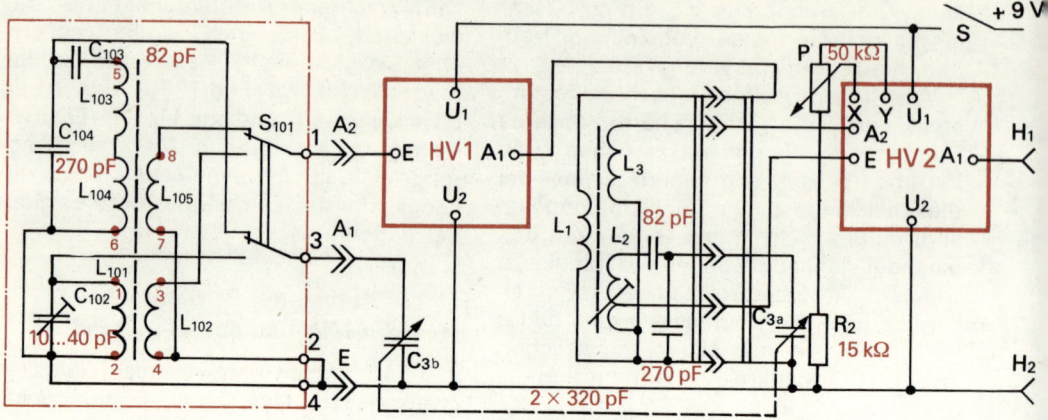

Bild 14.7   Stromlaufplan des Zweikreisempfängers mit Ferritantenne

Wie Spulenanfang und -ende festzulegen sind, entnehmen wir Bild 14.8a. Dünne Plastfolie von etwa 5 mm Breite falten wir 2 cm vom Ende, legen die HF-Litze ein und wickeln 2...5 Windungen fest über die doppelt liegende Folie. Ebenfalls 2...5 Windungen vor dem Spulenende falten wir mit dem längeren Folienende eine zweite Schlaufe, wickeln bis zur vorletzten Windung darüber, stecken dann das Drahtende durch die Schlaufe und ziehen schließlich mit den herausstehenden Folienenden die Randwindungen fest. Nachdem wir die herausstehende Folie abgeschnitten haben, werden die Randwindungen noch leicht mit einem Alleskleber bestrichen; L_{105} können wir nur durch Kleben befestigen. Zum Abisolieren und Verzinnen der HF-Litze schauen wir uns noch einmal Bild 11.7 und den zugehörigen Text an. Das Wickelschema und die etwaige Lage der Spulen auf dem Ferritstab sind im Bild 14.8b dargestellt.

Alle Spulenanschlüsse, die Schwingkreiskondensatoren, der Umschalter und die Stabhalterungen finden auf der Leiterplatte nach Bild 14.9 Platz. Die beiden Stabhalterungen fertigen wir beispielsweise aus 6 mm dickem Hartpapier oder einem anderen Isolationsmaterial. Sie können 15 mm breit und 20 mm hoch sein; die 10-mm-Bohrung für den Antennenstab ist 7,5 mm von der geschlitzten Oberkante entfernt. Über ein Innengewinde M3 lassen sie sich mit Zylinder-

kopfschrauben auf der Leiterplatte befestigen. Die fertige Ferritantenne sehen wir im Bild 14.10. Wie sie an unseren bisherigen Einkreisempfänger mit HF-Vorstufe angeschlossen wird, geht aus Bild 14.7 hervor. Die Lötösen 2 und 4 verbinden wir mit einer Drahtbrücke, und an die Ösen 1, 3 und 4 kommen kurze Kabel mit Bananensteckern. Im Empfängergehäuse entfernen wir die Frequenzsperre, legen den Eingang von HV1 an Buchse A_2 und die zweite Drehkohälfte an A_1. So kann die Ferritantenne direkt über A_1, A_2 und E angeschlossen werden.

Abgleich eines Zweikreisempfängers

Wir kennen die einzelnen Schritte bereits vom Abgleich des Einkreisers — hier sind jedoch zwei Schwingkreise auf die richtigen Grenzfrequenzen einzustellen. Dabei beginnt man immer mit dem in Signalrichtung liegenden zweiten Kreis. In unserem Fall ist das der bereits abgeglichene ursprüngliche Einkreiser-Schwingkreis, so daß nur noch der analog verlaufende Vorkreisabgleich notwendig ist. Wir gleichen zuerst den Mittelwellenbereich ab — am langwelligen Ende durch Spulenverschiebung, am kurzwelligen durch Trimmen von C_{102}. Dann wechseln wir die Steckspule aus, schalten die Ferritantenne auf Kurzwelle und suchen in Bandmitte durch Verschieben von L_{103} ein deutliches Empfangsmaximum. Gelingt das nicht auf Anhieb, messen wir mit

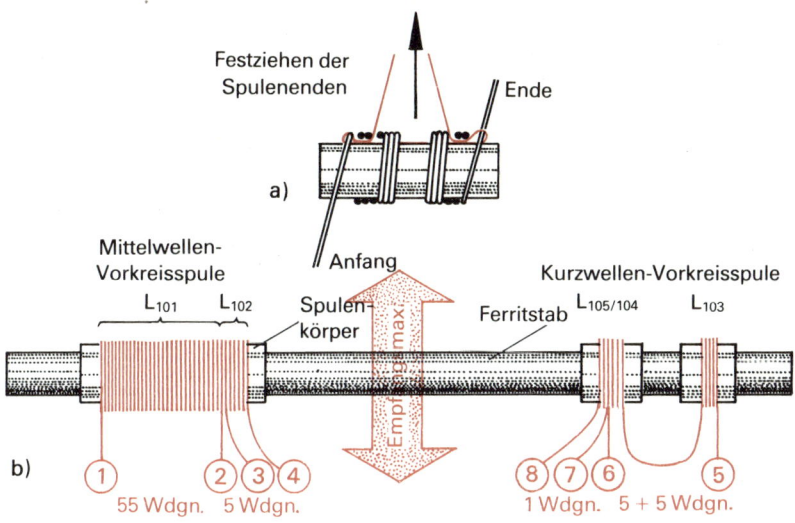

Bild 14.8 Zum Aufbau der Ferritantenne: a) Festlegen von Spulenenden,
b) Wickelschema der Vorkreisspulen für Mittelwelle und das 49-m-Band

dem Dipmeter auf der KW-Spulenseite des Ferritstabes die Resonanzfrequenz; auf derselben Frequenz muß auch das Überlagerungspfeifen zu hören sein. Liegt der Dip auf einer höheren Frequenz als die Pfeifstelle, verschieben wir L_{104}/ L_{105} weiter zur Stabmitte und wiederholen die Verschiebung von L_{103}, im anderen Fall muß L_{104}/L_{105} weiter zum Stabende kommen.

Nach dem sachgemäßen Abgleich des Zweikreisempfängers stellen wir ganz sicherlich sowohl eine deutliche Trennschärfeerhöhung als auch eine größere Empfindlichkeit gegenüber unserem Einkreisempfänger fest. Zusätzlich haben wir jetzt erstmals die Möglichkeit, sehr starke oder wegen Überlagerung störende Sender durch Drehen des gesamten Empfängergehäuses und damit der Ferritantenne »auszublenden« oder wenigstens so weit abzuschwächen, daß sie den Empfang nicht mehr in voller Stärke beeinträchtigen. Sind wir mit der Empfangsleistung bei Kurzwellenbetrieb nicht recht zufrieden, bringen wir auf dem Spulenkörper von L_{103} noch eine Windung als KW-Antennenspule an; ein Ende kommt auf Masse (Lötöse 4), an das andere wird eine kurze Drahtantenne angeschlossen. Als NF-Verstärker verwenden wir weiterhin die Baugruppe nach Bild 8.8.

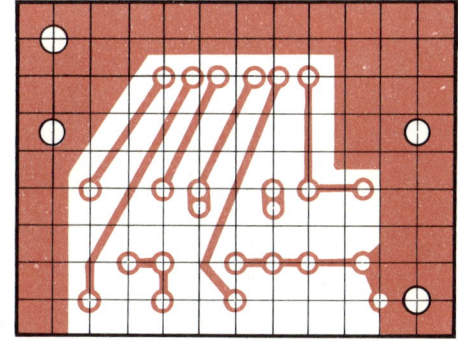

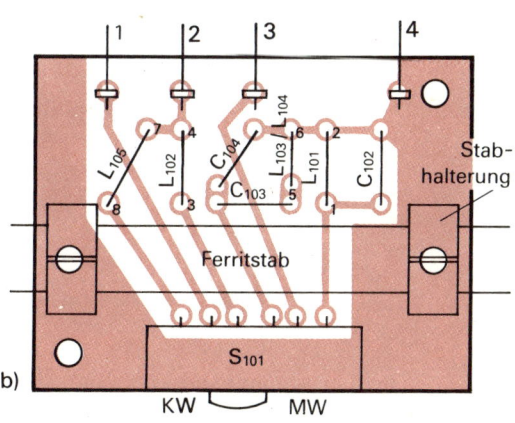

Bild 14.9 Leitungsführung (a) und Bestückungsplan (b) der Ferritantennenschaltung

Die Grenzen
des Geradeausempfängers

Bei aller Freude über den Trennschärfezuwachs müssen wir aber auch einen Verlust der Höhen im Klangbild bei maximal eingestellter Rückkopplung registrieren. Das ist ein Zeichen für zu geringe Bandbreite. Deshalb wollen wir zugunsten einer guten Tonqualität die Rückkopplung stets nur so weit wie unbedingt erforderlich einstellen. Wir sind hier bei einem Problem angelangt, das uns zu einem Kompromiß zwischen Tonqualität und Selektivität zwingt: Gute Höhenwiedergabe erfordert große Bandbreite – hohe Trennschärfe aber geringe. Ein noch leistungsfähigerer Empfänger als unser Zweikreiser müßte deshalb weitere HF-Stufen und gemeinsam abstimmbare

Schwingkreise haben – hier liegt aber die Grenze des sogenannten *Geradeausempfängers* (vgl. Bild 11.1). Es ist aus wirtschaftlichen Gründen nicht vertretbar, einen Drehkondensator mit mehr als zwei Systemen herzustellen.

Wenn wir mit einem Mehrkreis-Geradeausempfänger nur einen einzigen Sender empfangen wollen, macht sein Aufbau weiter keine Schwierigkeiten. Anstelle der Drehkondensatoren verwenden wir Festkondensatoren und gleichen mit Hilfe der Spulenkerne alle Kreise auf dieselbe Frequenz ab. Der Aufwand für den Empfang nur eines einzigen Senders wäre zwar zu hoch, doch wird dieser auf eine Frequenz abgestimmte HF-Verstärker als Baugruppe in einem weiter verbesserten Empfängertyp angewendet. Darauf werden wir im Kapitel 16 zurückkommen.

Bild 14.10   Zweikreisempfänger mit Ferritantenne

15. Für unterwegs: ein Taschenempfänger

Zum Abschluß des ersten Teils unserer Empfangspraxis bauen wir ein einfaches und leicht bedienbares Radio, mit dem auch außerhalb des Labors jederzeit Mittelwellenempfang möglich ist. Als NF-Verstärker übernehmen wir die Schaltung mit der IS A 211 entsprechend Bild 8.5, die wegen der geringeren Leistung jedoch nur mit 4,5 V betrieben wird. Der Einkreisempfänger selbst hat eine Ferritantenne und einen zweistufigen HF-Verstärker mit anschließendem Dioden-Demodulator.

Den vollständigen Stromlaufplan sehen wir im Bild 15.1. Die Basisvorspannung für T_1 wird durch den Spannungsabfall am Emitterwiderstand R_4 von T_2 erzeugt. Mit dieser starken Gleichstromgegenkopplung arbeitet der direktgekoppelte Verstärker sehr stabil; für die HF wird R_4 durch C_2 überbrückt. Wegen der hohen Verstärkung kann es aber bei gedrängtem Aufbau zur Rückkopplung von T_2 und C_4 auf die Schwingkreisspule kommen; der Empfänger pfeift dann in der bekannten Art. Abhilfe schafft in diesem Fall ein kleiner, auf Masse liegender Schirm aus Konservendosenblech über den beiden Bauelementen. Im Mustergerät ist er 10 mm × 20 mm groß und an drei Seiten 5 mm abgekantet. Auf die Leiterplatte nach Bild 15.2 wird der Schirm mit einem Stückchen Schaltdraht zwischen die Masseanschlüsse von C_{11} und R_9 gelötet.

Zur Lautstärkeeinstellung verwenden wir ein Knopfpotentiometer R_6 von 5...50 kΩ mit Schalter. Das Siebglied $R_7 C_3$ setzt die Betriebsspannung des HF-Verstärkers auf 3,5 V herab und entkoppelt ihn gleichzeitig vom NF-Verstärker. Kondensator C_8 ist für den Betrieb mit bereits alternden Batterien notwendig, da er Verkopplungen über den dann ansteigenden Innenwiderstand der Spannungsquelle unterbindet. Die Stromaufnahme des HF-Teilers liegt bei 1,4 mA und hängt von der Arbeitspunktspannung des zweiten Transistors ab. Wir stellen sie mit R_4

bei 4,5 V Betriebsspannung und Drahtbrückenverbindung zwischen den Anschlußpunkten 2 und 3 der Ferritantenne ohne diese auf 2...2,2 V ein.

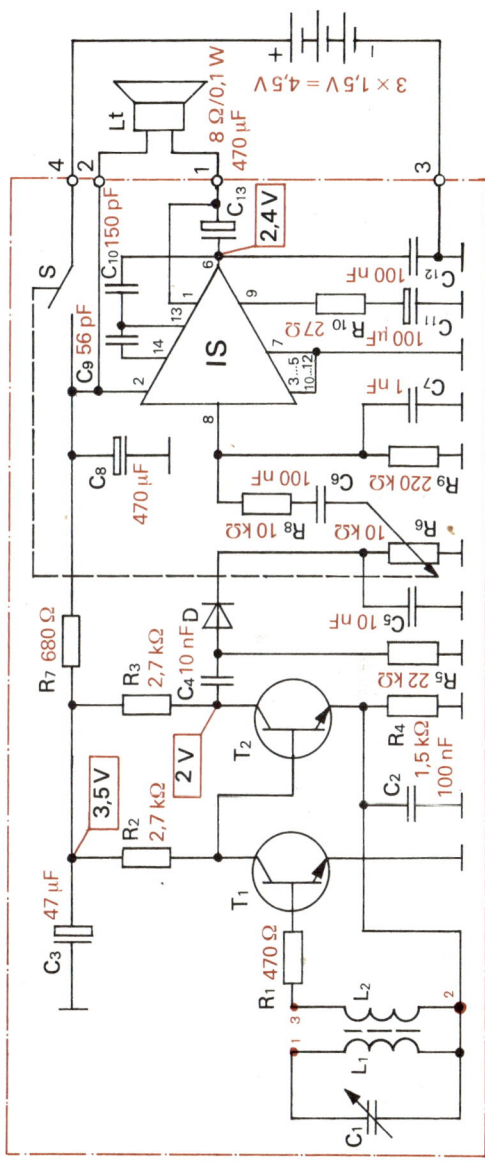

Bild 15.1   Stromlaufplan des Taschenempfängers (D: GA 100, T_1 und T_2: SF 225, IS: A 211D)

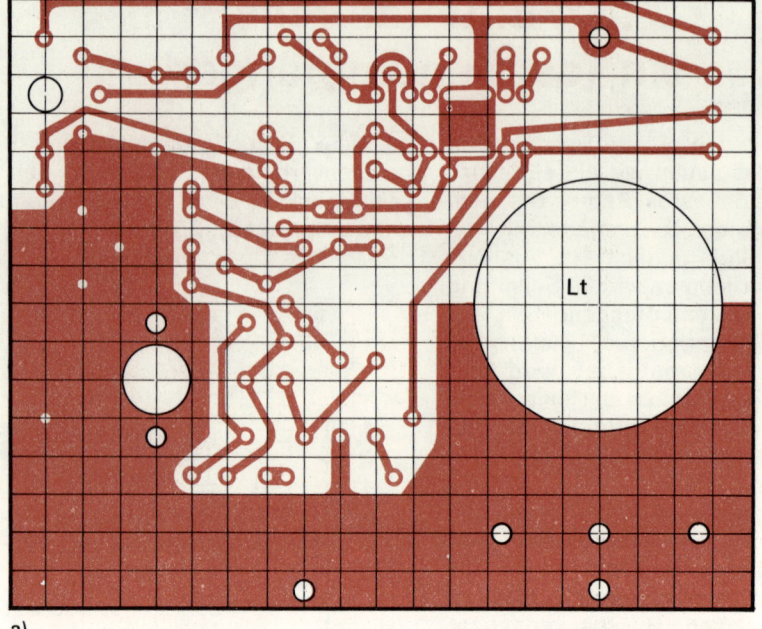

a)

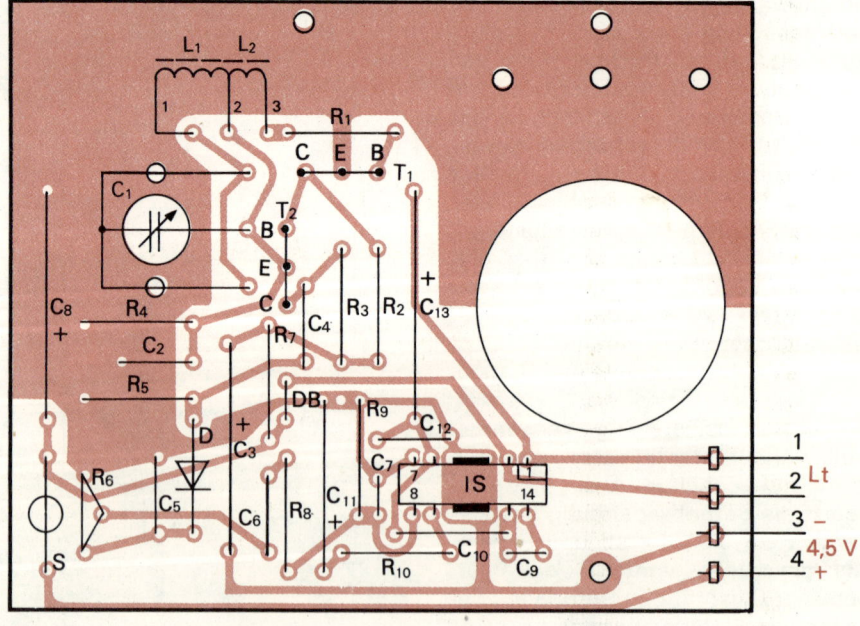

b)

*Bild 15.2   Leitungsführung (a) und Bestückungsplan (b)
des Taschenempfängers (DB: Drahtbrücke)*

Als Abstimmkondensator wurde in der Musterschaltung eine Ausführung mit zwei Systemen von 150 pF und 60 pF verwendet. Durch Parallelschaltung beider ergibt sich eine Kapazitätsvariation $\Delta C = 210$ pF. Die Schwingkreisspule muß dann für den Mittelwellenbereich eine Induktivität von 0,40 µH haben. Bei Einsatz anderer Typen berechnen wir die Spule selbst nach den Grundlagen im Kapitel 14. Der Ferritstab ist 8 mm dick und 100 mm lang, und sein Induktivitätsfaktor nimmt von $70 \cdot 10^{-3}$ µH in der Mitte auf $60 \cdot 10^{-3}$ µH an den Enden ab. Für $L = 0,40$ mH und $A_L = 60 \cdot 10^{-3}$ µH muß die Schwingkreisspule L_1 82 Windungen erhalten; die Koppelspule L_2 besteht aus 6...8 Windungen. Wir wickeln beide Spulen gleichsinnig aus HF-Litze $6 \times 0,07$ oder $5 \times 0,05$ auf einen selbstgefertigten, 40 mm langen Spulenkörper aus verklebtem und schellackgetränktem Zeichenkarton, der sich für den üblichen Spulenabgleich noch gut auf dem Ferritstab verschieben lassen muß.

Die Schaltung des Taschenempfängers bauen wir auf einer 80 mm × 100 mm großen Leiterplatte auf, zuerst den NF-Verstärker und nach dessen erfolgreicher Funktionsprobe mit unserem Zweikreisempfänger oder einer anderen NF-Spannungsquelle den HF-Teil. Das Knopfpotentiometer setzen wir – entgegen der bisherigen Praxis – auf die Leiterseite. Die kreisrunde Öffnung Lt in der Leiterplatte richtet sich nach dem Durchmesser des verwendeten Lautsprechers und dient zu dessen Andrücken mittels Schwammgummiring an die Gehäusevorderwand. Für den Ferritstab besorgen wir entweder eine handelsübliche Halterung, oder wir konstruieren selbst eine. Ähnliches gilt für die Skalenscheibe des Drehkondensators, deren Durchmesser 55 mm beträgt.

Bild 15.3 erlaubt einen Blick in das Gehäuse des Taschenempfängers mit den Innenmaßen 135 mm × 80 mm × 30 mm. Wir erkennen die Anordnung der Bauelemente sowie die der drei Gnomzellen R6 für die Stromversorgung. Damit läßt sich das Gerät allabendlich etliche Wochen betreiben, wenn nur die unbedingt notwendige Lautstärke gewählt wird. Wir können in diesem Fall einen Gesamtstrom um 10 mA im Vergleich zu 50 mA bei Vollaussteuerung messen.

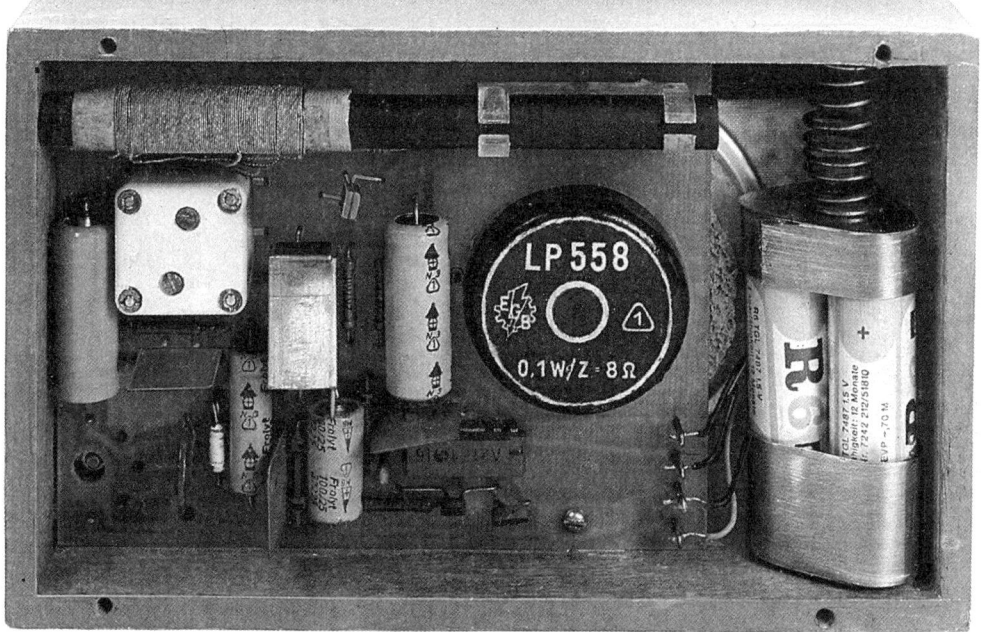

Bild 15.3   Blick in das Gehäuse des Taschenempfängers

Den Rahmen für das Gehäuse fertigen wir wieder aus Sperrholz, Frontplatte und Rückwand am besten aus 2...3 mm dikkem Hartpapier mit entsprechenden Schallaustrittsöffnungen. Für die Skalenscheibe und das Knopfpotentiometer müssen wir in der rechten Schmalseite entsprechende Schlitze vorsehen. Einen Gestaltungsvorschlag für das »Gesicht« unseres Taschenempfängers entnehmen wir Bild 15.4.

Mit der Leistung dieses kleinen Gerätes dürfen wir durchaus zufrieden sein. Neben dem Ortssender, bei dessen Empfang das Lautstärkepotentiometer fast »zugedreht« sein muß, kann auch eine ganze Reihe von Fernsendern abgehört werden. Sehr vorteilhaft wirkt hier sowohl auf die Lautstärke als auch auf die Trennschärfe die Richtwirkung der Ferritantenne. Zum Ausblenden des Ortssen-

Bild 15.4   Unser Taschenempfänger

ders ist unter Umständen das seitliche Ankippen des Gehäuses notwendig. Wir haben sicherlich bald herausgefunden, in welcher Stellung ein bestimmter Sender am besten empfangen werden kann.

16. Überlagerung – das Prinzip des Superheterodyne-Empfängers

Anfang der zwanziger Jahre hielt man es für eine feststehende Tatsache, daß Kurzwellen für Funkverbindungen ungeeignet seien. Daher wurden nach dem ersten Weltkrieg in den USA Funkgeräte aus Militärbeständen an Privatpersonen unter der Bedingung verkauft, nur mit Frequenzen über 1500 kHz zu arbeiten, damit der Betrieb der staatlichen Funkstationen nicht gestört würde. Auf dieser technischen Basis setzte im Herbst 1921 die große amerikanische Radioamateurbewegung – *Broadcasting* genannt – ein, die den praktischen Nachweis der Überbrückung riesiger Entfernungen mit niedrigen Sendeleistungen erbrachte. Im Jahre 1924 zählte »Broadcasting« auch in Europa bereits mehrere Millionen Anhänger – nur in Deutschland war der Radioamateurbetrieb offiziell noch nicht erlaubt! Das englische »broad« heißt »weitwürfig« bzw. »weitverbreitet«, und »casting« ist die »Station«. Broadcasting wurde zum Synonym für Rundfunk. Insofern ist es verständlich, daß auch die amerikanischen Empfängerschaltungen

mit ihren typischen Bezeichnungen wie z. B. »Crystodyne«, »Negadyne«, »Ultradyne« oder »Superheterodyne« übernommen wurden. Das uns interessierende »Superheterodyne« setzt sich aus super (lat., über), heteros (griech., andersgeartet) und dyne (engl., Kraft) zusammen. Im Unterschied zum Direktempfang bei allen Varianten des Geradeausempfängers ermöglichte dieses neue Prinzip den Empfang »über eine andersgeartete Kraft«, nämlich über die HF-Energie eines *empfängereigenen* Oszillators. Später wurde Superheterodyne – wie Automobil – zu »Superhet« und schließlich zu »Super« abgewandelt. Wir sollten bei »Superhet« oder noch besser bei »Überlagerungsempfänger« bleiben.

Aus dem vorigen Kapitel ist uns bekannt, daß bei der Überlagerung von zwei Schwingungen nahezu gleicher Frequenzen eine Schwebung entsteht, deren Frequenz wiederum genau der Differenz der beiden überlagerten entspricht: $50\,kHz - 40\,kHz = 10\,kHz$. Liegt, wie in diesem Beispiel, die Differenzfrequenz unterhalb 20 kHz, wird sie über den Lautsprecher als störender Pfeifton abgestrahlt; höhere, also hochfrequente Differenzfrequenzen sind unhörbar und stören daher nicht.

Wenn wir eine Schwingung von 600 kHz mit einer von 700 kHz überlagern, muß eine Schwebung der Frequenz 100 kHz entstehen. Dieselbe Schwebungsfrequenz ergibt sich aber auch für 700 kHz und 800 kHz, 712 kHz und 812 kHz und ebenso für alle übrigen Frequenzkombinationen, deren Differenz 100 kHz beträgt. Es ist also möglich, durch Überlagerung entsprechender Schwingungen immer *dieselbe* Differenzfrequenz zu erhalten, die dann einen auf diese Festfrequenz abgestimmten HF-Verstärker durchlaufen kann.

Nach 1970 hat sich für den amplitudenmodulierten Hörrundfunk (AM) eine einheitliche Schwebungsfrequenz von 455 kHz durchgesetzt, und es wurde festgelegt, daß zwischen 400 kHz und 500 kHz kein Sender arbeiten darf.

Grundversuche zum Überlagerungsempfang

Aus dem Gehäuse unseres Experimentier-Zweikreisempfängers entfernen wir die Ferritantenne, den Steckspulenadapter, die Leiterplatte HV1 sowie die Leitungen von Buchse R_2 zu A_2 und von S_2 zu E von HV2 und schalten wieder den einfachen Diodenempfänger entsprechend Bild 2.2 mit der historischen Schlitzspule; ebenso ist auch die MW-Ferritstabspule dafür geeignet. Den Antennendraht wählen wir möglichst kurz (0,5…1 m) und stimmen auf den stärksten Sender ab; die Einstellung des Drehkondensators wird nun nicht mehr verändert.

Festfrequenzverstärker mit LC-Filter

Wir nennen ihn HV3 und bauen ihn nach Bild 16.1 mit einem auf 455 kHz abzustimmenden Schwingkreis in der Kollektorleitung von T auf; die Leiterplattenzeichnung ist aus Bild 16.2 ersichtlich. Bei einer Schwingkreiskapazität $C_4 = 1$ nF muß die Induktivität

$$L_1 = \frac{1}{4\pi^2 \cdot f^2 \cdot C_4}$$

$$= \frac{1\,\text{V}}{4\pi^2 \cdot 455^2 \cdot 10^6\,\text{s}^{-2} \cdot 10^{-9}\,\text{As}} = 122\,\mu\text{H}$$

betragen. Verwenden wir dafür einen Dreikammerspulenkörper mit $A_L = 13 \cdot 10^{-3}\,\mu\text{H}$, sind in die beiden oberen Kammern

$$N = \sqrt{\frac{L}{A_L}} = \sqrt{\frac{122\,\mu\text{H}}{13 \cdot 10^{-3}\,\mu\text{H}}}$$

$$\approx 100\,\text{Windungen}$$

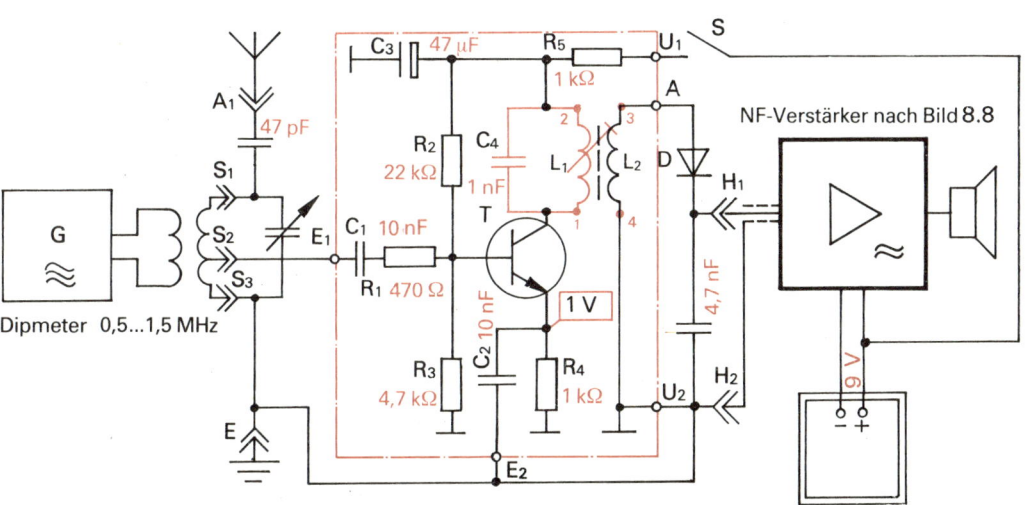

Bild 16.1 Grundversuch zum Überlagerungsempfang
(D: GA 100, T: SF 225)

aus CuL 0,2 zu wickeln. Zusammen mit dem an die Spulenenden gelöteten C_4 gleichen wir den Schwingkreis mit Hilfe unseres Dipmeters auf 455 kHz ab. Über die untere Teilwicklung von L_1 kommen dann noch 10 Windungen aus CuL 0,2 für die Koppelspule L_2. Das Wickelschema für die Spule des 455-kHz-Schwingkreises sehen wir im Bild 16.3. Der richtige Arbeitspunkt ($I_C = 1$ mA) wird nach dem Spannungsabfall an R_4 mit R_2 eingestellt. Die fertige Leiterplatte sehen wir im Bild 16.4, die nun zwischen den MW-Abstimmkreis und den Dioden-Demodulator in das Experimentiergehäuse kommt. Nach dem Anlegen der Betriebsspannung können wir den vorher sehr starken Ortssender noch ganz leise hören; er wird von dem einen 455-kHz-Kreis nicht restlos gesperrt.

Nun koppeln wir die von unserem Dipmeter mit Steckspule 2 ausgehenden unmodulierten HF-Schwingungen direkt in die Spule des Eingangskreises. Den Spulenabstand halten wir bei 1...2 cm und verändern langsam die Frequenz des Dipmeters. Liegt die Frequenz des Ortssenders über 1 MHz, erniedrigen wir zunächst die Generatorfrequenz, andernfalls ist sie zu erhöhen. Es dauert nicht lange, und der Ortssender ertönt wieder in voller Stärke. Ein Blick auf die Skale des Dipmeters bestätigt unsere Theorie:

Die Frequenz des Generators liegt 455 kHz unterhalb oder oberhalb der des eingestellten Senders. In beiden Fällen ist Empfang möglich, und wir überzeugen uns auch davon. Für Senderfrequenzen über 1 445 kHz verwenden wir zusätzlich Steckspule 3, für solche unter 905 kHz Spule 1. Sender mit Frequenzen unterhalb 600 kHz können nur noch mit der um 455 kHz höheren Hilfsfrequenz empfangen werden.

Trennschärfezuwachs durch Piezofilter

Im Jahre 1883 entdeckten die Brüder Paul Jaques und Pierre *Curie*, daß an bestimmten Kristallen unter Druckeinwirkung elektrische Spannungen entstehen. Dieser *piezoelektrische Effekt* (griech., piezein = drücken) ist heute Grundlage aller Kristallmikrofone und Kristalltonabnehmer für Plattenspieler und wird seit Beginn der siebziger Jahre auch für HF-Filter genutzt.

Bild 16.5 zeigt den inneren Aufbau eines solchen *Piezofilters* mit den beiden Halbwellenresonatoren und dem Koppelsteg. Über die beiden Druckkontakte 1 und 2 wird die Wechselspannung angelegt, und der Eingangsresonator führt daraufhin elastische Längsschwingungen aus. Resonanz liegt dann vor, wenn die Wellenlänge der anliegenden Schwin-

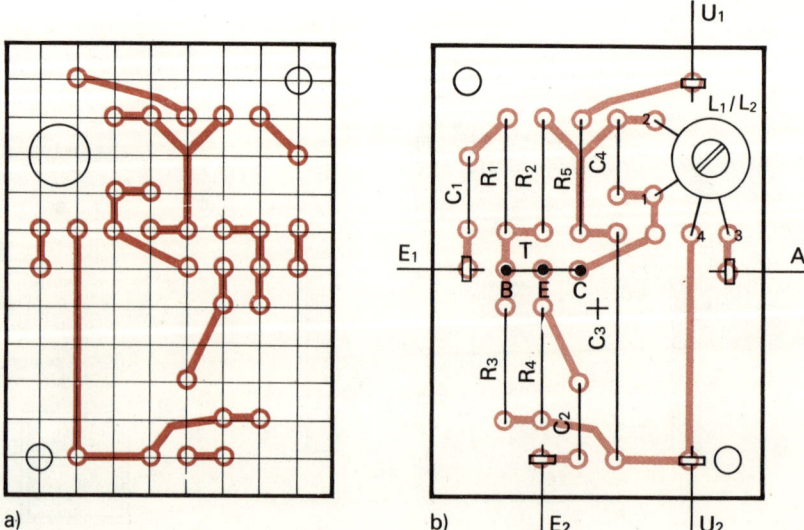

Bild 16.2 Leitungsführung (a) und Bestückungsplan (b) des HF-Verstärkers HV3

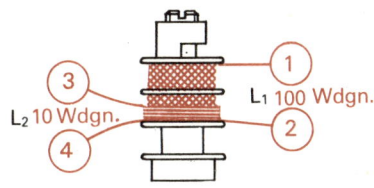

*Bild 16.3   Wickelschema der Spule
für 455 kHz*

gung genau doppelt so groß wie die Resonatorlänge ist. Den analogen Zusammenhang hatten wir schon im Kapitel 10 für die elektromagnetische Schwingung eines Dipols kennengelernt; auch die dort erwähnte Beziehung $v = f \cdot \lambda$ gilt für das Piezofilter. Wir wissen, daß sich Schall in Luft mit rund $330 \frac{m}{s}$ ausbreitet und in Wasser mit nahezu $1,5 \frac{km}{s}$. Noch größer ist die Schallgeschwindigkeit in festen Körpern; in Glas beträgt sie etwa $5 \frac{km}{s}$. Für den keramischen Sinterwerkstoff des Piezofilters wird sie mit $v = 5650 \frac{m}{s}$ angegeben, so daß ein Resonator für $f = 455$ kHz

$$l = \frac{\lambda}{2} = \frac{v}{2 \cdot f} = \frac{5650\ m}{2 \cdot 455 \cdot 10^3\ s^{-1} \cdot s} = 6,21\ mm$$

lang sein muß. Über den schmalen Kop-

pelsteg wird der Ausgangsresonator zum Mitschwingen gezwungen und über zwei weitere Druckkontakte 3 und 4 die Ausgangsspannung abgegriffen.

Aus Bild 16.5 ist auch die Gehäuseform der Piezofilter ersichtlich; Anschluß 1 liegt unterhalb eines Kreisringes auf der Deckfläche. Wir verwenden für die ersten Versuche ein Filter mit der Bezeichnung SPF 455 A 6. Die erste Zahl gibt die *Bandmittenfrequenz* und die zweite die Bandbreite in kHz an; ein dazwischenstehender Buchstabe weist auf die notwendige Kopplung an einen LC-Kreis hin. Das erwähnte Filter hat eine blaue Gehäusekappe.

Nach Bild 16.6 schalten wir es zwischen den LC-Kreis von HV3 und den Demodulator, der nun auch den von HV2 bekannten Arbeitswiderstand erhält. Für die angepaßte Filterbelastung muß er jedoch hier kleiner als dort sein. Zur optimalen Abstimmung des LC-Kreises und zur Aufnahme der Durchlaßkennlinie schalten wir den Meßverstärker des Oszilloskops über die Meßleitung an den Dioden-Arbeitswiderstand und koppeln vom Dipmeter die Schwebungsfrequenz 455 kHz in den Eingangskreis; die Rotorplatten des Drehkondensators sind voll ausgeschwenkt. Nach der größten Auslenkung des Elektronenstrahls suchen wir die zum Piezofilter genau passende Frequenz am

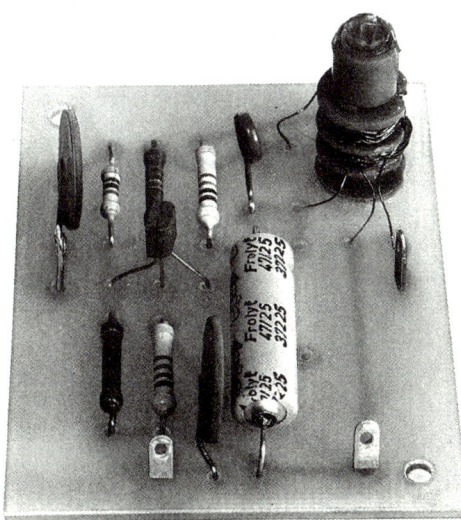

*Bild 16.4   Ansicht des
Festfrequenzverstärkers HV3 für 455 kHz*

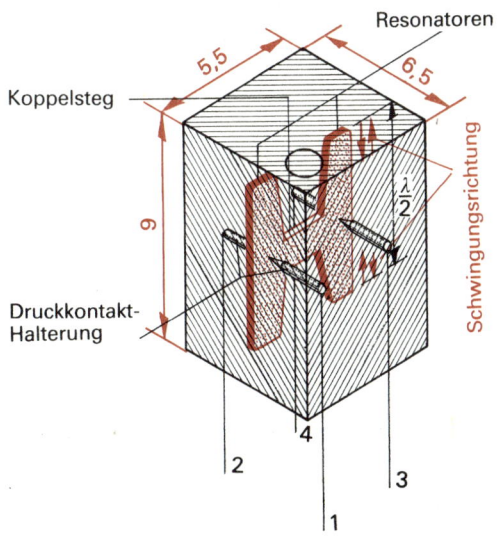

*Bild 16.5   Grundsätzlicher Aufbau eines
Sinterwerkstoff-Piezofilters für 455 kHz*

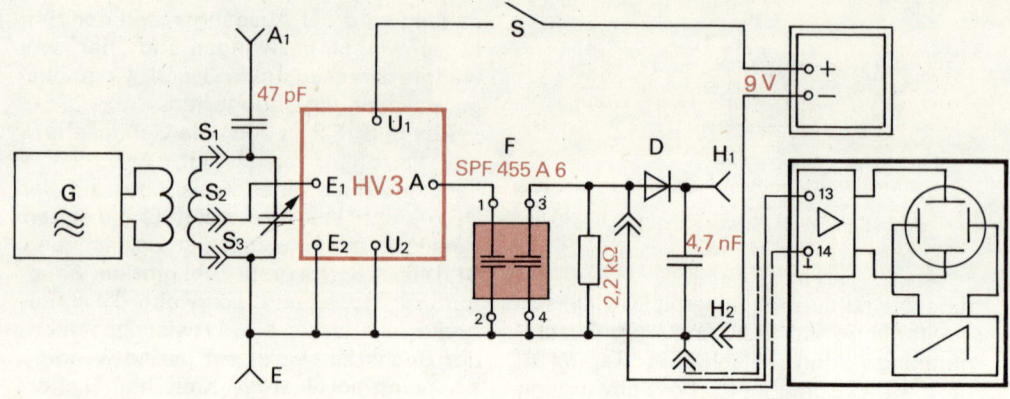

Bild 16.6   Schaltung zur Aufnahme der Durchlaßkennlinie eines Piezofilters (D: GA 100)

Dipmeter und drehen dann den Kern von L_1 weiter hinein oder heraus, bis wir die maximale Strahlauslenkung gefunden haben. Wir stellen sie auf 50 mm ein und nehmen nun die Auslenkungen zwischen 440 kHz und 470 kHz auf; Bild 16.7 enthält die so ermittelte Durchlaßkurve. Im Vergleich mit den entsprechenden Kurven eines LC-Kreises nach Bild 14.6 bedenken wir, daß auf der Abszissenachse nur eine der Bandbreite des bedämpften Schwingkreises gleiche Frequenzdifferenz dargestellt ist. Erst so werden die hohe Flankensteilheit und die nahezu restlose Sperrung für Frequenzen deutlich, die sich um das Zwei- bis Dreifache der Bandbreite von der Bandmittenfrequenz unterscheiden.

Abschließend wiederholen wir den Grundversuch zum Überlagerungsempfang, jetzt aber mit Piezofilter. Zwei wesentliche Verbesserungen stellen wir sofort fest: Direktempfang des Ortssenders ist nicht mehr möglich, und die beiden Empfangsstellen auf der Dipmeterskale sind schmal und scharf begrenzt.

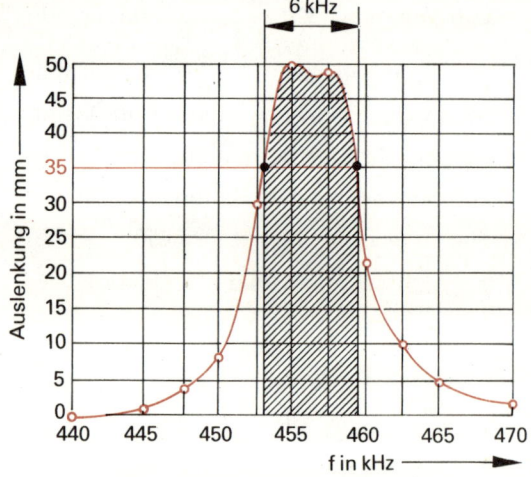

Bild 16.7   Durchlaßkurve des Piezofilters SPF 455 A 6 mit LC-Kreis

Vorgänge im Überlagerungsempfänger

Sobald der Eingangskreis mit einer Senderfrequenz in Resonanz ist, wird er zu maximalen Schwingungen angeregt. Wir haben uns diese Schwingung bereits auf dem Schirm des Oszilloskops angesehen (vgl. Bild 10.18). Im Bild 16.8a ist sie noch einmal schematisch dargestellt. Koppeln wir nun noch eine zweite, nicht modulierte Schwingung (Bild 16.8b) in den Eingangskreis, überlagern sich beide, und es entsteht eine Schwebung. Die Modulation der Senderschwingung wird dabei der Schwebung aufgeprägt. Am Eingang des HF-Verstärkers liegt demnach eine Schwingung nach Bild 16.8c, die nun an der Basis-Emitter-Diode gleichgerichtet wird (Bild 16.8d). Der auf die Schwebungsfrequenz abgestimmte Schwingkreis in der Kollektorleitung verhindert,

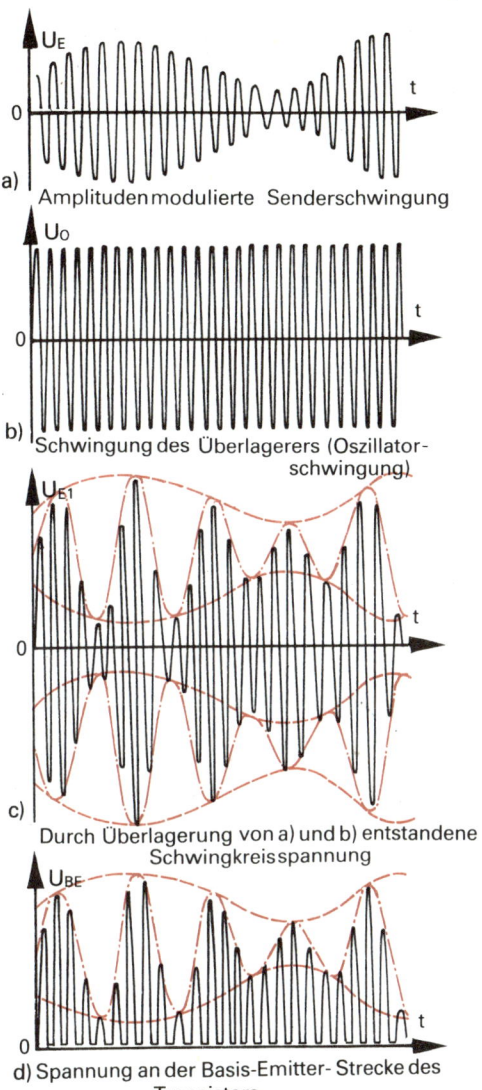

a) Amplitudenmodulierte Senderschwingung

b) Schwingung des Überlagerers (Oszillator-
schwingung)

c) Durch Überlagerung von a) und b) entstandene
Schwingkreisspannung

d) Spannung an der Basis-Emitter-Strecke des
Transistors

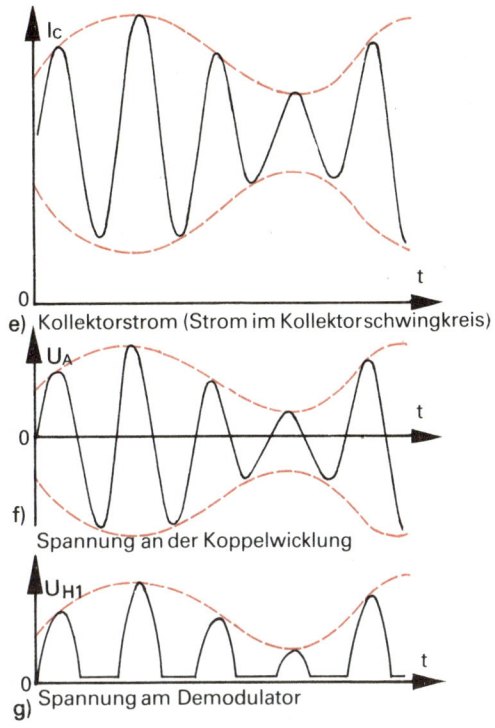

e) Kollektorstrom (Strom im Kollektorschwingkreis)

f) Spannung an der Koppelwicklung

g) Spannung am Demodulator

Bild 16.8   Vorgänge im
Überlagerungsempfänger

daß – wie wir es vom HF-Verstärker gewohnt sind – die eigentliche Trägerschwingung verstärkt wird. Nur die
Schwebungsfrequenz steuert den Kollektorstrom und regt den Kreis zu maximalen Schwingungen an (Bild 16.8e). Über
die Koppelspule und das Piezofilter wird
die Wechselspannung vom Gleichspannungsanteil getrennt (Bild 16.8f) und mit
der Diode ein zweites Mal gleichgerichtet. So gewinnen wir die niederfrequente
Modulationsspannung zurück (Bild 16.8g).

Die einzelnen Vorgänge sind für uns
nicht neu, wir haben sie alle in dieser

oder jener Form kennengelernt. Neu ist
ihr Zusammenspiel im Überlagerungsempfänger, dessen Übersichtsschaltplan
aus Bild 16.9 hervorgeht. Die erste Stufe
ist – wie beim Geradeausempfänger
nach Bild 11.1 – der abstimmbare Eingangskreis. Die Eingangsfrequenz wird
mit der Hilfsfrequenz des HF-Generators
in einer besonderen Mischstufe überlagert. Die Drehkondensatoren des Eingangskreises und des Oszillators sind
miteinander gekoppelt. In jeder beliebigen Stellung muß zwischen den beiden
Schwingkreisen eine gleichbleibende Frequenzdifferenz von 455 kHz vorhanden
sein, die über ein entsprechendes Filter
von allen übrigen Mischprodukten getrennt wird.

Da die Schwebungsfrequenz nur als
»Zwischenprodukt« bei der Gewinnung
der Niederfrequenz aus der amplitudenmodulierten Senderschwingung auftritt,
bezeichnet sie der Techniker als Zwischenfrequenz (ZF) und den entsprechen-

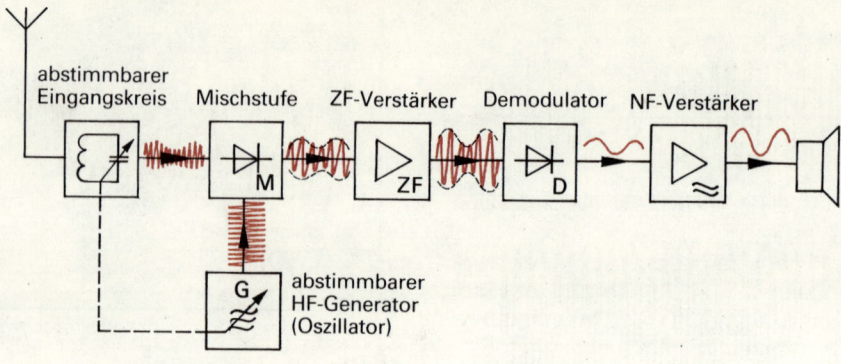

Bild 16.9   Übersichtsschaltplan eines Überlagerungsempfängers

den Verstärker als Zwischenfrequenzverstärker oder kurz *ZF-Verstärker*. Diese Baugruppe bildet das „Herz" des Empfängers, weil von ihren elektrischen Eigenschaften die Empfindlichkeit, die Trennschärfe und die Wiedergabequalität in erster Linie bestimmt werden. An den ZF-Verstärker schließt sich der Demodulator an, dem schließlich der NF-Verstärker mit dem Lautsprecher folgt.

Für den Empfang eines Senders können grundsätzlich zwei verschiedene Oszillatorfrequenzen verwendet werden. Arbeitet der zu empfangende Sender z. B. auf 1044 kHz, kann die Hilfsfrequenz sowohl 1044 kHz − 455 kHz = 589 kHz als auch 1044 kHz + 455 kHz = 1499 kHz betragen. Wir merken uns aber, daß die *Oszillatorfrequenz immer um die Zwischenfrequenz höher als die Eingangsfrequenz* gelegt wird. Das ist notwendig, um im Langwellenbereich, der von 150 kHz bis 285 kHz reicht, überhaupt mit einer ZF von 455 kHz empfangen zu können. Umgekehrt ergibt sich, daß mit einer Hilfsfrequenz von beispielsweise 1000 kHz zwei Sender empfangen werden können. Der eine müßte auf einer Frequenz von 1000 kHz − 455 kHz = 545 kHz, der andere auf der sogenannten *Spiegelfrequenz* von 1000 kHz + 455 kHz = 1455 kHz arbeiten. Während der Sender am langwelligen Bereichsende liegt, finden wir den unerwünschten am kurzwelligen. Das ist auch der Hauptgrund, weshalb man eine ZF in dieser Größenordnung gewählt hat. Der auf der Spiegelfrequenz arbeitende Sender muß durch den Eingangskreis ausreichend unterdrückt werden.

Das Zusammenspiel von Oszillatorkreis und Vorkreis

Zum Empfang der niedrigsten Frequenz des Mittelwellenbereiches $f_{Emin} = 525$ kHz muß der Oszillator auf $f_{Omin} = f_{Emin} + f_{ZF}$ = 525 kHz + 455 kHz = 980 kHz und für $f_{Emax} = 1605$ kHz auf $f_{Omax} = 2060$ kHz schwingen; f_0 ist immer um f_{ZF} größer als f_E. Aus diesem Grunde sind sowohl die Induktivität als auch die Kapazität des Oszillator-Schwingkreises gegenüber den Werten des Eingangskreises zu verkleinern.

Berechnung eines Oszillator-Schwingkreises

Zum Ermitteln der Induktivität L_0 einer Oszillator-Schwingkreisspule ist zunächst die mittlere Frequenz des Empfangsbereiches zu ermitteln. Sie beträgt für Mittelwelle

$$f_m = \frac{f_{Emin} + f_{Emax}}{2} = \frac{525 \text{ kHz} + 1605 \text{ kHz}}{2}$$

$$= 1065 \text{ kHz} .$$

Mit ihr bilden wir das Verhältnis

$$n = \frac{f_{ZF}}{f_m} = \frac{455 \text{ kHz}}{1065 \text{ kHz}} = 0,43 ,$$

lesen dafür in Tafel 11 des Anhangs den Faktor $a = 0,55$ ab und multiplizieren schließlich damit die Induktivität L_E des Eingangskreises:

$L_0 = a \cdot L_E = 0,55 \cdot 260 \text{ μH} = 143 \text{ μH}.$

Auf dem üblichen Spulenkörper sind dafür 105 Windungen aus CuL 0,2 erforderlich; wir bringen vorsichtshalber 110 auf.

Die niedrigste Schwingkreiskapazität muß dann für $f_{0max} = 2060$ kHz

$$C_{min} = \frac{1}{4\pi^2 \cdot f_{0max}^2 \cdot L_0}$$

$$= \frac{1 \, A}{4\pi^2 \cdot 2060^2 \cdot 10^6 \, s^{-2} \cdot 143 \cdot 10^{-6} \, Vs}$$

= 42 pF betragen. Über die bereits vom Eingangskreis (vgl. Kapitel 13) bekannte Beziehung $C_{max} = V_f^2 \cdot C_{min}$ berechnen wir hier

$$C_{max} = \left(\frac{2060 \text{ kHz}}{980 \text{ kHz}}\right)^2 \cdot 42 \text{ pF} = 186 \text{ pF}.$$

Im Vergleich zur Anfangskapazität $C_a = 20$ pF und zur Endkapazität $C_e = 340$ pF unseres Zweifachdrehkondensators mit $\Delta C = 320$ pF stellen wir fest, daß C_{min} größer als C_a und C_{max} kleiner als C_e ist. Aus der ersten Beziehung ergibt sich die Notwendigkeit einer Parallelkapazität und aus der zweiten die einer Reihenkapazität; ganz analoge Verhältnisse haben wir bereits beim Berechnen von Schwingkreisen für gespreizte Kurzwellenbereiche kennengelernt. Der Oszillator-Schwingkreis ist demnach entsprechend Bild 13.12 aufzubauen. Wir berechnen:

$$A = \frac{C_e + C_a}{2} = \frac{340 \text{ pF} + 20 \text{ pF}}{2} = 180 \text{ pF},$$

$$C_m = C_{max} - C_{min} = 186 \text{ pF} - 42 \text{ pF} = 144 \text{ pF},$$

$$B = \frac{\Delta C \cdot C_{min} \cdot C_{max} - C_m \cdot C_e \cdot C_a}{C_m}$$

$$B = \frac{320 \cdot 42 \cdot 186 \text{ pF}^3 - 144 \cdot 340 \cdot 20 \text{ pF}^3}{144 \text{ pF}}$$

$$= 10560 \text{ pF}^2 .$$

$$C_P = \sqrt{A^2 + B} - A$$

$$= \sqrt{32400 + 10560} \text{ pF} - 180 \text{ pF} = 27,3 \text{ pF}.$$

$$\frac{1}{C_R} = \frac{1}{C_{max}} - \frac{1}{C_P + C_e} = \frac{1}{186 \text{ pF}} - \frac{1}{367 \text{ pF}},$$

$$C_R = 377 \text{ pF}.$$

C_P realisieren wir mit einem Trimmer 10...40 pF, und für C_R setzen wir einen 390-pF-Festkondensator ein.

Aufbau eines Oszillators

Bild 16.10 zeigt den Stromlaufplan des HF-Generators HG in Basisschaltung; zum besseren Verständnis ist diese im Bild 16.11 noch einmal gesondert dargestellt. Formal gibt es eine Reihe von Übereinstimmungen mit der Emitterschaltung, wie die Basisvorspannungserzeugung mit R_{B1} und R_{B2}, den Arbeitswiderstand R_C am Kollektor und die Auskopplung der verstärkten Wechselspannung über C_C. Der wesentliche Unterschied besteht in der Art der Einspeisung der zu verstärkenden Wechselspannung. Das erfolgt hier über C_E am Emitter; die Basis ist wechselspannungsmäßig mit C_B auf Masse gelegt.

Im Bild 16.10 liegt am Eingang von T Spule L_1, die induktiv mit der Spule L_2 des frequenzbestimmenden Schwingkreises gekoppelt ist. Die Rückkopplung ge-

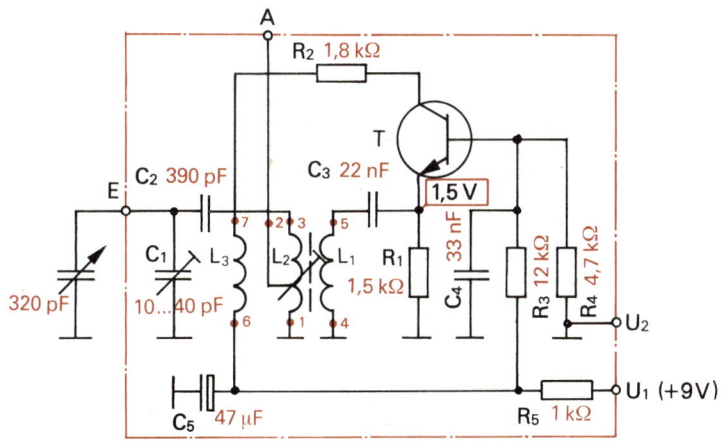

Bild 16.10   Stromlaufplan des HF-Generators HG (T: SF 225)

schieht mit L_3, über die der Transistor auch seine Betriebsspannung erhält. Der Dämpfungswiderstand R_2 ist uns bereits von unserem Rückkopplungsempfänger bekannt. R_5C_5 ist wieder Sieb- und Entkoppelglied für die Betriebsspannung. Die Leiterplattenzeichnung sehen wir im Bild 16.12.

Bild 16.13 zeigt das Wickelschema für die Oszillatorspule; alle drei Teilspulen aus CuL 0,2 haben denselben Wicklungssinn. Wir beginnen mit L_2 bei 1 und bringen zunächst 5 Windungen in die obere Kammer, zapfen an (2) und wickeln weitere 25 dort hinein. Darauf folgen 35 Windungen in der mittleren und schließlich die restlichen 45 bis zum Spulenende 3 in der unteren Kammer. Dann kommen 5 Windungen für L_1 in die obere Kammer auf die erste Teilwicklung von L_2 und schließlich 12 Windungen für L_3 in die mittlere Kammer auf die zweite Teilwicklung von L_2. Mit je einem Tröpfchen Alleskleber sichern wir die Spulenenden 5 und 7. Vor dem Einbau der Oszillatorspule ist L_2 mit einem an 1 und 3 gelöteten Kondensator genau bekannter Kapazität um 100 pF mit unserem Dipmeter auf annähernd 145 µH abzugleichen (vgl. letzter Abschnitt des Kapitels 12).

Für die Arbeitspunkteinstellung des Oszillators löten wir für R_2 und R_3 Einstellwi-

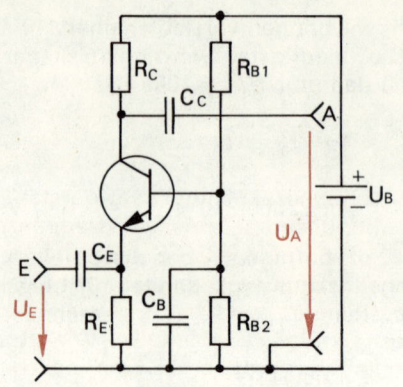

Bild 16.11   Verstärker in Basisschaltung

derstände von 5 kΩ und 50 kΩ ein, legen in die Plusleitung einen Strommesser, Meßbereich 5 mA, und schließen an A und Masse den voll geöffneten Meßverstärker unseres Oszilloskops an. R_2 steht etwa auf Mitte und R_3 auf Größtwert. Unter Beobachtung des Stromes verkleinern wir R_3, bis auf dem Bildschirm die Selbsterregung registriert wird; die Stromaufnahme muß unter 3 mA bleiben. Dann verändern wir C_1 so weit, bis die senkrechte Strahlauslenkung am geringsten wird. Das ist ein Zeichen für die höchste Frequenz bzw. den Kleinstwert von C_1. Sollten dabei die Schwingungen periodisch abreißen, ist R_2 zu vergrößern.

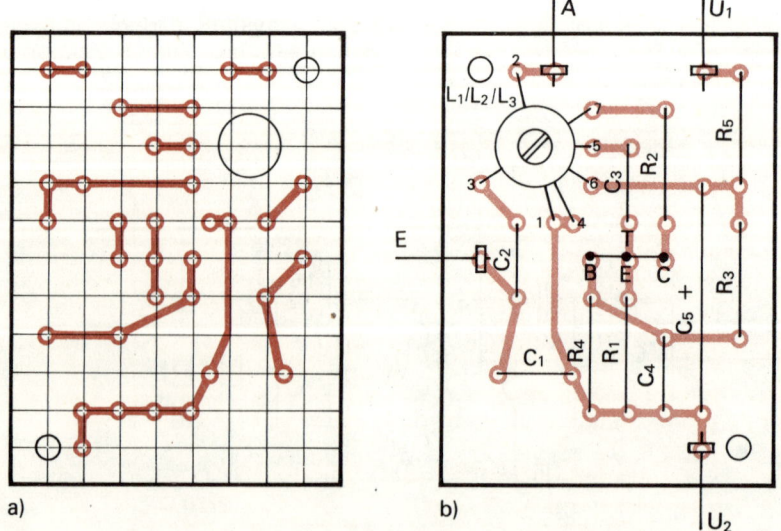

Bild 16.12   Leitungsführung (a) und Bestückungsplan (b) des HF-Generators HG

Anschließend suchen wir mit R_3 das Maximum der HF-Amplitude, unter Umständen ist auch R_2 noch einmal nachzustellen. Die Musterschaltung nimmt einen Gesamtstrom von etwa 1,5 mA auf. Zum Schluß ersetzen wir die Einsteller durch entsprechende Festwiderstände.

Mit unserem Resonanzfrequenzmesser, der diesmal in Schalterstellung A als Absorptionsfrequenzmesser arbeitet, kontrollieren wir die Schwingfähigkeit des Oszillators ebenfalls. Wir stecken Spule 3 auf, öffnen das Empfindlichkeitspotentiometer vollständig und nähern beide Spulen gleichachsig bis auf 1 cm. Bei etwa 4 MHz muß das Indikatorgerät des Absorptionsfrequenzmessers nahezu Vollausschlag zeigen. Die Leiterplatte unseres Mittelwellenoszillators sehen wir im Bild 16.14.

Wir schalten einen Experimentiersuperhet

Mit dem gerade fertiggestellten Oszillator haben wir alle Baugruppen zusammen, um nun auch einen Überlagerungsempfänger aufbauen zu können. Der vollständige Stromlaufplan ist aus Bild 16.15 ersichtlich – aber wir bauen den neuen Empfänger schrittweise auf!

Ausgangspunkt ist die Schaltung mit HV3, blauem Piezofilter und Dioden-Demodulator nach Bild 16.6, mit der wir bereits den Ortssender empfangen haben. Wir entfernen die drei Bauelemente des Demodulators und schließen dafür die Baugruppe HV2 als ZF-Verstärker mit Demodulator an. Bei hoher Verstärkung ist jetzt wieder Direktempfang des Ortssenders möglich; die ZF-Selektivität mit nur einem LC-Kreis und einem Piezofilter reicht demnach noch nicht aus. Deshalb löten wir an Filter F_1 freitragend noch ein zweites F_2 (mit roter Gehäusekappe) sowie die beiden Kondensatoren. C_2 sorgt mit seinem Blindwiderstand von 1,6 kΩ bei 455 kHz für die bereits erwähnte notwendige Filterbelastung; C_1 ist nicht unbedingt erforderlich.

Wenn wir jetzt wieder einschalten, ist auch der Ortssender nur noch bei Überlagerung mit der Hilfsfrequenz des Dipmeters empfangbar, und zwar sehr kräftig;

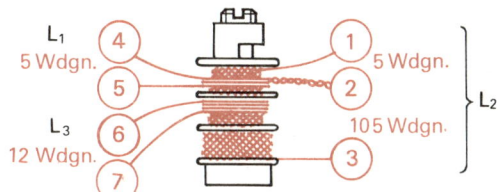

Bild 16.13 Wickelschema der MW-Oszillatorspule

die Verstärkung von HV2 muß nahezu auf den geringsten Wert gestellt werden. Nach Austausch der Schlitzspule gegen die auf MW geschaltete Ferritantenne und mit voller Verstärkung von HV2 kann bereits eine Reihe von Fernsendern abgehört werden. Wo sie auf der Skale zu finden sind, wissen wir vom Zweikreisempfänger. Zum Schluß bauen wir den Mittelwellenoszillator HG ein; HV3 wird damit zur Mischstufe. Vor dem erneuten Empfang ist nun der erforderliche Gleichlauf der beiden Schwingkreise herzustellen.

Abgleich eines Überlagerungsempfängers

Wir beginnen mit der Einstellung des Oszillatorkreises, da von ihm die Lage der zu empfangenden Sender auf der Skale bestimmt wird (Abgleichschritte 1...3). An-

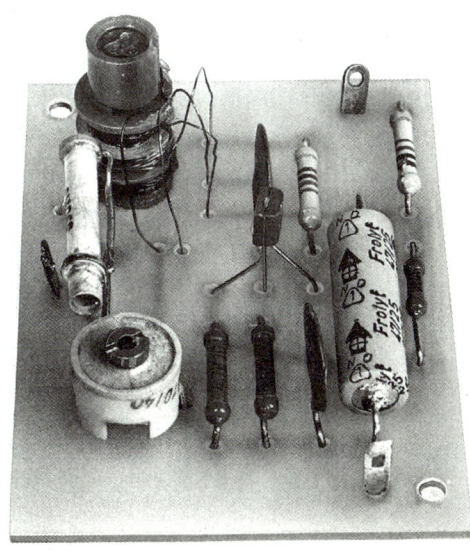

Bild 16.14 Ansicht des HF-Generators HG

171

schließend ist der Vorkreis mit dem Oszillatorkreis in Gleichlauf zu bringen (Abgleichschritte 4...6). Dabei liegt der als Prüfgenerator (Schalterstellung P) arbeitende Resonanzfrequenzmesser neben der Ferritantenne, und wir gleichen jeweils auf Lautstärkemaximum des 1-kHz-Tones ab.

1. Prüfgenerator arbeitet auf 525 kHz, die Rotorplatten des Drehkondensators sind voll eingeschwenkt, Kern der Oszillatorspule einstellen.
2. Prüfgenerator arbeitet auf 1605 kHz, die Rotorplatten des Drehkondensators sind vollständig herausgedreht, Oszillatortrimmer C_1 einstellen.
3. Wiederholen der beiden Einstellungen und am Trimmer beenden.
4. Prüfgenerator arbeitet auf 580 kHz, mit dem Drehkondensator nach dem 1-kHz-Ton auf diese Frequenz abstimmen, MW-Spule L_{101}/L_{102} auf dem Ferritstab verschieben.
5. Prüfgenerator arbeitet auf 1500 kHz, mit dem Drehkondensator auf diese Frequenz abstimmen, Trimmer C_{102} der Ferritantenne einstellen.
6. Wiederholen der beiden Einstellungen und am Trimmer beenden.

Daß wir für den Vorkreis andere Abgleichfrequenzen als für den Oszillatorkreis gewählt haben, ist im tatsächlichen Verlauf der Frequenzkurve des Oszillators begründet; nur an drei Stellen besteht idealer Gleichlauf mit dem Vorkreis. Damit die Abweichungen von der idealen Frequenzdifferenz nicht zu groß werden, entfernt man die Abgleichpunkte um einen bestimmten Betrag von den Bereichsgrenzen und markiert sie auf den Empfängerskalen.

Bei den nun folgenden Empfangsversuchen arbeiten wir im allgemeinen mit der höchsten Verstärkung von HV2 – nur beim Empfang der starken Ortssender nehmen wir sie zurück. Weil der ZF-Verstärker aufgrund der hohen Eingangsspannung übersteuert würde, muß diese Baugruppe mit einer *Verstärkungsregelung* ausgerüstet werden. Bei schwach einfallenden Sendern soll sich automatisch eine hohe und bei starken eine geringe Verstärkung einstellen. Mehr darüber erfahren wir im nächsten Abschnitt.

Neben dem Empfang mit der Ferritantenne läßt die Schaltung nach Bild 16.15 auch den Anschluß einer Außenantenne zu. Spule L_1 ist eine UKW-Sperrdrossel, deren Induktivität zwischen 2,5 µH und 10 µH liegen kann.

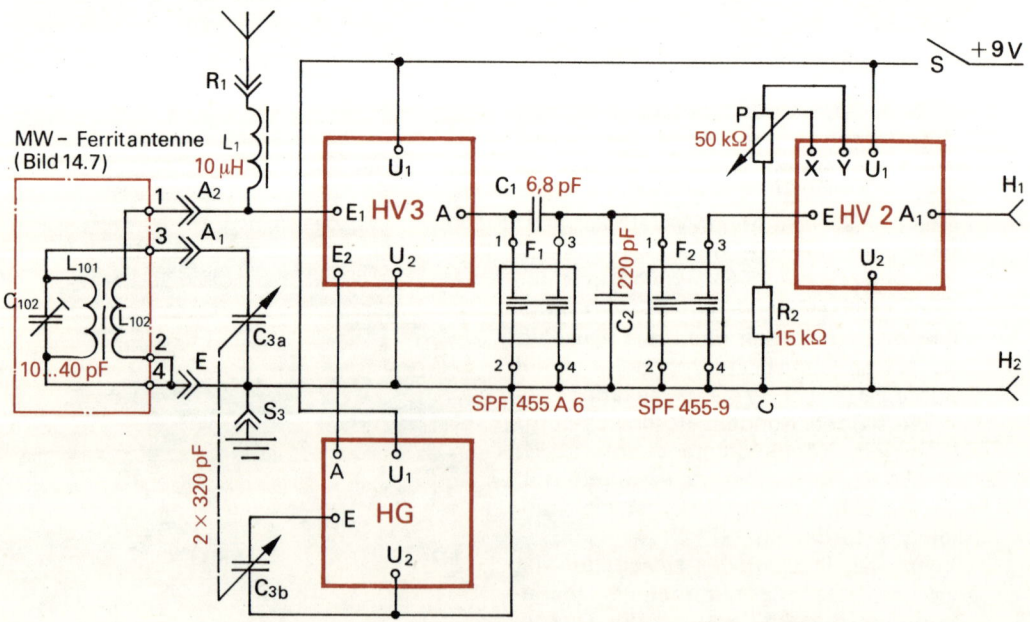

Bild 16.15 *Stromlaufplan des Experimentier-Überlagerungsempfängers*

17. Vollständiger Überlagerungsempfänger in einem Schaltkreis

Nachdem bis 1975 vorwiegend digitale Schaltkreise für die Rechentechnik mit ständig steigendem Integrationsgrad entwickelt wurden, entstanden seitdem ebenfalls viele analoge Schaltkreise für die verschiedensten Anwendungen in Tonband-, Rundfunk- und Fernsehgeräten. Zunächst wurden vorwiegend NF-Verstärker produziert, dann folgten einfache ZF-Verstärker und schließlich vollständige Empfängerschaltungen. Mittlerweile werden komplette AM-FM-Empfänger in einem Schaltkreis produziert. Bild 17.1 zeigt den Übersichtsschaltplan des AM-Überlagerungsempfängers A 244 D mit den integrierten Baugruppen und externen Selektionsmitteln. Neben dem Oszillator, der Mischstufe und dem ZF-Verstärker enthält der Schaltkreis noch eine besondere HF-Vorstufe, einen Spannungsstabilisator sowie zwei Gleichstromverstärker zur getrennten Verstärkungsregelung der HF-Vorstufe und des ZF-Verstärkers.

Wir machen uns mit neuen Schaltungen vertraut

Die HF des zu empfangenden Senders gelangt über die Anschlüsse 1 und 2 an die Vorstufe, die Oszillatorspule wird an 4, 5 und 6 angeschlossen.

Kondensator C_1 legt den mit dem Pluspol der Betriebsspannung verbundenen Anschluß der Oszillator-Schwingkreisspule hochfrequenzmäßig auf Masse.

Zwischen dem Ausgang 15 der Mischstufe und dem Eingang 12 des ZF-Verstärkers ist das ZF-Hauptfilter angeordnet, das ganz analog dem unseres Experimentiersupers aus dem LC-Kreis und zwei Piezofiltern aufgebaut sein kann.

Ein weiteres LC-Filter liegt am Ausgang 7 des ZF-Verstärkers, dessen Spule nicht auf die des Hauptfilters rückkoppeln darf. Wir müssen deshalb unbedingt darauf achten, daß beide Schwingkreise sorgfältig abgeschirmt werden.

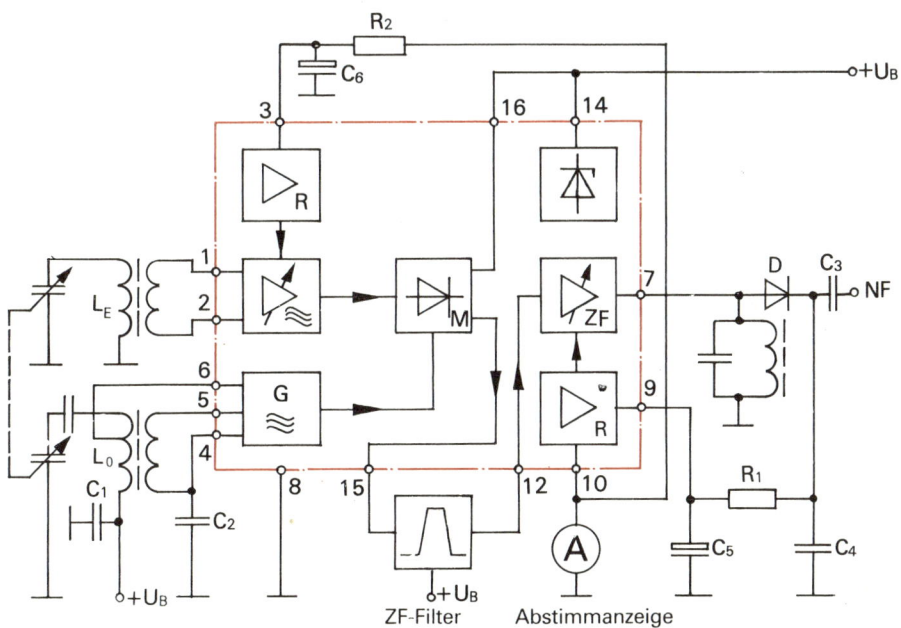

Bild 17.1   Übersichtsschaltplan des integrierten AM-Empfängers A 244 D

ZF-Verstärker
mit Verstärkungsregelung

Aus Bild 17.2 ist seine Innenschaltung mit den diskreten Bauelementen zur Regelspannungserzeugung ersichtlich. Schwingkreis, Diode und Kondensator C_4 am ZF-Ausgang 7 erinnern an den Diodenempfänger, nur daß der Schwingkreis hier fest auf die ZF abgestimmt ist. Sie wird mit D gleichgerichtet, und es ent-

steht eine Spannung entsprechend Bild 16.8g. Vom Ladekondensator C_4 wird die ZF kurzgeschlossen, er lädt sich dabei auf eine im Rhythmus der NF schwankende Gleichspannung; über C_3 wird dieser Gleichspannungsanteil vom NF-Signal getrennt. Die Gleichspannung selbst ist ein Maß für die Stärke des einfallenden Senders und dient deshalb als Führungsgröße der *ZF-Regelung*. Mit dem NF-Siebglied $R_1 C_5$ wird die Gleichspan-

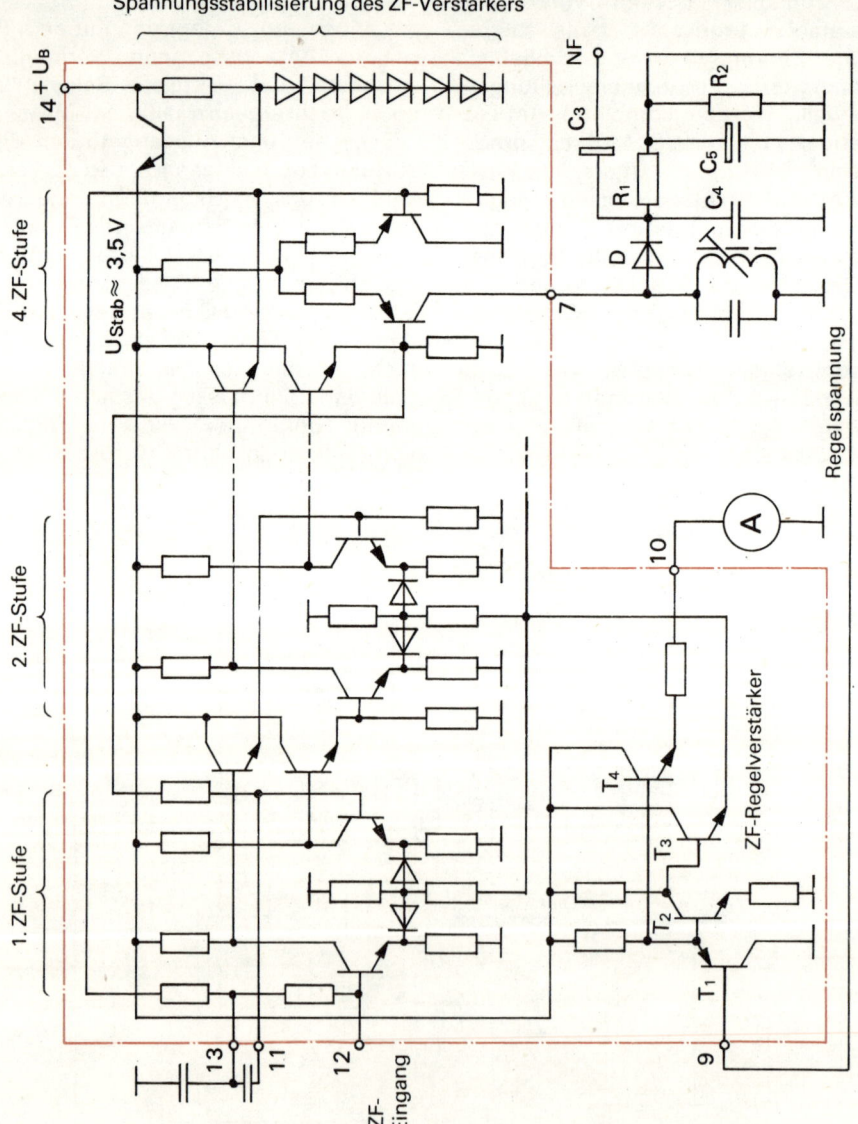

Bild 17.2 ZF-Verstärker mit Stabilisierungsschaltung und Regelverstärker

nung vom NF-Anteil befreit, so daß über Anschluß 9 eine reine Gleichspannung positiver Polarität an den ZF-Regelverstärker gelangt. Auf eine pnp-Kollektor-Eingangsstufe T_1 folgen eine Emitterstufe T_2 und schließlich eine Kollektor-Ausgangsstufe T_3. Parallel zu T_2 liegt an T_1 eine dritte Kollektorstufe T_4, die für den Anschluß eines Strommessers zur genauen Sendereinstellung und als Indikator für den Empfängerabgleich gedacht ist.

Im oberen Bildteil sind drei der vier Stufen des eigentlichen ZF-Verstärkers dargestellt; die dritte ZF-Stufe ist analog der zweiten aufgebaut. Wir erkennen jeweils symmetrische Schaltungen in Form von Differenzverstärkern, wie wir sie bereits in der Vorstufe des integrierten 1-W-NF-Verstärkers (T_2 und T_3 im Bild 8.4) kennengelernt und auch für unser Oszilloskop (T_{11} und T_{12} im Bild 9.19) schon selbst aufgebaut haben. Der Differenzverstärker ist wegen seiner guten Stabilitätseigenschaften für die IS-Technik von großer Bedeutung, und auch die HF-Vorstufe, der Oszillator und die Mischstufe sind damit realisiert.

Die Verbindung der vier ZF-Stufen erfolgt über je zwei Kollektorstufen. Die ersten drei Stufen des ZF-Verstärkers werden mittels stromgesteuerter Emitterdioden geregelt. Ohne HF-Eingangssignal liegt die Basis von T_1 über R_2 an Masse, so daß dieser Transistor durchgesteuert ist. Die Basen von T_2 und T_4 führen na-

hezu Nullpotential und sind daher stromlos. Das Meßgerät zeigt keinen Ausschlag, aber über den am Kollektor von T_2 liegenden T_3 fließt ein maximaler Strom. Die Emitterdioden sind leitend und haben einen geringen (Durchlaß-)Widerstand; der Differenzverstärker hat die größte Verstärkung. Mit steigender Spannung am Eingang 9 des Regelverstärkers geht der Kollektorstrom von T_1 zurück, ebenso der von T_3. Der Widerstand der Dioden wächst, die Verstärkung wird geringer.

Ganz rechts sehen wir im oberen Bildteil die Stabilisierungsschaltung für den ZF-Verstärker, deren Transistor in Kollektorschaltung arbeitet; ZF-Verstärker samt Regelverstärker bilden den Arbeitswiderstand. Die Basisspannung wird mit sechs in Flußrichtung als Dioden betriebenen Transistoren auf $6 \cdot 0,7\,V = 4,2\,V$ gehalten, so daß am Emitter des Stabilisierungstransistors etwa $3,5\,V$ als interne Betriebsspannung bereitstehen. Die äußere Versorgungsspannung darf zwischen $4,5\,V$ und $15\,V$ liegen.

Erprobung der Oszillatorspule

Im Bild 17.3 ist der Stromlaufplan des Oszillators mit Differenzverstärker dargestellt, den wir zum Prüfen des Oszillator-Schwingkreises aus diskreten Bauelementen auf dem Experimentierbrett nachbilden. Der Gleichstromarbeitspunkt ist für beide Transistoren gemeinsam auf $1\dots1,5\,mA$ mit R_1 einzustellen; die An-

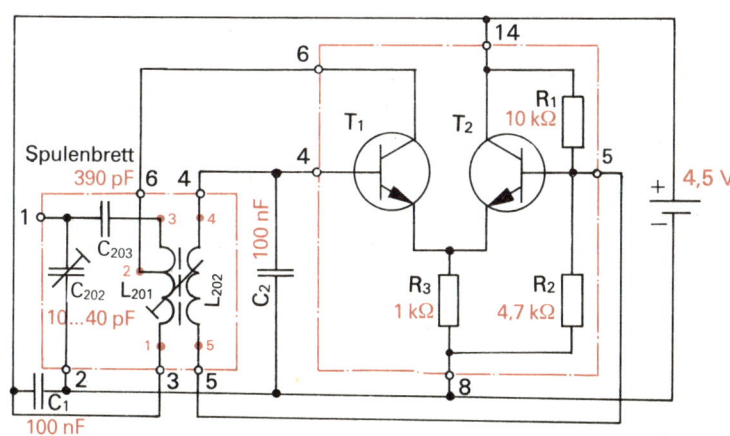

Bild 17.3   Stromlaufplan der Oszillatornachbildung (T_1 und T_2: SF 136)

schlußpunkte 6 und 14 sowie 4 und 5 sind mit je einer Drahtbrücke zu verbinden. Über den Aufbau des Spulenbrettes gibt Bild 17.5 Auskunft. Die HF-Abblockkondensatoren C_1 und C_2 entsprechen den gleichbezifferten im Bild 17.1, und C_{202}, C_{203} sowie L_{201} sind die frequenzbestimmenden Schwingkreiselemente analog C_1, C_2 und L_2 im Bild 16.10. An 1 wird später der Drehkondensator angeschlossen. Für die zweite Teilwicklung von L_{201} berechnen wir

$$N_{2-3} = \frac{N_{1-3}}{3,6} = \frac{110}{3,6} \approx 30 \text{ Windungen};$$

für L_{202}

$$N_{4-5} = 5 + \frac{N_{1-3}}{10} = 5 + \frac{110}{10} = 16 \text{ Windungen}.$$

Entsprechend Bild 17.4 wickeln wir für L_{201} je 40 Windungen aus CuL 0,2 in die beiden oberen Kammern, zapfen an und bringen die restlichen 30 in die untere Kammer. Dann folgen für L_{202} 16 Windungen CuL 0,2 im gleichen Sinn auf der Wicklung von L_{201} in der mittleren Kammer.

Nach Verbindung des Spulenbrettes mit dem Differenzverstärker prüfen wir mittels Oszilloskop, ob der Oszillator mit Anlegen der Betriebsspannung auch tatsächlich anschwingt. Die Masseleitung liegt am Minuspol, der Meßverstärker an Punkt 5. Wir kontrollieren die Schwingfähigkeit auch mit angeschlossenem Drehkondensator. Die Schwingfrequenz selbst

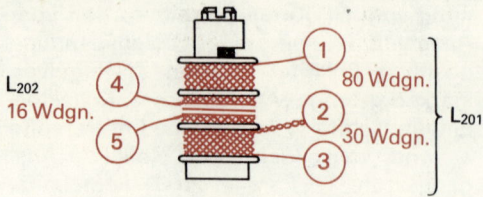

Bild 17.4   Wickelschema der MW-Oszillatorspule

kann wieder mit dem Absorptionsfrequenzmesser ermittelt werden. In analoger Art läßt sich auch der integrierte Oszillator prüfen.

Die Versuchsschaltung zum integrierten Überlagerungsempfänger

Seinen Stromlaufplan mit den bereits erprobten Baugruppen *Ferritantenne* und *Oszillator-Spulenbrett* sehen wir im Bild 17.6. Für das LC-Filter F_{301} können ebenfalls die Typen AM 103 und AM 106 und für F_{304} auch AM 101, AM 107 und AM 115 eingesetzt werden. Bis auf AM 115, dessen Kreiskapazität 2,2 nF beträgt, sind alle anderen erwähnten Filter mit 1-nF-Kondensatoren bestückt. Bei einem Induktivitätsfaktor $A_L = 26 \cdot 10^{-3} \, \mu\text{H}$ hat die Kreisspule jeweils 68 Windungen, AM 103 31, AM 106 26 und AM 111 haben 20 Koppelwindungen. Auch in AM 114

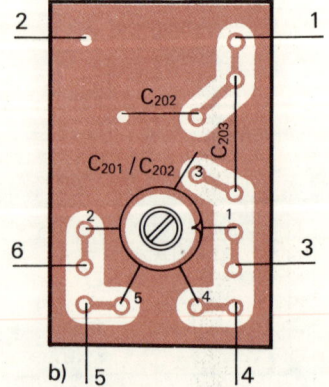

Bild 17.5   Leitungsführung (a) und Bestückungsplan (b) für das Oszillator-Spulenbrett

und AM 115 sind Koppelwicklungen mit 2 bzw. 3 Windungen vorhanden, die in unserem Fall aber nicht benötigt werden.

Im Unterschied zu unserem Experimentiersuperhet ist hier an das zweite Piezofilter F_{303} noch ein *RC-Tiefpaßfilter* mit einer Grenzfrequenz

$$f = \frac{1}{2\pi \cdot R \cdot C}$$

$$= \frac{1\,A}{2\pi \cdot 2{,}7 \cdot 10^3\,V \cdot 120 \cdot 10^{-12}\,As} \cdot \frac{V}{}$$

$$\approx 490\,kHz$$

angeschlossen, das gleichzeitig drei Aufgaben erfüllt: Erstens paßt es den Filterausgang mit $X_{C305} \approx 3\,k\Omega$ bei 455 kHz an den ebenso großen Eingangswiderstand des ZF-Verstärkers an, zweitens unterdrückt es mit Sicherheit *Oberwellen*

der ZF ($2 \cdot 455\,kHz = 910\,kHz$, $3 \cdot 455\,kHz = 1365\,kHz$ usw.), und drittens sorgt es für die günstigste Dämpfung der ZF-Schwingung. Am Filterausgang soll etwa ein Achtel der Eingangsspannung liegen; nur in diesem Fall können die HF- und die ZF-Regelung optimal wirken.

Wir bestücken die Leiterplatte entsprechend Bild 17.7. Für den Schaltkreis verwenden wir vorteilhaft eine 16polige IS-Fassung, weil dann auch jederzeit Funktionsprüfungen anderer Schaltkreise dieses Typs möglich sind. Für den *ZF-Vorabgleich* kommt an die Lötösen 1 und 2 eine Spule aus 3 bis 5 Windungen, über die die ZF vom Dipmeter eingekoppelt wird. Vorher überzeugen wir uns jedoch mit einem Meßgerät in der Plusleitung von der Stromaufnahme; bei 9 V Betriebsspannung muß sie zwischen 6 und

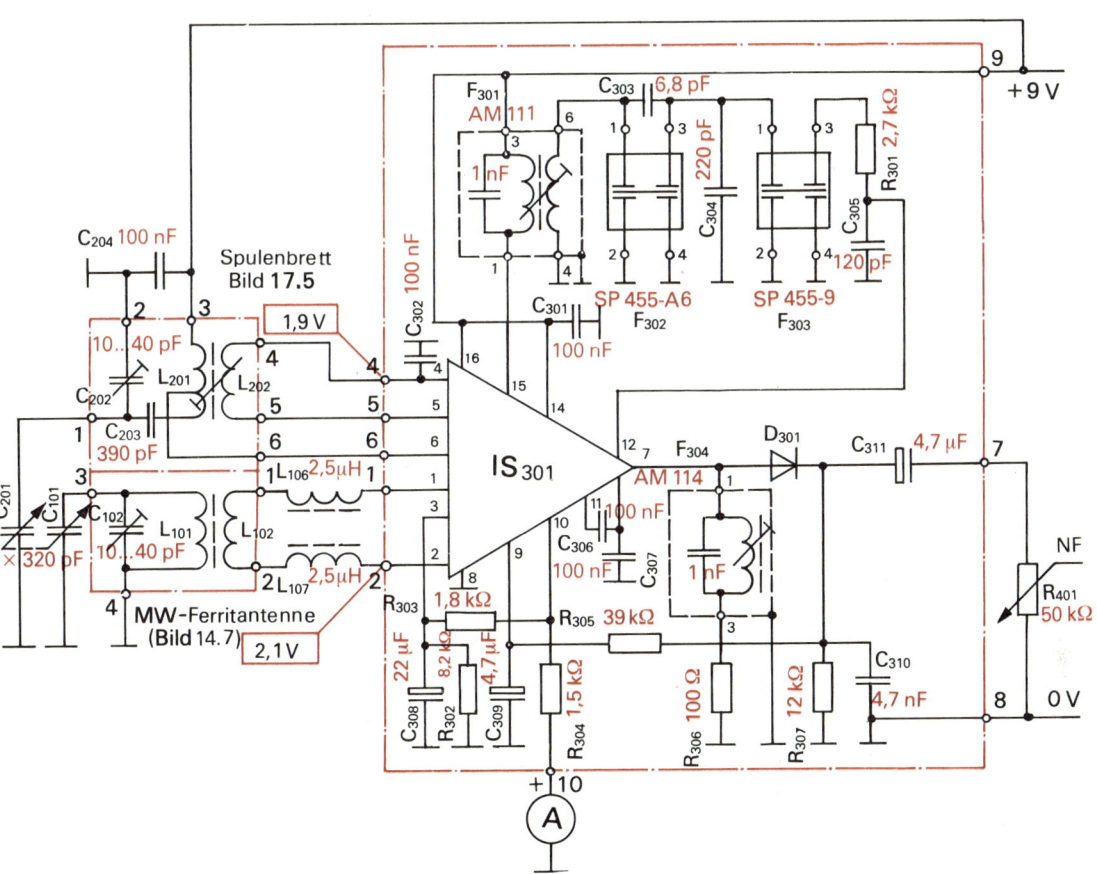

Bild 17.6 Stromlaufplan des Überlagerungsempfängers mit integriertem Schaltkreis für MW (D_{301}: GA 100, IS_{301}: A 244D)

10 mA liegen. Dann legen wir an Lötöse 10 und Masse entweder ein Indikatorgerät mit 400 µA Vollausschlag (ähnlich dem des Resonanzfrequenzmessers) oder einen üblichen Strommesser 0,5...1 mA. Zuerst wird nun nach der Indikatoranzeige die ZF am Dipmeter genau eingestellt, dann sind F_{304} und F_{301} auf größten Zeigerausschlag abzugleichen. Mit beiden Filtern muß ein deutliches Resonanzmaximum einstellbar sein.

Nach dem Anschluß des Oszillator-Spulenbrettes, der Ferritantenne (zunächst ohne die beiden UKW-Sperrdrosseln L_{106} und L_{107}), des Doppeldrehkondensators, eines Lautstärkepotentiometers R_{401} sowie des NF-Verstärkers nach Bild 8.8 folgt der eigentliche Abgleich, wie wir ihn schon am Experimentiersuperhet vorgenommen haben. Wegen der bereits wirkenden Regelung gleichen wir jedoch hier nicht nach dem 1-kHz-Ton, sondern nach der weit genaueren Anzeige des Indikatorgerätes ab. Nach dem

ersten Abgleich überprüfen wir, ob die an den Bereichsgrenzen liegenden Sender (vgl. Tafel 12) auch tatsächlich empfangen werden. Notfalls korrigieren wir nach diesen Sendern und wiederholen den gesamten Abgleich. Zum Schluß stimmen wir auf einen schwächer einfallenden Sender ab und kontrollieren ebenfalls nach der Anzeige des Indikatorgerätes die richtige Einstellung der beiden LC-ZF-Filter F_{301} und F_{304}.

Wollen wir nach dem Abgleich auf die Abstimmanzeige verzichten, ist Lötöse 10 mit Masse zu verbinden. Ob die UKW-Sperrdrosseln erforderlich sind, entscheidet wieder das Experiment; im Mittelwellenbereich dürfen jedenfalls keine abstimmbaren Zisch- oder andere Störgeräusche auftreten. Näheres zum Aufbau der Sperrdrosseln ist im Kapitel 11 enthalten. Den Versuchsaufbau des integrierten Mittelwellenempfängers sehen wir im Bild 17.8. Seine Empfindlichkeit und Selektivität übertrifft die all unserer

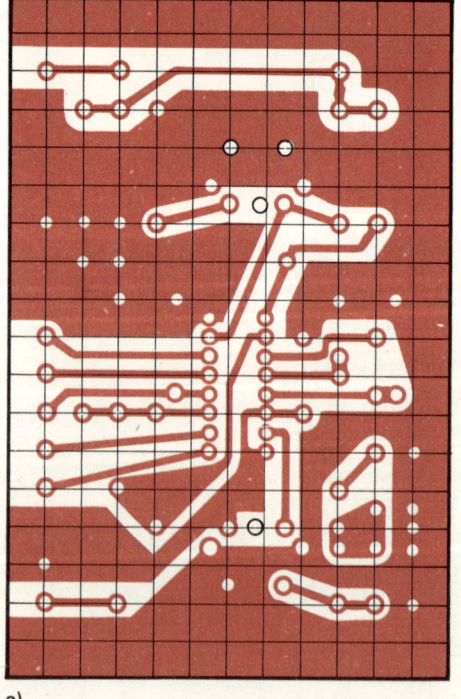
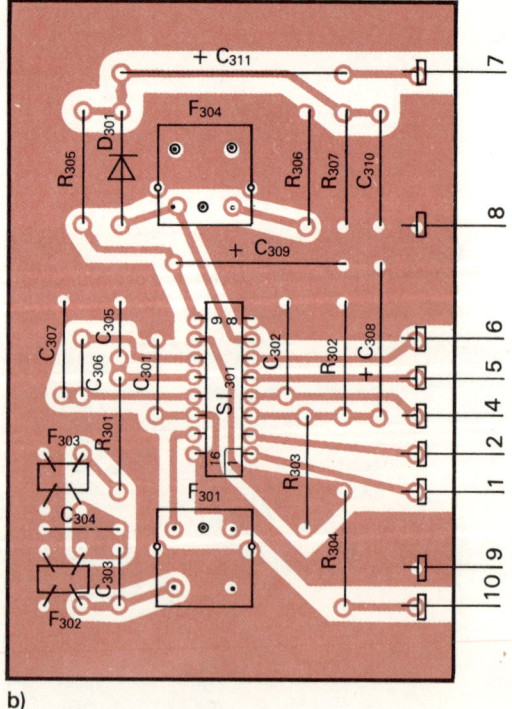

a) b)

Bild 17.7 Leitungsführung (a) und Bestückungsplan (b)
für den integrierten AM-Empfänger AM1

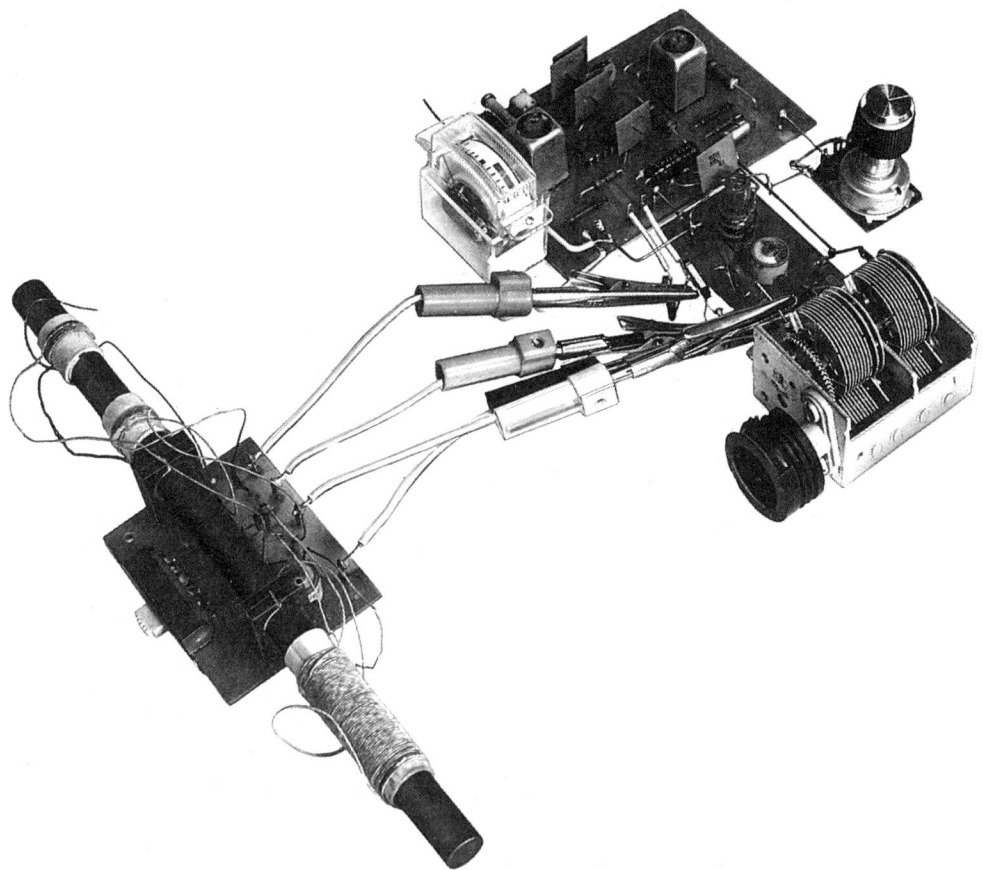

Bild 17.8 Versuchsaufbau des Überlagerungsempfängers
mit integriertem Schaltkreis für MW

bisher gebauten Empfänger beträchtlich, er wird deshalb die Grundschaltung unseres zweiten vollständigen Radios, eines leistungsfähigen Kofferempfängers. Daneben eignet sich die Versuchsschaltung analog Bild 17.8 auch für erste Versuche in den anderen AM-Bereichen bis 30 MHz.

18. Ein Kofferempfänger
für Batterie- und Netzbetrieb

Die NF-Ausgangsspannung des integrierten AM-Empfängers ist so groß, daß beide Lautstärkepotentiometer (P zwischen VV und EV3 im NF-Verstärker nach Bild 8.8 sowie R_{401} nach Bild 17.6) nur geringfügig geöffnet werden dürfen. Mit einem Spannungsteiler 100 kΩ/5,6 kΩ am Mittelabgriff von R_{401} und vollständig geöffnetem Potentiometer P finden wir, daß bereits mit $\frac{1}{20}$ der Ausgangsspannung der NF-Verstärker voll ausgesteuert werden kann. Damit wird die Baugruppe VV überflüssig, deren Verstärkung bei 20 liegt (vgl. letzten Abschnitt im Kapitel 5). Der 1-W-NF-Schaltkreis kann ohne weitere Verstärkerstufen direkt an den integrierten AM-Empfänger angeschlossen werden. Um jedoch bei Netzbetrieb die mögliche Leistung unseres 3-W-Lautsprechers voll nutzen zu können, sehen wir für den Kofferempfänger einen neuen Endverstärker vor.

Integrierter NF-Verstärker für 1,5 W und 3,5 W Sprechleistung

Die Leistung eines Endverstärkers hängt wesentlich von der Betriebsspannung und der Impedanz des Lautsprechers ab. Hohe Spannung ermöglicht hohe Leistung, hohe Impedanz verringert sie. Während unsere erste IS in der Schaltung EV3 (Bild 8.5) bei 9 V gut 1 W an den 4-Ω-Lautsprecher bringt, sind es in der Schaltung des Taschenempfängers (Bild 15.1) bei 4,5 V nur noch etwa 0,1 W an 8 Ω. Möglich werden diese unterschiedlichen Betriebsfälle durch die interne Arbeitspunktregelung. Gleiches gilt auch für den neuen Verstärker nach Bild 18.1 mit der IS A 210 K. Dieser Schaltkreis kann 5 W Sprechleistung liefern. Seine Innenschaltung stimmt nur vom Prinzip her mit der des 1-W-Verstärkers überein; zusätzlich enthält er noch eine Schutzschaltung gegen thermische Überlastung. Am Anschluß 9 wird die Betriebsspannung der Vorstufen mit C_{503} zusätzlich gesiebt, und die Verstärkungseinstellung erfolgt analog zur 1-W-IS mit Widerstand R_{502}.

Wir bauen die Schaltung auf eine Leiterplatte nach Bild 18.2 und verwenden — wie für AM1 — auch hier wieder eine 16polige IS-Fassung. Dabei beachten wir, daß die Anschlüsse 2, 3 und 15 der Fassung nicht gelötet werden. Sie ragen frei durch die auf der Leiterseite gut angefasten Bohrungen und dürfen keinen Kontakt mit der Kupferschicht bekommen. Beim Einsetzen des Schaltkreises denken wir daran, daß die Lage der Anschlüsse vom Stempelaufdruck des Kühlkörpers bestimmt wird; auf seiner Seite liegen die Stifte 9...16. Bild 18.3 zeigt die fertige Baugruppe EV4, an der wir mit 9 V Betriebsspannung als erste Funktionsprobe die Mittenspannung von 4,5 V am Pluspol von C_{509} und den Leerlaufstrom um 10 mA (nach einem größeren Einschaltstromstoß) messen.

Für den beabsichtigten Netzbetrieb kaufen wir einen Transformator mit möglichst 2 Sekundärwicklungen für 12 V und 0,5 A (M 55, 12 VA) und schalten auf dem Experimentierbrett ein Netzgerät nach Bild 18.4. Als Netzkabel verwenden wir ein handelsübliches mit angegossenem Netzstecker und eingebautem Schnurschalter. Über den Transformator stülpen wir ein passendes Holzgehäuse, damit ein versehentliches Berühren der Netzanschlüsse unter allen Umständen ausgeschlossen ist. Die im Bild 18.4 angegebene Spannung von 17 V am Graetzgleichrichter ist nur bei angeschlossenem NF-Verstärker EV4 und ohne NF-Ein-

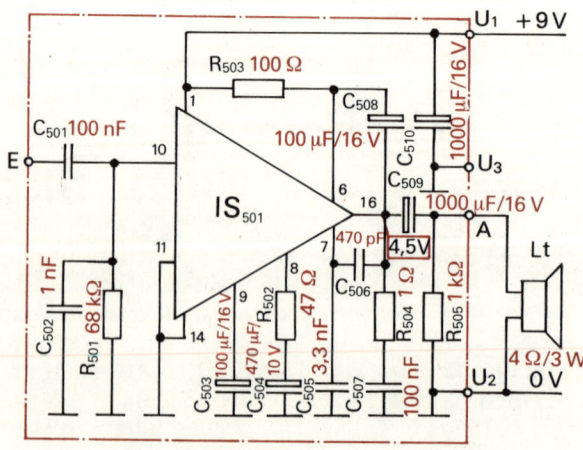

Bild 18.1 Stromlaufplan des Endverstärkers EV4 (IS_{501}: A 210K)

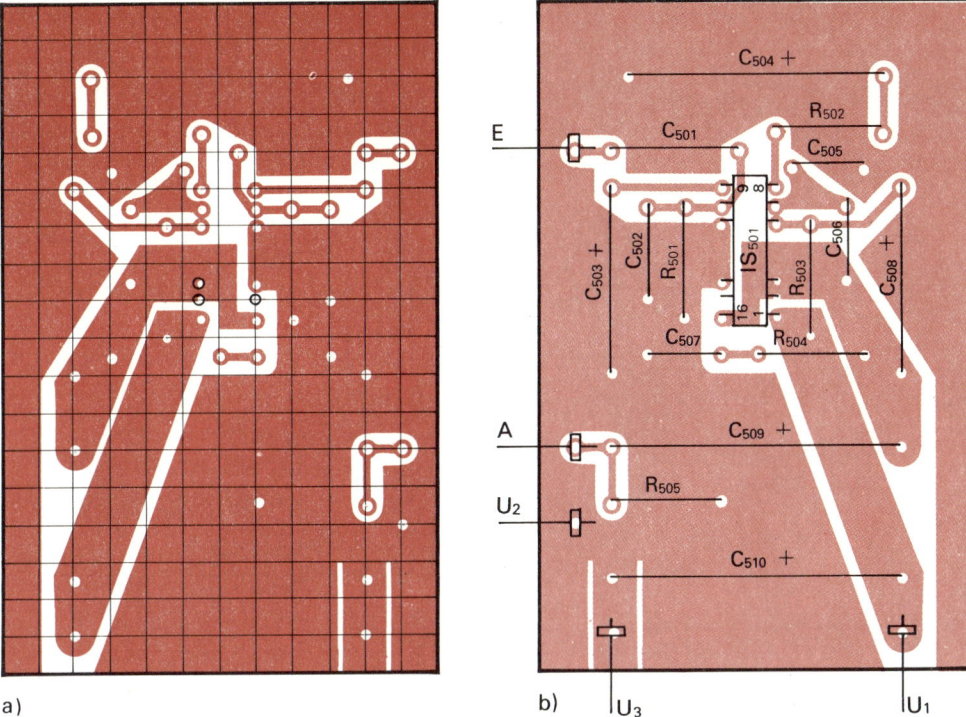

a)   b)

Bild 18.2   Leitungsführung (a) und Bestückungsplan (b) des Endverstärkers EV4

gangssignal meßbar. Auf EV4 befindet sich der Ladekondensator C_{510}, und mit steigender Ansteuerung geht die Spannung zurück.

Während der NF-Verstärker direkt an den Graetzgleichrichter angeschlossen wird, setzen wir die Betriebsspannung für den eigentlichen Empfänger AM1 mit einer Stabilisierungsschaltung auf 8...9 V herab. Transistor T_{601} arbeitet in Kollektorschaltung mit AM1 als Arbeitswiderstand; ZD_{601} hält seine Basisspannung konstant.

Um uns von der Notwendigkeit der beiden Masselötösen U_2 und U_3 auf EV4 zu überzeugen, schließen wir das Lautstärkepotentiometer, schalten die Netzspannung ab und verbinden das an U_3 liegende Massekabel des Netzteiles mit U_2. Nach dem Einschalten hören wir im Lautsprecher einen störenden Brummton, der eindeutig von der Netzfrequenz herrührt. Wir merken uns, daß in Netzgleichrichterschaltungen die Masseleitung auf direktem Wege vom Gleichrichter zum Lade-

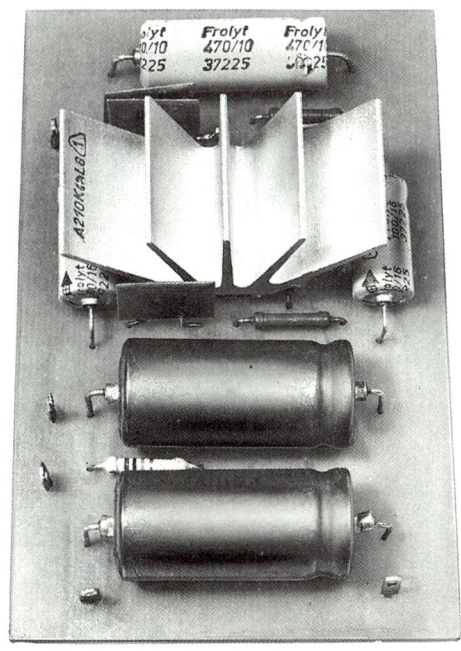

Bild 18.3   NF-Verstärker EV4 mit 5-W-IS

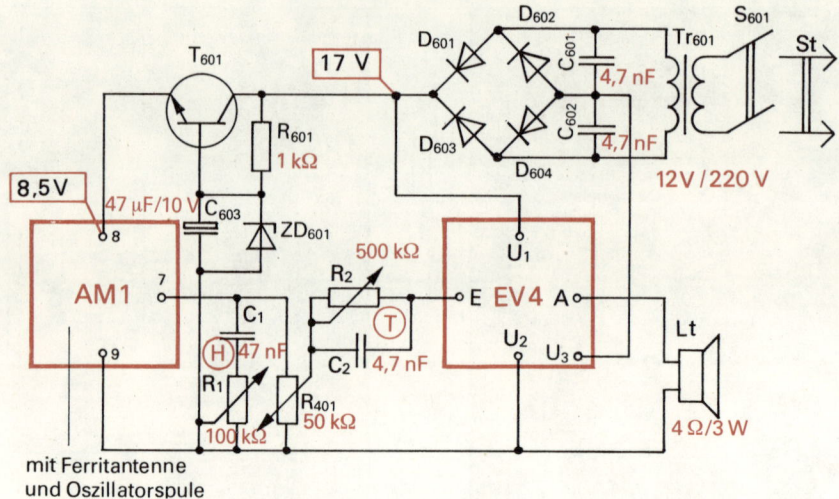

Bild 18.4 Die Netzteilschaltung für den Kofferempfänger
(D$_{601}$...D$_{604}$: SY 320/0,75, ZD$_{601}$: SZX 21/9,1, T$_{601}$: SF 126)

kondensator geführt werden muß und erst von dort zu den übrigen Schaltungsteilen gehen darf. Deshalb enthält die Leiterplatte EV4 auch die beiden Strombahnisolationen auf dem – wenn auch kurzen – Weg von U$_3$ zum Minuspolanschluß von C$_{510}$ und die besondere Masse-Lötöse U$_2$.

Für den Hörkomfort: die Klangeinstellung

Schon seitdem Tonverstärker gebaut werden, gehört die »Klangregelung« neben der hohen Sprechleistung mit zu den Qualitätsmerkmalen eines Verstärkers. In der Vergangenheit täuschte diese Potentiometerwelle mit dem Bedienkopf oft über die unzureichende innere Elektronik hinweg.

Im Bild 18.4 sind dazu die neuen Teilschaltungen R$_1$C$_1$ und R$_2$C$_2$ vorgesehen.

Einfache RC-Glieder als Klangblenden

Untersuchen wir zunächst den Einfluß von R$_1$C$_1$. R$_1$ sei auf Null gestellt, und C$_1$ = 47 nF liege direkt parallel zum Lautstärkepotentiometer R$_{401}$. Für eine Tonfrequenz von 100 Hz hat C$_1$ einen kapazitiven Blindwiderstand X$_{C1}$ = 34 kΩ. Je höher

der Ton wird, um so kleiner wird X$_{C1}$; bei 10 kHz beträgt er nur noch 340 Ω. Die hohen Frequenzen fließen dementsprechend über C$_1$ nach Masse ab. Mit Hilfe des Potentiometers R$_1$ können wir die *Höhenabschwächung* mehr oder weniger stark einstellen.

R$_2$C$_2$ bildet mit dem Eingangswiderstand von EV4 (näherungsweise R$_{501}$ = 68 kΩ) einen frequenzabhängigen Spannungsteiler. R$_2$ sei auf Größtwert gestellt und C$_2$ zunächst nicht vorhanden. Dann gelangt nur wenig mehr als ein Zehntel der am Lautstärkepotentiometer verfügbaren Tonspannung zum Eingang von EV4. Mit C$_2$ = 4,7 nF wird der hohe Vorwiderstand R$_2$ für die hohen Frequenzen überbrückt, da sein Blindwiderstand bei 10 kHz nur noch X$_{C2}$ = 3,4 kΩ beträgt – im Gegensatz zu 340 kΩ bei 100 Hz. Während also die Höhen verhältnismäßig wenig geschwächt zu EV4 gelangen, werden die Tiefen unterdrückt. Mit R$_2$ läßt sich der Grad der *Tiefenabschwächung* wieder wunschgemäß einstellen. Im Experiment überzeugen wir uns von der deutlichen Wirksamkeit beider Klangeinstellglieder, bemerken jedoch sehr bald die Unzulänglichkeit; eine vollwertige Klangeinstellung muß neben der Abschwächung auch die *Anhebung* der Höhen und Tiefen ermöglichen.

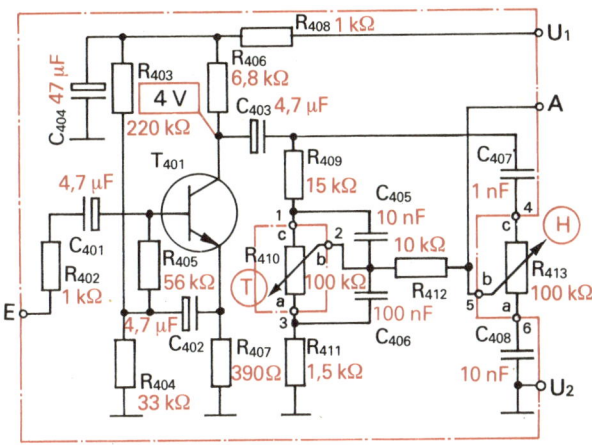

Bild 18.5   Stromlaufplan des Klangverstärkers KV (T_{401}: SC 237)

Klangeinstellnetzwerk mit Verstärker

Die eigentliche Klangeinstellschaltung im Bild 18.5 wird von den Bauelementen $R_{409}...R_{413}$ und $C_{405}...C_{408}$ gebildet. Mit dem *Tiefeneinsteller* R_{410} lassen sich Tonspannungen mit Frequenzen um 50 Hz nahezu sowohl auf ein Zehntel herabsetzen als auch auf das Zehnfache anheben. Ganz ähnlich wirkt der *Höheneinsteller* R_{413} auf Tonfrequenzen um 20 kHz. Widerstand R_{412} entkoppelt beide Teilschaltungen voneinander. Mit steigender Frequenz der Tiefen bzw. fallender der Höhen geht die Wirkung beider Teilschaltungen zurück; Tonfrequenzen um 1 kHz lassen sich nicht mehr beeinflussen.

Die Werte der einzelnen Bauelemente sind so bemessen, daß bei Mittelstellung beider Potentiometer die über C_{403} an das Einstellnetzwerk gelangende Tonspannung – unabhängig von der Frequenz – auf ein Zehntel herabgesetzt wird. Das ist auch der Grund, weshalb eine zusätzliche Verstärkerstufe notwendig wird. Ihr Basisspannungsteiler ist über einen geson-

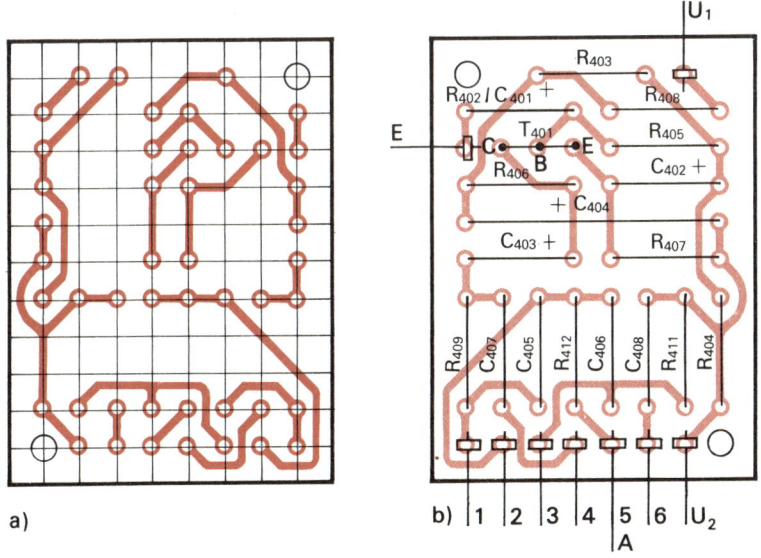

Bild 18.6   Leitungsführung (a) und Bestückungsplan (b) des Klangverstärkers KV

183

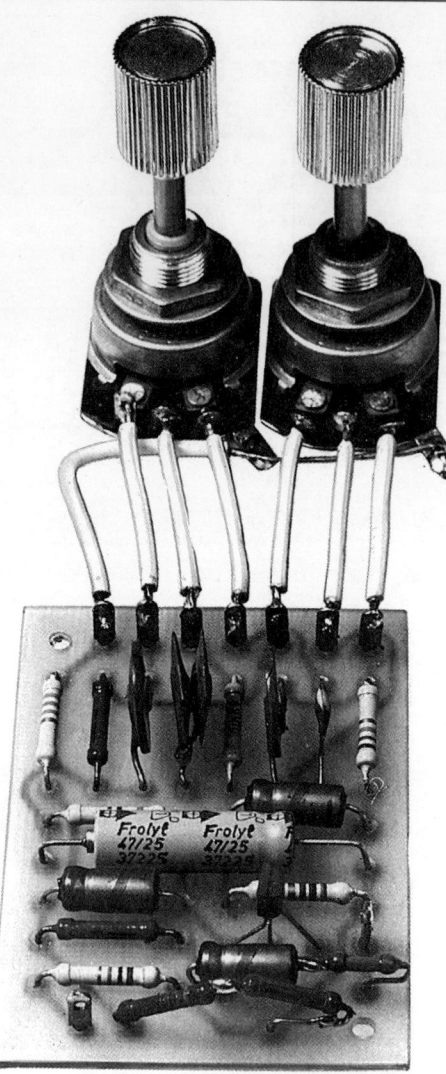

derten Widerstand R_{405} mit der Basis verbunden. Über ihn und C_{402} gelangt ein Teil der Wechselspannung vom Emitterwiderstand R_{407} wieder an die Basis zurück. Da die NF-Wechselspannung an Basis und Emitter gleiche Phasenlage hat, kommt es zu einer Mitkopplung, dadurch erhöht sich der Eingangswiderstand dieser Stufe ganz beträchtlich.

Wir bauen die Schaltung auf eine Leiterplatte nach Bild 18.6. Die richtige Arbeitspunktspannung stellen wir mit R_{403} ein. Bild 18.7 zeigt eine Ansicht des fertigen Klangverstärkers KV. Wir beziehen ihn zwischen den Mittelabgriff des Lautstärkepotentiometers R_{401} und den Eingang des NF-Verstärkers EV4 in den Empfängeraufbau ein. Seine Betriebsspannung von 9 V greifen wir ebenfalls am Emitter des Stabilisierungstransistors T_{601} ab.

Überlagerungsempfänger für MW und das 49-m-Band

Den Stromlaufplan des vollständigen Kofferempfängers sehen wir im Bild 18.8. Neu im Vergleich zu unserer Versuchsschaltung ist eine Reihe von z.T. mehrpoligen Umschaltern, für die wir handelsübliche Schiebetastenschalter auf gemeinsamem Halterahmen verwenden.

Betriebsartenwahl mit Schiebetastensatz

Bild 18.7 Die Leiterplatte des Klangeinstellnetzwerkes mit Verstärker

Die Tabelle gibt einen Überblick, welche Betriebsarten wählbar sind.

Schalter	Funktion	ungedrückt	gedrückt
S_{601}	Netzschalter	Aus	Ein
S_{602}	Batterieschalter	Netzbetrieb (Batterie Aus)	Batteriebetrieb (Batterie Ein)
S_{603}	Lampenschalter	Lampe leuchtet bei Netzbetrieb, aus bei Batteriebetrieb	Lampe leuchtet bei Batteriebetrieb, aus bei Netzbetrieb
S_{101}	Wellenschalter	49-m-Band	Mittelwelle
S_{401}	TA, TB	Rundfunkempfang, TB-Aufnahme	Verstärkerbetrieb, TB- u. TA-Wiedergabe

Die Betätigung eines Schiebetasten-schalters erfolgt durch Druck auf den Ta-stenknopf des Schaltschiebers, wonach ihn eine Anschlagleiste im eingedrückten Zustand festhält. Ein erneuter Druck führt zum Ausrasten, und der Schaltschieber kehrt durch Federkraft in die Ruhelage zurück. S_{601} (spezielle Netztaste), S_{602} und S_{603} müssen unabhängig voneinander zu betätigen sein, also eine eigene

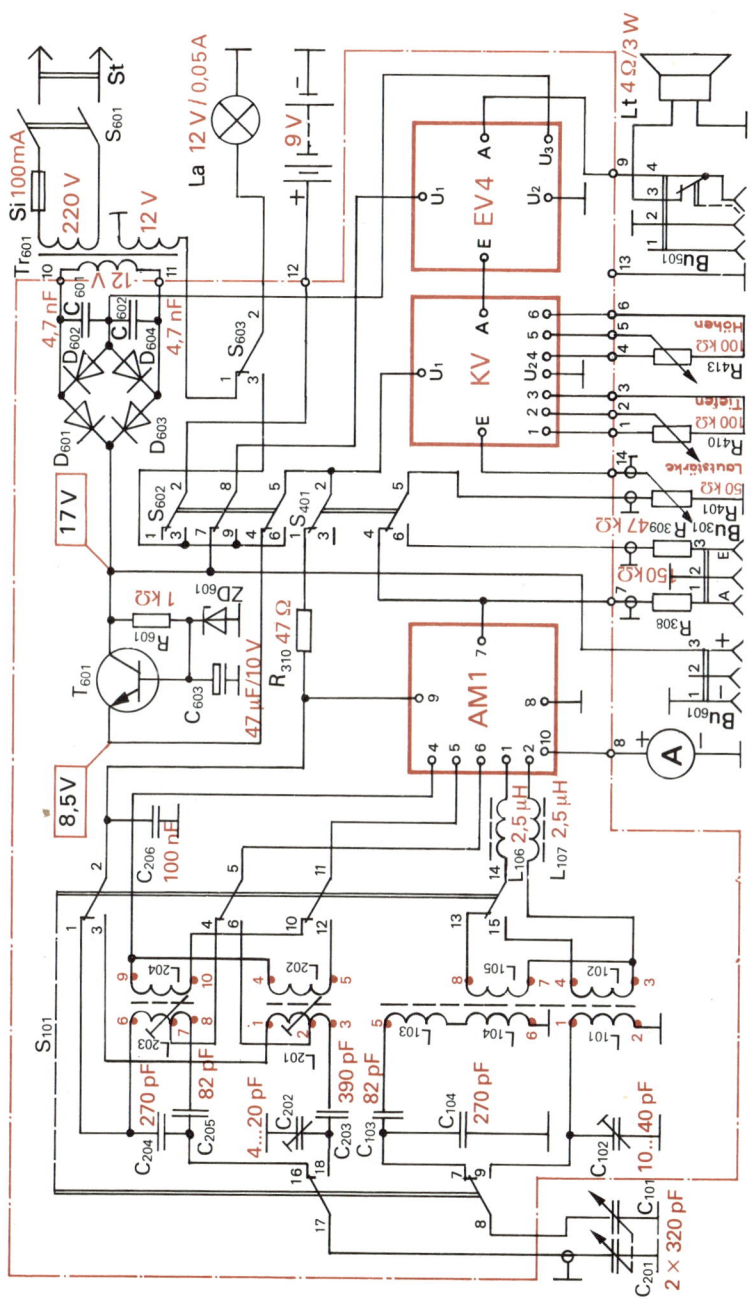

Bild 18.8   Stromlaufplan des Kofferempfängers
($D_{601}...D_{604}$: SY 320/0,75, ZD_{601}: SZX 21/9,1, T_{601}: SF 126)

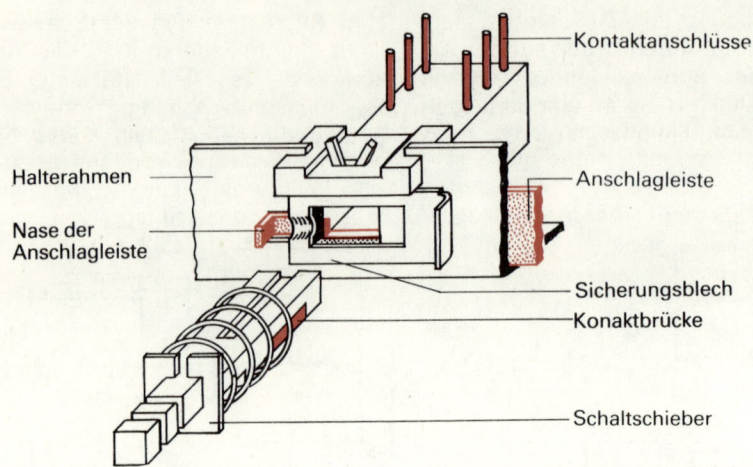

Bild 18.9 Konstruktiver Aufbau eines Schiebetastenschalters

Anschlagleiste haben, während S_{101}, S_{401} und ein Taster ohne Schalter miteinander gekoppelt sein dürfen; beim Drücken einer dieser Tasten springt die vorher gedrückte heraus.

Bild 18.9 verdeutlicht den grundsätzlichen Aufbau üblicher Schiebetastenschalter. Die Schaltschieber lassen sich herausnehmen, indem das Sicherungsblech samt Druckfeder angehoben, über die Nase der Anschlagleiste gezogen und dann die Nase der Anschlagleiste noch um etwa 1,5 mm weiter bis zum Anschlag geschoben wird. Dabei wird der Schieber freigegeben und von der Federkraft herausgedrückt, im Falle gekoppelter Schalter geschieht das mit allen Schiebern gleichzeitig. Die Schaltergehäuse lassen sich dann durch Zusammendrücken der gespreizten Blechnasen vom Halterahmen abziehen. So können wir die einzelnen Schalter in der benötigten Reihenfolge anordnen und die Schaltschieber wieder einbauen. Die Kontaktanschlüsse zählen wir gemäß Bild 18.10 vom Tastenknopf aus in Dreiergruppen wechselseitig.

Hat der Netztrafo keine zweite Sekundärwicklung für den Betrieb einer Skalenlampe, werden von S_{603} beide Umschalterebenen benötigt. Die Lampe liegt an den Kontakten 2 und 5, 1 und 4 gehen zur einzigen Sekundärwicklung, 3 geht (wie dargestellt) zu S_{602} und 6 nach Masse.

An der Diodenbuchse Bu_{301} kann ein Plattenspieler (TA) oder ein Tonbandgerät (TB) mittels Diodenkabel angeschlossen werden. Wir fertigen dieses aus zwei Diodensteckern und zwei abgeschirmten Leitungen; ein Mittelleiter kommt an die Stifte 1, der andere an 3. Das Abschirmgeflecht beider Leitungen löten wir an die Stifte 2 beider Stecker. In der gezeichneten Schalterstellung von S_{401} sind über R_{308} Tonbandaufnahmen bei gleichzeitigem Rundfunkempfang möglich; nach Umschalten können wir das gerade Aufgenommene über R_{309} und den NF-Verstärker mit KV und EV4 abspielen. In dieser Schalterstellung wird die Betriebsspannung von AM1 abgeschaltet. Widerstand R_{310} dient der Entkopplung zwi-

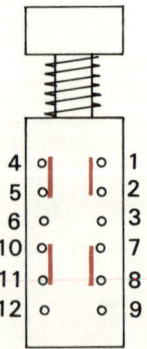

Bild 18.10 Kontaktnumerierung eines Schiebetastenschalters

schen AM 1 und dem NF-Teil bei Batteriebetrieb. Eine zweite Diodenbuchse Bu_{601} gestattet den Anschluß einer externen Gleichspannung von beispielsweise 12 V aus einem Kfz-Akkumulator. Der Lautsprecher vermag dann bereits gut 2,5 W Sprechleistung abzugeben. Im Bedarfsfall kann über die Lautsprecherbuchse Bu_{501} ein separater Außenlautsprecher, z. B. eine Kompaktbox von 4 Ω und 6 W, angeschlossen werden. Der eingebaute Lautsprecher wird dann abgeschaltet.

Wir bestücken die Leiterplatte des Kofferempfängers

Obwohl die Schaltung auch mit den bereits erprobten Bausteinen AM 1, KV und EV 4 realisierbar ist, empfiehlt sich doch der gemeinsame Aufbau dieser Teile samt Schaltersatz, Gleichrichter, Oszillatorspulen und Ferritantenne auf einer großen Leiterplatte nach Bild 18.11. Die Leitungsführung der drei Hauptbaugruppen entspricht weitgehend der in den Bildern 17.7, 18.2 und 18.6 dargestellten. Die *Leiterbreite* der Betriebsspannungsleitungen von EV 4 muß bei einer Kupferschichtdicke $d = 0,035$ mm, einer Strom-

dichte $J = 4 \cdot 10^6 \dfrac{A}{m^2}$ und einem Strom

$I = 0,42$ A bei Netzbetrieb

$$b = \frac{I}{J \cdot d} = \frac{0,42 \text{ A} \cdot m^2}{4 \cdot 10^6 \text{ A} \cdot 0,035 \text{ mm}} = 3 \text{ mm}$$

und bei Batteriebetrieb mit $I = 0,3$ A $b = 2$ mm betragen. Im Bestückungsplan erkennen wir rechts die Bauelemente von EV 4, darunter sind der Graetzgleichrichter und die Stabilisierungsschaltung angeordnet. Links daneben befindet sich KV mit spiegelbildlicher Anordnung im Vergleich zu Bild 18.6 und darüber AM 1. Wir beginnen mit dem Schiebetastensatz, dann folgen der Reihe nach die Baugruppen Gleichrichter, Stabilisator, EV 4 und KV samt Potentiometern R_{410} und R_{413}. Für erste Kontrollspannungsmessungen klemmen wir entweder die Anschlüsse der Sekundärspule des Netztransformators an die Lötösen 10 und 11, oder wir entnehmen die Betriebswechselspannung von 12 V dem Stromversor-

gungsgerät. Gegen Masse (Lötöse 13) müssen am Kollektor von T_{601} 17 V, am Emitter 8,5 V, am Pluspol von C_{509} 8,5 V und am Pluspol von C_{403} 4 V zu messen sein. Zwischen Ausgang A von KV und Eingang E von EV 4 verlegen wir auf kurzem Wege eine Leitung aus dünnem Schaltdraht, den Lautsprecher schließen wir vorläufig an die Lötösen 9 und 13. Berühren wir dann Lötöse 14, ertönt aus dem Lautsprecher ein lautes Brummen; diese »Fingerprobe« stellt eine Orientierung über den geschlossenen NF-Signalweg dar. Als nächste Baugruppe folgt AM 1. Den ZF-Vorabgleich nehmen wir so vor, wie das im letzten Abschnitt des Kapitels 17 beschrieben wurde. Die ZF-Einkoppelspule löten wir hier an die mit den Anschlüssen 1 und 2 von IS_{301} verbundenen Leiterzüge.

Anschließend bestücken wir die Leiterplatte mit den Oszillatorspulen. Die MW-Spule wickeln wir nach Bild 17.4 und kleben sie in Bohrung M, ihre Anschlüsse 1, 2 und 5 gehen direkt an den Wellenschalter S_{101}, 3 und 4 dagegen zur Leiterplatte. Für C_{202} verwenden wir hier einen Trimmer 4...20 pF, weil die Kapazität des Oszillatorkreises durch das höchstens 15 cm lange abgeschirmte Kabel zum Drehkondensator C_{201} merklich erhöht wird. Den *Oszillatorkreis für das 49-m-Band* berechnen wir ganz analog dem für Mittelwelle im Kapitel 16, Abschnitt »Berechnung eines Oszillator-Schwingkreises«. Mit $f_{Emin} = 5,85$ MHz, $f_{Emax} = 6,25$ MHz, $f_{Omax} = 6,705$ MHz und $L_E = 10$ μH (vgl. Kapitel 13, Abschnitt »Wir beginnen mit dem 49-m-Rundfunkband«) ermitteln wir $f_m = 6,05$ MHz (Abgleichpunkt in Skalenmitte), $n = 0,0752$, $a = 0,9$ und $L_0 = 9$ μH. Bei Verwendung des gleichen Spulenkörpers wie für die MW-Oszillatorspule sind dafür $N = 27$ Windungen erforderlich. Wir wickeln für L_{203} zweimal 15 Windungen aus CuL 0,3 in die oberen Kammern des Spulenkörpers mit einer Anzapfung nach 22 Windungen. Die Koppelspule L_{204} erhält 8 Windungen aus CuL 0,2. Das Wickelschema und die Anschlußnumerierung gehen aus Bild 18.12 hervor. Mit den üblichen Drehkondensatordaten berechnen wir weiter $C_{min} = 62,6$ pF, $C_{max} = 70,8$ pF,

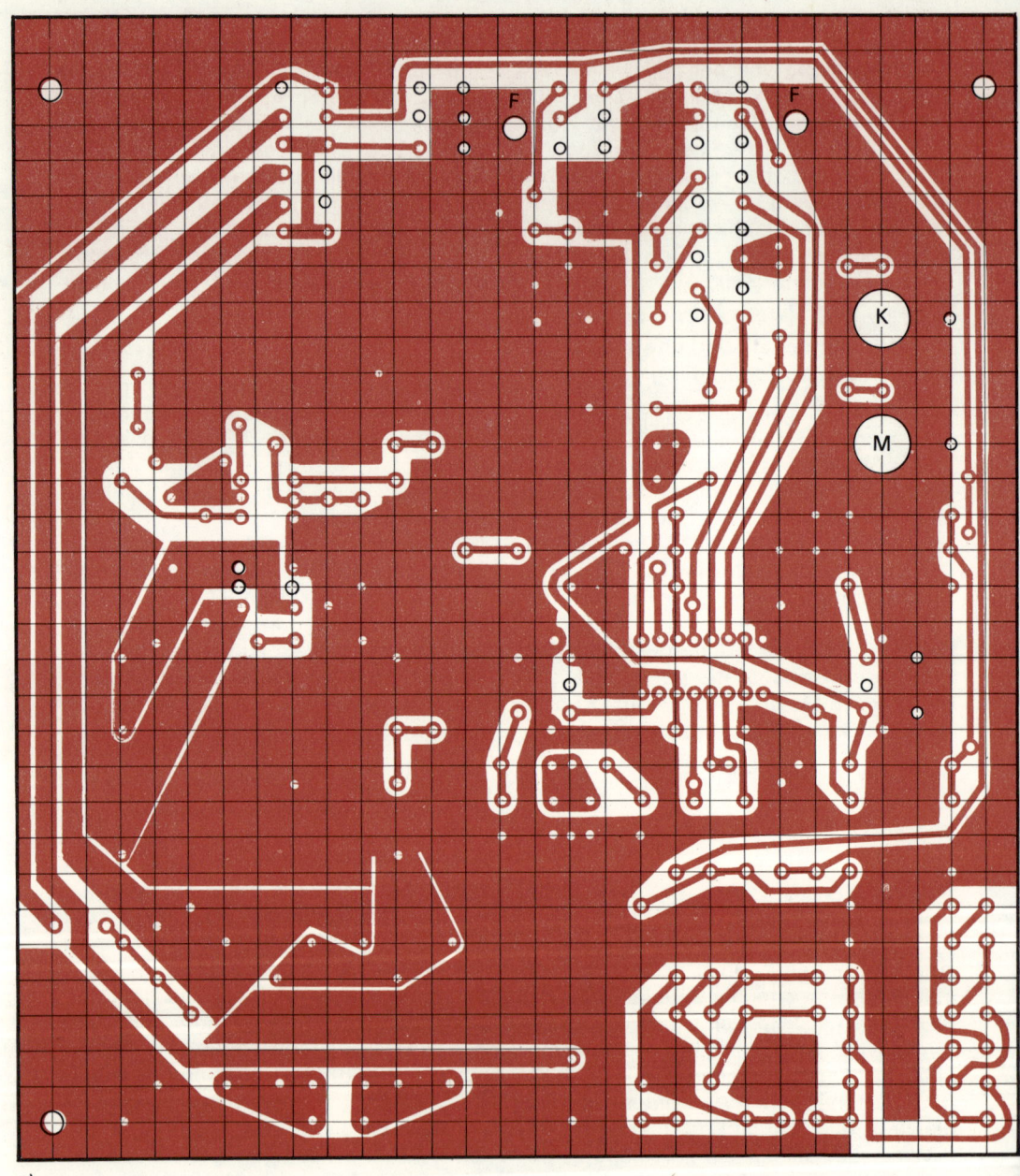

a)

Bild 18.11   Leitungsführung (a) und Bestückungsplan (b) der Leiterplatte AM2 des Kofferempfängers
Wie erkennen im Teilbild b) ganz oben von links nach rechts die Tasten für KW, MW, TA/TB, Skalenbeleuchtung, Batteriebetrieb und Netzbetrieb. Links neben der MW-Taste sind die Oszillatorspulen, rechts daneben die MW-Trimmer angeordnet. Darunter liegt die eigentliche Empfängerschaltung mit dem Schaltkreis A 244 D, rechts der NF-Verstärker mit dem Schaltkreis A 210 K. Unten sehen wir von links nach rechts das aktive Klangeinstellnetzwerk, den Graetzgleichrichter und schließlich die Stabilisierungsschaltung.

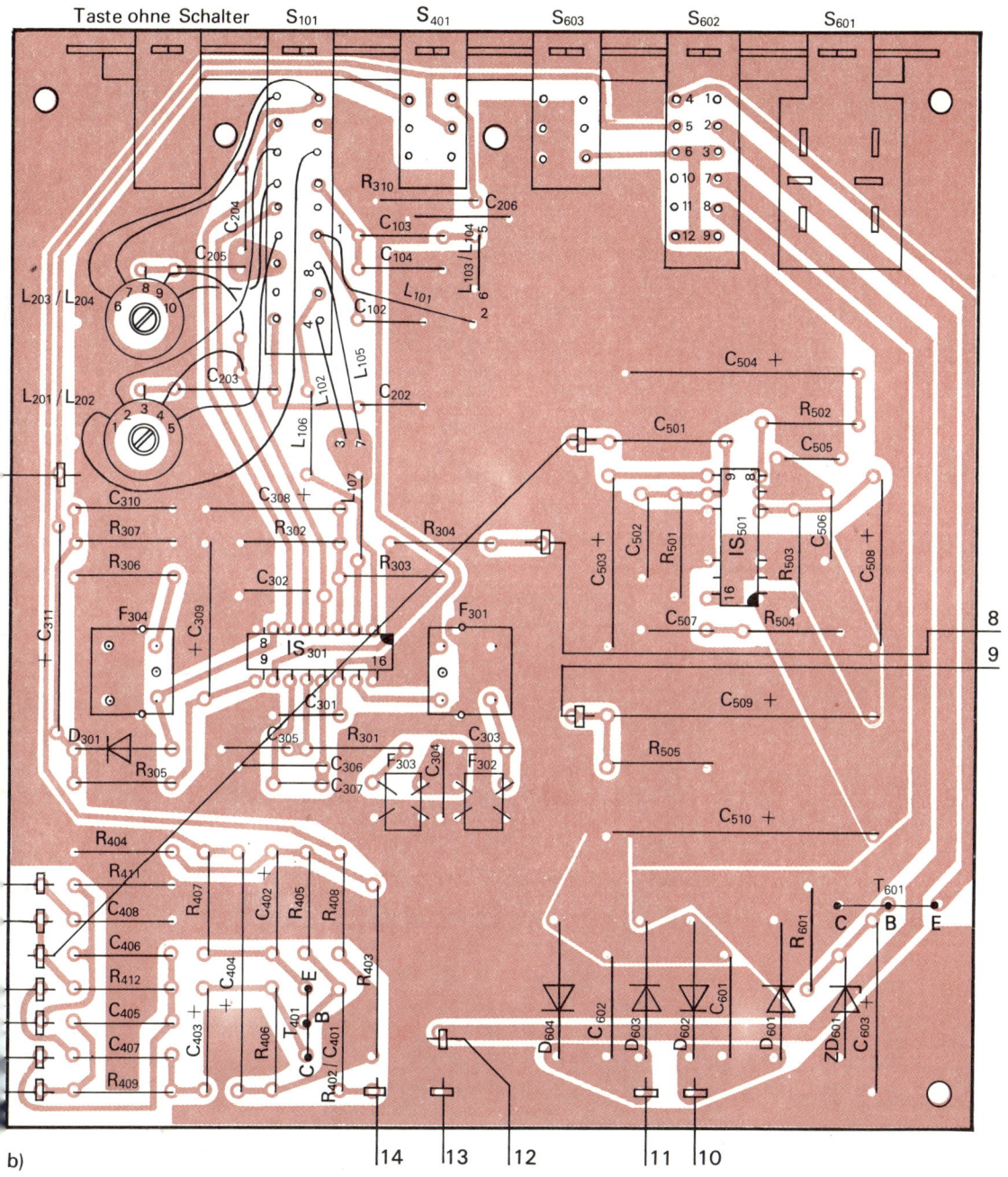

b)

$C_m = 8,2$ pF, $C_P = 266$ pF ($C_{204} = 270$ pF) und $C_R = 80,1$ pF ($C_{205} = 82$ pF). Damit gleicht der Oszillatorkreis kapazitätsmäßig genau dem Vorkreis; die um $f_{ZF} = 455$ kHz höhere Frequenz wird hier allein durch die kleinere Induktivität verwirklicht.

Die KW-Oszillatorspule kommt bei K auf die Leiterplatte. Ihre Anschlüsse 6, 7

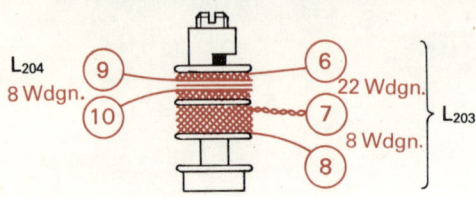

Bild 18.12   Wickelschema der Oszillatorspule für das 49-m-Band

und 10 gehen wieder direkt zu S_{101}, 8 und 9 zur Leiterplatte. Den Spulenkern stellen wir nun so ein, daß ohne Betriebsspannung die mit dem Dipmeter auszumessende Frequenz bei 7 MHz liegt. Dann ermitteln wir bei ungedrücktem Schalter S_{101} und anliegender Betriebsspannung auch die Schwingfrequenz mit dem Absorptionsfrequenzmesser. Der Zeigerausschlag ist zwar gering, die Oszillatorfrequenz läßt sich aber mit dem Spulenkern eindeutig auf 7 MHz einstellen.

Verbliebe abschließend noch die Ferritantenne, zu deren Aufbau im Kapitel 14 alles Notwendige erwähnt ist. Die Stabhalterungen müssen 35 mm anstatt 20 mm lang sein. Die Anschlüsse 1, 4 und 8 führen wir direkt zu S_{101}, 2, 3, 5, 6 und 7 gehen zur Leiterplatte. Bild 18.13 zeigt eine Ansicht der bestückten Platine AM 2.

Bild 18.13   Bestückte Leiterplatte AM2 für den Kofferempfänger

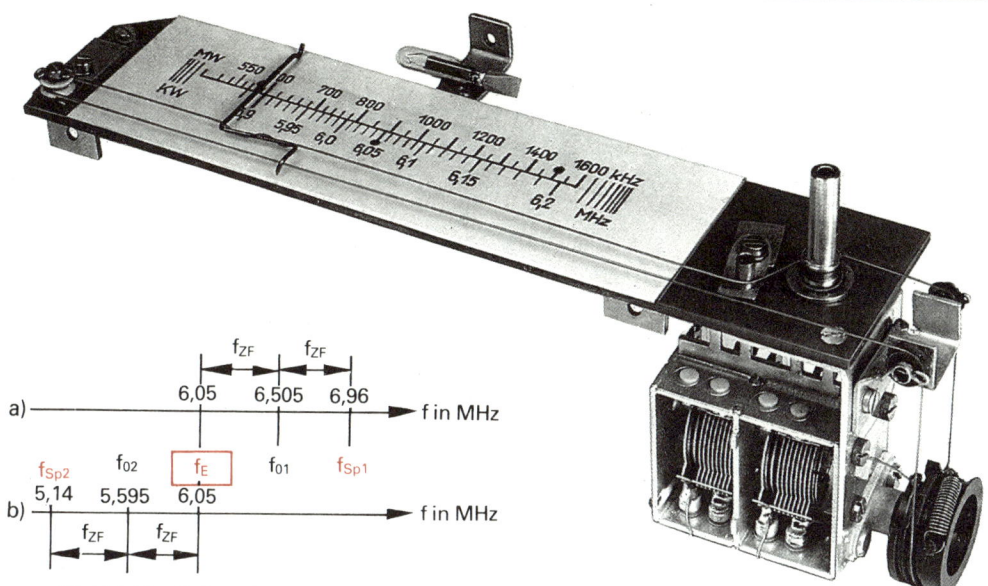

Bild 18.14 Spiegelfrequenzkontrolle zum Oszillatorabgleich im 49-m-Band: a) richtiger Abgleich, b) falscher Abgleich

Bild 18.15 Ansicht des Skalentriebes für den Kofferempfänger

Abgleich des Kofferempfängers

Bevor wir die Leiterplatte in das Gehäuse einbauen, empfiehlt sich ihr Abgleich — natürlich mit angeschlossenem NF-Teil zur akustischen Kontrolle. Das Lautstärkepotentiometer R_{401} sowie der Oszillatordrehko C_{201} sind über abgeschirmte Leitungen, der Vorkreisdrehko C_{101} und das Indikatorgerät mit einfachem Schaltdraht an die entsprechenden Lötösen oder Schalterstifte anzuschließen. Bei gedrücktem Schalter S_{101} folgt dann zuerst der Abgleich des Mittelwellenbereiches, wie er im Kapitel 16 und im letzten Abschnitt des Kapitels 17 beschrieben ist. Der Resonanzfrequenzmesser arbeitet in Schalterstellung D als HF-Generator, und wir gleichen jeweils nach maximalem Zeigerausschlag des Empfänger-Indikatormeßgerätes ab. Am Ende sind auch die beiden LC-ZF-Kreise F_{301} und F_{304} noch einmal nachzustellen.

Für den Abgleich des 49-m-Bandes öffnen wir S_{101} durch Drücken der Taste ohne speziellen Schalter und stellen am Dipmeter die Bandmittenfrequenz von 6,05 MHz ein. Die Rotoren des Abstimmdrehkondensators stehen etwa in der Mitte zwischen den Anschlägen. Da der Oszillatorkreis bereits auf 7 MHz vorabgeglichen wurde, er in Bandmitte aber auf $f_0 = f_E + f_{ZF} = 6{,}05\,\text{MHz} + 0{,}455\,\text{MHz} = 6{,}505$ MHz schwingen muß, drehen wir nun den Kern von L_{203} weiter in die Spule hinein, bis das Indikatorgerät Maximum anzeigt. Dann gleichen wir auch noch den Vorkreis durch Verschieben der beiden Teilspulen L_{103} und L_{104}/L_{105} auf dem Ferritstab nach größtem Zeigerausschlag des Indikators ab (vgl. auch »Abgleich eines Zweikreisempfängers« im Kapitel 14).

Um sicher zu gehen, daß der Oszillator auch tatsächlich oberhalb der Eingangsfrequenz schwingt, führen wir noch eine *Spiegelfrequenzkontrolle* durch. Der Empfänger bleibt unverändert auf Bandmitte abgestimmt, und wir vergrößern langsam die Frequenz am Dipmeter. Zeigt das Indikatorgerät des Empfängers bei $f_{Sp1} = f_E + 2\,f_{ZF} = 6{,}05\,\text{MHz} + 2 \cdot 0{,}455\,\text{MHz} = 6{,}96\,\text{MHz}$ ein zweites, etwas geringeres Maximum an, liegt die Oszillatorfrequenz entsprechend Bild 18.14a richtig bei 6,505 MHz. Haben wir dagegen durch irgendeine Unachtsamkeit den Kern der Oszillatorspule etwas zu weit eingedreht, kann der Oszillator unterhalb der Ein-

191

gangsfrequenz schwingen. Dieser Fehler liegt vor, wenn das Dipmeter nicht bei f_{Sp1} sondern $f_{Sp2} = f_E - 2 \cdot f_{ZF} = 5{,}14\,\text{MHz}$ das geringere Maximum erzeugt. Dann muß der Kern wieder entsprechend weit genug aus der KW-Oszillatorspule herausgedreht werden.

Endmontage

Ihr Verlauf hängt weitgehend vom speziellen Gehäuse ab, so daß hier nur einige allgemeingültige Hinweise gegeben werden können. Im Bild 18.15 sehen wir den Skalentrieb des Musteraufbaus, der im Gegensatz zu dem des Resonanzfrequenzmessers im Kapitel 12 eine besondere Antriebswelle hat. Wir können diese entsprechend Bild 18.16 aus einem defekten Potentiometer mit 6-mm-Welle herstellen; die Wickeltrommel aus einem passenden Rohrstückchen löten oder kleben wir auf die Welle. Das Skalenseil

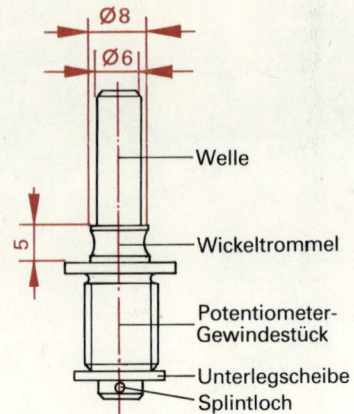

Bild 18.16   So können wir die Skalenseil-Antriebswelle aufbauen

Bild 18.17   Bei ausgeklappter Leiterplatte lassen sich die letzten Drahtverbindungen sehr einfach anbringen.

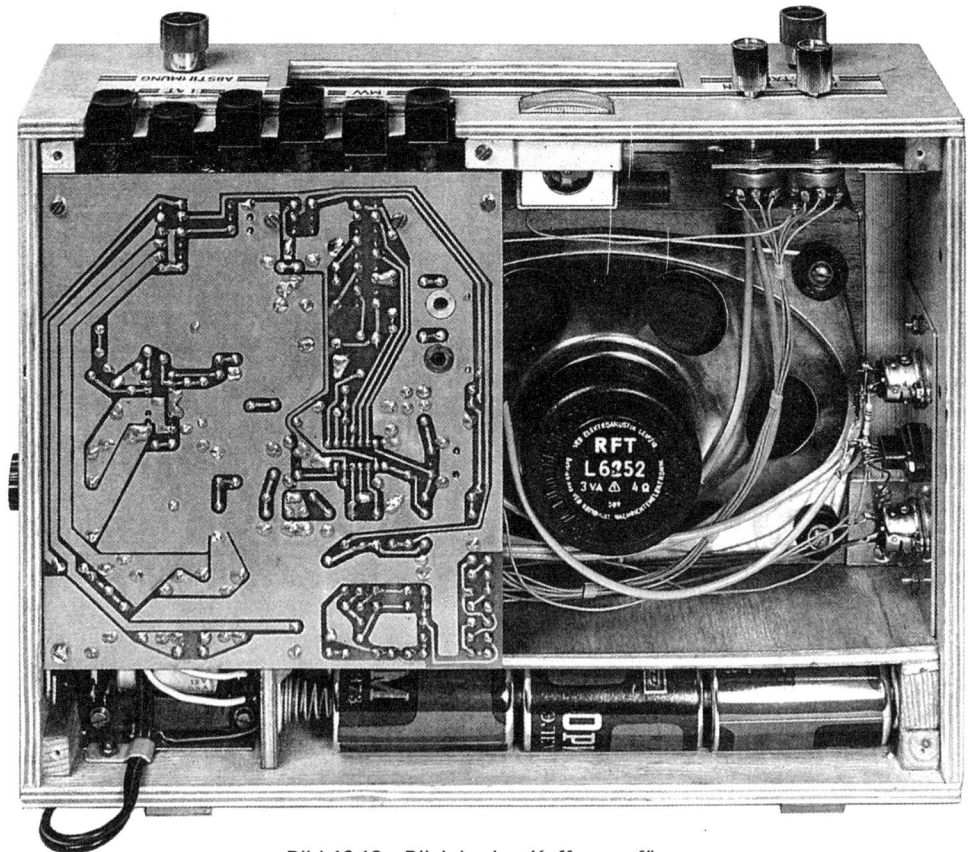

Bild 18.18   Blick in den Kofferempfänger

wird vier- bis fünfmal um die Trommel gewickelt, Windung neben Windung liegend. Eine kleine Zugfeder sorgt für die notwendige Spannung des Skalenseils. Die Skalenlampe bringen wir so an, daß auch das Indikatorgerät beleuchtet wird. Für die Frequenzmarken der Skale verwenden wir den Resonanzfrequenzmesser nur als Orientierung; erforderliche Korrekturen erfolgen anhand unserer Senderfrequenzliste. Im 49-m-Band werden regelmäßig Frequenzhinweise gegeben: Radio Wien arbeitet z. B. auf 6155 kHz, Radio Berlin International auf 6115 kHz.

Die Leiterplatte bauen wir am besten schwenkbar ein, weil dann sowohl die Aufbauverdrahtung als auch unter Umständen notwendige Reparaturen unproblematisch sind. Eine Möglichkeit der speziellen Ausführung sehen wir im

Bild 18.17. Beim Verlegen der Masseleitungen achten wir darauf, daß keine »Schleifen« (Parallelschaltungen) – auch nicht über die Massefläche der Leiterplatte – entstehen. Zentraler Massepunkt ist Lötöse 13. Von hier führen fünf Litzendrähte zum Drehkondensator, zum Lautsprecher, zum Buchsenbrett und den Buchsen Bu_{301} und Bu_{501}, zur Minuspolfeder im Batteriefach und zur Lampenwicklung des Netztransformators. Vom Lautsprecher geht eine Masseleitung zu Bu_{601}, vom Buchsenbrett zum Potentiometerblech und weiter zum Indikatorgerät sowie vom Transformator zur Skalenlampe. Die Leitungen zu den beiden Klangeinstellpotentiometern dürfen in einem Kabelbaum verlegt werden; für den Anschluß des Lautstärkepotentiometers, der TA/TB-Buchse und des Oszillatordrehkondensators verwenden wir abge-

Bild 18.19   Die Bedienungsseite des Kofferempfängers

schirmtes Kabel. Das für den Drehko darf im Interesse geringer Kapazität nicht länger als 15 cm sein.

Sollte sich beim Einschwenken der Leiterplatte die Abstimmung im KW-Band merklich ändern, ist der Abstand zwischen Oszillatorspule und Lautsprechermagnet zu klein. Dann sind die Spulen in Richtung Magnet mit einem Winkel aus 1 mm dickem Eisenblech abzuschirmen. Im Mustergerät ist er 35 mm lang, 25 mm hoch, und die abgewinkelte Fläche ist 20 mm breit. Sie erhält im Abstand von 17,5 mm zwei Bohrungen zum Nachstellen der Spulenkerne. Durch das Blech vergrößert sich die Induktivität der Oszillatorspulen, so daß die Kerne etwas herausgedreht werden müssen. Zum Schluß kontrollieren wir noch einmal den gesamten Abgleich. Bild 18.18 gestattet einen Bliok in den fertigen Aufbau, Bild 18.19 zeigt die Deckplatte unserer ehemaligen Lautsprecherbox, auf der alle Bedienelemente angeordnet sind.

Ein Wort zum Schluß

Unser gemeinsamer Streifzug durch das Gebiet der Rundfunktechnik ist beendet. Er war hoffentlich weder langweilig noch zu anstrengend, auch wenn an manchen Stellen vor dem Experimentieren oder Bauen ein wenig gerechnet werden mußte – Theorie und Praxis bilden eine untrennbare Einheit. Keine von beiden darf überbetont oder vernachlässigt werden – nur in der gegenseitigen Wechselwirkung können sich beide weiterentwikkeln.

Wer sich näher mit den Grundlagen der Elektrotechnik oder auch der Hochfrequenztechnik befassen möchte, findet im Literaturverzeichnis eine Reihe von Fachbüchern. Sie gaben auch dem Autor vielfältige Anregungen und Informationen. Die gegenwärtig nicht im Handel erhältlichen Bücher besorgt uns die Volksbücherei oder eine wissenschaftliche Bibliothek, zu deren Benutzer jeder Funkamateur oder angehende HF-Techniker zählen sollte.

Alle in diesem Buch beschriebenen Geräte sind vom Verfasser gebaut und erprobt worden. Beschreibungen, Zeichnungen, Stromlaufpläne und nicht zuletzt die Fotos vermitteln alle erforderlichen Zusammenhänge. Damit dürfte die Gewähr für einen erfolgreichen Nachbau gegeben sein. Der schöpferischen Phantasie des Lesers sind jedoch keine Grenzen gesetzt, Verbesserungsvorschläge sind willkommen.

Für das weitere schöpferische Arbeiten

auf dem begonnenen Weg ist es außerordentlich wichtig – und das vorliegende Buch möchte mit dazu beitragen –, nur das zu bauen, was in seiner naturwissenschaftlichen Grundlage verstanden worden ist. Nur dann können Fehlerquellen erkannt und beseitigt und neue, bessere Lösungen gefunden werden. Das ist zwar schwieriger als rezeptartiges Nachbauen, für das Vorwärtskommen aber unerläßlich.

Allen, die beim Zustandekommen des vorliegenden Buches mitgeholfen haben, sei an dieser Stelle recht herzlich gedankt. Dieser Dank gilt besonders dem Direktor des Industrie-Instituts der Technischen Universität Dresden, Herrn Prof. Dr. Harry Meißner, der dem Vorhaben stets fördernd gegenüberstand. Ebenso spreche ich meinen Dank Herrn Oberingenieur Karl-Heinz Schubert als Gutachter für seine wertvollen Anregungen zur Verbesserung des Manuskripts, Herrn Lutz Liebert für die guten fotografischen Arbeiten und meiner Frau Ruth für ihr Verständnis aus.

Dresden, im Herbst 1986

Dr. sc. paed. Lothar König

Empfehlenswerte Literatur

Ausborn, W.: Elektronik-Bauelemente. 7. Aufl., VEB Verlag Technik, Berlin 1981

Autorenkollektiv: Elektronisches Jahrbuch für den Funkamateur. Herausgegeben von K.-H. Schubert. Militärverlag der DDR, Berlin, ab 1965 jährlich

Autorenkollektiv: electronicum. Militärverlag der DDR, Berlin 1976

Autorenkollektiv: Radio, Fernsehen, Fono. 3. Aufl., VEB Verlag Technik, Berlin 1978

Backe, H., und König, L.: Elektrotechnik und Elektronik selbst erlebt. 2. Aufl. der Neubearbeitung, Urania-Verlag, Leipzig/Jena/Berlin 1980

Brauer, H.: Einseitenbandtechnik. Militärverlag der DDR, Berlin 1984

Conrad, W.: Elektronik. Funktechnik. 4. Aufl., VEB Bibliographisches Institut, Leipzig 1979

Finke, K.-H.: Bauteile der Unterhaltungselektronik. 2. Aufl., VEB Verlag Technik, Berlin 1982

Fischer, H.-J., und Schlegel, W. E.: Transistor- und Schaltkreistechnik. 2. Aufl., Militärverlag der DDR, Berlin 1981

Funke, R., und Liebscher, S.: Grundschaltungen der Elektronik. 10. Aufl., VEB Verlag Technik, Berlin 1983

Klemm, H.: Rundfunkempfänger. 2. Aufl., VEB Verlag Technik, Berlin 1984

König, L.: Tontechnik selbst erlebt. 2. Aufl., Urania-Verlag, Leipzig/Jena/Berlin 1986

Kronjäger, O.: Amateurtechnik. Militärverlag der DDR, Berlin 1973

Kühn, E., und Schmied, H.: Integrierte Schaltkreise. 3. Aufl., VEB Verlag Technik, Berlin 1976

Kühne, H.: Schaltungspraxis für Meßgeräte. Militärverlag der DDR, Berlin 1984

Liebscher, S., u. a.: Rundfunk-, Fernseh-, Tonspeichertechnik. 2. Aufl., VEB Verlag Technik, Berlin 1983

Markert, C.: Schaltpläne und Schaltzeichen in der Elektrotechnik/Elektronik. VEB Verlag Technik, Berlin 1986

Millner, E.: Katodenstrahl-Oszillographen. 2. Aufl., VEB Verlag Technik, Berlin 1969

Möschwitzer, A.: Elektronische Halbleiterbauelemente, Bauelemente der Informations- und Leistungselektronik. 4. Aufl., VEB Verlag Technik, Berlin 1982

Möschwitzer, A., und Köstner, R.: Elektronische Schaltungstechnik. 3. Aufl., VEB Verlag Technik, Berlin 1985

Möschwitzer, A.: Formeln der Elektrotechnik und Elektronik. VEB Verlag Technik, Berlin 1986

Möschwitzer, A., und Lunze, K.: Halbleiterelektronik: Lehrbuch. 6. Aufl., VEB Verlag Technik, Berlin 1984

Pabst, B., und Finke, K.-H.: Rundfunk- und Fernsehbauteile mit Bauteilen der Elektroakustik. 3. Aufl., VEB Verlag Technik, Berlin 1977

Pitsch, H.: Einführung in die Rundfunkempfangstechnik. 5. Aufl., Akademische Verlagsgesellschaft, Leipzig 1969

Pitsch, H.: Lehrbuch der Funkempfangstechnik, 2 Bände. 4. Aufl., Akademische Verlagsgesellschaft, Leipzig 1964

Rothammel, K.: Antennenbuch. 10. Aufl., Militärverlag der DDR, Berlin 1984

Rumpf, K.-H.: Bauelemente der Elektronik. 12. Aufl., VEB Verlag Technik, Berlin 1985

Schubert, K.-H.: Das große Radiobastelbuch. 5. Aufl., Militärverlag der DDR, Berlin 1980

Schlenzig, K., und Oettel, R.: Das große Bauplan-Bastelbuch. Militärverlag der DDR, Berlin 1976

Streng, K. K.: abc der Stromversorgungstechnik. Militärverlag der DDR, Berlin 1973

Tafelanhang

Tafel 1   Unsere Standardwinkel

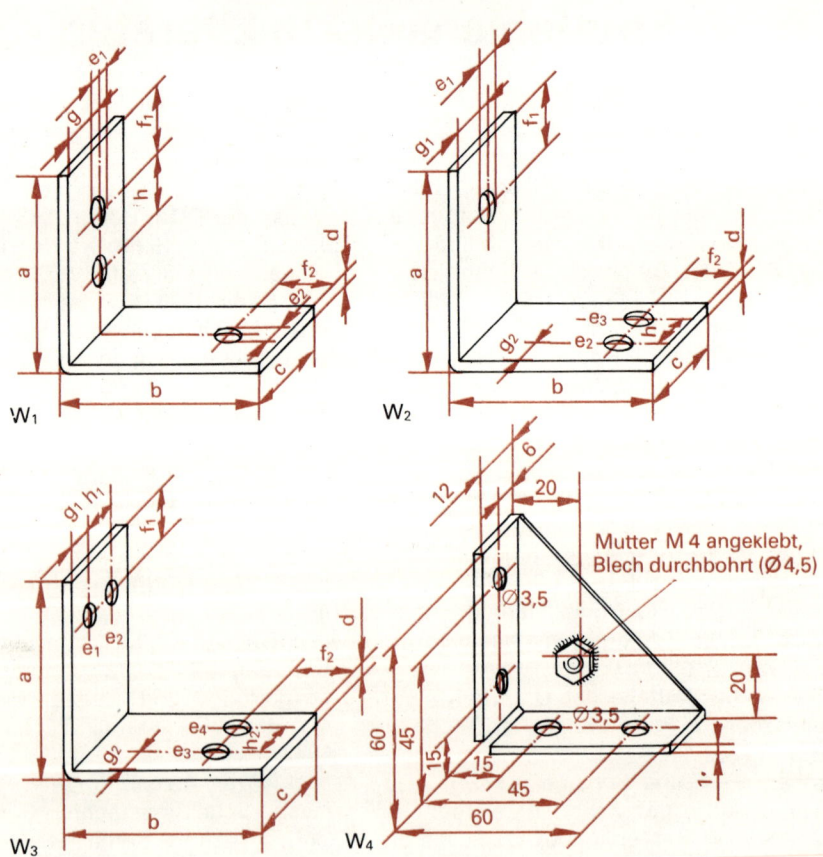

Tafel 2 Internationale Farbkennzeichnung für Schichtwiderstände und Kondensatoren

Farbe des Ringes[1]	1. u. 2. Ring	3. Ring	4. Ring	5. Ring[3]
	1. und 2. Ziffer	Multi-plikator[2]	Toleranz	Kondensator-spannung in V
Schwarz	0	1		—
Braun	1	10	$\pm$ 1%	100
Rot	2	10^2	$\pm$ 2%	200
Orange	3	10^3		300
Gelb	4	10^4		400
Grün	5	10^5		500
Blau	6	10^6		600
Violett	7	10^7		700
Grau	8	10^8		800
Weiß	9	10^9		900
Gold	—	10^{-1}	$\pm$ 5%	1 000
Silber	—	10^{-2}	$\pm$10%	2 000
ohne	—	—	$\pm$20%	500

[1] oder Punktes
[2] bei Widerständen Grundeinheit 1 Ω, bei Kondensatoren 1 pF
[3] 5. Ring nur bei Kondensatoren

Beispiele: Widerstand   Kondensator

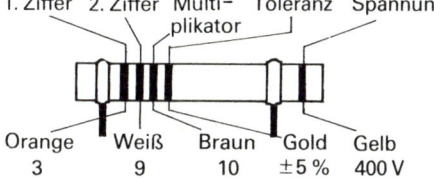

1. Ziffer	2. Ziffer	Multiplikator	Toleranz
Rot	Violett	Orange	Silber
2	7	10^3	$\pm$ 10 %

$= 27 \cdot 10^3 \,\Omega / \pm 10 \,\%$
$= 27 \,k\Omega / \pm 10 \,\%$

1. Ziffer	2. Ziffer	Multi-plikator	Toleranz	Spannung
Orange	Weiß	Braun	Gold	Gelb
3	9	10	$\pm$5 %	400 V

$= 39 \cdot 10 \,pF / \pm 5 \,\% / 400 \,V$
$= 390 \,pF / 400 \,V / \pm 5 \,\%$

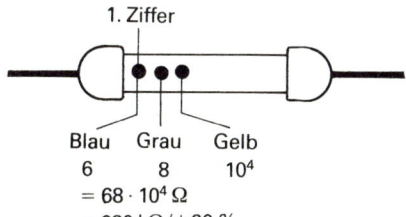

1. Ziffer

Blau	Grau	Gelb
6	8	10^4

$= 68 \cdot 10^4 \,\Omega$
$= 680 \,k\Omega / \pm 20 \,\%$

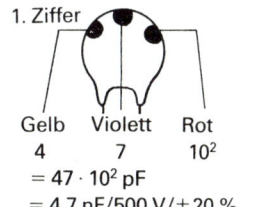

1. Ziffer

Gelb	Violett	Rot
4	7	10^2

$= 47 \cdot 10^2 \,pF$
$= 4,7 \,nF / 500 \,V / \pm 20 \,\%$

Tafel 3 Spezifischer Widerstand

Material	ϱ in Ωm	Material	ϱ in Ωm
Silber	$16 \cdot 10^{-9}$	Eisen	$0,12 \cdot 10^{-6}$
Kupfer	$17,5 \cdot 10^{-9}$	Manganin	$0,40 \cdot 10^{-6}$
Aluminium	$30 \cdot 10^{-9}$	Nickelin	$0,42 \cdot 10^{-6}$
Wolfram	$55 \cdot 10^{-9}$	Konstantan	$0,50 \cdot 10^{-6}$
Messing	$75 \cdot 10^{-9}$	Chromnickel	$1,0 \cdot 10^{-6}$

Tafel 4   Relative Dielektrizitätskonstante

Material	ε_r
Epsilan 7000	7000
Condensa F	80
Condensa N	40
Tempa X	30
Tempa S	14
Aluminiumoxid	8,5
Calit	6,5
Glas und Glimmer	5 ...8
Hartpapier	3,5...6
Schellack	2,7...3,7
Polystyrol (Styroflex)	2,4
Papier	1,5...2,5
Luft	≈ 1

Tafel 5   Relative Permeabilität

Material	μ_r
Permalloy	50 000
Hyperm	10 000
Transformatorenblech	7 600
Nickel	500
Chrom	1,00026
Zinn	1,000002
Luft	≈ 1
Kupfer	0,999992
Zink	0,99999

Tafel 6:   Korrekturfaktor aus dem Durchmesser–Länge–Verhältnis zur Induktivitäts-
berechnung einlagiger Zylinderspulen

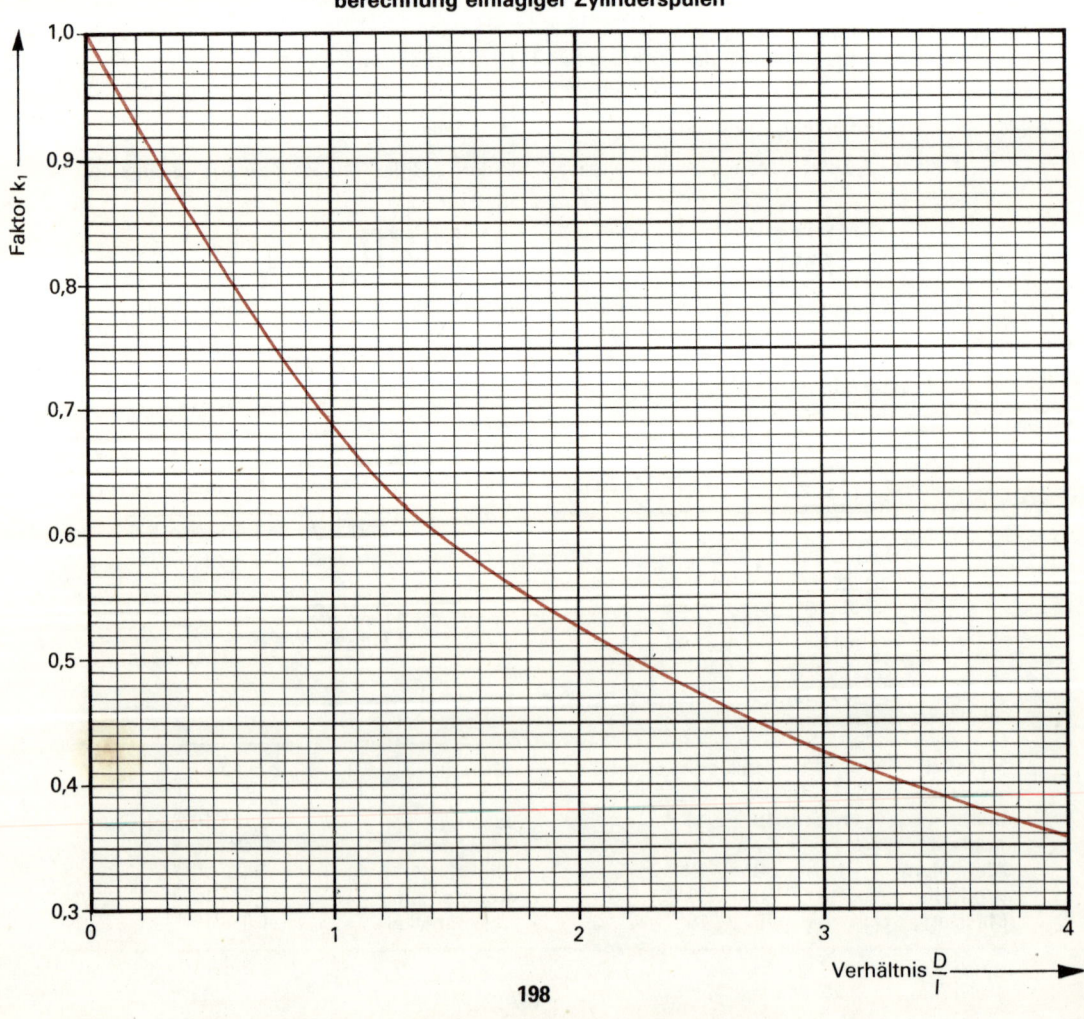

Tafel 7 Daten für Kupferlackdraht (CuL)

Durchmesser (blank) in mm	Durchmesser (lackisoliert) in mm	Querschnitt in mm^2	Höchststrom in A für einen freien Draht $\left(J = 4\ \dfrac{A}{mm^2}\right)$	Spulendraht $\left(J = 2{,}55\ \dfrac{A}{mm^2}\right)$
0,05	0,062	0,0020	0,008	0,005
0,08	0,095	0,0050	0,020	0,013
0,10	0,115	0,0079	0,032	0,020
0,15	0,17	0,0177	0,071	0,045
0,20	0,22	0,0314	0,126	0,080
0,25	0,27	0,0491	0,196	0,125
0,30	0,33	0,0707	0,283	0,180
0,35	0,38	0,0962	0,385	0,245
0,40	0,43	0,126	0,504	0,321
0,45	0,48	0,159	0,636	0,405
0,50	0,54	0,196	0,784	0,500
0,55	0,59	0,238	0,952	0,607
0,60	0,64	0,283	1,13	0,722
0,65	0,69	0,332	1,33	0,847
0,70	0,74	0,385	1,54	0,982
0,75	0,79	0,442	1,77	1,13
0,80	0,84	0,503	2,01	1,28
0,85	0,90	0,567	2,27	1,45
0,90	0,95	0,636	2,54	1,62
0,95	1,00	0,709	2,84	1,81
1,00	1,05	0,785	3,14	2,00
1,10	1,16	0,950	3,80	2,42
1,20	1,26	1,13	4,52	2,88
1,30	1,36	1,33	5,31	3,38
1,40	1,46	1,54	6,16	3,92
1,50	1,56	1,77	7,07	4,51

Tafel 8 Daten der Eisenkerne für Transformatoren

a) Eisenkerne mit M-Schnitt

Bezeichnung	M 42	M 55	M 65	M 74	M 85a	M 85b	M 102a	M 102b
Maximale Leistung in W	4	12	25	50	70	100	120	180
Eisenquerschnitt in cm^2	1,8	3,4	5,4	7,4	9,4	13	12	18
Blechbreite, -höhe in mm	42	55	65	74	85	85	102	102
Zungenbreite in mm	12	17	20	23	29	29	34	34
Paketstärke in mm	15	20	27	32	32	45	35	52
Ausnutzbare Wickelhöhe in mm	7	8,5	10	12	11	11	13,5	13,5
Ausnutzbare Wickelbreite in mm	26	33,5	37	44	49	49	61	61
Windungszahl je Volt, primär	25	12	7,5	5,5	4,4	3,1	3,3	2,3
Windungszahl je Volt, sekundär	29	15	8,2	5,8	4,6	3,25	3,5	2,4

b) Eisenkerne mit EI-Schnitt

Bezeichnung	EI 54	EI 60	EI 66	EI 78	EI 84a	EI 84b	EI 106a	EI 106b
Maximale Leistung in W	10	15	20	35	50	75	100	140
Eisenquerschnitt in cm²	3,24	4	4,8	6,8	7,8	11,8	12,3	15,8
Blechbreite in mm	54	60	66	78	84	84	106	106
Blechhöhe (mit Joch) in mm	45	50	55	65	70	70	88	88
Zungenbreite in mm	18	20	22	26	28	28	35	35
Paketstärke in mm	18	20	22	26	28	42	35	45
Ausnutzbare Wickelhöhe in mm	7	8	9	10,5	11,5	11,5	21	21
Ausnutzbare Wickelbreite in mm	24	27	30	35	38	38	49	49
Windungszahl je Volt, primär	13,6	10,9	9,1	6,5	5,7	3,7	3,5	2,7
Windungszahl je Volt, sekundär	15,4	12	10	7	6,1	3,4	3,64	2,8

Tafel 9   Technische Daten von Dioden

a) Ge-Spitzendioden

Typ	U_{spm} in V	I_{dm} in mA	Bauform
GA 100	20	20	1
GA 101	40	15	

Bedeutung der Kurzzeichen:

U_{spm} : maximale Sperrspannung
U_Z : Z-Spannung
I_{spm} : maximaler Sperrstrom
I_{dm} : maximaler Durchlaßstrom
I_{Zm} : maximaler Z-Strom
P_{Vm} : maximale Verlustleistung
R_{thi} : innerer Wärmewiderstand

b) Si-Schaltdioden

Typ	U_{spm} in V	I_{dm} in mA	Bauform	Farbkennzeichnung
SAY 12	50	300		orange
SAY 16	30	300		grün
SAY 17	50	175	2 u. 4	rot
SAY 18	25	115		gelb
SAY 20	15	75		schwarz
SAY 30	25	30		
SAY 32	25	50	3	
SAY 40	15	20		
SAY 42	15	30		
SAY 73	50	300	4	weiß
SA 403	25	30		rot
SA 412	20	100	5	gelb
SA 418	80	100		grün

c) Si-Fotodioden

Typ	U_{spm} in V	I_{spm} in mA	P_{Vm} in mW	Bauform
SP 101		1	10	9
SP 102	25	1	30	10
SP 103		3	10	9

d) GaAsP-Lichtemitterdioden

Typ	U_{spm} in V	I_{dm} in mA	Farbe	Bauform
VQA 12		30	rot	11
VQA 13	5	50	rot	12
VQA 23		50	gelb	12
VQA 33		50	grün	12

e) Si-Gleichrichterdioden

Typ	U_{spm} in V	I_{dm} in A	R_{thi} in $\frac{°C}{W}$	Bau-form
SY 360/05	35			
SY 360/1	70			
SY 360/2	140			
SY 360/3	210			
SY 360/4	280	1,0	100	6
SY 360/6	420			
SY 360/8	560			
SY 360/10	700			
SY 320/0,75	75			
SY 320/1	100			
SY 320/2	200			
SY 320/3	300			
SY 320/4	400	0,95	100	7
SY 320/5	500			
SY 320/6	600			
SY 320/7	700			
SY 320/8	800			
SY 320/10	1 000			
SY 351/05	35			
SY 351/1	70			
SY 351/2	140			
SY 351/3	210			
SY 351/4	280	3,0	26	7
SY 351/6	420			
SY 351/8	560			
SY 351/10	700			
SY 330/1	100	0,45		
SY 330/2	150	0,44		
SY 330/4	350	0,40		
SY 330/6	500	0,37		
SY 330/8	700	0,34	115	6
SY 330/10	900	0,33		
SY 330/12	1 100	0,31		
SY 330/15	1 400	0,29		
SY 330/18	1 600	0,27		
SY 330/20	1 800	0,26		

f) Si-Z-Dioden

Typ	U_Z in V	I_{Zm} in mA	P_{Vm} in mW	Bau-form
SZX 21/1	0,73... 0,83	200		
SZX 21/5,1	4,8 ... 5,4	43		
SZX 21/5,6	5,2 ... 6,0	40		
SZX 21/6,2	5,8 ... 6,6	37		
SZX 21/6,8	6,4 ... 7,2	34		
SZX 21/7,5	7,0 ... 7,9	31		
SZX 21/8,2	7,7 ... 8,7	27		
SZX 21/9,1	8,5 ... 9,6	25		
SZX 21/10	9,4 ...10,6	23	250	4
SZX 21/11	10,4 ...11,6	21		
SZX 21/12	11,4 ...12,8	19		
SZX 21/13	12,6 ...14,0	17		
SZX 21/15	13,8 ...15,5	16		
SZX 21/16	15,3 ...17,0	14		
SZX 21/18	16,8 ...19,0	12,5		
SZX 21/20	18,8 ...21,0	11,5		
SZX 21/22	20,8 ...23,0	10,5		
SZX 21/24	22,8 ...25,6	9		

g) Si-Leistungs-Z-Dioden

Typ	U_Z in V	I_{Zm} in mA	P_{Vm} in mW	Bau-form
SZ 600/0,75	0,65... 0,85	1 000		
SZ 600/5,1	4,8 ... 5,4	185		
SZ 600/5,6	5,2 ... 6,0	165		
SZ 600/6,2	5,8 ... 6,6	150		
SZ 600/6,8	6,4 ... 7,2	139		
SZ 600/7,5	7,0 ... 7,9	126		
SZ 600/8,2	7,7 ... 8,8	113		
SZ 600/9,1	8,5 ... 9,6	104		
SZ 600/10	9,4 ...10,6	94	1,0[1]	8
SZ 600/11	10,4 ...11,6	86		
SZ 600/12	11,4 ...12,7	78		
SZ 600/13	12,4 ...14,1	71		
SZ 600/15	13,8 ...15,7	63		
SZ 600/16	15,2 ...17,1	58		
SZ 600/18	16,8 ...19,1	52		
SZ 600/20	18,8 ...21,2	47		
SZ 600/22	20,8 ...23,3	43		

[1] Bei Verwendung eines Kühlbleches von 200 mm × 200 mm × 3 mm aus senkrecht stehendem, blankem Aluminium beträgt die maximale Verlustleistung $P_{Vm} = 8$ W.

Tafel 10 Technische Daten von Transistoren

Bedeutung der Kurzzeichen:

U_{CEm} : maximale Kollektorspannung
U_{DSm} : maximale Drainspannung
U_{GSm} : maximale Gatespannung
I_{Cm} : maximaler Kollektorstrom
I_{Dm} : maximaler Drainstrom
P_{Vm} : maximale Verlustleistung
R_{thi} : innerer Wärmewiderstand
f_T : Transitfrequenz
E : Beleuchtungsstärke

a) Si-npn-NF-Transistoren

Typ	U_{CEm} in V	I_{Cm} in mA	P_{Vm} in mW	Bauform
SC 236	20			
SC 237	45	100	200	13
SC 238	20			
SC 239	20			

b) Si-pnp-NF-Transistoren

Typ	U_{CEm} in V	I_{Cm} in mA	P_{Vm} in mW	Bauform
SC 307	45			
SC 308	25	100	250	13
SC 309	25			

c) Si-npn-HF-Transistoren

Typ	U_{CEm} in V	I_{Cm} in mA	P_{Vm} in mW	f_T in MHz	Bauform
SF 126	20				
SF 127	30	500	600	> 60	14
SF 128	60				
SF 129	80				
SF 136	12	200	300	> 300	15
SF 137	20				
SF 225	25	25	200	500	16
SF 235	25	25	200	400	13
SF 240	30	25	160	430	16
SF 245	25	25	200	780	16

d) Si-pnp-HF-Transistoren

Typ	U_{CEm} in V	I_{Cm} in mA	P_{Vm} in mW	f_T in MHz	Bauform
SF 110	20				
SF 117	30	500	600	> 60	14
SF 118	60				
SF 119	80				

e) Si-npn-Leistungstransistoren

Typ	U_{CEm} in V	I_{Cm} in A	P_{Vm} in W	R_{thi} in $\frac{°C}{W}$	Bauform
SD 168	300	3	12,5	2,0	
SD 600	80	3	10	4,5	
SD 601	50	3	10	4,5	17
SD 602	80	3	10	4,5	
SD 802	100	5	50	2,5	

f) Ge-pnp-HF-Transistoren

Typ	U_{CEm} in V	I_{Cm} in mA	P_{Vm} in mW	f_T in MHz	Bauform
GF 145	15	10	60	600	18
GF 147				650	

g) Si-MOS-Feldeffekttransistoren (n-Kanal-Verarmungstyp)

Typ	U_{DSm} in V	I_{Dm} in mA	U_{GSm} in V	P_{Vm} in mW	Bauform
SM 103	20	15	−15...+5	150	19
SM 104					

h) Si-MOS-Feldeffekttransistoren (p-Kanal-Anreicherungstyp)

Typ	U_{DSm} in V	I_{Dm} in mA	U_{GSm} in V	P_{Vm} in mW	Bauform
SM 50	31	10	−31...+0,3	225	20
SM 52		50		300	

i) Si-Fototransistoren

Typ	U_{CEm} in V	I_C in mA bei $E=1000$ lx	P_{Vm} in mW	Bau- form
SP 201		0,25		
SP 201 A		1,2...3,3		
SP 201 B	32	2,7...5,7	50	21
SP 201 C		4,7...8,4		
SP 201 D		>7		

Tafel 11   Zur Berechnung der Induktivität der Oszillatorspule eines Überlagerungsempfängers

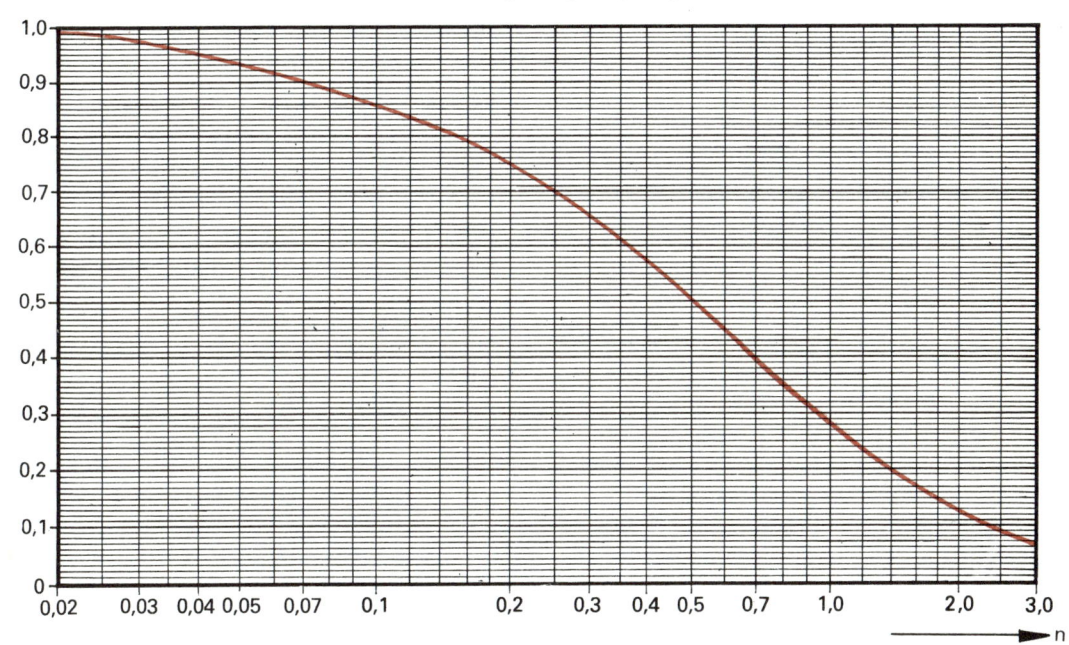

Tafel 12   Bandaufteilung des Kurzwellenbereiches

Bandbezeich- nung	Frequenz in MHz	Funkart	Bandbezeich- nung	Frequenz in MHz	Funkart
89-m-Band	3,200... 3,400	Rundfunk			
80-m-Band	3,500... 3,800	Amateurfunk	25-m-Band	11,700...11,975	Rundfunk
75-m-Band	3,950... 4,000	Rundfunk	20-m-Band	14,000...14,350	Amateurfunk
61-m-Band	4,750... 4,995	Rundfunk	19-m-Band	15,100...15,450	Rundfunk
59-m-Band	5,005... 5,060	Rundfunk	16-m-Band	17,700...17,900	Rundfunk
49-m-Band	5,950... 6,200	Rundfunk	15-m-Band	21,000...21,450	Amateurfunk
41-m-Band	7,000... 7,100	Amateurfunk	13-m-Band	21,450...21,750	Rundfunk
40-m-Band	7,100... 7,300	Rundfunk	11-m-Band	25,600...26,100	Rundfunk
31-m-Band	9,500... 9,775	Rundfunk	10-m-Band	28,000...29,700	Amateurfunk

Tafel 13   Stationen und Frequenzen der AM-Hörfunksender der DDR

Bereich	Frequenz in kHz	Station	Pro-gramm[1]
Lang-welle	179	Oranienburg	SDDR
Mittel-welle	531	Greifswald	DDR I
		Leipzig	DDR I
	558	Rostock	DDR I
		Neubranden-burg	DDR I
	576	Schwerin	DDR I
	603	Potsdam	DDR I
	657	Burg	BR
		Neubranden-burg	BR
		Reichenbach	BR
	693	Berlin	BR
	729	Putbus	DDR I
	783	Burg	SDDR
	882	Königs Wusterhausen	DDR I
	999	Schwerin	BR
		Weimar	BR
		Hoyerswerda	BR
	1044	Dresden	DDR I
		Wachenbrunn	DDR I
	1170	Plauen	BR
		Keula	BR
	1341	Beeskow	BR
		Karl-Marx-Stadt	BR
	1359	Berlin	SDDR
	1431	Bernburg	BR
		Dresden	BR
		Seelow	BR
		Wachenbrunn	BR
		Weida	BR
	1575	Burg	DDR I
Kurz-welle	6115	(49-m-Band)	SDDR
	7185	(41-m-Band)	SDDR
	9730	(31-m-Band)	SDDR

[1] DDR I: Radio DDR I
SDDR: Stimme der DDR
BR: Berliner Rundfunk

Tafel 14   Anschriften von Amateurbedarfs-fachfilialen

a) Fachfilialen RFT AMATEUR des VEB Industrievertrieb Rundfunk und Fernsehen

1034 Berlin, Kopernikusstraße 3
1058 Berlin, Kastanienallee 87
7500 Cottbus, Markt 2
8010 Dresden, Ernst-Thälmann-Straße 9
5010 Erfurt, Hermann-Jahn-Straße 11/12
4020 Halle, Klement-Gottwald-Straße 40/41
9010 Karl-Marx-Stadt, Straße der Nationen 46
7010 Leipzig, Grimmaische Straße 25
3018 Magdeburg, Lüneburger Straße 25
1500 Potsdam, Friedrich-Ebert-Straße 113
2500 Rostock, Steinstraße 6
2700 Schwerin, Wilhelm-Pieck-Straße 34

b) Konsum-Elektronik-Versand
7264 Wermsdorf, Clara-Zetkin-Straße 21
Elektronik-Versand Guben
7560 Wilhelm-Pieck-Stadt Guben, Kaltenborner Straße 51

c) Bezugsquellen von Zubehörteilen der Elektronenstrahlröhre für das Oszilloskop

Fassung:	VEB Elektronische Bauelemente Talstraße 7 Dorfhain 8211
Anodenkontakt:	(Nachbeschleunigungskontakt): PGH Radio – Fernsehen – Elektronik Am Goldkindstein 33 Marienberg 9340
Abschirmzylinder:	VEB Halbzeugwerk Auerhammer im VEB Bergbau und Hüttenkombinat »Albert Funk« Hammerplatz 1 Aue 9400

Sachwörterverzeichnis

Dioden

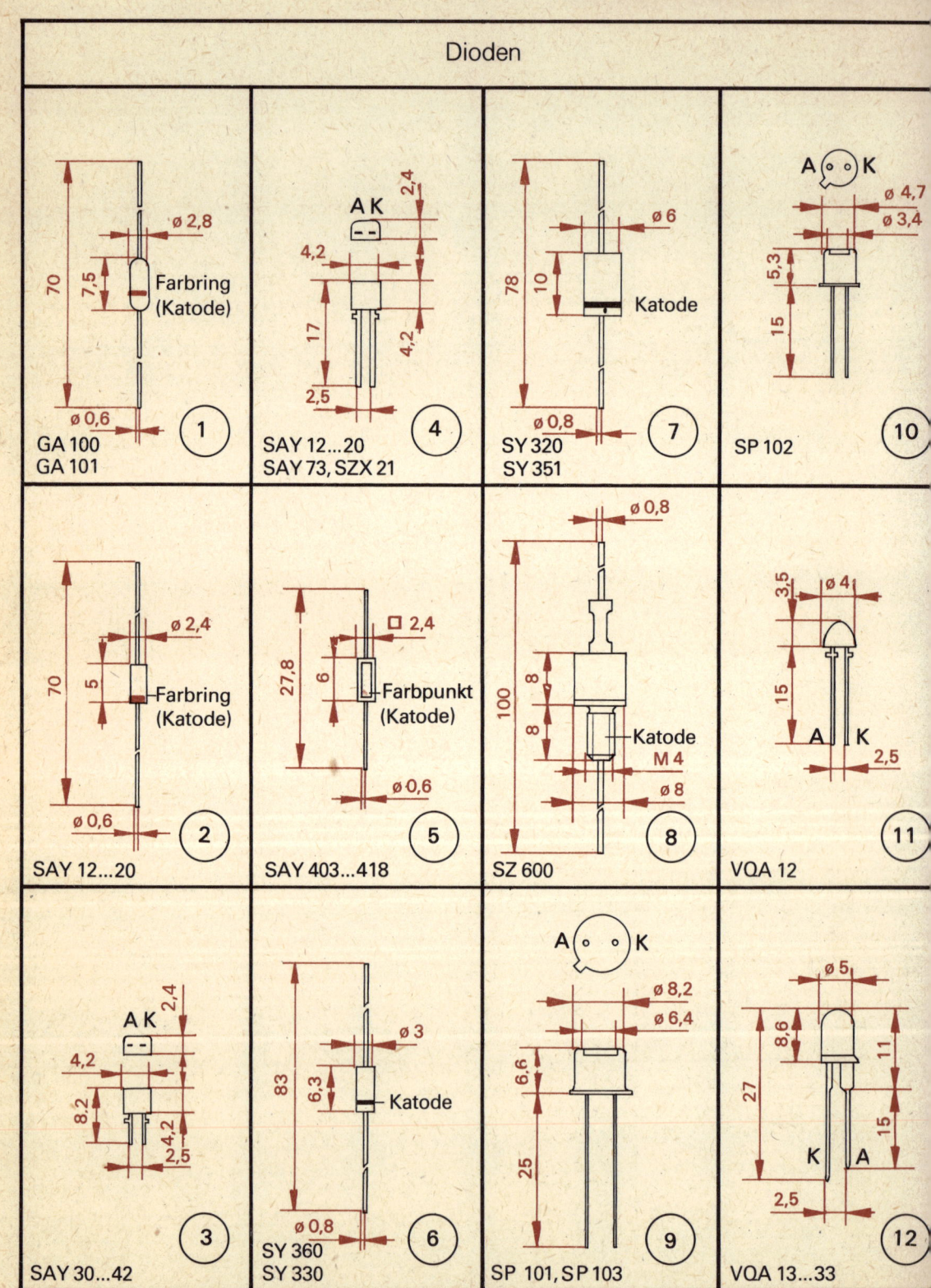

1 — GA 100 / GA 101 — ø 2,8, Farbring (Katode), 70, 7,5, ø 0,6

2 — SAY 12...20 — ø 2,4, Farbring (Katode), 70, 5, ø 0,6

3 — SAY 30...42 — A K, 2,4, 4,2, 8,2, 4,2, 2,5

4 — SAY 12...20, SAY 73, SZX 21 — A K, 2,4, 4,2, 17, 4,2, 2,5

5 — SAY 403...418 — □ 2,4, Farbpunkt (Katode), 27,8, 6, ø 0,6

6 — SY 360, SY 330 — ø 3, Katode, 83, 6,3, ø 0,8

7 — SY 320, SY 351 — ø 6, Katode, 78, 10, ø 0,8

8 — SZ 600 — ø 0,8, 8, 8, 8, Katode M 4, ø 8, 100

9 — SP 101, SP 103 — A K, ø 8,2, ø 6,4, 6,6, 25

10 — SP 102 — A K, ø 4,7, ø 3,4, 5,3, 15

11 — VQA 12 — 3,5, ø 4, 15, A K, 2,5

12 — VQA 13...33 — ø 5, 8,6, 11, 27, 15, K A, 2,5